U0327659

建设部、人事部、国家文物局联合资助项目

王瑞珠 编著

世界建筑史

巴洛克卷

·中册·

中国建筑工业出版社

第三章　法国

第一节 历史背景

16 世纪的法国，是个地方势力极其活跃的国家，贵族、高官和富豪在建筑上各有所好。从亨利四世开始，国家在统一的道路上向前迈进；到路易十四统治时期，各派势力均聚集在凡尔赛的中央政权周围。与意大利相比，法国中央集权的进程要更为彻底。因而，17 世纪的法国建筑，演进上更趋一致，特点的表现也更为单一。其推动力来自绝对君权的国家意志和行政体制，并因此导致了一种"国家的建筑"(architecture d'état)。"围绕着国王的豪华和排场是其权力的组成部分"，孟德斯鸠的这句话有助于我们了解法国的官方艺术和它能在整个巴洛克时期获得成功的原因。城市规划和建筑已成为表现甚或是隐喻绝对君权的重要手段。孚日广场和旺多姆广场的整治、荣军院及其穹顶的建造、卢浮宫及凡尔赛宫的扩建，只是这时期无数王室工程中最壮观的几项；这些工程并不仅仅是为了满足实用的需求，同时还具有炫耀的功能。将这些设计果断地付诸实施，不仅需要雄厚的财力支持，同时也需要强有力的组织和机构。所有这些因素，使法国在长达几十年的时间内，一直都是欧洲在建筑领域执牛耳的国家。

在中央集权的体制下，巴黎和宫廷自然成为建筑发展的中心；尽管某些地域的建筑活动一直持续到马萨林去世的 1661 年，但从该世纪开始，艺术的制高点一直在巴黎，其他地区只有抄袭模仿的份儿或沦为二流的地方建筑。私人宫邸亦仿照王室的模式，建筑就这样再现了社会的等级制度，位于其顶点的是作为最高统治者的国王。构成法国官方艺术基础的重要因素，除了表现绝对君权外，还有一个就是面向古典时期的遗迹，尽管这时期有各种各样的艺术潮流，但占主导地位的仍是古典主义。洛可可风格虽然诞生在法国，但只是作为一种装饰手段。

本章所涉及的内容大体相当 17~18 世纪，即从亨利四世时期开始，至 1789 年法国大革命时结束的法国绝对君权时期。在这两个世纪期间，法国成为欧洲最强盛的国家。继 1593 年宗教战争结束天主教得胜和 1598 年签署南特赦令给信奉基督教新教的臣民以广泛的信仰自由以后，波旁王朝第一代国王亨利四世（1553~1610 年，1589~1610 年在位，图 3-1）开始巩固君主政体，恢复国家的权威和发展经济。然而好景不长，到亨利四世的王后玛丽 · 德梅迪奇（1573~1642 年）摄政时期和缺乏权威的路易十三（1610~1643 年）统治期间，亨利四世时创下的稳定局面又不复存在。和胡格诺派教徒[1]日益尖锐的矛盾和冲突，力图扩大自身影响的贵族阶层的反叛，成为引发社会动荡的主要因素。直到 1624 年，红衣主教黎塞留执掌大权之后，国内争端才逐渐平息，和外国的关系也稳定下来。由于灵活的政策，法国王室得以摆脱三十年战争遗留的负面影响，逐渐巩固和壮大自己的势力，而奥地利王室的权力则有所削弱。随着 1635 年法兰西学院[2]的创立，黎塞留使法国朝着文明国家的方向迈进了一大步，此后王室又接连采取了一系列措施推动科学和艺术事业的发展，并从这时开始，把它们提到国家事务的高度。

在路易十四（1638~1715 年，1643~1715 年在位）

未成年期间执掌法国大权的意大利裔红衣主教马萨林(1602~1661年，1642年起任法国首相）继续执行黎塞留的政策。在1653~1654年平息了投石党运动[3]并与西班牙签订了和约之后，马萨林进一步巩固了法国在欧洲的领先地位。1661年路易十四亲政时,正是国家强盛、边界安全，行政机构高效运转，国库充足之时（其财政大臣柯尔贝尔的商业政策在改善国家的财政状况上起到了很大的作用）。海军的发展使法国成为一个殖民强国，进一步扩大了影响范围；由于路易十四和西班牙国王腓力四世的长女玛丽-泰蕾莎的婚姻，波旁王室得以觊觎西班牙王位。从该世纪中叶开始，国家的这种飞跃发展,为科学和艺术的成长提供了良好的环境:笛卡儿[4]的“我思故我在”(Cogito, ergo sum)、帕斯卡[5]的评论、高乃依[6]的悲剧、拉辛[7]的诗文、拉封丹[8]的寓言及莫里哀[9]的喜剧,只是其中最突出的例证。自1664年起，建筑方面的政策主管为当时的建筑总监柯尔贝尔，1671年成立的建筑学院（l'Académie d'Architecture）遂成为他贯彻建筑大政方针的得力工具。

到17世纪末，形势开始有所变化：边境线上战端再启，经济形势顿觉严峻;在西班牙王位继承战争之后，尽管路易十四的孙子、腓力五世登上了西班牙的王位，但法国作为欧洲霸主的地位已大大削弱。经济、社会乃至道义上的纷争越演越烈，在整个18世纪期间，“旧制度”的衰落已成定局。在1715年路易十四死后（其在位时间长达72年），法国经历了一个不断变化的时期。开始阶段参与摄政的奥尔良公爵和自1723年开始亲政的路易十五（1710~1774年，1715~1774年在位，为路易十四的曾孙、勃艮第公爵路易之子），均未能阻止国家经济状况的恶化和若干领土的丧失（加拿大的殖民地也于此时转让给了英国）。由于朝廷和贵族的阻挠，社会改革一直未能奏效；最高法院扩权的要求也归于失败。当路易十六[10]于1789年接受全国三级会议传唤承诺改革时，时机已经错过，接着就爆发了革命。

从建筑类型上看，世俗建筑在这时期开始占据了主导地位（当然，在要求上程度不一，有需要庄严气魄的，也有只求解决实际问题的）；而宗教建筑由于拥有来自中世纪的丰富遗产，开始阶段几乎是毫无表现（虽说随着新秩序的确立，宫邸、医院和修道院都需要礼拜堂，但在这些晚近的民用建筑边上，大都已建有哥特教堂）。从摄政时期开始，私人建筑的数量再次超过了宫廷。府邸及旅馆、优美的城市及乡村住宅，使居住建筑艺术臻于完美；城市规划也开始趋于成熟。从16世纪末开始，理论研究和相关著述的出版进一步扩大了法国建筑的影响范围；书中的版画，更为后人留下了许多当代的信息，特别是其中还包括了不少已湮没的建筑。

从建筑和艺术上看，在这时期的法国，哥特作品的影响可谓根深蒂固。在人们的心灵深处，基于理性原则的形式和感觉的协调，具有首要的意义。一方面是体现这些意图的空间观念、地方和哥特的传统，另一方面是意大利进口的形式语言，构成了这时期新建筑的基础。作为这时期占主导地位的建筑类型，宫殿往往形成广阔空间的中心，其扩展意味着组成部件在某种程度上的单一表现。由于17世纪的法国建筑并没有表现出同时期意大利建筑特有的那种造型模式，因而，它们常常被指认为“古典建筑”而不是“巴洛克”风格。实际上，这种判断只是从这个范畴的表面定义出发。事实上,“巴洛克建筑”的概念在一定程度上只适用于指明一种具体存在的空间类型，而不应理解为某种特定的形式。

图3-1 亨利四世（1553~1610年，1589~1610年在位),画像(绘于17世纪)及纹章像（作者 Guillaume Dupré）

第二节 亨利四世、路易十三及马萨林摄政时期

一、城市建设

［亨利四世时期］

亨利四世及其主管建筑的大臣絮里一道完成的巴黎市区整治工程，成为以后几乎持续了两百年的法国建筑全盛时期的序曲。在整个巴洛克时期，城市规划和建筑被赋予特殊的使命，即尽可能地突出君主对臣民的职责和社会的等级制度。在亨利四世时期，第一次颁布了

图 3-2 巴黎 1609 年规划（在中世纪的城墙内可明显区分出三个区段：中心为城岛，右岸市中心，左岸大学区）

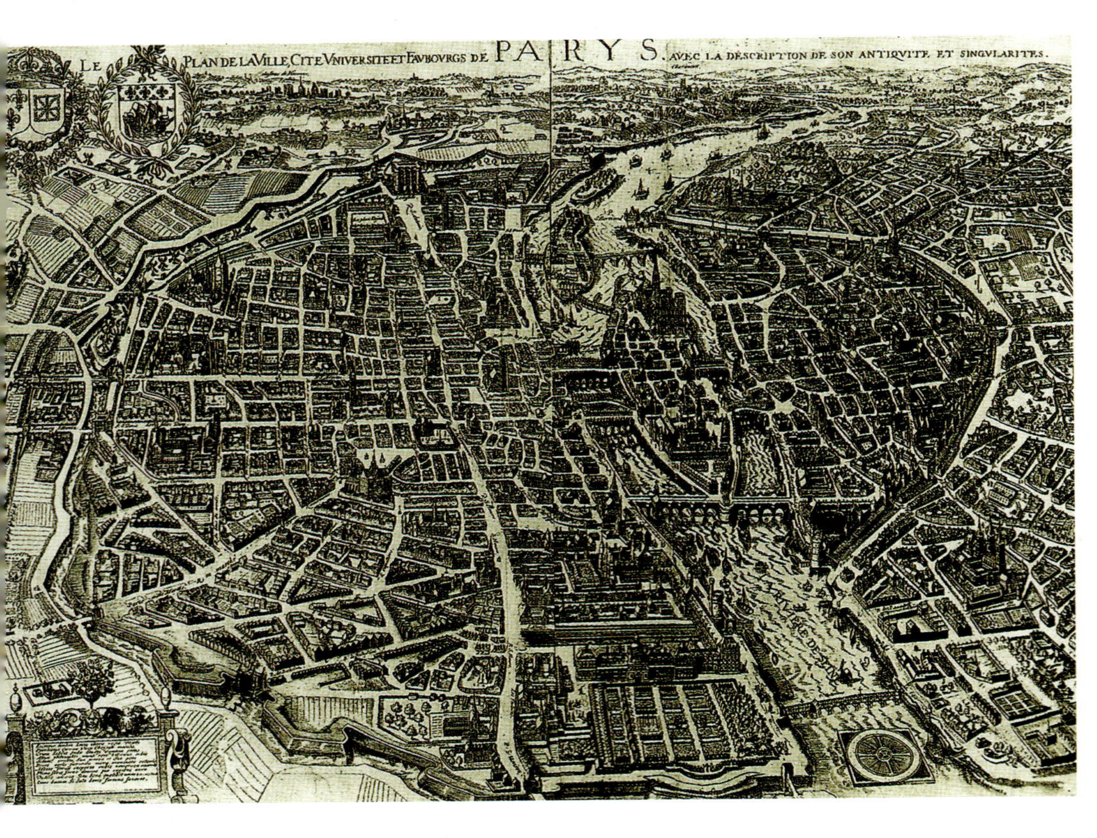

有关城市规划的法规。设计仍以文艺复兴的几何理论为出发点，但在建筑立面的要求上比意大利更为严格，不仅要求排列整齐，还要统一用砖砌造，重点部位或装饰采用琢石。

17 世纪的巴黎，城市及其郊区的发展道路和罗马并不尽同。城市最初并没有一个预先设定的规划体系，而是一系列重要建筑地段逐渐融汇在一起，形成一个彼此关联的系统结构（事实上，这种表现一直持续到 19 世纪，图 3-2~3-5）。但很快人们就表现出全面系统化的强烈愿望。亨利四世参照教皇西克斯图斯五世美化罗马时的做法，全力打造反映绝对君权的“新城”。在这两个都城之间的另一个相似之处是，在落实和体现巴洛克的生活形态时，基本手段都是创造重要的“中心”：亨利四世在巴黎完成的业绩，不仅和西克斯图斯五世在罗马的工作相当，年代也几乎同样；只是因为内战，亨利四世时间稍晚。

如果说两个城市之间有什么区别的话，那就是，西克斯图斯五世尚可依赖已有的城市中心（七个大教堂）作为出发点，而亨利四世则几乎只能从零开始。正是在这样的背景下，这位帝王创造了一种新的城市规划要素——“国王广场”（place royale），即围绕着君王雕像布置的集中式的城市空间，一个真正的绝对君权的中心。其原型显然是米开朗琪罗设计的卡皮托利诺广场，在那

本页及右页：

（左）图 3-3 巴黎 1615 年城市全景图（作者 Matthias Mérian）

（右）图 3-5 巴黎 1652 年城市平面（作者 Jacques Gomboust）

L'hostel de ville
Le Louvre

本页：

图 3-4 巴黎 中心区景观（Matthias Mérian 全景图局部，1615 年；可看到塞纳河边亨利四世时期的一些主要工程，如将丢勒里宫和卢浮宫连接起来的长廊、城岛端头的新桥和王太子广场，远景处还有包括圣母院桥在内的几座带廊屋的桥）

右页：

（左上及右）图 3-6 巴黎 王太子广场（1607 年）。理想平面及简图示意（图版取自《L'Entrée Triomphale de Leurs Majestez》，1662 年；线条图据 Blunt）

（左下）图 3-7 巴黎 王太子广场。原地段形势（版画，据 1380 年地图绘制）

里，第一个上帝授权的帝王骑像布置在象征着世界中心的广场中央（按：最初在广场上立马可·奥勒留雕像时，人们误以为它是第一个基督教帝王君士坦丁的像）。然而，亨利四世的国王广场在很重要的一点上与它的原型不同：广场周围为样式统一的居民楼房，而不是纯粹的纪念性建筑或市政工程。因而体现了君主及其"国民"的新关系，同时也说明有产者地位的提高，在一定程度上表现出他们的自信和骄傲（事实上，这时期著名建筑师的主要作品，很多都来自城市资产阶级的大量建设项目）。在以后几个世纪期间，这种形制在城市发展上具有决定性的意义，而且不止限于法国。

这时期规划的这种类型的广场有三个，即王太子广场、国王广场（今孚日广场）和法兰西广场。特别是前两个项目，在城市建设上具有特殊的意义（后一个项目最后未能实现）。

王太子广场（第一个方案，这里所谓太子即未来的路易十三，平面及最初地段形势：图 3-6、3-7；外景：图 3-8~3-14；亨利四世骑像：图 3-15、3-16）是其中最

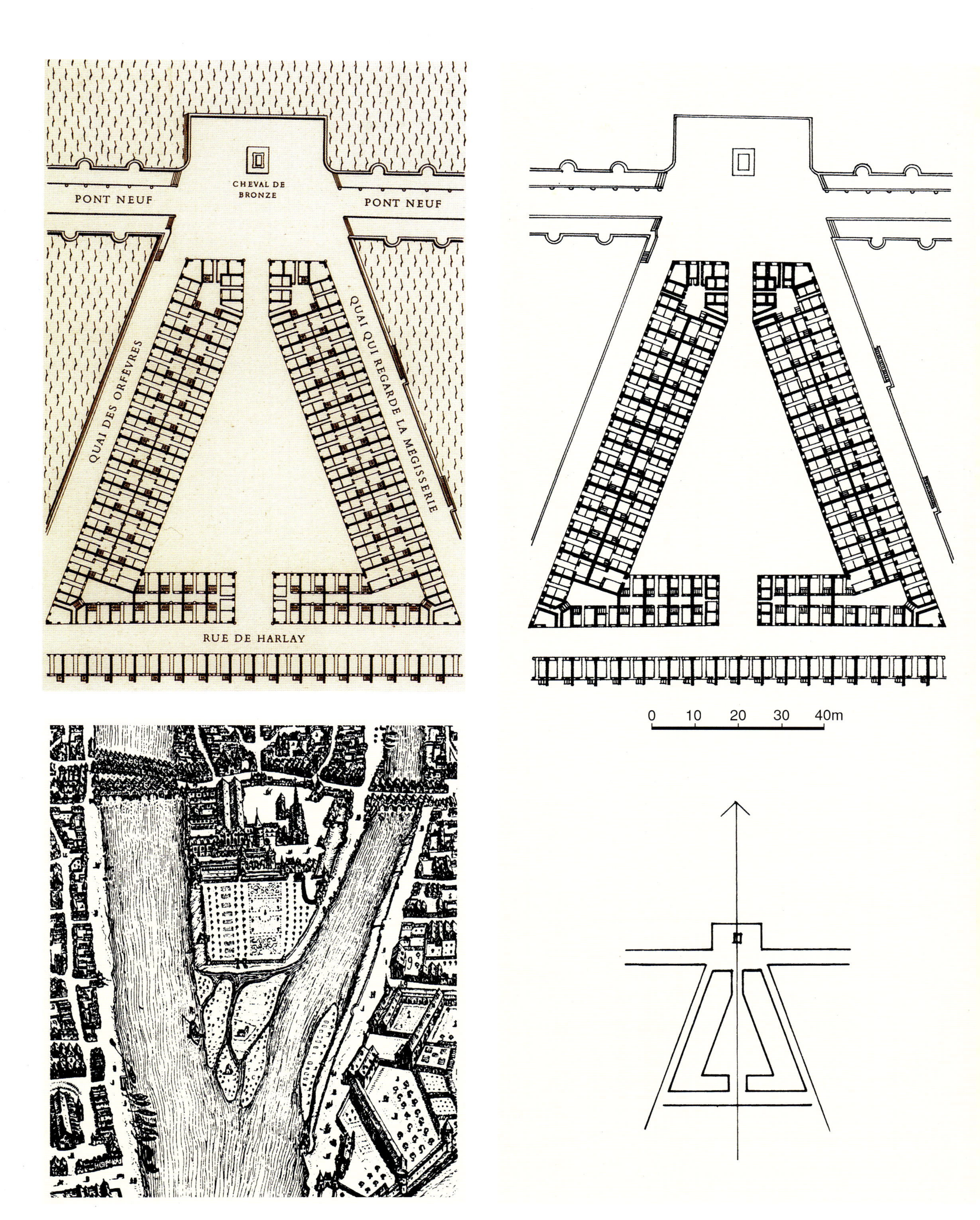
CHEVAL DE
BRONZE
PONT NEUF
PONT NEUF
QUAI DES ORFÈVRES
QUAI QUI REGARDE LA MEGISSERIE
RUE DE HARLAY
0 10 20 30 40m

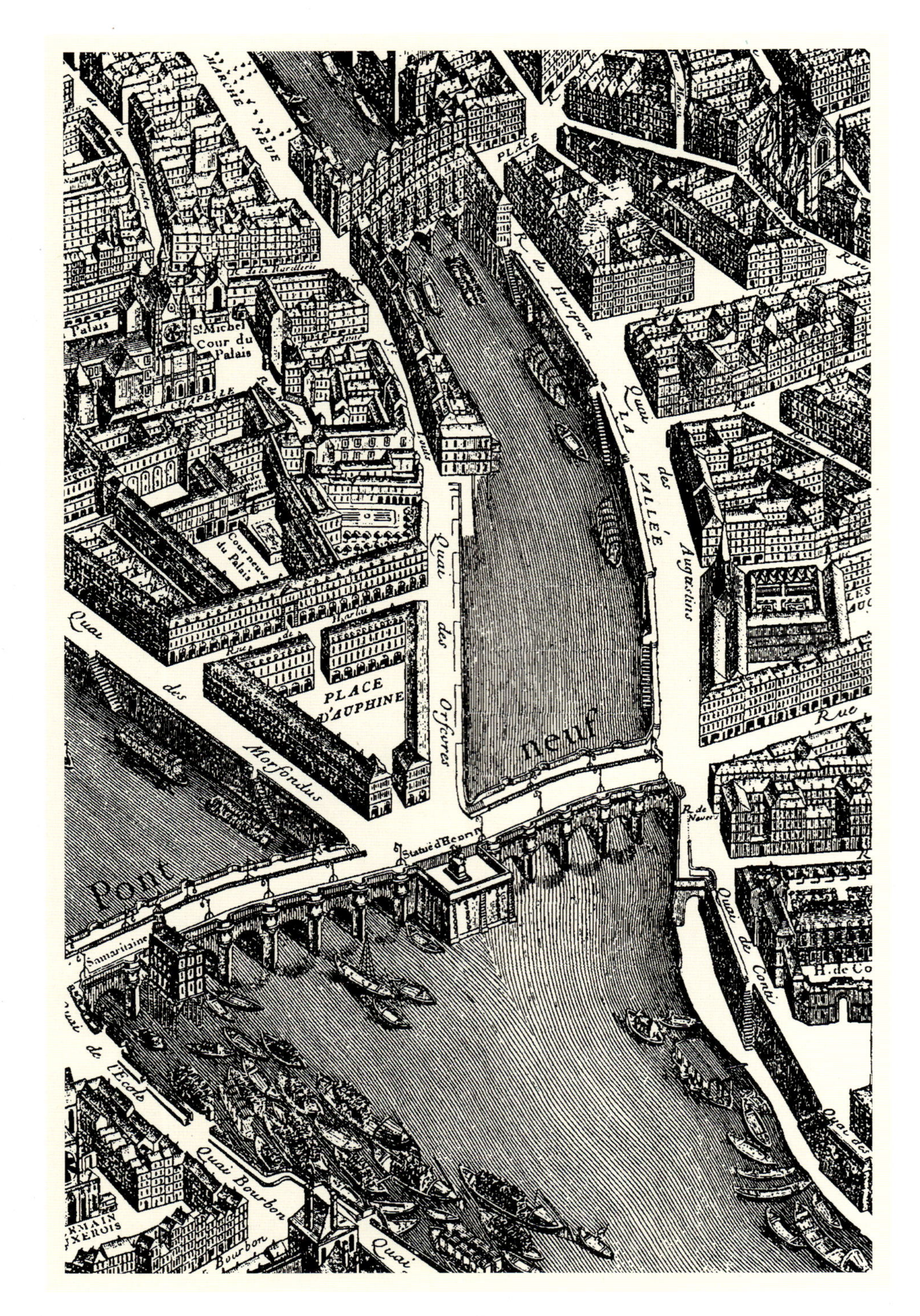

本页：
图 3-8 巴黎 王太子广场。地段俯视全景（Turgot 城图局部，1734~1739 年，王太子广场和新桥位于前景处，远处两边带成排房屋的中世纪老桥和视野开敞的新桥形成了鲜明的对比）

右页：
图 3-9 巴黎 王太子广场。地段俯视全景（版画作者 François Hoiamis）

早的一个（建于 1607 年），可说无论在理论还是实践上，都完美地体现了这位君主的意图。广场位于城市规划的重要基点上，是一条穿越全城的轴线起点，同时也强化了作为这个大都会真正脊梁的塞纳河的作用。近代第一个国王雕像——亨利四世的骑像，就立在广场对面，新桥通达的城岛尖端，面对着河水流来的方向，卢浮宫则耸立在右侧背景处。

当时在城岛前，有另外两个小岛。1578 年，亨利三世已开始在这里建造一座新的桥梁，桥两侧按传统方式建房屋。但新桥的建设因内战而中断，直到 1606 年方完成。亨利四世取消了房屋，使桥成为更大范围城市群体中的一个组成部分。在桥和老的城岛之间，规划了这个平面外廓呈梯形、由两列同样建筑围合而成的新的王太子广场。在广场轴线与桥相交处另侧立这位国王的骑像（雕像于 1604 年由亨利四世的王后玛丽 · 德梅迪奇委托詹博洛尼亚工作室制作，但直到 1614 年国王已去世后才安置到广场上）。桥与河两岸直线街道相连，向北通向圣厄斯塔什教堂，向南至圣热尔曼门。巴黎就这样获

Butte Coypeau
S. Victor
Fauxbourg S. Victor
Place Maubert
Petit Pont
Le Pont Neuf
Place Dauphine
Les Galleries du Louvre

得它的第一条城市轴线。这条轴线与城市主轴——塞纳河成直角正交。王太子广场则从建筑上突出了由河流构成的这条主轴线。通过这些设计[如圣路易岛的整治，连接四国学院（1662年）和卢浮宫的横向轴线，以及从18世纪起，在河岛内部及沿岛各处建造对称广场的各类设计]，使塞纳河获得了其他都城的河流所不能及的特

（上）图3-10 巴黎 王太子广场。全景图（版画作者 Pérelle，自西面望去的景色）

（下）图3-11 巴黎 王太子广场。全景图（版画作者 Claude Chastillon，自北面望去的景色，右侧为新桥）

(上) 图 3-12 巴黎 王太子广场。广场内景（版画作者 Jean Marot，1660 年，为迎接王后到来搭建了一些临时布景并进行了装饰和美化）

(下) 图 3-13 巴黎 王太子广场。现状外景（自西北面望去的景色）

殊地位。王太子广场两边布置两座长长的转角建筑，由它们围括成内部近三角形的空间（三角形基部于1874年拆除，住房亦大大改观）。沿广场外侧布置的街道和广场主轴一起形成以国王骑像为中心的三条辐射线。配置高屋顶的建筑内为一系列面积不大样式单一的套房，底层设店铺。可能是因为亨利四世的雕像已经构成整个城市的透视中心，广场本身没有再布置其他纪念性雕刻。

几乎在同一时期（1605~1612年），亨利四世建造了第二个更为典型的国王广场（法国大革命后改名为孚日广场并沿用至今，图3-17~3-29）。位于马雷区的这个广场是亨利四世根据卡特琳·德梅迪奇的提议，在老图内尔宫的基址上辟建的，可视为国王广场的原型。方形平面每边长140米，系作为居民散步的处所和该区的核心。广场周围最初是居住和商业建筑（包括一个丝织品厂及其员工的宿舍），但很快就成为贵族和精英人物聚集的场所。周围样式统一的三层砖构楼房配高屋顶及法国式的“门连窗”，内置套房，底层外墙设连续拱廊。建筑总体特征与王太子广场类似。不同单元之间的划分通过独立屋顶及高烟囱标示并在交界隅石处加以

左页：

(上)图3-14 巴黎 王太子广场。外景（西南侧景色，左为亨利四世骑像）

(下)图3-15 巴黎 城岛。亨利四世骑像（版画，作者 Melchior Tavernier）

本页：

图3-16 巴黎 城岛。亨利四世骑像

强调。广场南北短侧中央为国王和王后保留的主阁（国王阁及王后阁，图3-30、3-31）不仅较高且面宽五间（其他每个楼阁均为四间），既作为广场的主要入口又赋予它一定的轴线特征，同时打破了周边单一的节奏。广场中央路易十三骑像立于1639年。周围建筑的立面分划，主要是综合了"哥特式"的垂直线条和水平构图，而不是采用古典构造。底层的壁柱并没有支撑柱顶盘，而是代之以细的条带。但总体效果并不显得非常简略，相反，墙面看上去还是相当华美。

这个广场已成为许多城市广场的样板。以后沙勒

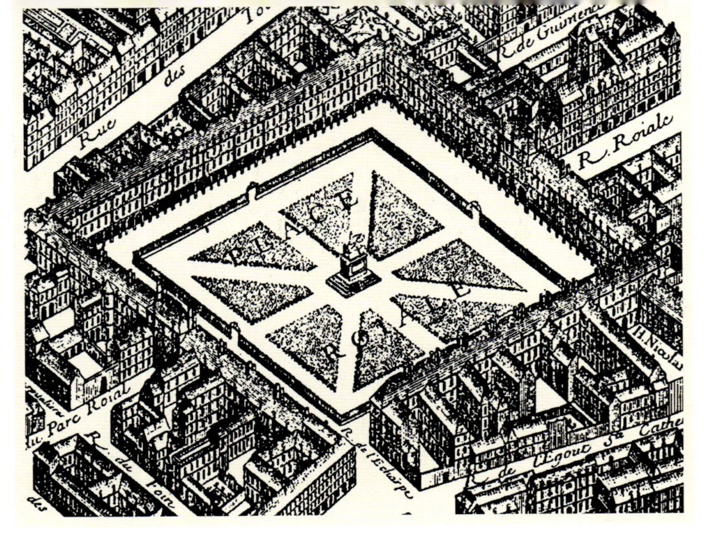

(上) 图 3-17 巴黎 国王广场（今孚日广场，1605~1612 年）。地段俯视（图示广场内最初的布置形式）

(中) 图 3-19 巴黎 国王广场（今孚日广场）。广场全景（版画，作者 Pérelle，自南北轴线望去的景色）

(下) 图 3-20 巴黎 国王广场（今孚日广场）。广场全景（版画，作者 J.Rigaud，约 1720 年，自东西方向望去的景色）

(上) 图 3-18 巴黎 国王广场（今孚日广场）。俯视全景（版画，作者 Claude Chastillon，表现 1612 年落成典礼上骑兵竞技表演盛况，广场中央的路易十三骑像立于 1639 年）

(下) 图 3-21 巴黎 国王广场（今孚日广场）。俯视景色（向北望去的情景，右上角处为王后阁）

维尔（1608 年）和蒙托邦（1616 年）等地的广场都是以它为榜样。实际上，亨利四世时期城市规划的主要创新之处就是按规则的平面安排资产者的住宅（在佛兰德地区，按这种方式规划广场已有悠久的历史）。1637 年，黎塞留在延伸其家族府邸的轴线时，按照古罗马营寨城的方格网模式建造了整座新城（13 世纪的艾格 - 莫尔特就采用了这种布局模式）。这种做法一直影响到整个欧洲（如伦敦伊尼戈·琼斯的女修院花园，1631~1635 年）。

本页及左页：

（左上）图 3-22 巴黎 国王广场（今孚日广场）。俯视景色（向西北方向望去的情景，成排的树木为后期栽种）

（右上）图 3-23 巴黎 国王广场（今孚日广场）。向西望去的景色

（左下）图 3-24 巴黎 国王广场（今孚日广场）。向东南方向望去的景色（角上 6 号为雨果故居）

（右下）图 3-25 巴黎 国王广场（今孚日广场）。场地中央雕刻

1610年，在孚日广场以东，巴士底区和圣殿区之间的地方，亨利四世策划了另一个大型城建项目（具体设计人为克洛德·沙蒂永、雅克·阿洛姆，同时参与工作的还有王室建筑师路易·梅特佐和巴蒂斯特·迪塞尔索，但一般认为，国王本人才是方案的真正作者）。其

本页：

（上）图3-26 巴黎 国王广场（今孚日广场）。喷泉（共四个，安放在从中央到四角的中间位置上）

（下）图3-27 巴黎 国王广场（今孚日广场）。周边建筑近景（右侧为国王阁）

右页：

图3-28 巴黎 国王广场（今孚日广场）。周边建筑近景

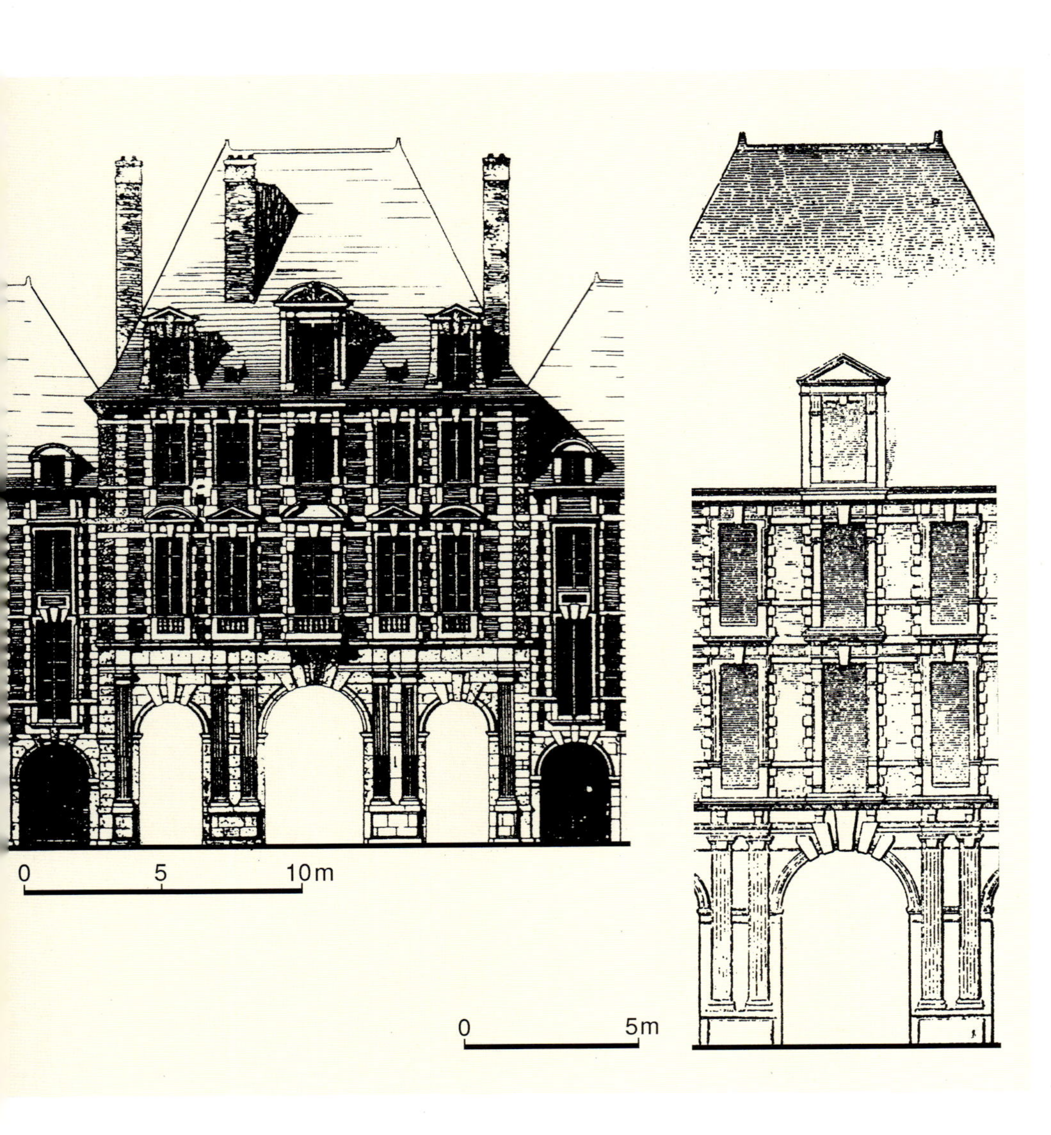

核心部分——法兰西广场（图3-32）尽管未能全面实现，但在这时期的城市规划上仍然具有一定的影响。其总体形制尚可从当时建筑师之一克洛德·沙蒂永的版画中看出来。广场平面为紧靠城墙内侧的半个多边形，中间城市的一个新门构成八条辐射道路的会聚点，广场外另设一条环行道路。道路以法国的八个主要行省命名，整体遂成为国家新体制的空间表现并象征着它的统一。过去，城门均依其特定的“地理”形势命名，在这里，“法兰西门”的称呼则完全是象征性的，只是表示巴黎作为首都所起的作用。这是所有巴洛克时期城市建设中第一个真正的星形构图。它并不是按国王广场进行设计，而是作为一个城市规划的要素考虑；事实上，约百年之后，整个巴黎市区到处都建有类似的星形体系。设计本已付诸实施，但终因国王去世而作罢。

［路易十三时期］

在路易十三统治时期（1610~1643年，图3-33）建

本页及右页：

（左）图3-29 巴黎 国王广场（今孚日广场）。主阁立面（左，取自前苏联建筑科学院《世界建筑通史》第一卷）及跨间立面（右，据A.Choisy）

（中上）图3-30 巴黎 国王广场（今孚日广场）。国王阁南立面近景

（右上）图3-31 巴黎 国王广场（今孚日广场）。王后阁南立面

（下）图3-32 巴黎 法兰西广场。规划方案（Claude Chastillon 和 Jacques Alleaume 设计，1609年，图版制作 Claude Chastillon）

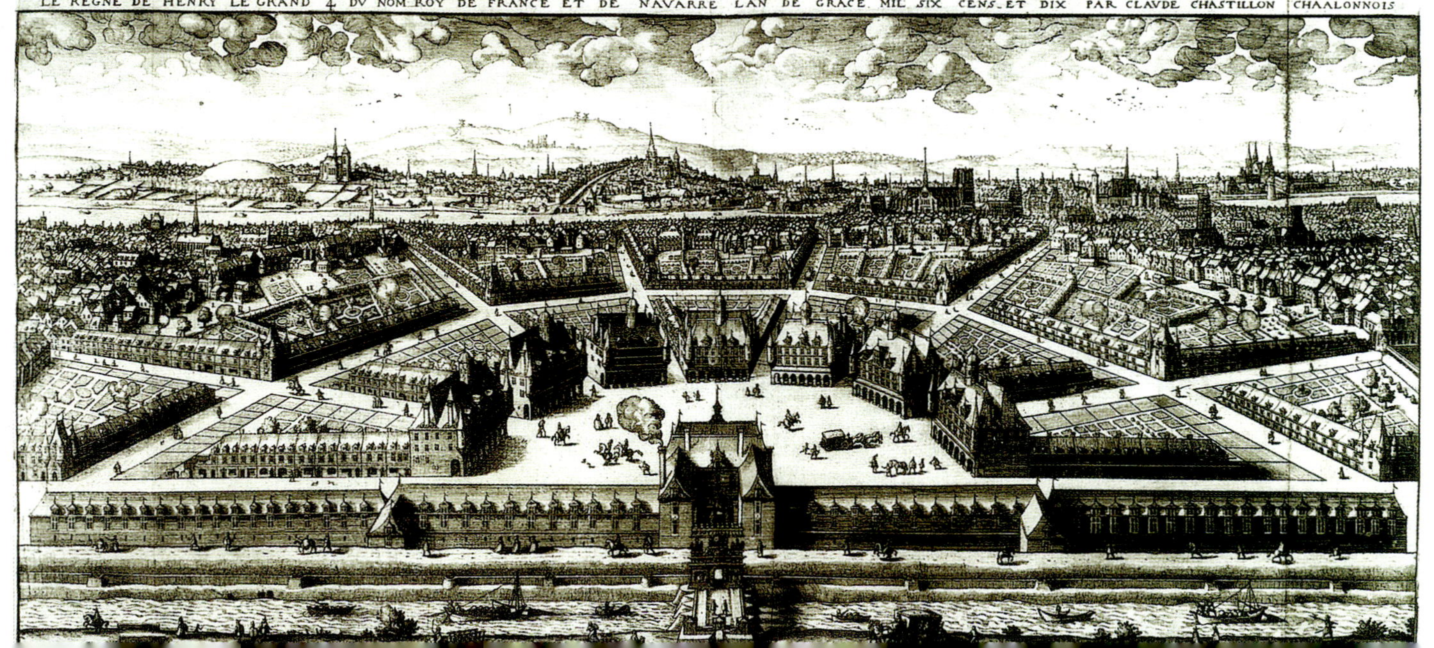
LADMIRABLE DESSEIN DE LA PORTE ET PLACE DE FRANCE AVEC SES RVES COMMENCEE A CONSTRVIRE ES MARESTX DV TEMPLE A PARIS DVRANT
LE REGNE DE HENRY LE GRAND 4me DV NOM ROY DE FRANCE ET DE NAVARRE LAN DE GRACE MIL SIX CENS ET DIX PAR CLAVDE CHASTILLON CHAALONNOIS

（上两幅）图 3-33 路易十三（在位期间 1610~1643 年）画像（油画作者 Philippe de Champaigne，1635 年，画面右侧示正在给国王加冕的胜利女神，卢浮宫博物馆藏品）

筑活动主要集中在发展已形成的街区。人们开始更多地关注城市干道的拓展，街道立面的统一和赋予城市以独特的面貌，基本上没有创建新的城市中心。其中第一项工程是作为新桥延伸部分的王太子大街。其居民得到命令，要"按统一方式建造房屋的立面"，以此作为桥头的装饰。另一项宏伟工程是按正交的街道体系建设整个圣路易岛。这项工作持续了几十年，住在岛上的路易·勒沃（1612~1670 年）在其中起到了积极的作用。城市老城墙以外，卢浮宫和丢勒里宫北面的黎塞留区建于 1633 年以后。和圣路易岛一样，该区也是围绕着两条正交的主要街道布局。

与城市规划方面的这些成就相比，在路易十三时期，更重要的是建筑的总体变化和演进。萨洛蒙·德布罗斯（1571~1626 年）和弗朗索瓦·芒萨尔（1598~1666 年）已开始引进了更"精确"的古典语言，为下一阶段法国

图 3-34 维朗德里府邸（1532 年）。建筑及院落外景

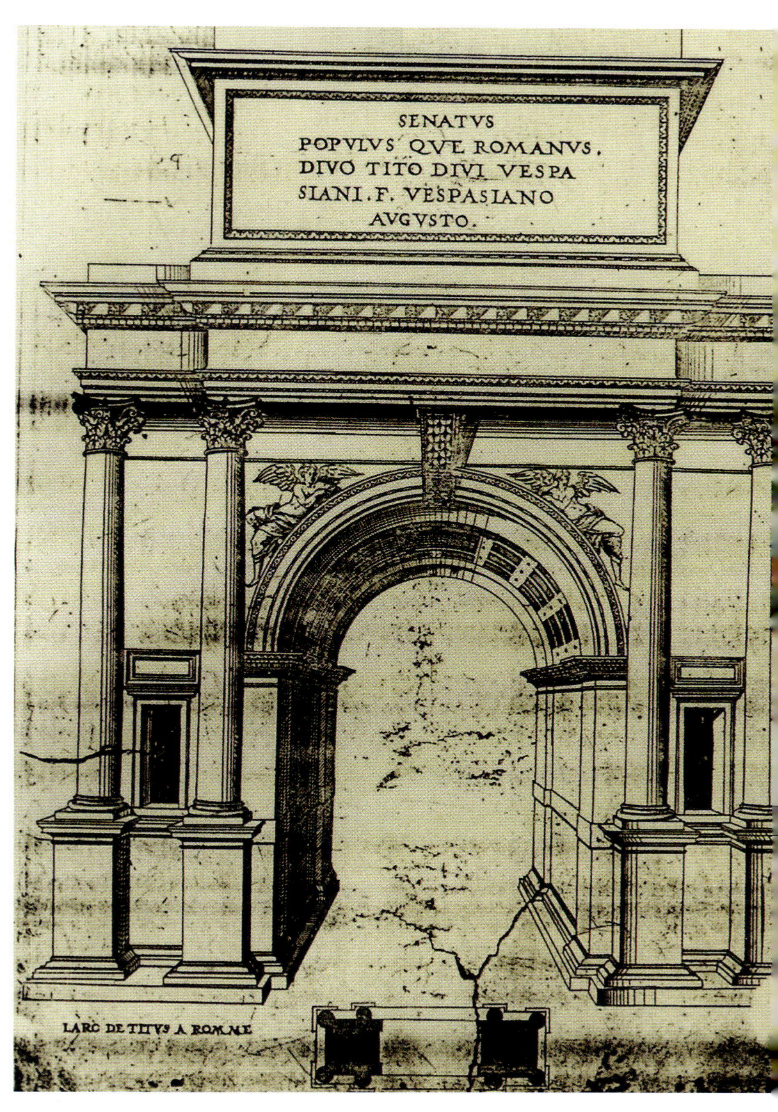

（左上）图 3-35 维朗德里府邸。花园面景色

（左中及下）图 3-36 巴黎 拉穆瓦尼翁府邸（1584 年，巴蒂斯特·迪塞尔索设计）。院落景色

（右上）图 3-37 雅克·安德鲁埃·迪塞尔索：罗马提图斯凯旋门复原图（1550 年）

的古典主义奠定了基础。

二、宫殿及府邸

[大型宫邸]

17 世纪法国大型宫邸的产生根基和历史渊源

17 世纪法国大型宫邸的产生根基和意大利宫殿的完全不同。其府邸并不是起源于罗马那种街区宅邸，而是来自中世纪的原型。古代的城堡府邸大都采用方形平面，由围绕着院落布置的一系列单元组成，或两肢向前伸出（所谓“成马蹄铁形”，en fer à cheval）。以后主堡被改造成高几层的“楼阁”（pavillon），由许多相连房间构成的楼阁即所谓居住单元（或称居住形体）。后者通过廊道与角上凸出的楼阁相通；前方角楼阁之间以较低的廊道连通，形成院落，廊道中间设门廊。由于气

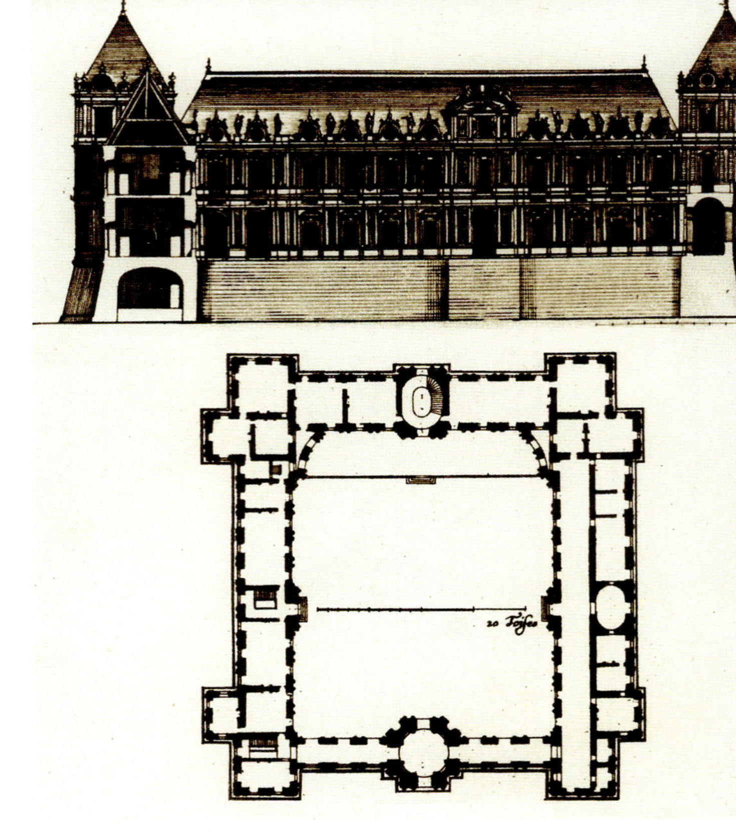

（上）图 3-38 库洛米耶 府邸（1613 年，萨洛蒙 · 德布罗斯设计）。平面及立面（图版作者 Jean Marot）

（中）图 3-39 布莱朗库尔 府邸（1612~1619 年，萨洛蒙·德布罗斯设计）。全景（版画作者 Israël Silvestre，1691 年前）

（下）图 3-40 布莱朗库尔 府邸。复原图（作者 Peter Smith）

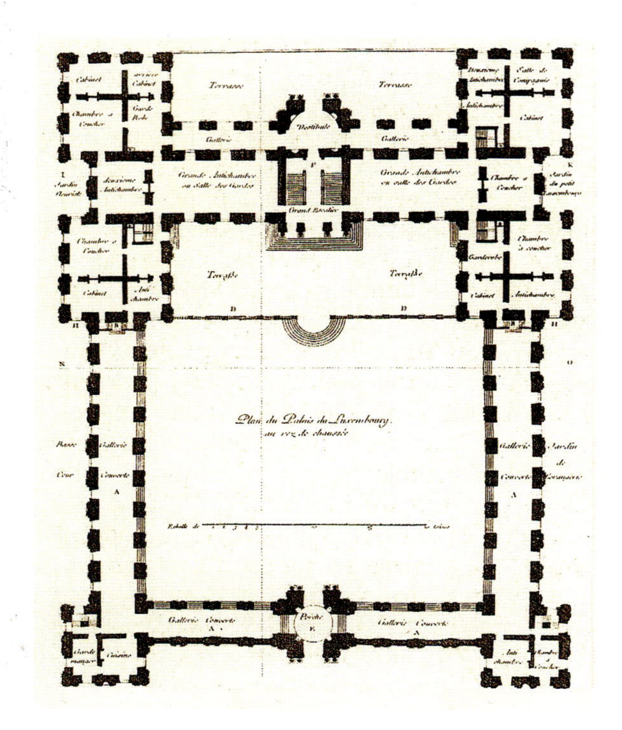

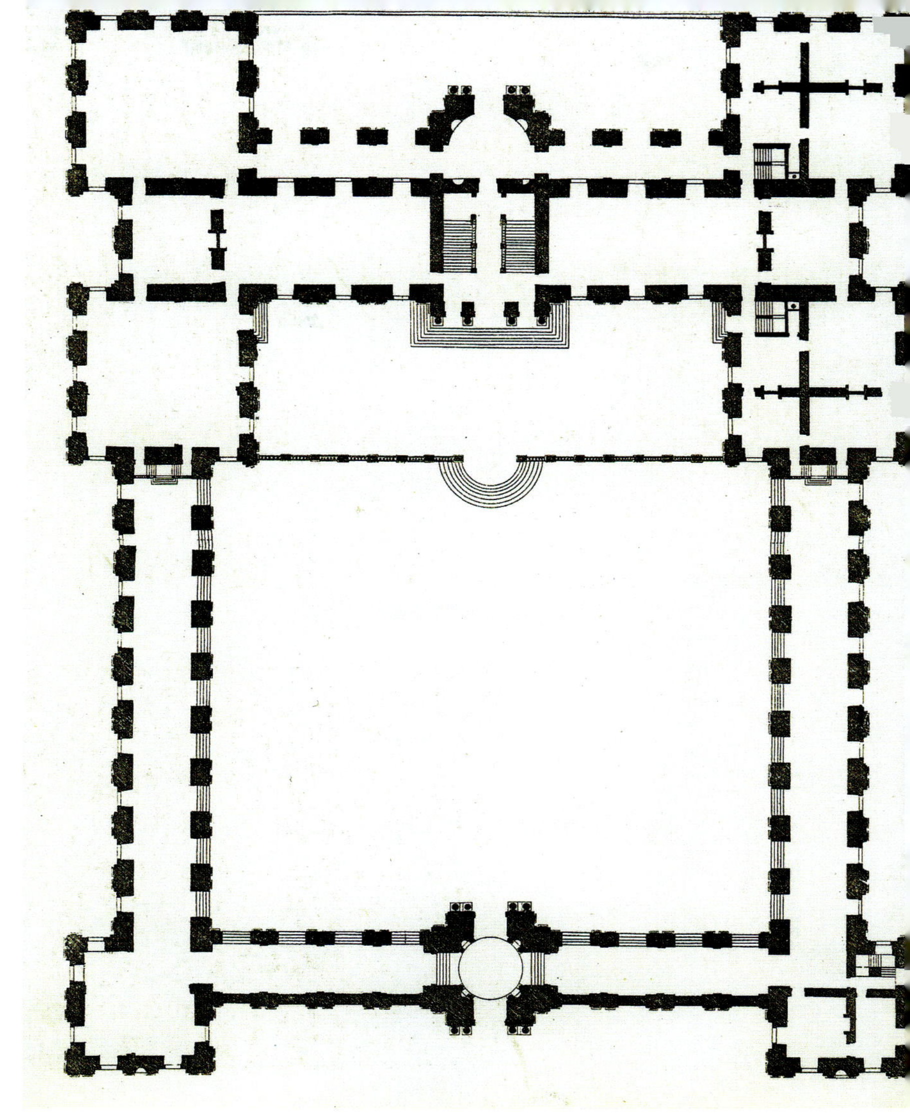

（上两幅）图 3-41 巴黎 卢森堡宫（1615~1624/1627 年，建筑师萨洛蒙 · 德布罗斯）。平面［取自 J.F.Blondel：《L’Architecture Française》，1752~1756 年，图版作者可能为 Jean Marot（1679 年前）］

（下）图 3-42 巴黎 卢森堡宫。平面（据 Hustin 及 B.Fletcher）

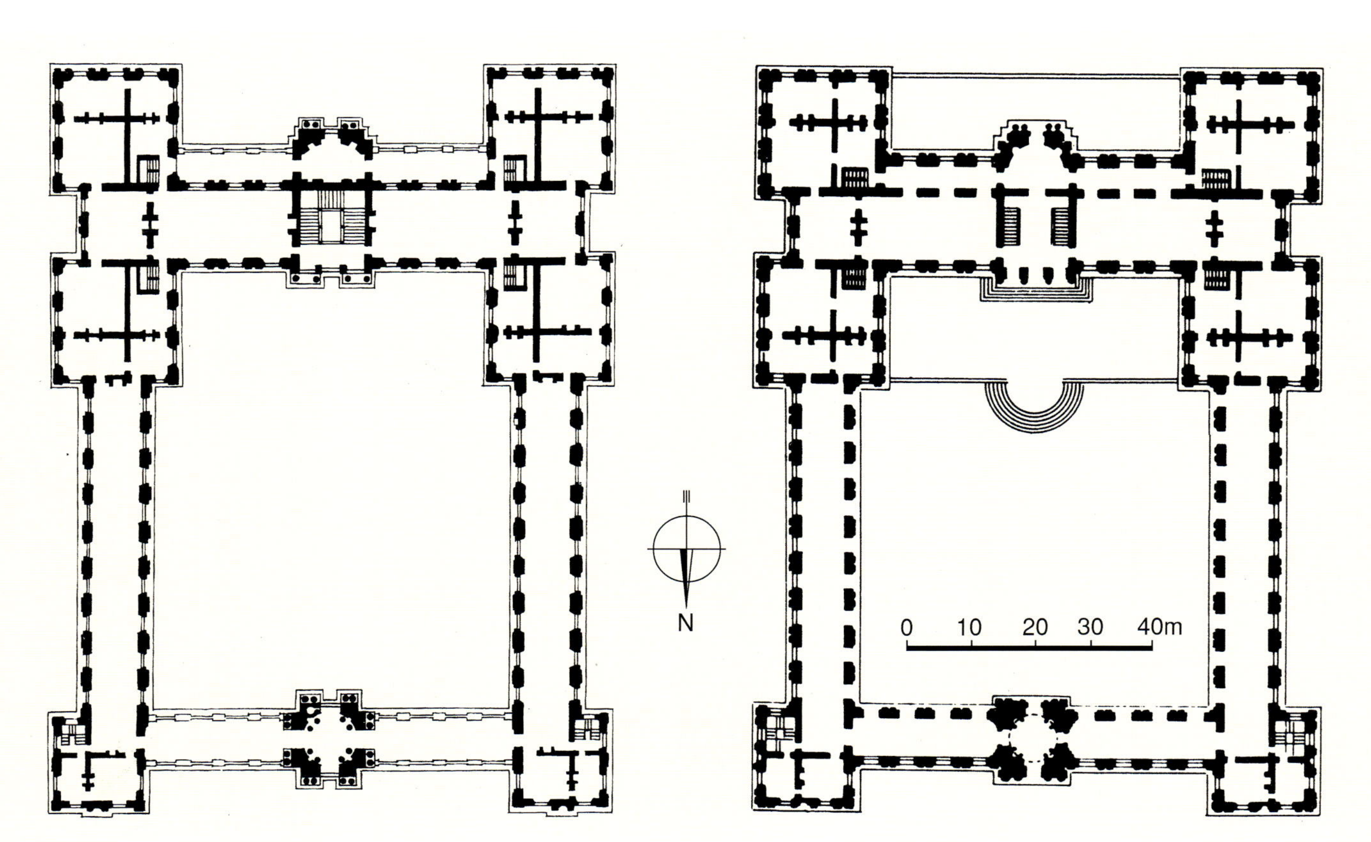

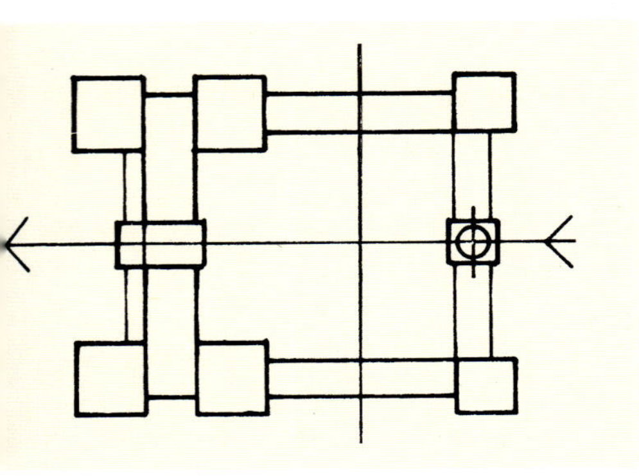

本页及右页：

（左上）图 3-43 巴黎 卢森堡宫。平面构图示意（据 Christian Norberg-Schulz）

（左中）图 3-44 巴黎 卢森堡宫。北立面（取自 J.F.Blondel：《L'Architecture Française》，1752~1756 年）

（左下）图 3-45 巴黎 卢森堡宫。剖面（取自 J.F.Blondel：《L'Architecture Françoise》，1752~1756 年）

（右上）图 3-46 巴黎 卢森堡宫。立面透视图（局部，17 世纪画稿，巴黎卢浮宫博物馆藏品）

（右下）图 3-47 巴黎 卢森堡宫。俯视全景（自北面望去的景色，据 Werner Hager）

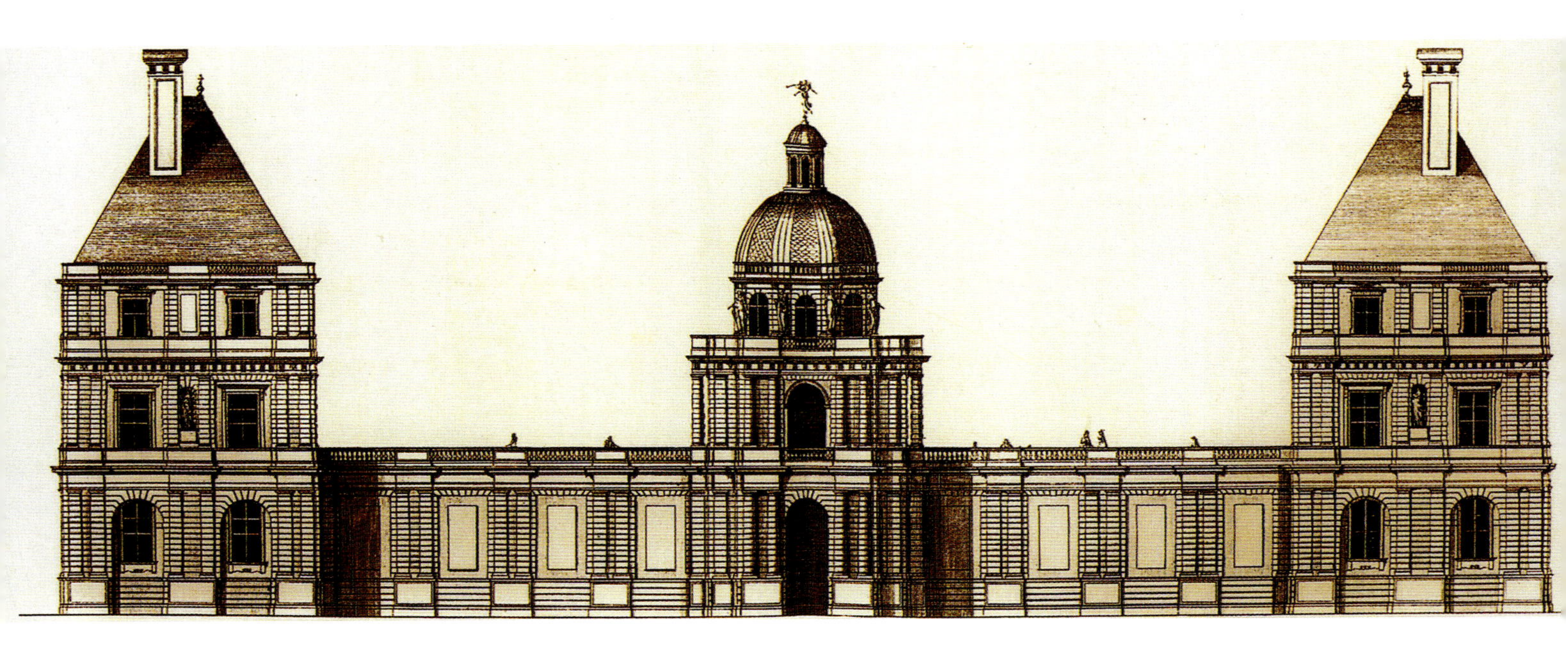

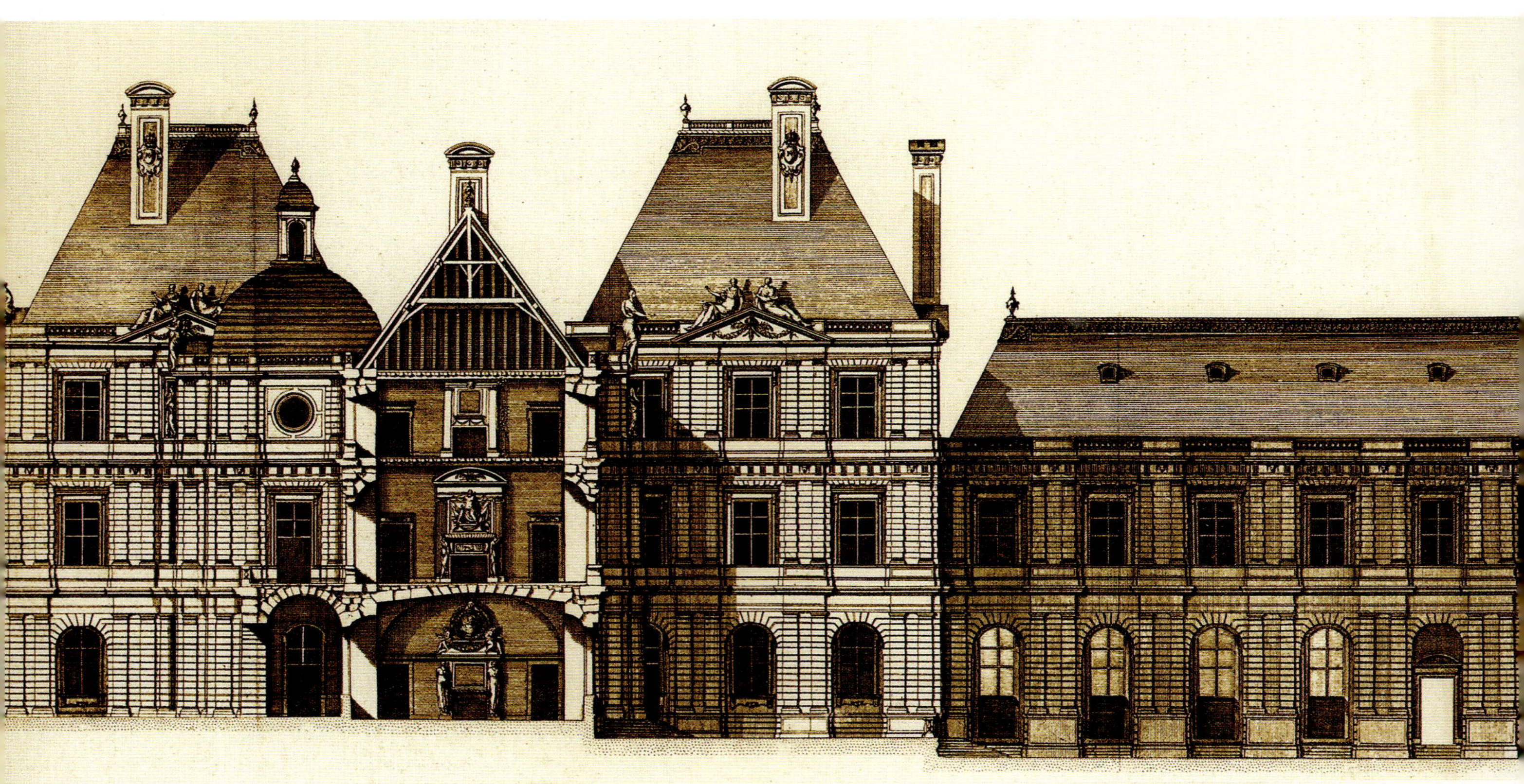

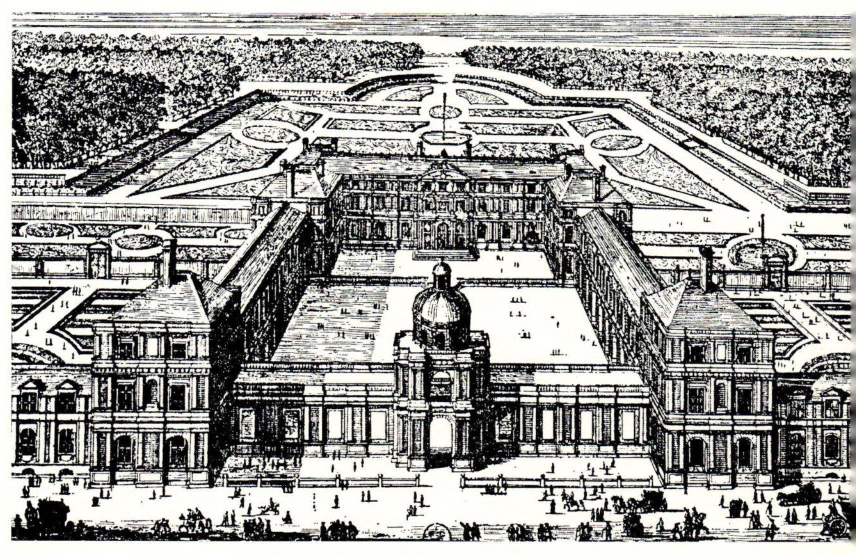

候的原因，在法国，这种采用楼阁系统的府邸均覆高屋顶，屋顶上开老虎窗并配烟囱。整个建筑群围绕主轴配置，轴线自前院一直延伸到花园。这种模式不仅见于乡间府邸，也同样用于城市宫邸，如布尔日的科尔府邸（1445~1451年）。但已经出现了力求布置得更为齐整

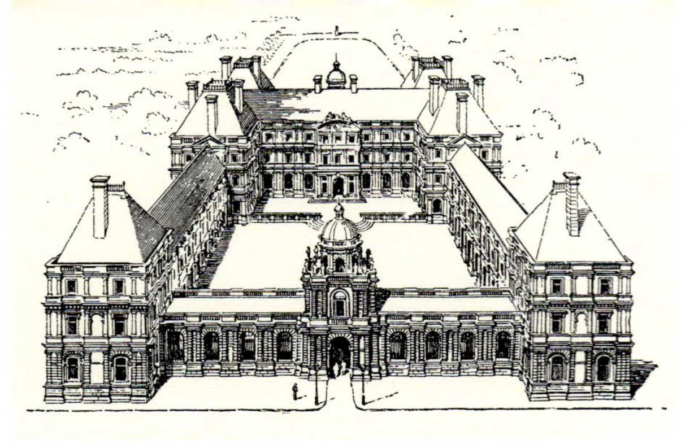

（上）图 3-48 巴黎 卢森堡宫。俯视全景（按最初设计，自北面望去的景色，据 Banister Fletcher）

（中）图 3-49 巴黎 卢森堡宫。花园立面（南立面）远景

（下）图 3-50 巴黎 卢森堡宫。花园立面全景

（上）图 3-51 巴黎 卢森堡宫。西南侧外景

（下）图 3-52 巴黎 卢森堡宫。西侧现状

本页及右页：

（左）图 3-53 巴黎 卢森堡宫。南立面中央形体近景

（右上）图 3-54 巴黎 卢森堡宫。东侧景色

（中及右下）图 3-55 巴黎 卢森堡宫。北面门楼外景

的趋势，大厅常常面对着入口布置。意大利宫殿的主要部分朝向外部，院落（cortile）具有“私密”的性质。而在法国的府邸里，前院（或称正院，直译“光荣院”，cour d'honneur）是对城市空间“开放”的，居住形体（corps de logis）则位于更隐蔽的处所。这种观念的区别正是生活方式和社会结构差异的反映。

文艺复兴风格开始时只是作为一种装饰手段传到法国，也就是说，建筑本身仍是哥特结构，只是换了表面的装饰形式。但从 16 世纪中叶起，人们开始更认真地关注古代或意大利的榜样，在文艺复兴思潮的影响

SENAT
TAXIS

下，几何构图方式在设计中开始得到推广，平面的几何特征也变得越来越突出。在尚博尔府邸（1519~1550 年），这种趋向表现得格外明显（中世纪的旧城堡被纳入到一个新的体系中去，后者的总体布局和 17 世纪的宫殿——如卢森堡宫——极其相似）[11]。不过，和尚博尔相比，比里府邸（1511~1524 年）的表现似更具革新意义，其居住形体位于“U”形平面的中心，服务及辅助房间布置在两侧。“U”形平面被一道较矮的墙体封闭，其内

左页：

（上）图 3-56 贝尔尼 府邸（1623年，弗朗索瓦·芒萨尔设计）。外景（版画，作者 Pérelle）

（下）图 3-57 贝尔尼 府邸。俯视全景图（取自 Anthony Blunt：《Art and Architecture in France, 1500~1700》，1999 年）

本页：

图 3-58 巴勒鲁瓦 府邸（约 1625~1630 年，建筑师弗朗索瓦·芒萨尔）。鸟瞰全景

设拱廊，中间辟门。居住形体通过一个中央出口通向花园，就这样创造了一条明晰的纵向轴线。

在阐明“U”形平面后期的发展上，维朗德里和阿内府邸可作为两个典型的例证。前者建于 1532 年，有一个完美规范的前院(图 3-34、3-35)；后者为菲利贝尔·德洛姆的杰作，建于 1547~1552 年，其纵向轴线通过宏伟的门廊和居住形体中央大的凸出部分得到强调（后者通过叠置多立克、爱奥尼和科林斯柱子进行分划）。菲利贝尔·德洛姆自己的巴黎宅邸同样采用了“U”形平面。其院落通过一道横翼加以封闭，朝街的该翼立面高两层，中间设一构图突出的门。居住翼中心为礼拜堂，其半圆室向花园方向凸出。尽管具有许多风格主义的特色，菲利贝尔·德洛姆仍可视为法国古典建筑的创始人。在他的《论建筑》(Architecture) 里，有不少对建筑以后

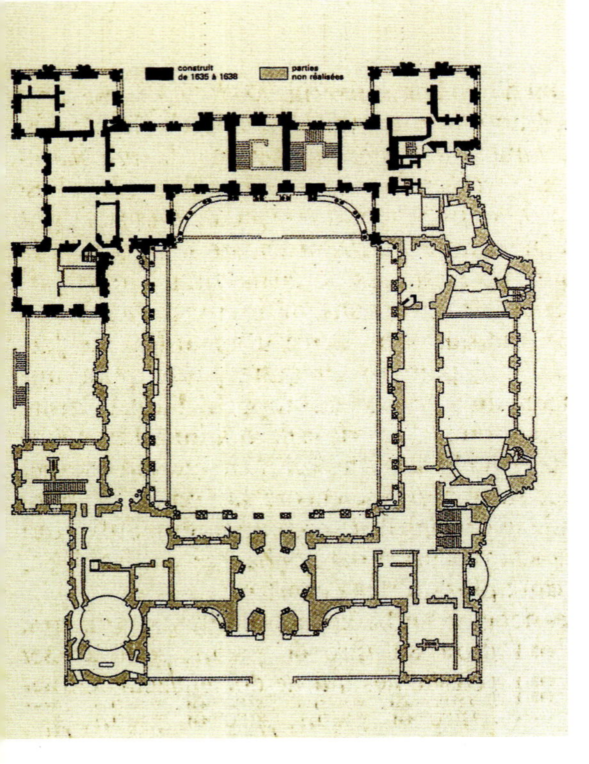

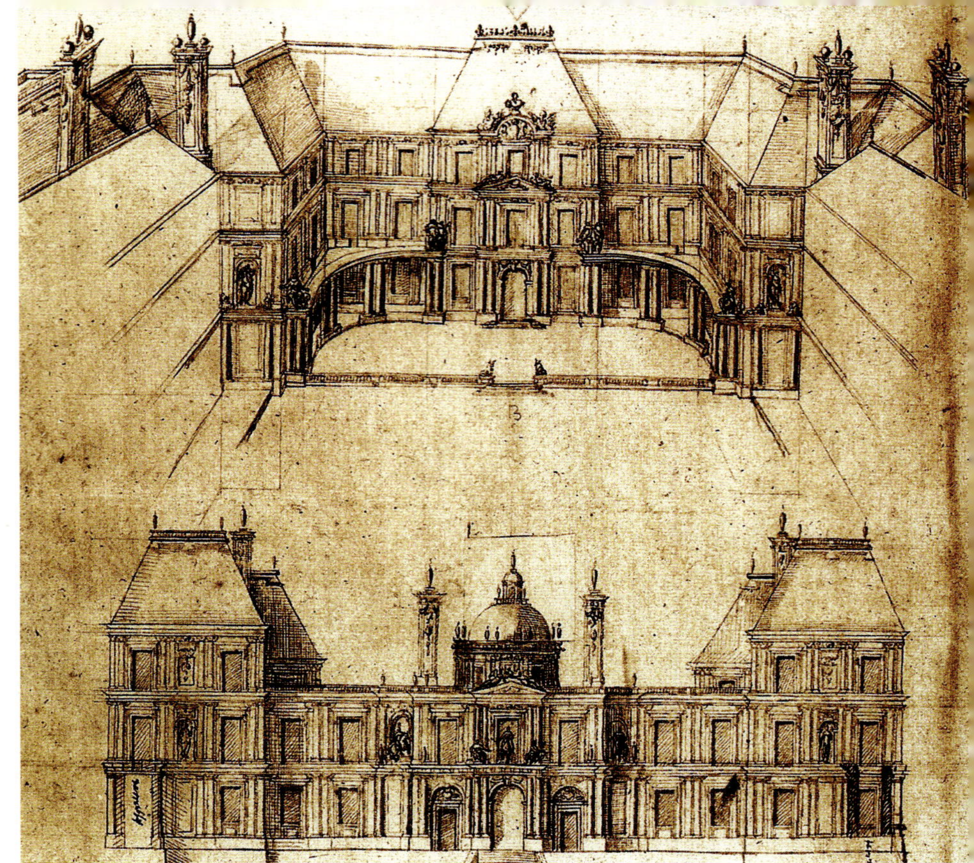

（左上）图 3-59 布卢瓦府邸。新宫（加斯东翼，1635~1638 年，弗朗索瓦·芒萨尔设计），改建平面（仅墙体涂黑部分得以实现）

（右上）图 3-60 布卢瓦府邸。新宫（加斯东翼），设计图稿（作者弗朗索瓦·芒萨尔，下图所示入口翼未实现）

（下）图 3-61 布卢瓦府邸。新宫（加斯东翼），立面（图版作者 F.Duban，1855 年前）

的发展具有深远影响的思想，如在住宅建筑里采用巨柱式构图之类。在约 1560 年让·比朗建造埃库昂府邸和 1584 年巴蒂斯特·迪塞尔索建造巴黎拉穆瓦尼翁府邸前院时，都再次采纳了这一构思（图 3-36）。后者的手法主义分划显然是受他的父亲——对罗马古迹颇有研究的雅克·安德鲁埃·迪塞尔索影响的结果（图 3-37）。1565 年，老迪塞尔索按“U”形平面设计了韦尔讷伊府邸，在中部设置了一个带穹顶的圆形前厅。德洛姆的丢勒里宫设计已可和埃尔埃斯科里亚尔宫堡媲美；迪塞尔索为查理九世（1550~1574 年在位）建的沙勒瓦勒府邸则预示了凡尔赛宫的诞生。只是由于内战，这些设计未能最后完成。

路易十三时期，人们力求更新传统的建筑设计，在这方面的主要代表人物有建筑师萨洛蒙·德布罗斯、

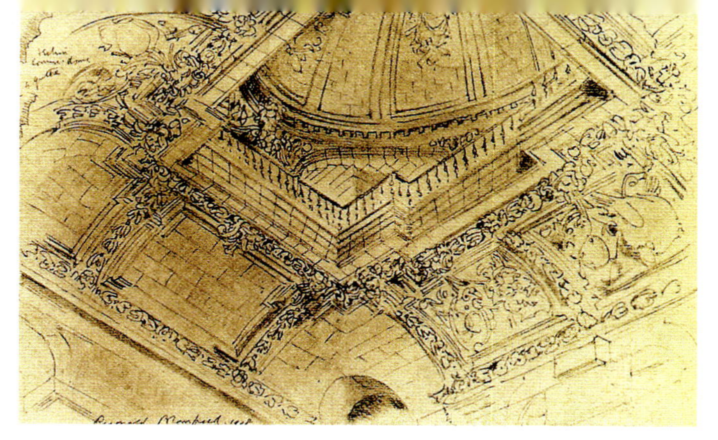

弗朗索瓦·芒萨尔和路易·勒沃。

萨洛蒙·德布罗斯作品

萨洛蒙·德布罗斯（1571~1626年）出身于一个有名望的建筑师家庭（和迪塞尔索家族有亲戚关系），是

（左上）图3-62 布卢瓦 府邸。新宫（加斯东翼），楼梯间剖面

（右上）图3-63 布卢瓦 府邸。新宫（加斯东翼），楼梯间细部（Reginald Blomfield 绘）

（下）图3-64 布卢瓦 府邸。新宫（加斯东翼），现状外景

（右中）图3-65 布卢瓦 府邸。新宫（加斯东翼），立面近景

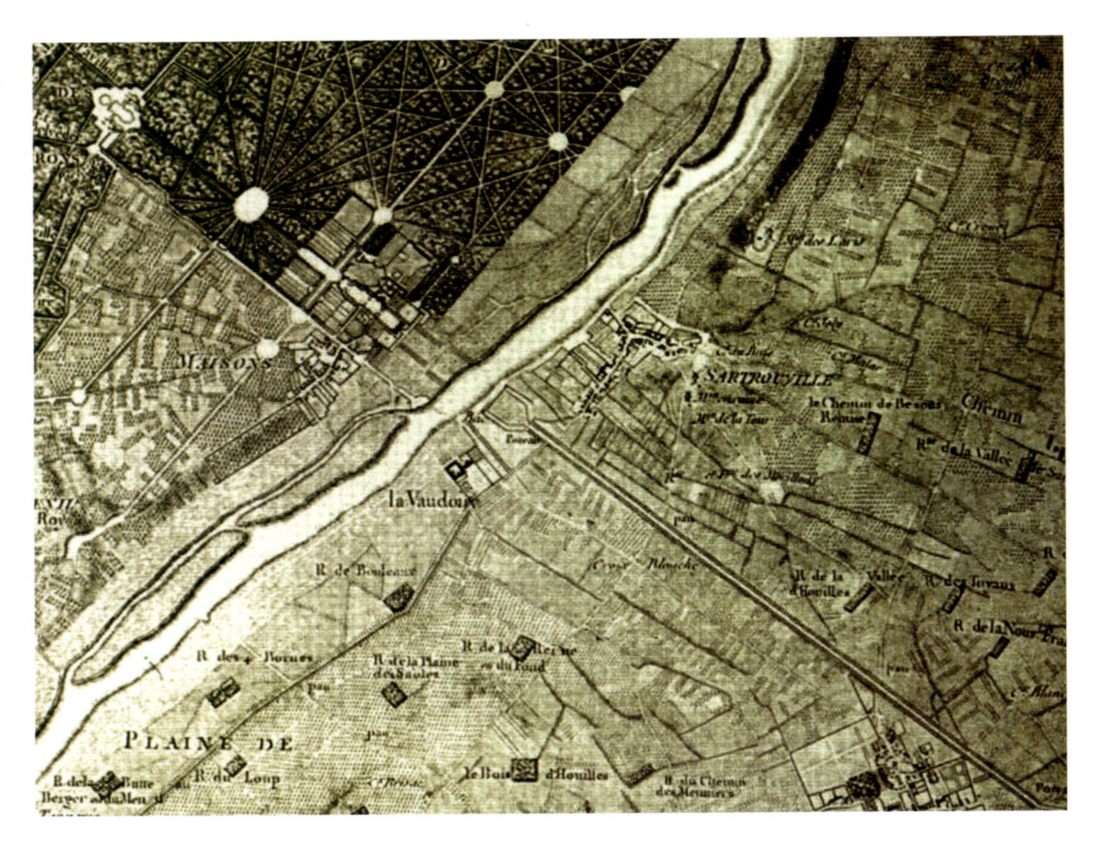

（上）图 3-66 迈松 府邸（1642~1646/1650 年，弗朗索瓦·芒萨尔设计）。1752 年地区总图（府邸位于塞纳河左岸）

（左下）图 3-67 迈松 府邸。平面（据 David Watkin 等，经改绘）

（右下）图 3-68 迈松 府邸。平面及剖面（据 Banister Fletcher）

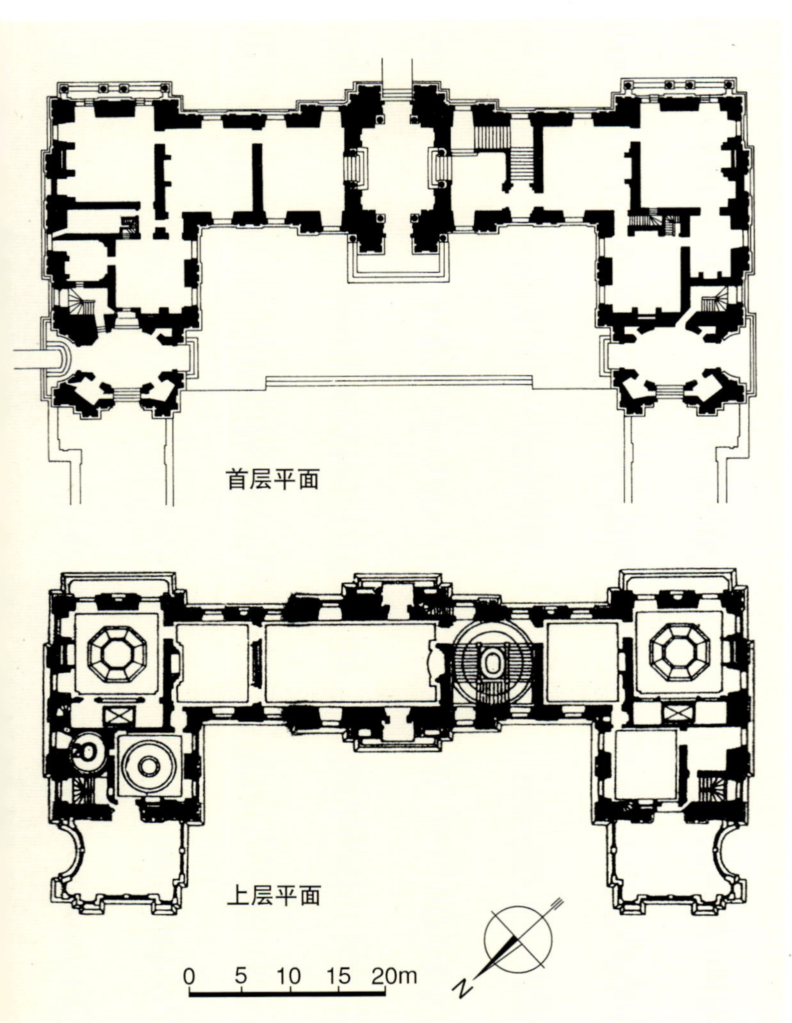

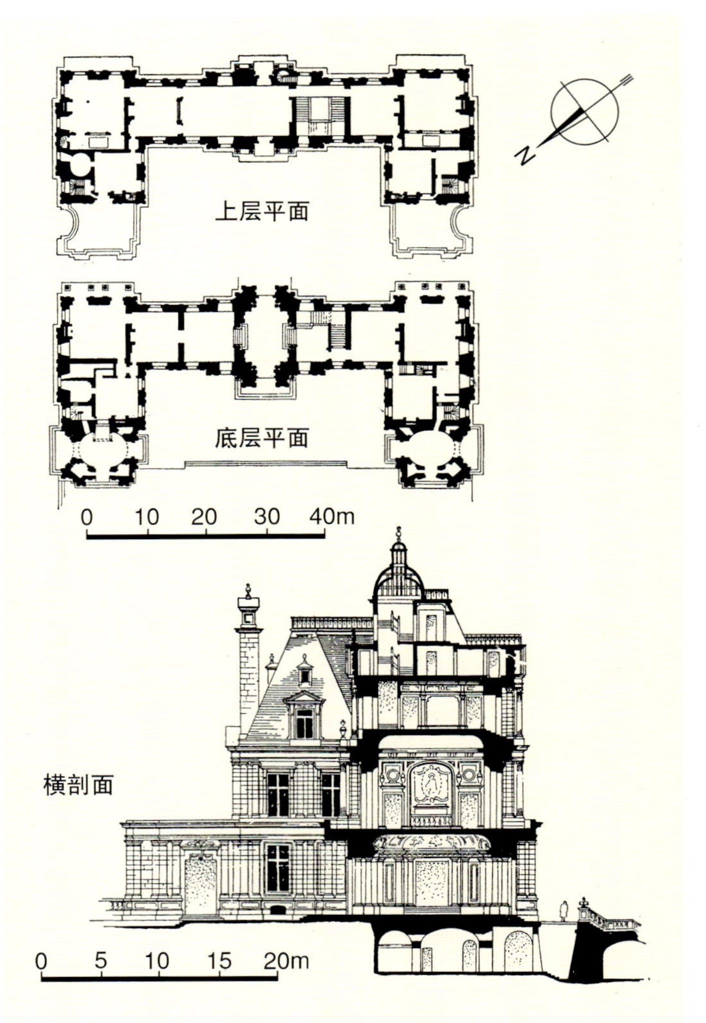

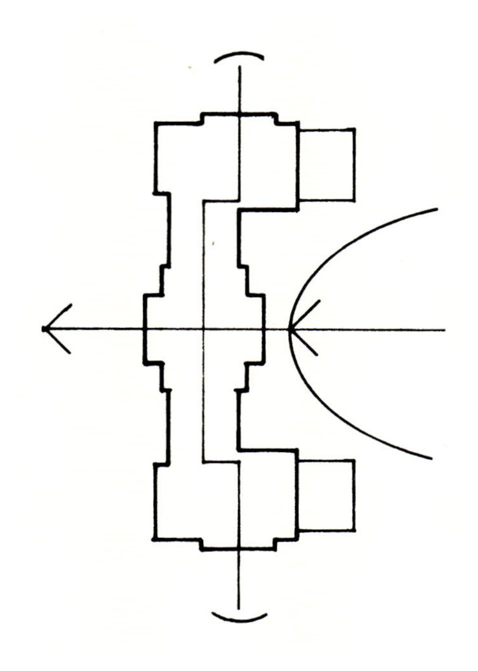

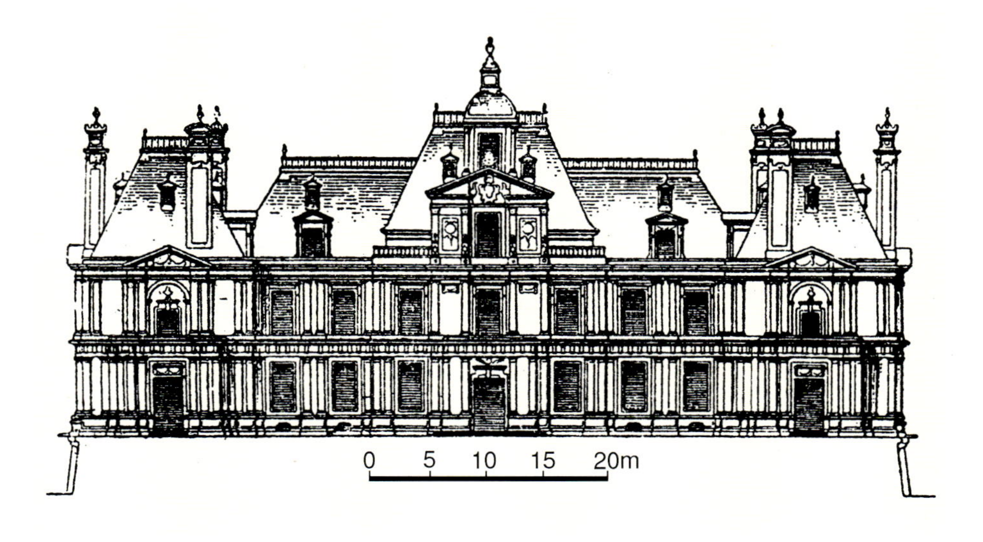

（左）图 3-69 迈松 府邸。平面构图示意（据 Christian Norberg-Schulz）

（右上）图 3-70 迈松 府邸。立面（据 A.Choisy）

（右下）图 3-71 迈松 府邸。立面细部（渲染图，法国历史古迹档案材料）

这时期最富有创意的建筑师之一。只是到他这里，前面所提到的许多观念才被统合到一起，形成所谓法国巴洛克早期建筑。在他的作品中，已经表现出法国建筑特有的处理问题的方式：在世俗建筑作品里，同时保留了某些手法主义的特征，如交替布置粗面石及柱式，但为手法主义特有的张力及矛盾的表现，则被强化的规则韵律取代。萨洛蒙·德布罗斯就这样确定了当时建筑的基调和手段。

作为宫廷建筑师，他在17世纪10~20年代里，建造了三个大型宫殿：库洛米耶府邸（1613年）、布莱朗库尔府邸（1612~1619年）和巴黎的卢森堡宫（1615~1624年，另说完成于1627年）。这些作品在当时全都引起了轰动并对这种建筑类型的变革产生了长期的影响。

库洛米耶府邸（图3-38）是三个宫殿中最恪守传统的一个。"U"形平面的第四面以单层围墙和带穹顶的大前厅封闭（建筑中普遍采用粗面石，这种做法显然是来自意大利的原型，如佛罗伦萨皮蒂府邸的院落；目前建筑仅存残段）。"U"形支翼高两层，角上楼阁形如三层塔楼。墙面分划表明，建筑师在统一和整合上费了不少心机。建筑外部于基台上配置成对壁柱，构成连

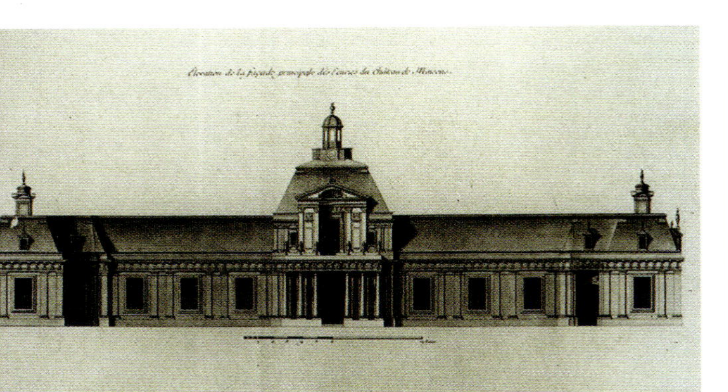

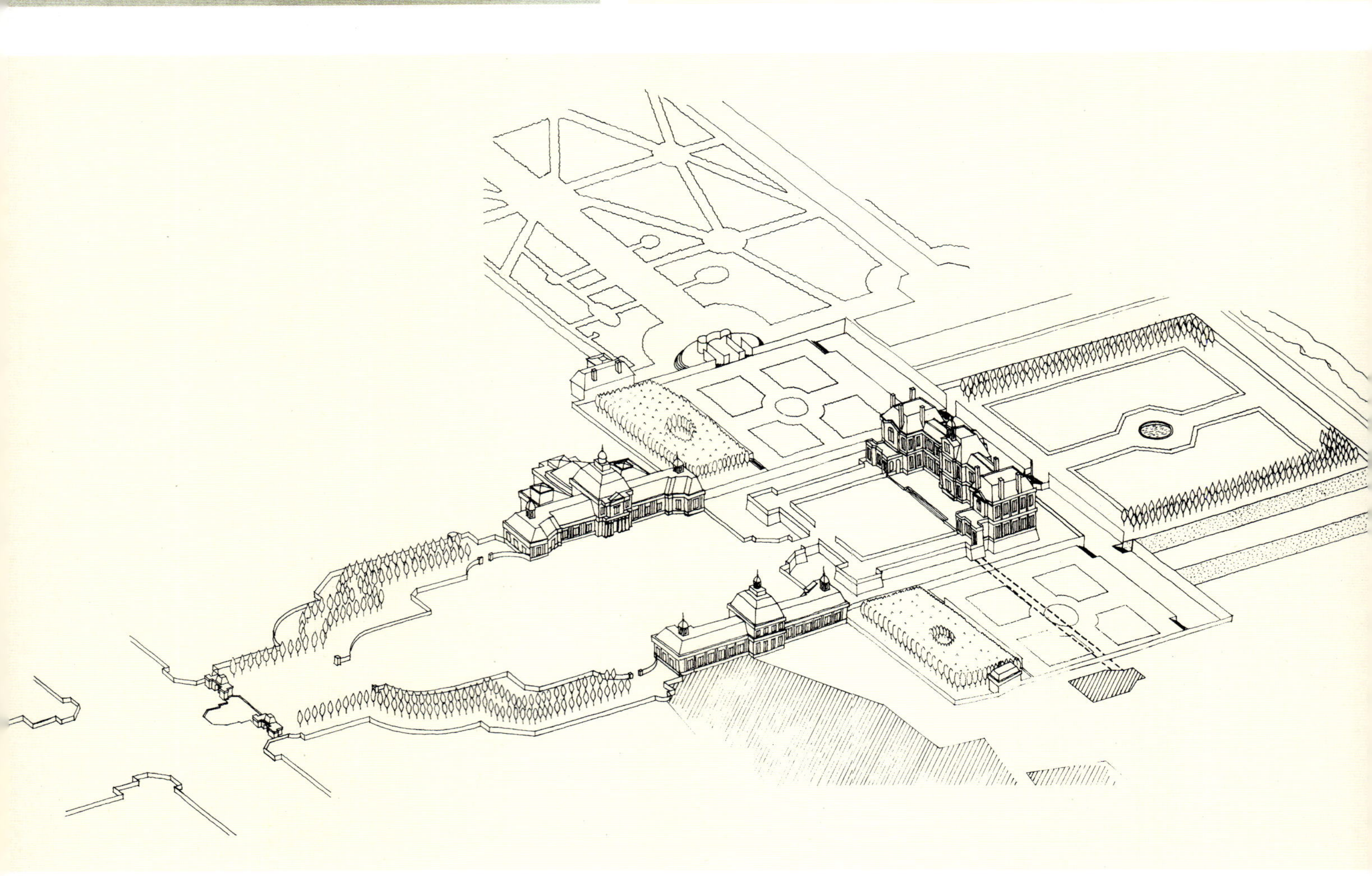

左页：

(左上) 图 3-72 迈松 府邸。马厩立面

(下) 图 3-73 迈松 府邸。鸟瞰全景（取自 Michael Raeburn 主编：《Architecture of the Western World》，1980 年）

(右上) 图 3-75 迈松 府邸。立面全景（据 Banister Fletcher）

本页：

(上) 图 3-74 迈松 府邸。俯视渲染图（法国历史古迹档案材料）

(下) 图 3-76 迈松 府邸。自塞纳河边望去的景色

（上）图 3-77 迈松 府邸。花园面外景（版画，作者 Pérelle）
（左下）图 3-78 迈松 府邸。院落面外景（版画，作者 Pérelle）
（右下）图 3-80 迈松 府邸。花园面全景

图 3-79 迈松 府邸。花园面远景

图 3-81 迈松 府邸。花园面近景

续体系。主要轴线通过前厅的半柱以及居住形体的凸出部分（其内为椭圆形楼梯）加以强调。院落同样借助成对配置的半柱分划并具有双轴布局的特色；两翼与居住形体之间以曲面墙体相连。整个府邸的构图就这样呈现出微妙的平衡，建筑各形体之间既有区别又通过局部连续的墙面得到统一。在这个相对封闭的体系里，院

（上及左下）图 3-82 迈松 府邸。门厅内景

（右下）图 3-83 迈松 府邸。楼梯间内景

落通过构图的变化重要性有所增加，同时更具有“开放”的特色。围护着它的墙体和纵向轴线形成了鲜明的对比。

在现已毁掉的布莱朗库尔府邸，萨洛蒙·德布罗斯同样采用了卢森堡宫的基本形制，但取消了院落翼，仅由简单的居住形体组成（图 3-39、3-40）。平面因此呈“H”形，形成了类似意大利别墅那样的独立建筑（整个建筑和外部空间的相互关系和罗马的巴尔贝里尼宫相近）。低坡屋顶和把老虎窗纳入顶楼层也都是意大利风格的表现。和意大利宫殿不同的是，宫殿角上布置方形的楼阁，其硕大的屋顶上冠以顶塔。但由于墙面靠叠置三种柱式构成连续且充满变化的分划，加之样式规范的多立克和爱奥尼柱式没有像许多早期建筑那样，仅限于正面，而是用于整个建筑，整体仍然保持了统一的外貌。角上的楼阁分成两部分，分成三部分的中央凸出形体进一步通过斜面山墙加以强调。总的来看，这个建筑可视

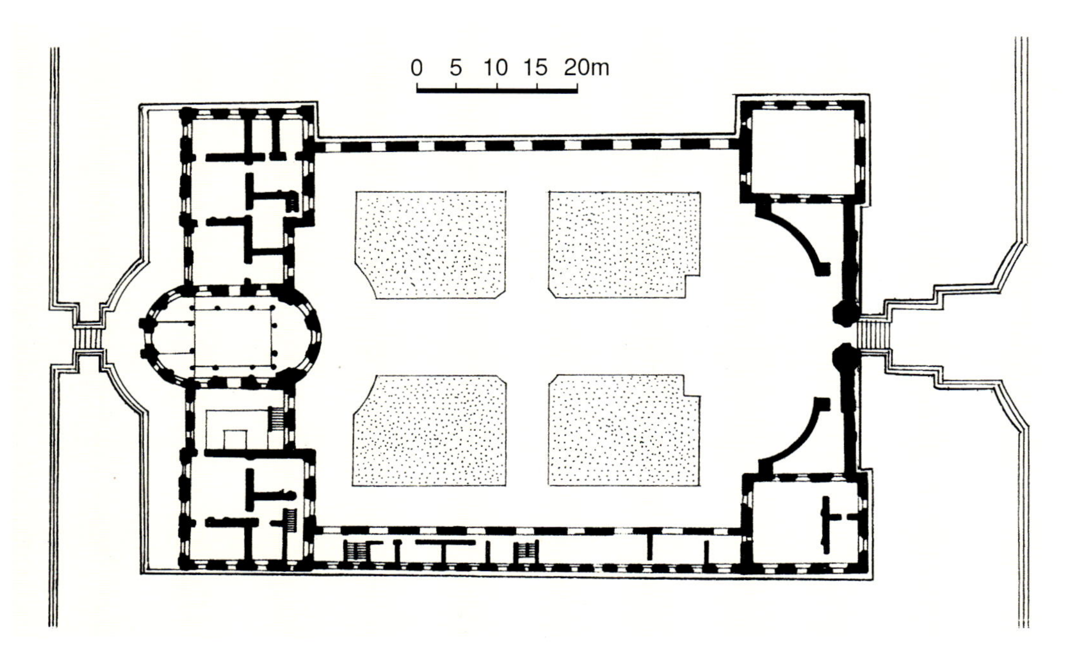

（上）图 3-84 路易·勒沃（1612~1670 年）画像（凡尔赛博物馆藏品）

（中）图 3-85 兰西府邸（1645 年，建筑师路易·勒沃，已毁）。平面（据 Christian Norberg-Schulz）

（下）图 3-86 兰西府邸。正面外景（版画，作者 Pérelle）

（上）图 3-87 兰西 府邸。侧面外景（版画，作者 Pérelle）

（下）图 3-88 沃 - 勒维孔特 府邸（1656/1657~1661 年，花园 1620~1720 年，建筑师路易·勒沃，室内设计师勒布朗，园林设计师勒诺特）。地段规划总图（约 1780 年）

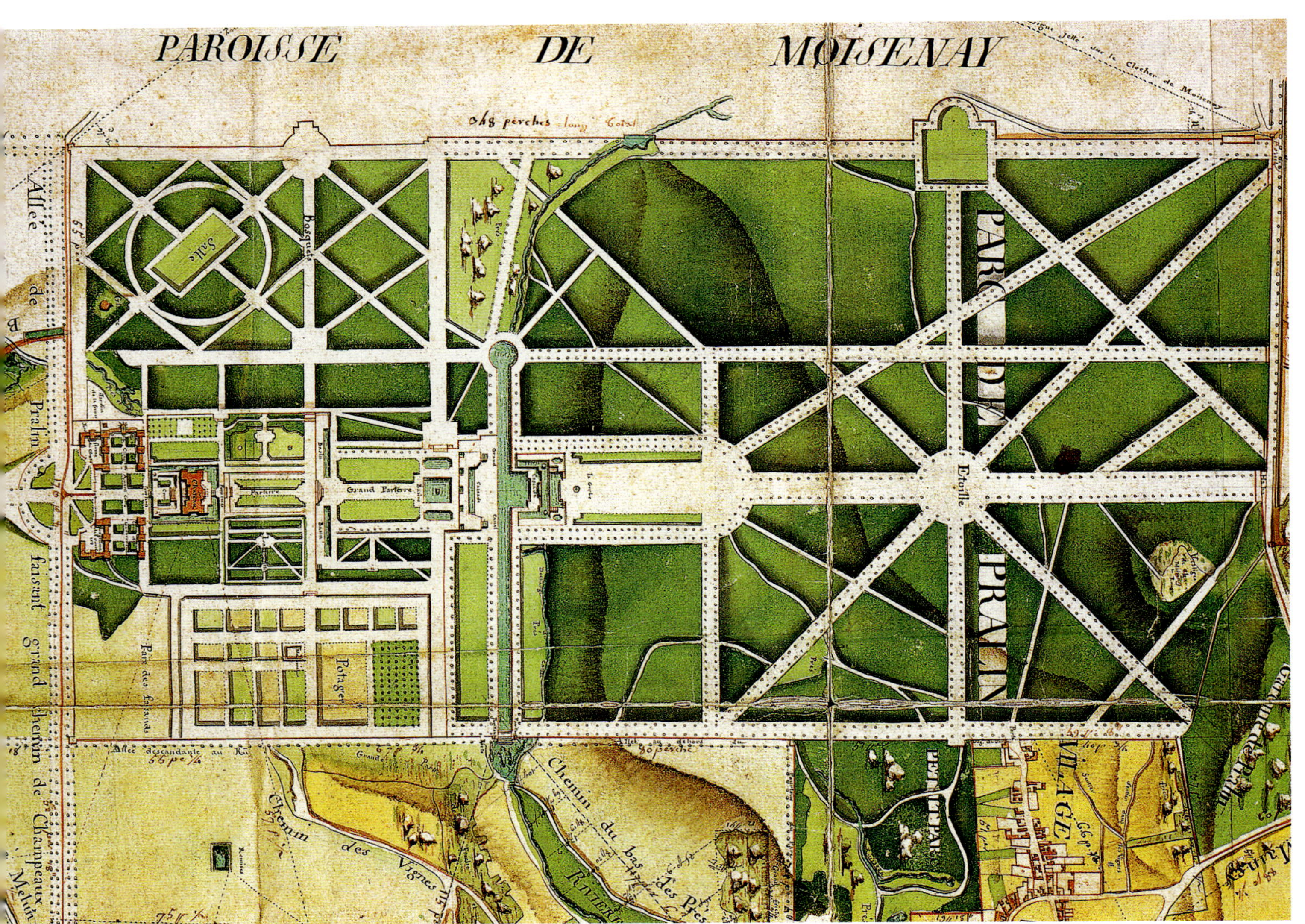

为将巴洛克的空间和形体观念与简单而不失精练的分划相结合的典型实例，而这后一个特点正是法国古典主义建筑的主要标志。

从类型学的角度来看，在这几个宫邸中，布莱朗库尔府邸要更为引人注目，因为它放弃了当时法国宫堡建筑最常用的“U”形平面，没有采用侧翼，建筑缩减成

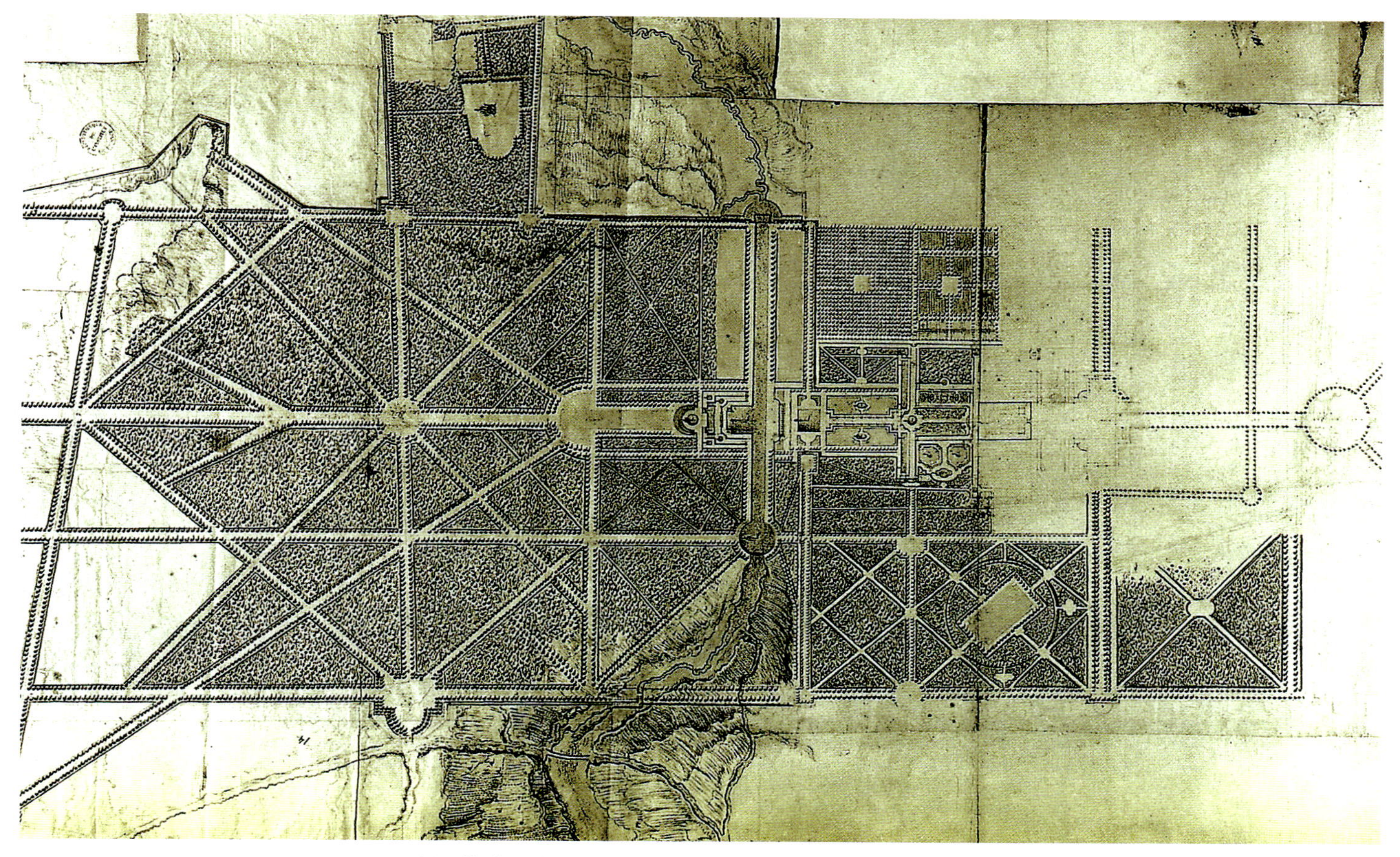

图 3-89 沃 - 勒维孔特 府邸。规划总图（法兰西学院平面，1658/1659 年）

图 3-90 沃 - 勒维孔特 府邸。平面（取自《Le Grand Marot》，1679 年前）

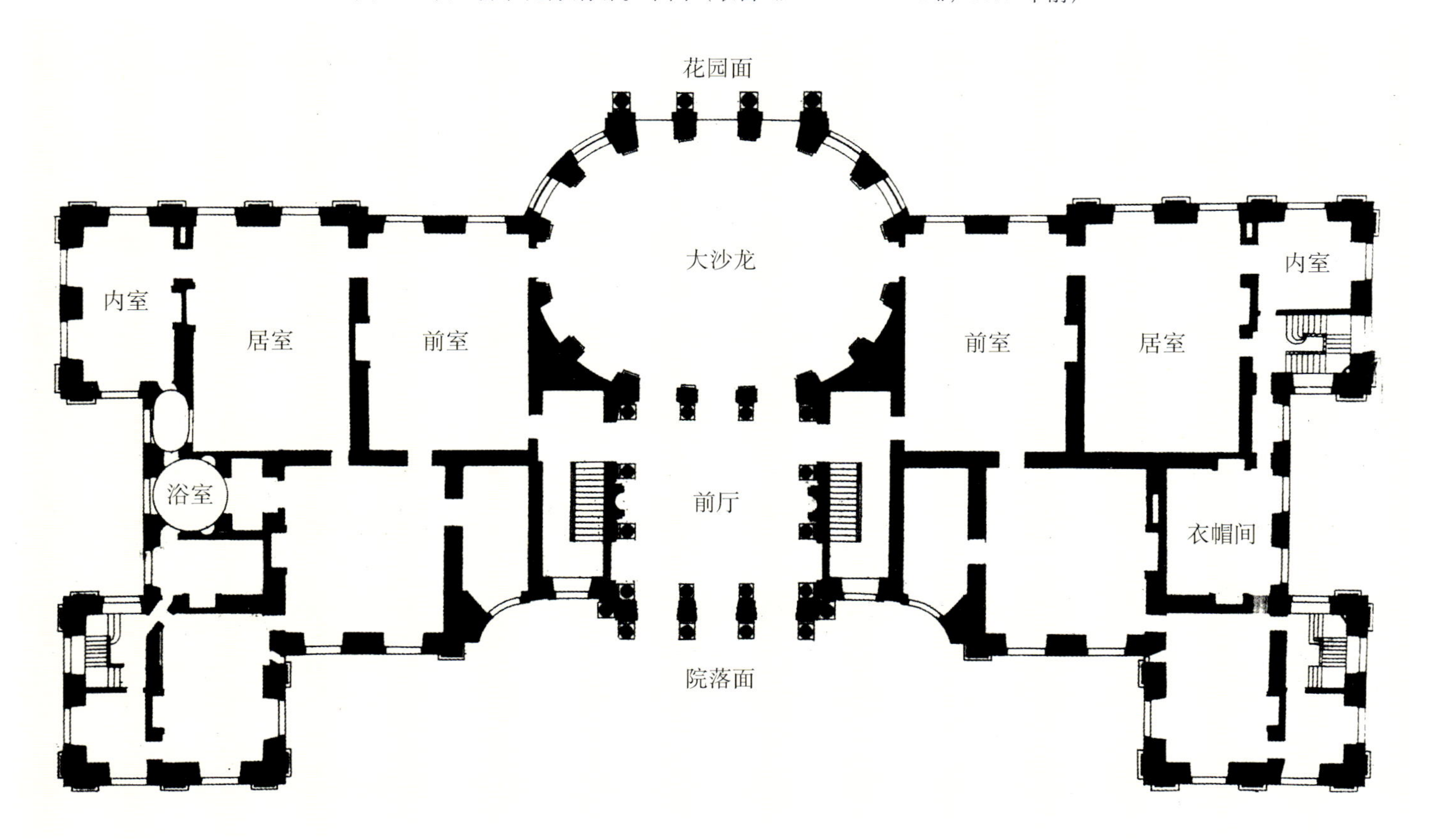

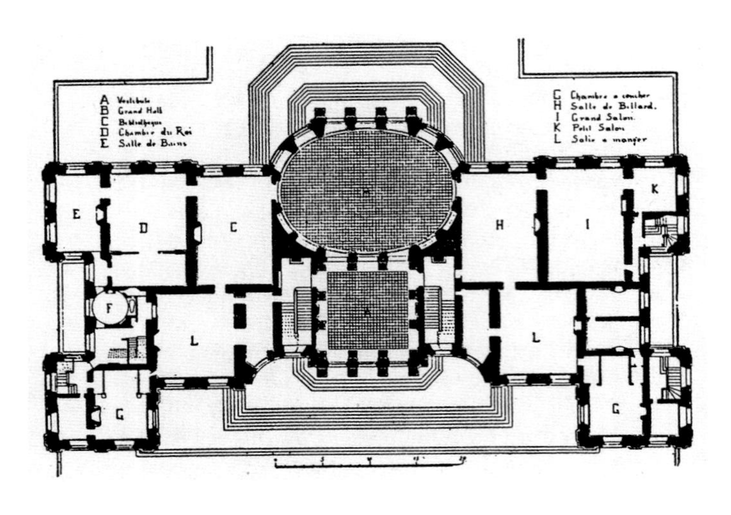

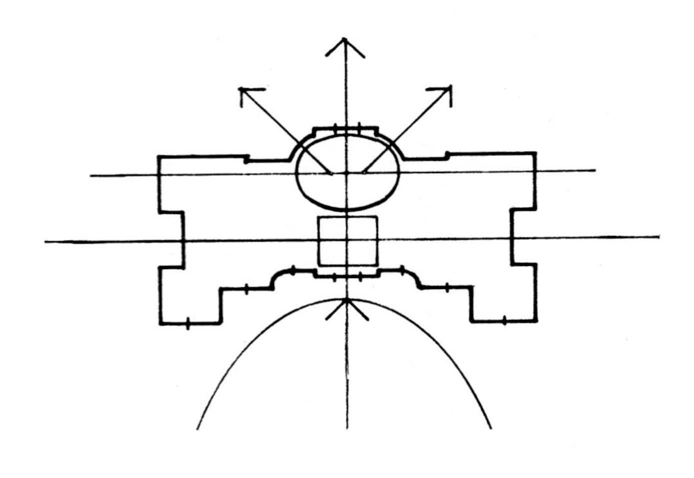

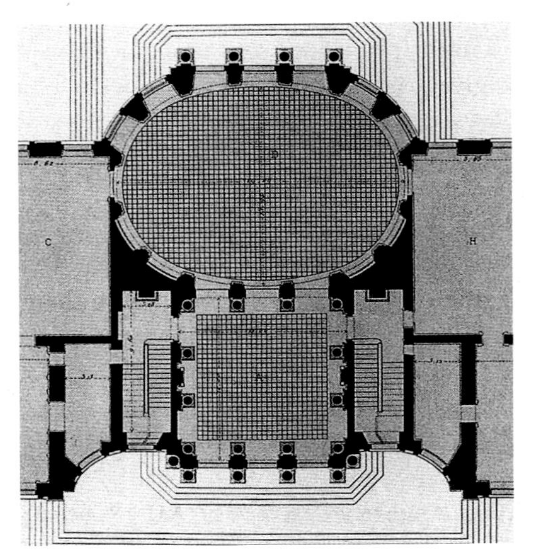

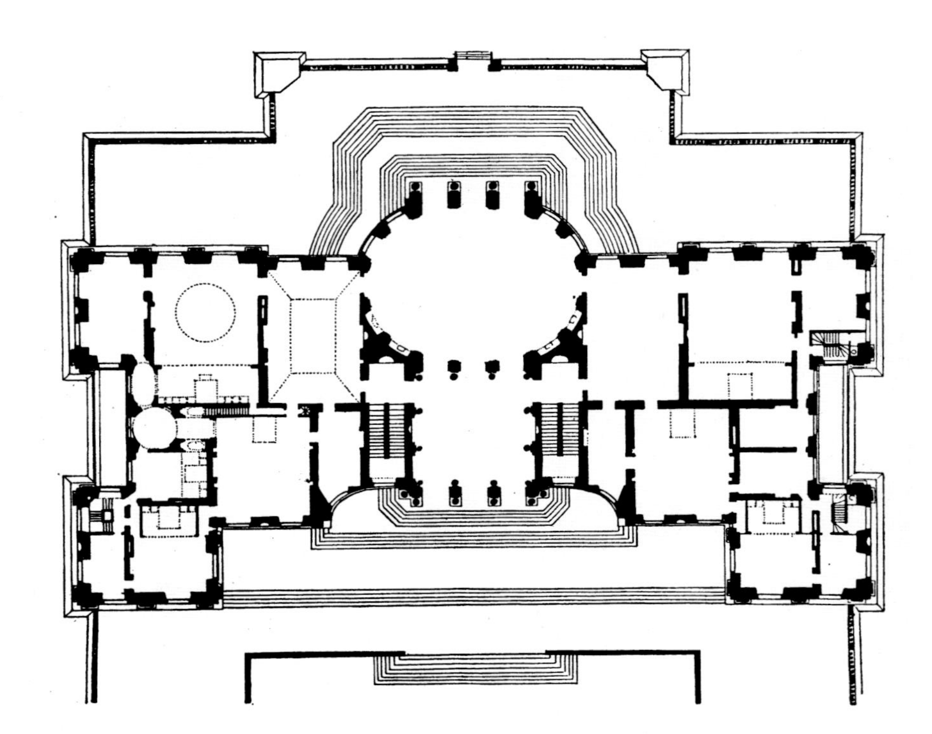

(左两幅)图 3-91 沃 - 勒维孔特 府邸。平面(据 J.Guadet，中部平面详图作者 Rudolf Pfnor，1888 年)

(右下) 图 3-92 沃 - 勒维孔特 府邸。平面 (上下两图分别取自 Henry A.Millon 主编 :《Key Monuments of the History of Architecture》和 Werner Hager :《Architecture Baroque》)

(右上) 图 3-93 沃 - 勒维孔特 府邸。平面构图示意 (据 Christian Norberg-Schulz)

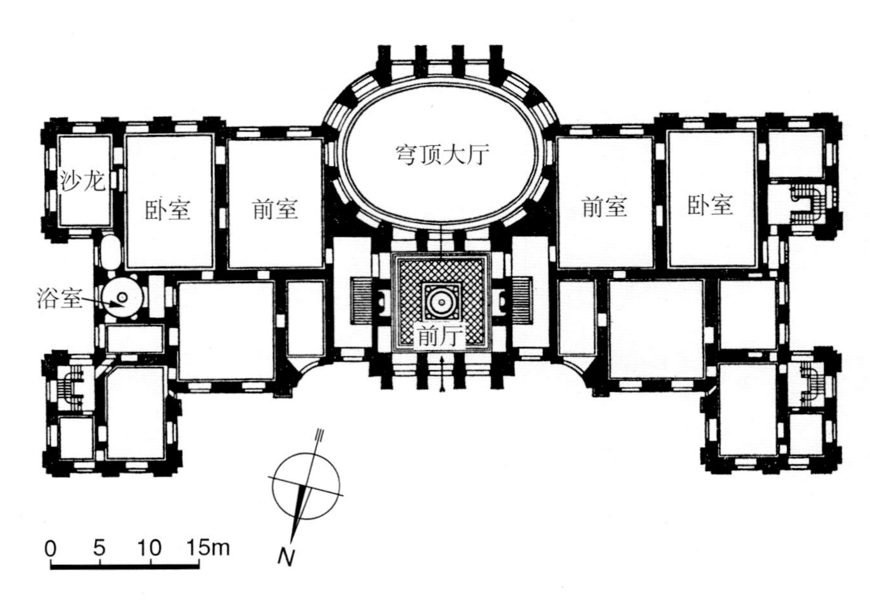

一个面向自然风光的中央主体。这种形式对以后整个欧洲的巴洛克府邸都产生了一定的影响。

萨洛蒙·德布罗斯主持建造的第三个宫殿，也是其作品中最著名的一个，即为玛丽·德梅迪奇建造的巴黎的卢森堡宫，其中采用了类似的布局方式和手法主义的装饰（平面、立面及剖面：图 3-41~3-46；外景：图 3-47~3-55）。从一幅版画上可知这座宫殿最初平面的样式（图 3-41）。建筑形成一个完整的组群：南面主体部分配有体量庞大的角楼，但南北楼阁之间没有再设单独形体，而是双双挤靠在中央形体两边（后者内部设大楼梯）。北面两边出侧翼，内部为廊厅。按塞利奥的说法，在法国，人们喜欢在这些廊厅内漫步；实际上，长期以

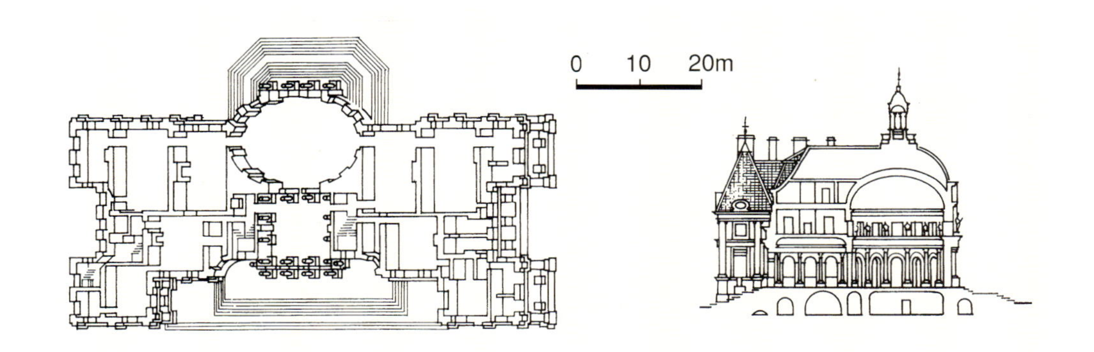

(右上) 图 3-94 沃 - 勒维孔特 府邸。平面剖析图及剖面（取自 Robert Adam：《Classical Architecture》，1991 年）

(右中及右下) 图 3-95 沃 - 勒维孔特 府邸。立面（图版作者 Rudolf Pfnor，1888 年）

(左) 图 3-96 沃 - 勒维孔特 府邸。立面局部（府邸及花园台地，图版作者 Rudolf Pfnor，1888 年）

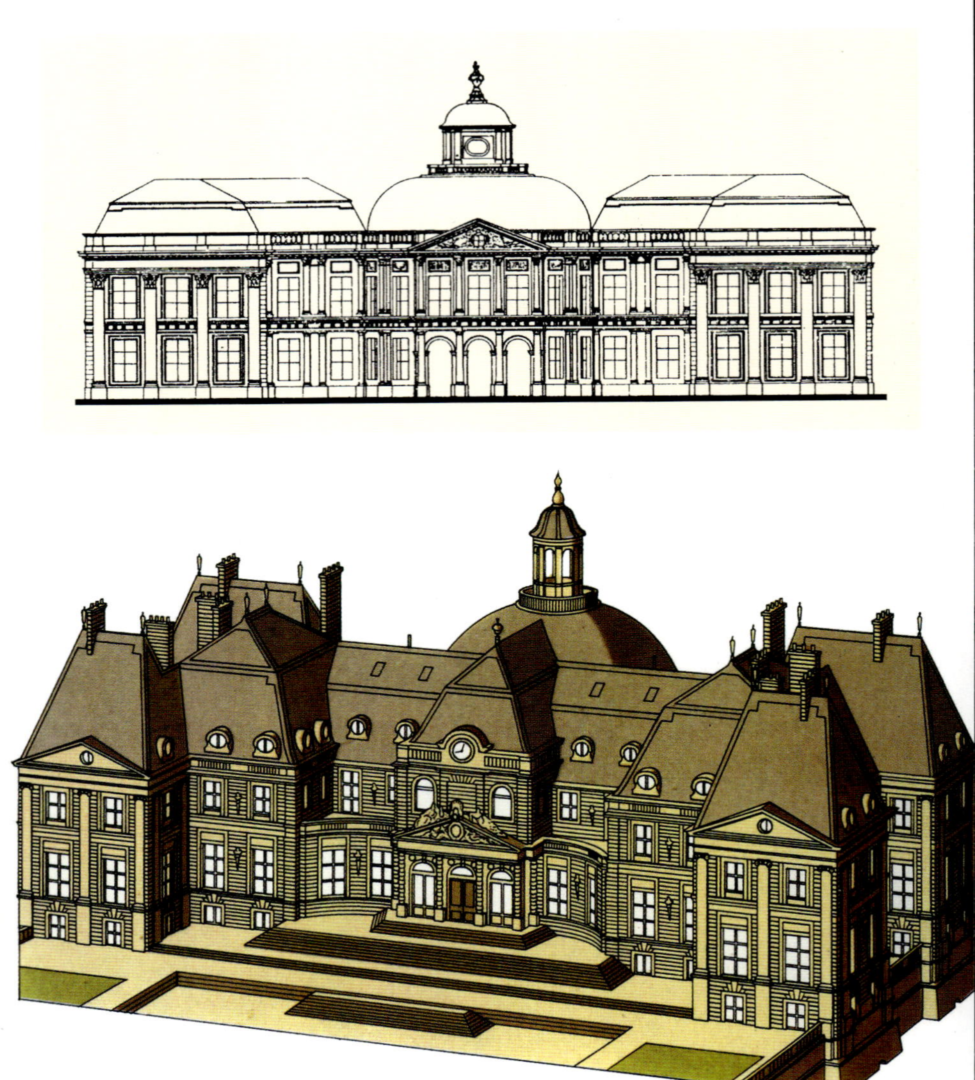

（右上）图 3-97 沃 - 勒维孔特 府邸。立面（据 Nikolaus Pevsner）

（右下）图 3-98 沃 - 勒维孔特 府邸。透视图（取自 John Julius Norwich ：《Great Architecture of the World》，2000 年）

（左）图 3-99 尼古拉 · 富凯（1615~1680 年）画像（油画局部，作者佚名，约 1660 年）

来，这些厅堂同样被当作舞厅。入口翼较矮，中间以一个带穹顶的楼阁标示出组群轴线。这座宫殿似乎是综合了前两个建筑的平面形式：一方面如布莱朗库尔府邸，有一个带角楼阁的居住形体，但同时又像库洛米耶府邸，带侧翼及穹顶前厅。其平面大体符合传统形制（院落由两翼封闭，后面布置居住形体，前为开敞的屏风式立

(上）图 3-100 沃 - 勒维孔特 府邸。北侧院落面俯视全景（版画，作者 Pérelle）

(下）图 3-101 沃 - 勒维孔特 府邸。南侧花园面全景（版画，作者 Claude Aveline）

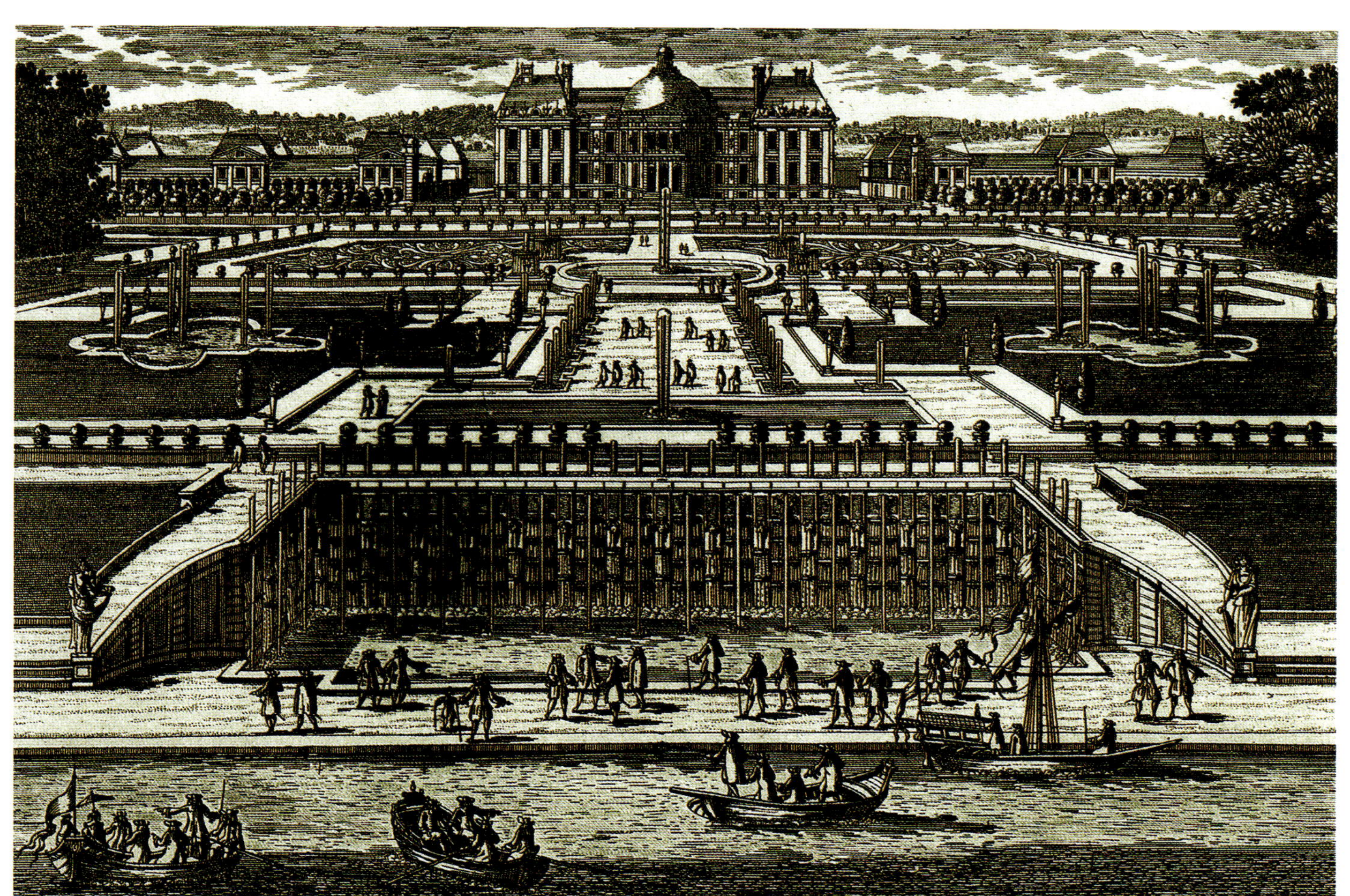

面）。居住形体采用双轴对称布置，角楼阁内每层布置一组完整的套房，并可通过服务楼梯通达，从而向 17 世纪后期那种更符合功能需求的套房迈出了重要的一步（此前在尚博尔，已出现了这种位于角上的独立套房）。包括一个大的厅堂、两个小房间和一个卫生间的居住单元，很快便成为标准配置。事实上，它反映了一种有关舒适和亲切的新观念，因为这种居住空间的布局方式显然比成排布置的老式简单套房要更为实用。不过，成排布置的房间——正如曼特农夫人 [12] 在谈到她丈夫路易十四时所说——由于其豪华和气派，仍然得到皇室的

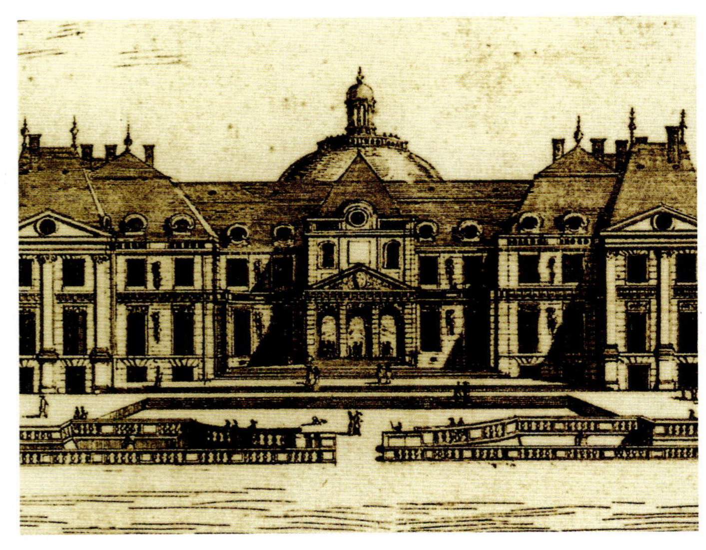

本页：

(左上) 图 3-102 沃 - 勒维孔特 府邸。花园面景色 (版画，作者 Pérelle)

(左下) 图 3-103 沃 - 勒维孔特 府邸。花园面近景 (版画，作者 Israël Silvestre)

(右) 图 3-105 沃 - 勒维孔特 府邸。府邸与花园区垂直航片

右页：

图 3-104 沃 - 勒维孔特 府邸。1754 年地段平面与现状航片

青睐。

整座建筑形体组合简朴、清晰，各部分通过屋顶统一在一起。连续的分划系通过成对配置的粗面石壁柱来实现，柱子只用来突出主要入口。萨洛蒙 · 德布罗斯这个作品的新意主要表现在雕刻质量及更经济地采用柱式上，在柱子用粗面石砌筑并配置了穹顶的中央入口大门上，这点表现得尤为明显。立面上到处采用粗面石显然是受到阿曼纳蒂为梅迪奇家族建造的佛罗伦萨皮蒂府邸院落的影响。

自 1642 年起，卢森堡宫成为奥尔良公爵加斯东的

Petit Moiſenay
MOISENAY
VILLARS

府邸（“奥尔良宫”），室内亦进行了改造：各楼阁每层均由几个房间组成完整的套房，在满足功能需求的同时尽可能创造舒适的生活条件。在右翼廊道里饰有鲁本斯 1622~1625 年创作的表现这位王后生平的著名组画：“梅迪奇家族系列”；左翼廊道内为表现亨利四世生平的组画，但未能全部完成。法国大革命后宫殿成为参议院所在地；1837 年，A. 德吉索尔开始在主轴线上建造大会议厅，同时还建了一个朝花园的新立面。不过，后者

左页：

图 3-106 沃 - 勒维孔特 府邸。自北向南俯视全景

本页：

（上）图 3-107 沃 - 勒维孔特 府邸。自西北方向俯视全景

（下）图 3-108 沃 - 勒维孔特 府邸。自南向北俯视全景

图 3-110 沃 - 勒维孔特 府邸。自南端赫丘利雕像处远望花园及府邸

总体上可视为萨洛蒙·德布罗斯最初立面的复制品。

除了这三个主要宫殿外，萨洛蒙·德布罗斯的其他作品还有雷恩的法院宫（1618 年）和巴黎法院宫的休息厅（1619~1622 年）。

雷恩的法院宫是萨洛蒙·德布罗斯建造的最后一个宫殿，系作为布列塔尼地区的议会所在地。它同样具有意大利建筑的特点，可视为法国古典主义的第一个完整的独特作品。一个进深不大的前院确定了立面的形式。作为从属部分的两翼各分成两个跨间。下层窗均由凸出的柱墩围括，两翼之间部分上层开一系列大型拱窗，窗间成对配置多立克壁柱。柱式立在粗面石砌筑的高高的实心基座上。在中央主要开间入口处，壁柱变为完整的立柱，上承带弧形山墙的小型顶楼。角上楼阁和中央形体在处理上亦有区别：基层窗较小，上层窗带山墙而不是如中央形体那样为圆头窗。尽管建筑保留了法国典型的高坡屋顶，但下部立面的分划体系显然是效法布拉曼特设计的卡普里尼府邸或拉斐尔的维多尼府邸，惟

左页：

(上) 图 3-109 沃 - 勒维孔特 府邸。自西南方向俯视景色

(下)图 3-111 沃 - 勒维孔特 府邸。中轴线全景(自南面望去的景色)

图 3-112 沃 - 勒维孔特 府邸。自花园南端台地圆池北望府邸全景

造型质量不及原型。但由于更加突出形体而不是体量造型，建筑显得更为强劲和充满活力。其总体形式有些类似佩鲁齐的法尔内西纳府邸，尽管起源明显不同。

弗朗索瓦·芒萨尔作品

作为法国 17 世纪古典派建筑的领军人物，弗朗索瓦·芒萨尔（1598~1666 年）可能是在库洛米耶工作期间在萨洛蒙·德布罗斯的领导下开始其职业生涯的，是后者的学生或年轻的合作者。但他从没有去过意大利，他对意大利古典主义的理解部分应归功于这种早期的联系。芒萨尔和贝尔尼尼、博罗米尼及科尔托纳属同代人，在使建筑成为表现时代要求的灵活精巧的工具上也起到了类似的作用。其作品不但具有极强的创新能力，同时也表现出一定的谨慎和克制，因而其基本特色不是那么外在和显露。哪怕是极其新颖的分划，由于“正确”

右页：

（上）图 3-113 沃 - 勒维孔特 府邸。自大运河处远望府邸

（下）图 3-114 沃 - 勒维孔特 府邸。自花园瀑布阶台处远望府邸

（即完全按照程式）使用柱式，建筑总体上仍具有古典的特色。芒萨尔就这样，通过采用一种大家都熟悉的理性的形式语言，使巴洛克建筑固有的生机活力和非理性的变化得以实现。历史上，很少有建筑师能在一般和特定、主观和客观上，达到如此均衡的境界。不过，他天性变幻无常，经常改变观念和思路，也不善于和雇主

图 3-115 沃 - 勒维孔特 府邸。自花园方池处北望府邸

沟通妥协，这多少对他的事业有所影响。

在世俗建筑中，弗朗索瓦 · 芒萨尔重新采纳了萨洛蒙 · 德布罗斯的观念（特别是采取中央凸出形体这类解决方式）并使之臻于完善。贝尔尼府邸(1623 年,图 3-56、3-57）和巴勒鲁瓦府邸（约 1625~1630 年，图 3-58）均属他主持建造的第一批府邸。地段布置上并没有遵循以前院为中心的传统模式，而是沿横向轴线布置一系列形式不同的楼阁。与此同时，主要轴线则通过类似塔楼的大型凸出形体得到强调。贝尔尼府邸和库洛米耶府邸一样，两翼和居住形体之间通过底层的曲线墙体相连；而在巴勒鲁瓦府邸，中央较高的三开间形体两边为较矮并带独立屋顶的侧翼，接下来为单层的附加部分，沿着横向轴线延伸。各形体从两边向中心高度逐渐增加以达到聚焦的效果，墙体表面借助朝中央部分的连续凸出而被激活。在这里，他放弃了布置封闭院落的传统模式，甚至取消了入口屏墙；他继续采用亨利四世时期砖构加隅石的组合风格，没有采用柱式，改写了他在贝尔尼府邸里已确立的母题。主要轴线贯穿整个建筑的纵深，围绕着它的延伸及同时产生的收缩运动，创造了一种为巴洛克建筑特有的张力；和同时期的巴尔贝里尼宫相比，壮观上虽然不及但精细程度上却要高出一筹。除了通向主要大门的半圆形台阶是效法布拉曼特的观景楼院外，芒萨尔的艺术手段几乎全是来自法国。

1635~1638 年，受路易十三的兄弟、奥尔良公爵加斯东的委托，芒萨尔对布卢瓦最初在弗朗索瓦一世时期建造的老布卢瓦府邸进行了更新改造和扩建。建筑组群原计划包括广阔的花园及前院，在规模和壮美程度上可和卢森堡宫媲美。但最后只建了构成原有建筑群一翼的新宫（即所谓加斯东翼，图 3-59~3-65）。芒萨尔通过以上两个作品和这个新翼表明，17 世纪所固有的空间观念，同样可和“古典”的简朴形式语言协调。

新宫为一个结构紧凑的三层楼房，和两翼通过附加的柱廊联为一体，围着一个进深不大的前院。立面中央三开间向前和向上凸起，中跨造型尤为突出。立面各处均采用了样式统一的叠置柱式（三层分别为多立克、爱奥尼及科林斯式）和高大的窗户。除中央开间下两层外其他皆为壁柱，所有柱子均成对布置。这些柱式在造型设计的清秀和精致上完全可和佩鲁齐的作品媲美。和意大利建筑不同的是，立面上的大窗几乎占满了壁柱间的空间，留下的实墙很少。建筑外部，特别是三开间的立面凸出部分极其优雅悦目。其入口券门被围在凯旋

图 3-116 沃 - 勒维孔特 府邸。自花坛处望府邸全景

图 3-117 沃 - 勒维孔特 府邸。自东南侧王冠水池处望去的景色

图 3-118 沃 - 勒维孔特 府邸。自花坛处近望府邸

门式的框架内，成对配置的立柱和院落角上为缓和生硬的交角而设置的弧形柱廊互相呼应。立面中央同屋顶一起向前凸出的形体使人想起楼阁的构图，起到了分划形体的作用。和萨洛蒙·德布罗斯一样，芒萨尔在这里没有采用老虎窗，而是引进了折线的屋顶线（即以后所谓“芒萨尔式屋顶”，mansard roof）。进门后经左手方向的大楼梯可达二层的主要厅堂和房间（按法国的习俗，这类楼梯通常只到二层）。位于建筑中部的这个大楼梯使院落各条轴线和朝向花园的立面协调一致。楼梯间半明半暗的拱顶上设矩形开口，通过它可看到高处沉浸在亮光中的穹顶。和意大利那种带绘画的天棚类似，这种带孔洞的穹顶(dôme percé)通过空间的差异和透视效果，使这些王公府邸显得格外隆重并因此具有了一种几乎是神圣的光环。院落内尚有 17 世纪第一个真正的大楼梯塔，由系列叠置空间组成的这个塔楼在建筑群内引进了某种垂向的要素（有人认为，芒萨尔的作品，很可能是瓜里尼垂向空间构图的灵感来源之一）。

布卢瓦府邸的这个新翼是芒萨尔的代表作之一，

(上) 图 3-119 沃 - 勒维孔特 府邸。自观景台地望中央门楼

(下) 图 3-120 沃 - 勒维孔特 府邸。南立面（花园面）全景

左页：

（上）图 3-121 沃 - 勒维孔特 府邸。花园面壕沟及中央门楼（西南侧景色）

（下）图 3-122 沃 - 勒维孔特 府邸。北面（入口面）全景

本页：

（上）图 3-123 沃 - 勒维孔特 府邸。北面点油灯时夜景

（下）图 3-124 沃 - 勒维孔特 府邸。北面主门廊近景

（上）图 3-125 沃 - 勒维孔特 府邸。北面铁栅装饰

（下）图 3-126 沃 - 勒维孔特府邸。铁栅雅努斯神柱细部

(上)图 3-127 沃 - 勒维孔特 府邸。西北侧全景

(左下)图 3-128 勒布朗(1619~1690 年)雕像(作者 Antoine Coysevox，1676 年，伦敦 Wallace Collection)

(右下)图 3-130 沃 - 勒维孔特 府邸。大沙龙，穹顶画构思（细部，Charles Le Brun 设计，图版制作 Gérard Audran，1681 年）

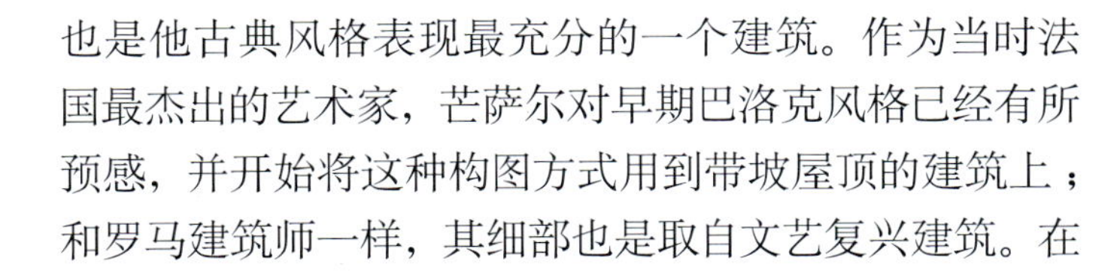

也是他古典风格表现最充分的一个建筑。作为当时法国最杰出的艺术家，芒萨尔对早期巴洛克风格已经有所预感，并开始将这种构图方式用到带坡屋顶的建筑上；和罗马建筑师一样，其细部也是取自文艺复兴建筑。在罗马的巴尔贝里尼宫建成（约 1628 年）之后不到十年，芒萨尔就这样在布卢瓦找到了更成熟的解决方式。意大利在建筑方面的优势地位也因此发生动摇。

位于巴黎附近的迈松府邸（地区总图及平立剖面：

图 3-129 沃 - 勒维孔特 府邸。大沙龙，内景

图 3-131 沃 - 勒维孔特 府邸。赫丘利沙龙，天顶画细部（作者 Charles Le Brun，约 1660 年）

图 3-132 沃 - 勒维孔特 府邸。国王室，内景

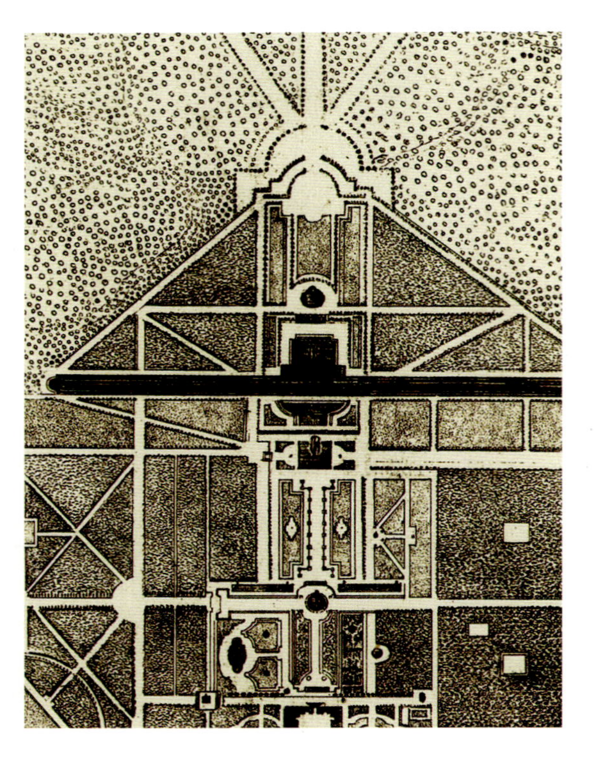

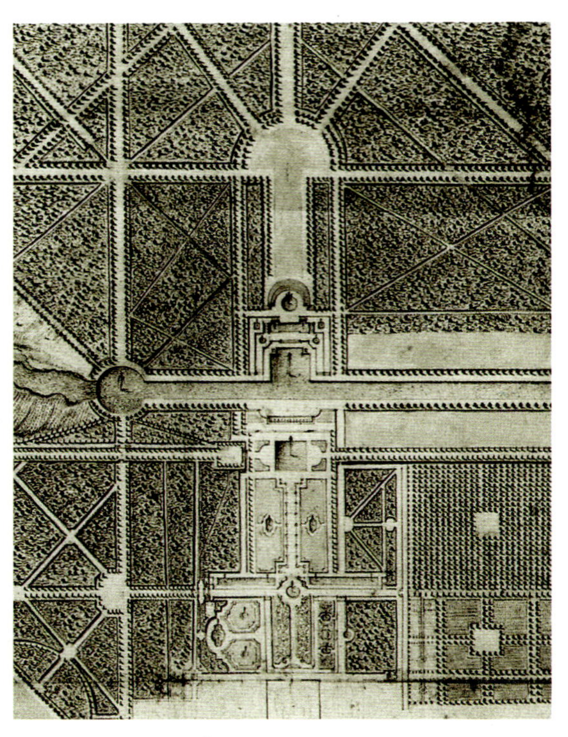

（上两幅）图 3-133 沃 - 勒维孔特 府邸。园林，总平面（左图据 Israël Silvestre，约 1657~1658 年；右图为法兰西学院藏品，约 1658~1659 年）

（中）图 3-134 沃 - 勒维孔特 府邸。园林，平面（细部，Rudolf Pfnor 绘，1888 年）

（下）图 3-135 沃 - 勒维孔特 府邸。园林，草坪区景观（图版制作 Israël Silvestre，约 1658 年，局部）

图 3-66~3-72；景观图：图 3-73~3-78；现状外景：图 3-79~3-81；内景：图 3-82、3-83）通常被认为是芒萨尔的另一个杰作。人们在其中同样可看到前述各种思想的综合体现，特别是在造型和细部的丰富和精致上，表现更为突出。通过这个建筑，弗朗索瓦·芒萨尔进一步确立了自己作为该世纪最优秀建筑师的地位。

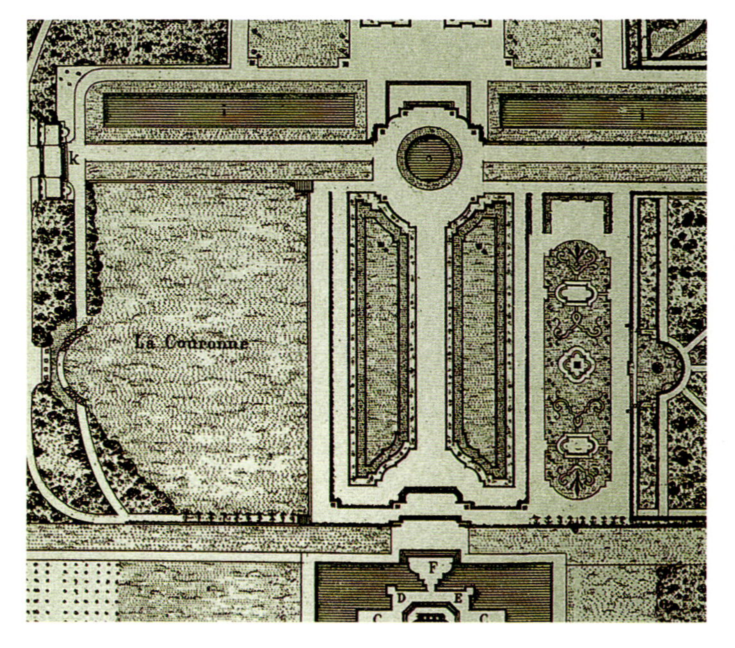

建于 1642~1646 年（另说 1642~1650 年）的这个府邸的主人是富足的迈松总督勒内·德隆格伊。其平面布局同样在某种程度上具有双轴的特性。似乎是在典型双轴布局的基础上进行了某些改造以便和“外力”（在这里即不同的空间领域，如入口院落、花园等）相互协调。在花园一面，两翼仅稍稍凸出，在另一面，它们形成了一个进深不大的前院，后者由于增加了一个单层的椭圆形前厅而有所扩大。前厅通过一道连续且造型效果突

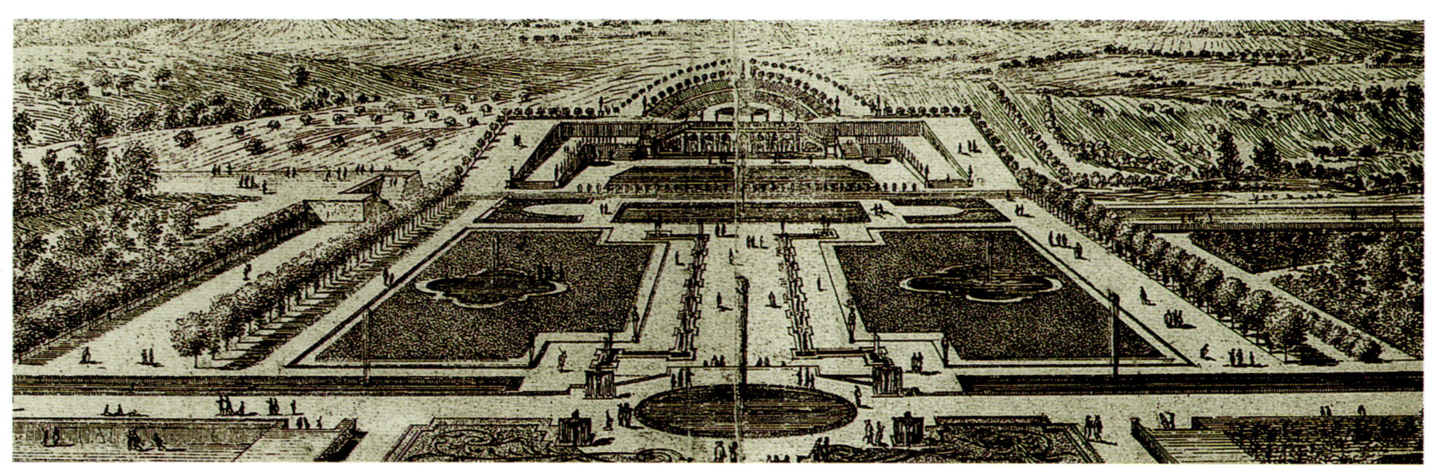

（上）图 3-136 沃 - 勒维孔特 府邸。园林，自府邸前院处遥望景色

（下）图 3-137 沃 - 勒维孔特 府邸。园林，自府邸台地南望夜景

出的多立克柱顶盘被纳入到建筑主体里去。芒萨尔在这两边伸出的短翼上设置了一个位于首层顶上的平台。在两翼侧面，横向轴线通过由两开间组成上置三角形山墙的凸出形体得到标识。建筑正面主轴线则通过“双重”凸出得到强调（在这两个凸出形体中，中央部分具有三层高度，并采用了萨洛蒙·德布罗斯喜用的叠置三种柱式的母题）。

建筑的特点是既有充分的分划同时又有充分的整合。完全按法国“楼阁”传统构成的不同形体，通过陡坡屋顶和凸出的外廓加以明确界定；侧翼也因此具有了

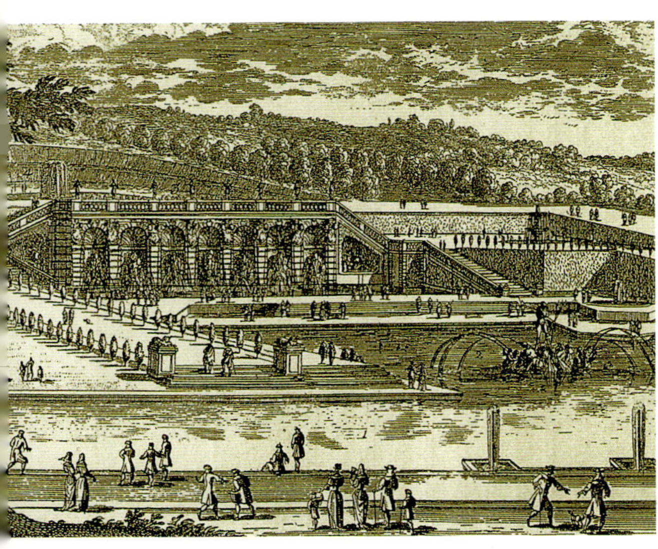

（上）图 3-138 沃 - 勒维孔特 府邸。园林，自北向南俯视全景

（左下）图 3-139 沃 - 勒维孔特 府邸。园林，洞窟景色（版画作者 Pérelle-Israël Silvestre，1661 年以后）

（右下）图 3-140 沃 - 勒维孔特 府邸。园林，运河、洞窟及赫丘利雕像设计（版画作者 Israël Silvestre，约 1660 年）

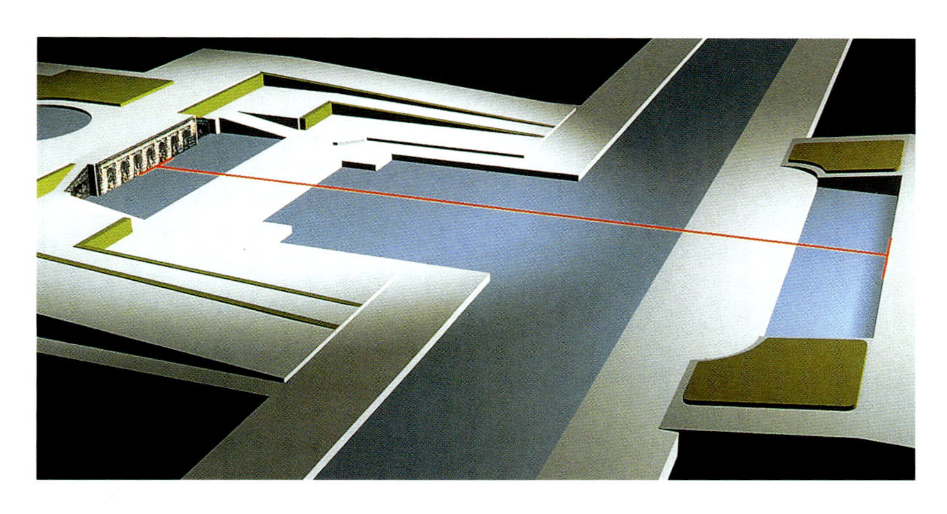

（左上）图 3-141 沃 - 勒维孔特 府邸。园林，洞窟及岩泉（上图细部）
（右上）图 3-142 沃 - 勒维孔特 府邸。园林，视线分析（自府邸望洞窟区，图版取自 Michael Brix：《The Baroque Landscape：André Le Nôtre & Vaux le Vicomte》，2004 年）
（下）图 3-143 沃 - 勒维孔特 府邸。园林，自大方池处向南望洞窟及赫丘利雕像

（上）图 3-144 沃 - 勒维孔特 府邸。园林，自运河处南望景色

（中及下）图 3-145 沃 - 勒维孔特 府邸。园林，洞窟区边上的台阶和台地

某些独立的品性，看上去好似中央居住形体的“臂膀”；但所有这些部分又通过占主导地位的轴线对称和墙面充满活力的连续分划被令人信服地统合在一起。似乎很少有哪个建筑能表现出如此统一的特点。人们很难找到另外一个建筑，能使离心和向心的运动、水平和垂直的构图，以及所谓“古典”和“哥特”风格的特性，达到如此完美的动态平衡。为总体布局所固有的张力，在壁柱的节律中得到了反响，后者通过交替的收缩和膨胀，在令所围护的空间“开放”的同时，使角上及结合处显得更为坚实稳定。从总体上看，建筑在具有相当生气的同时，仍然保留了节制、明确和清晰的一面。位于双轴上的前厅也具有同样的总体特征，在部件的分划上极富创意地综合了多立克和爱奥尼建筑的特点。布置在侧面的楼梯则突出高度上的扩展，以扁平的穹顶作为结束。如果说有不足的话，就是造型上缺乏罗马巴

（上）图 3-146 沃 - 勒维孔特 府邸。园林，洞窟区边侧台阶下雕刻

（下）图 3-147 沃 - 勒维孔特 府邸。园林，洞窟区男像柱雕刻及岩泉

洛克建筑那种强大的表现力。

由一个居住形体和两个较小的侧翼组成的“U”形平面，本是沿袭封闭院落的古老类型。这样的观念在巴勒鲁瓦府邸处已可看到，但在这里表现得更为成熟。和巴勒鲁瓦类似，建筑由带独立屋顶的各个单元聚合而成。带高烟囱的屋顶极为陡峭高耸，在构图上显得非常突出，使人想起 16 世纪的做法。侧翼和两边楼阁的不同形体同样在屋顶形式上有所反映，这也是法国府邸的一个典型特征。各形体高度上逐步向中央递增：在两侧，两个单层的椭圆形前厅位于更高的侧翼前，中央居住形体进一步高耸在周围建筑之上，中央跨间更通过凸出和更宽的壁柱间距加以强调，并突破屋顶线，形成一个以穹顶顶塔作为结束的正面体量。事实上，莱斯科在设计卢浮宫院落时已提到这种采用中央凸出形体的构图手法

（上）图 3-148 沃 - 勒维孔特 府邸。园林，洞窟区男像柱雕刻近景

（中）图 3-149 沃 - 勒维孔特 府邸。园林，喷泉大道（版画，作者 Pérelle，约 1665 年，局部）

（下）图 3-150 沃 - 勒维孔特 府邸。园林，瀑布墙（版画，作者 Israël Silvestre，约 1660 年，局部）

(1546 年)，以后它又在菲利贝尔 · 德洛姆的阿内府邸设计中得到充分的运用。这种母题以一种简单的方式，将古典建筑的基本规章、哥特建筑的垂向构图及巴洛克风格的纵深运动集结在一起，成为法国 17 世纪建筑的常用手法。只是从造型上看，迈松府邸立面中间向前凸出的形体似没有布卢瓦府邸的加斯东翼精彩。

（上）图 3-151 沃 - 勒维孔特府邸。园林，瀑布墙全景

（下）图 3-152 沃 - 勒维孔特府邸。园林，瀑布墙近景

在这里，和其他各处一样，芒萨尔在室外采用严格的古典叠置柱式，门廊和附属建筑亦使人想起过去的城堡。但在完全保存下来的室内，形式要更为自由。带透光拱顶的楼梯位于门厅一侧，因而从门厅可直达花园。门厅内采用了柱式构图及古典部件，设计端庄大气（图 3-82），成为 18 世纪类似做法的先声。各房间装修优美雅致，分寸把握得当。特别是穹顶的楼梯间，其不同寻常的栏杆由互相交织的曲线支撑组成，给人印象极为深刻。

和圣日耳曼府邸一样，这座建筑也位于塞纳河边坡地上。这样的地理形势颇似位于高处可俯视周围景色的意大利别墅；但在这里，同时还体现了来自荷兰的另外一种理想，即将府邸和花园布置在一片缓坡的原野上，面对着蓝天白云和一望无际的远景。当时的荷兰是

（上）图 3-153 沃 - 勒维孔特 府邸。园林，边侧喷泉水池

（下）图 3-154 沃 - 勒维孔特 府邸。园林，王冠池喷水景色

图 3-156 沃 - 勒维孔特 府邸。园林，大花坛现状

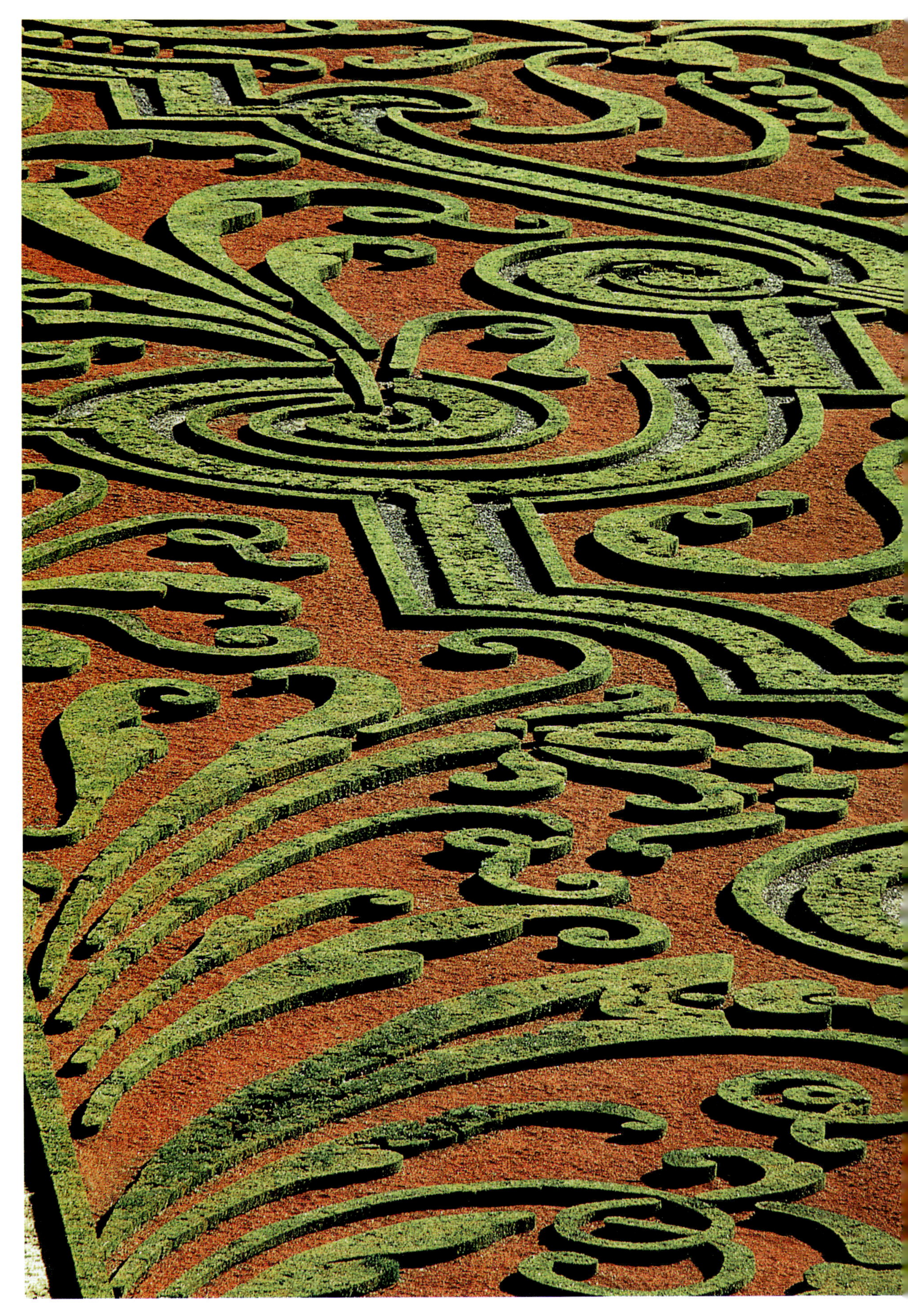

欧洲最富足的国家，其贵族的生活方式也成为人们竞相效法的榜样。实际上，这样的生活方式正好投合了法国人的情趣，因而通过这一途径引进的小径、运河和水池，很快就成为法国景观的固有特色。

路易·勒沃作品

作为当时最成功的建筑师，路易·勒沃（1612~1670年，图3-84）和他的同代人芒萨尔相比，虽说才气上略逊，但至少在适应环境的能力上要更强。和他的意大利同仁贝尔尼尼一样，他也组建了一个由画家、雕刻师和灰泥匠师组成的庞大班底。他最初也和芒萨尔一样，主要为资产者服务，但自1661年起，他通过和富凯及柯尔贝尔的接触，开始越来越多地为王室效劳。

大约和迈松府邸同一时期，路易·勒沃为路易十四

左页：

（上）图 3-155 沃-勒维孔特 府邸。园林，大花坛及树篱（版画作者 Israël Silvestre，约 1658 年，局部）

（下）图 3-157 沃-勒维孔特 府邸。园林，自府邸平台望大花坛景色

本页：

（上下两幅）图 3-158 沃-勒维孔特 府邸。园林，树篱近观

早期的财政总监雅克·博尔迪耶建造了兰西府邸（1645 年，图 3-85~3-87；建筑于法国大革命期间被毁）。建筑采用传统的“U”型模式，院落由一个宏伟的入口及角上的楼阁封闭。居住单元被明确地界定为一个统一形体，在某些方面使人想起迈松府邸的双轴配置。建筑前面增加了一个院落（在这里，侧翼并没有形成真正的前院，它们仅稍许超出朝向花园的立面）。位于纵向轴线上的大厅是这个建筑的主要亮点，大厅平面近似椭圆形，自建筑两边向外凸出。侧翼由巨大的壁柱分划，显得有点刻板僵硬，和居住形体的水平分划形成对比。

（上）图 3-159 沃 - 勒维孔特 府邸。园林，大运河外景及表现世界四个部分的雕刻（19 世纪后期）

（下）图 3-160 沃 - 勒维孔特 府邸。园林，大运河，向西望去的景色

图 3-162 巴黎 红衣主教宫（今王宫）。柱廊及花园

图 3-161 巴黎 红衣主教宫（今王宫，始建于 1633 年，建筑师雅克 · 勒梅西耶）。现状外景

图 3-163 巴黎 红衣主教宫（今王宫）。花园景色

平直的粗面石砌体和位于首层上部不间断的多立克柱顶盘将宫殿各部分连为一体。从总体上看，其构图要比芒萨尔的作品更为简洁，在采用明确界定的基本形体及像巨柱式这样一些主导题材上，和贝尔尼尼的作风有某些相近之处（当然，在1645年，贝尔尼尼的风格

（左上）图3-164 巴黎 红衣主教宫（今王宫）。天使沙龙，剖面（据Gils-Marie Oppenord，1719~1720年）

（右上及下）图3-165 巴黎 红衣主教宫（今王宫）。室内装修设计（据Gils-Marie Oppenord，1717及1720年）

（上）图 3-166 巴黎 红衣主教宫（今王宫）。剧场内景（版画作者 S.della Bella，1641 年，示剧场落成情景，前景为国王、王后和红衣主教本人，已毁的这个建筑是法国第一个永久性剧场，第三层包厢连同其柱廊均为背景上绘出）

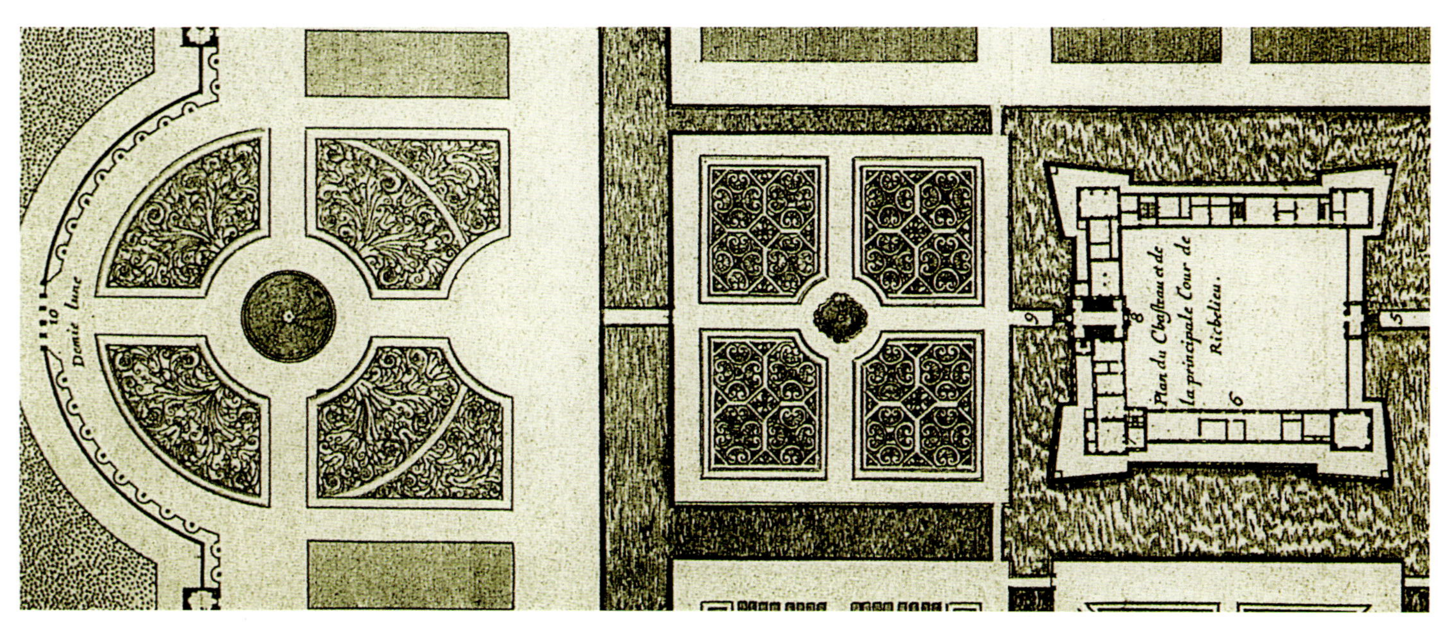

（下）图 3-167 黎塞留 黎塞留府邸（1631~1637 年，雅克·勒梅西耶设计）。17 世纪 30 年代总平面（图版制作 Jean Marot）

还没有达到成熟阶段）。

在兰西府邸之后 12 年，路易 · 勒沃趁建造默伦附近的沃 - 勒维孔特府邸（1656/1657~1661 年，规划总图：图 3-88、3-89；平立剖面及透视图：图 3-90~3-98）之机进一步发展了自己的想法。这个宫殿的主人是继雅克·博尔迪耶之后担任财政总监的尼古拉·富凯(1615~1680 年，图 3-99)。工程始于 1656 年，为此拆迁了三个村庄，花费无数，工地上最多时聚集了 18000 个工匠（主体部分仅用了一年时间）。其豪华堪比王室建筑，因此在当时颇受物议。

但就建筑而论，毫无疑问，它构成了整个巴洛克宫殿建筑史上最重要的作品之一（历史图景：图 3-100~3-103；现状景色：图 3-104~3-127）。其设计团队也非常强大：除了负责建筑及总体协调的项目主持人、时为宫

（上）图 3-168 黎塞留 黎塞留府邸。俯视全景（图版制作 Pérelle，1695 年前）

（下）图 3-169 黎塞留 黎塞留府邸。主体建筑全景（图版制作 Pérelle，1695 年前）

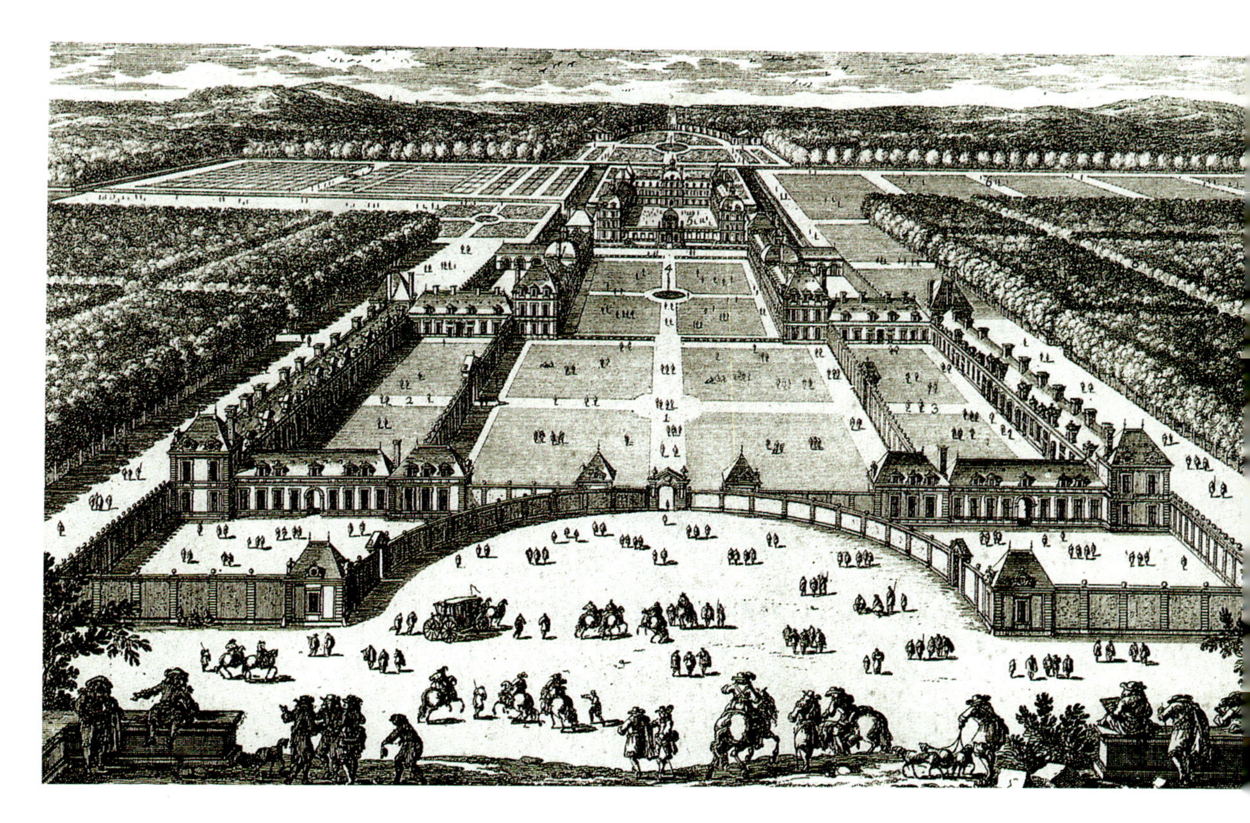

廷建筑师的路易·勒沃外，室内装饰设计负责人是勒布朗（1619~1690 年，图 3-128），园林设计师为勒诺特（1613~1700 年）。前者的室内装修宣告了“路易十四风格”的开始：部分镀金的灰泥顶棚、科尔托纳风格的彩绘图案及带镶嵌的墙面板块，使房间具有一种不失节制的华美氛围。后者尽管当时还没有多大名气，但正是在这个府邸，作为园林设计师的他崭露头角，并为下一步到凡尔赛施展手脚，铺平了道路。这三个人的创作形成一个整体，在新的观念基础上，再现了意大利别墅的统一品性。

建筑群主要由三个主要部分组成：一个在壕沟围起来的“岛”上建造的宫殿本身，及位于入口前后主要

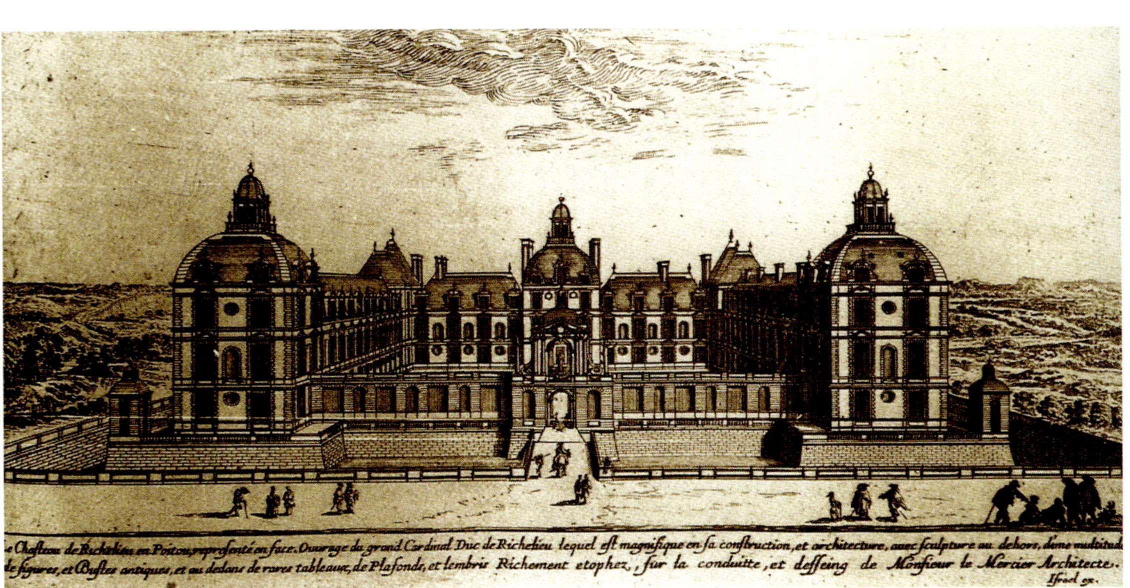

(上) 图3-170 黎塞留 黎塞留府邸。半圆形大花坛景色（版画制作 Pérelle，1630年代）

(中) 图3-171 黎塞留 黎塞留府邸。外景（版画，取自《Sir Banister Fletcher's a History of Architecture》，1996年）

(下) 图3-172 黎塞留 黎塞留府邸。外景（版画制作 Jean Marot）

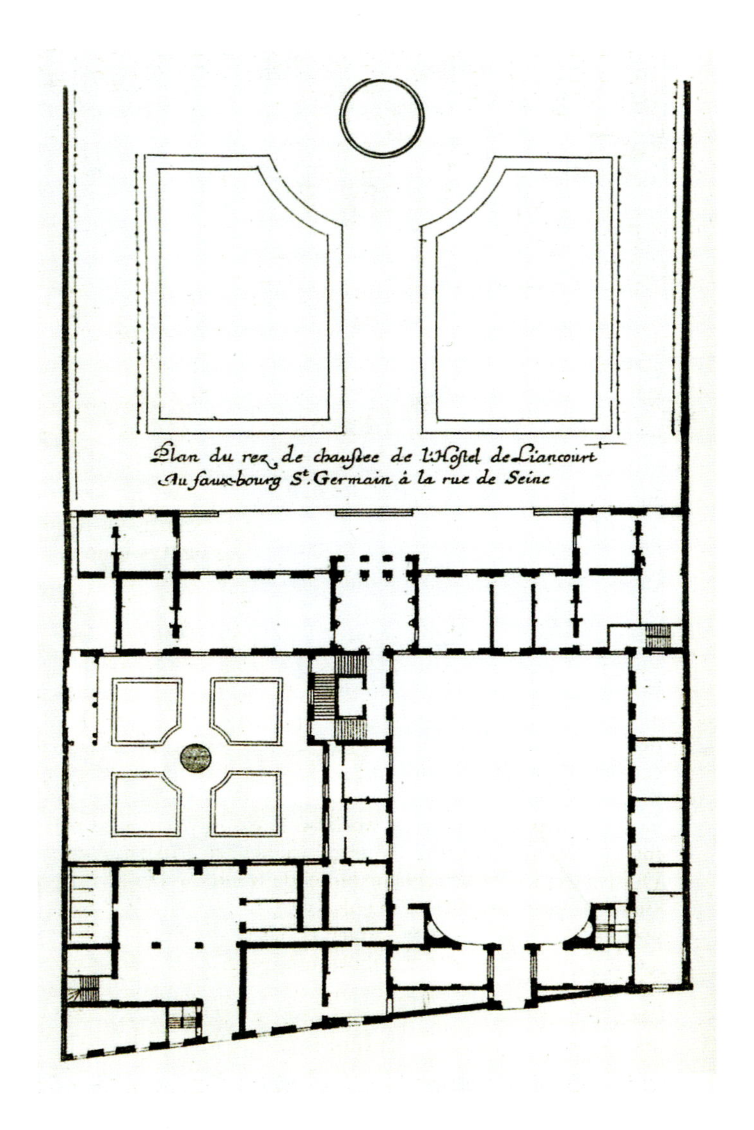

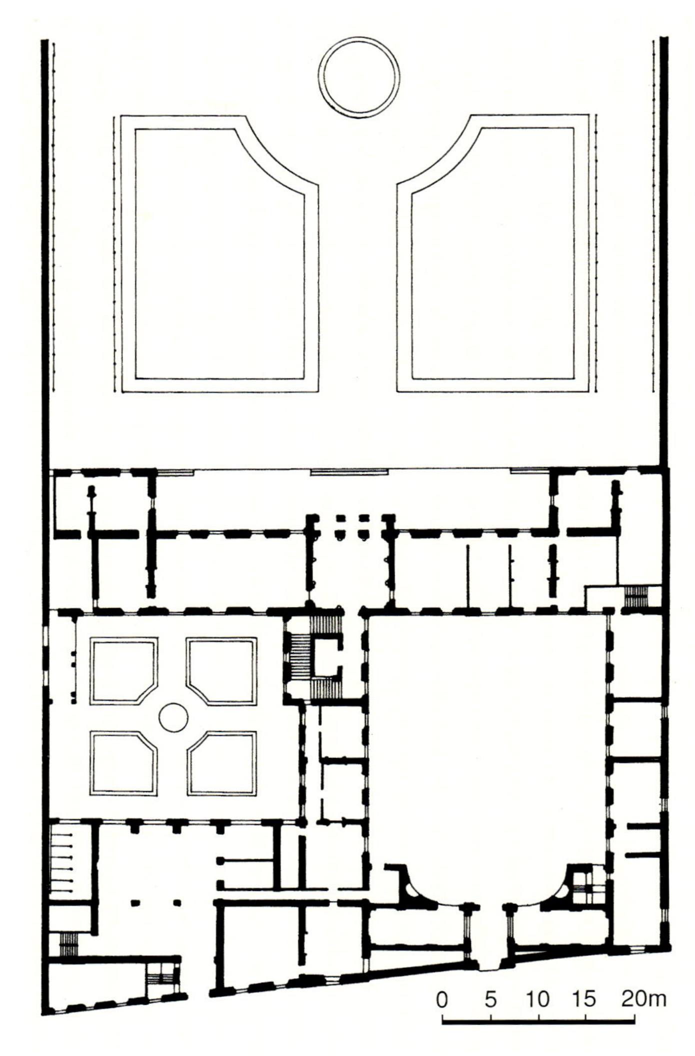

（上两幅）图 3-173 巴黎 利昂库尔府邸（1613~1623 年，雅克·勒梅西耶和萨洛蒙·德布罗斯合作设计）。平面（图版取自《Le Petit Marot》；线条图据 Blunt 原图改绘）

（下）图 3-174 巴黎 利昂库尔府邸。跨间立面（据 A.Choisy）

轴线两头的两个院落。就这样，创造了极富生气的向纵深方向的运动效果，它一直延伸到建筑的另一侧，融入勒诺特设计的壮阔花园的无尽景色中去。若干横向轴线使空间能适时向侧面“开放”和延伸。宫殿构成整个空间的中心，其地位通过传统的要素——壕沟（实际上，它最初本是出自防卫的功能需求）和建筑本身的穹顶得到确认。

建筑本身和布莱朗库尔府邸与迈松府邸类似，为一独立形体，没有侧翼或由建筑主体围括的院落，只是模仿布莱朗库尔府邸于中央主体部分四角出楼阁。周围按

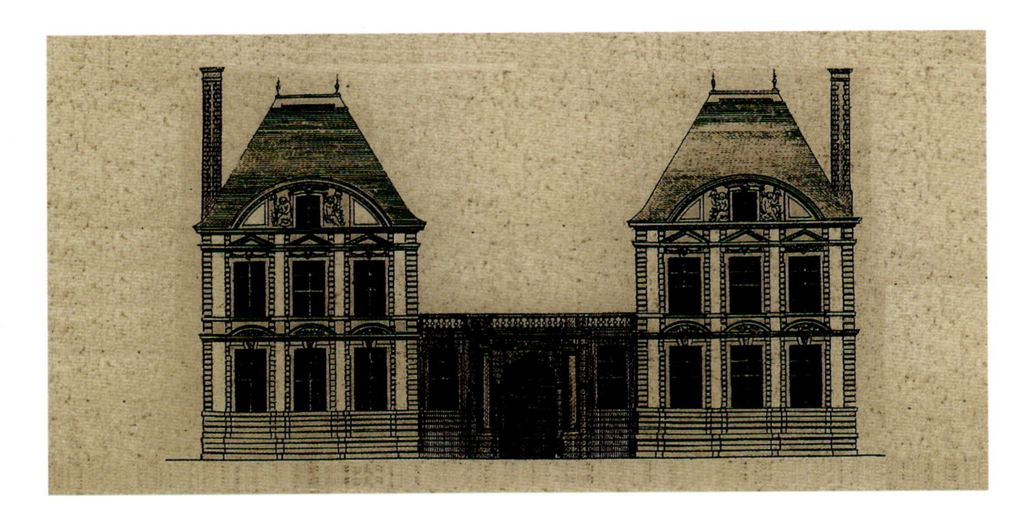

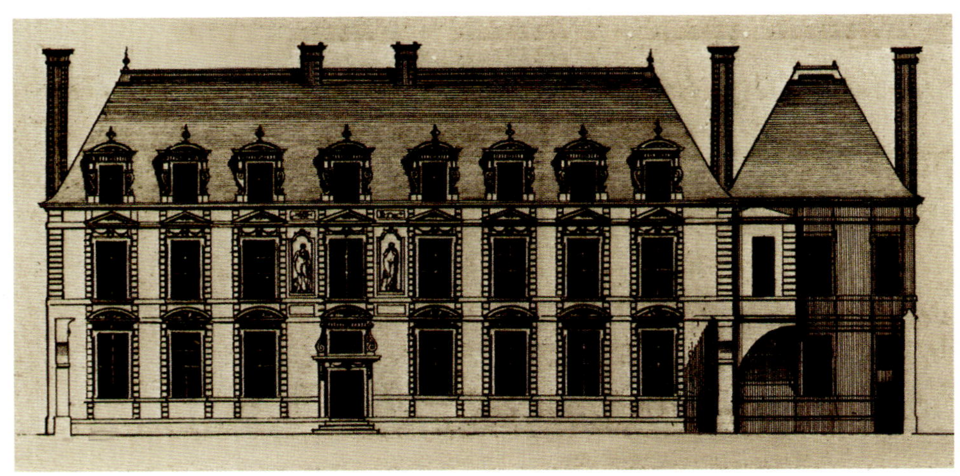

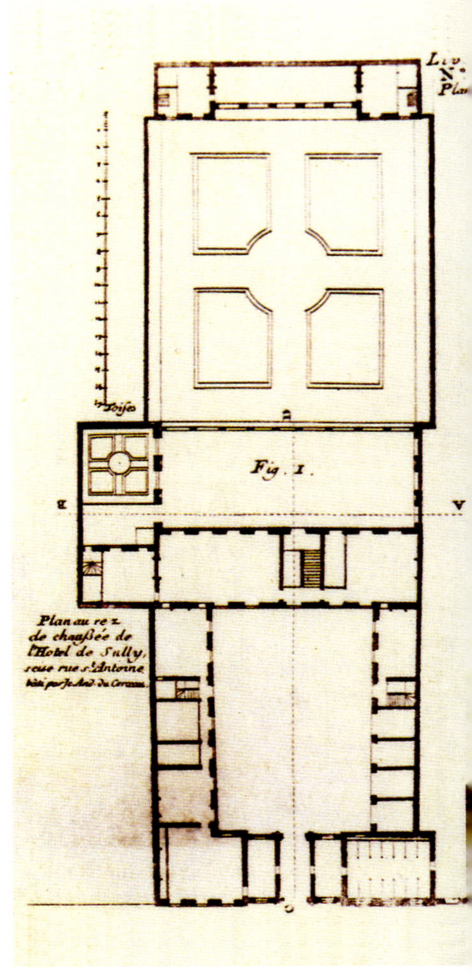

（右上）图 3-175 巴黎 絮里府邸（1624~1629 年，让·安德鲁埃·迪塞尔索设计）。平面（图版取自 Jean-Marie Pérouse de Montclos：《Paris, Kunstmetropole und Kulturstadt》，2000 年）

（左上及左中）图 3-176 巴黎 絮里府邸。立面（图版制作 Jean Marot，1679 年前，下为花园立面）

（下）图 3-179 巴黎 絮里府邸。院落景色（向内望去的景色）

中世纪方式修建壕沟，一个两边配置辅助建筑的豪华院落构成建筑群的入口。平面很多地方沿袭早些时候的兰西府邸（1645年），特别是采用椭圆形大厅，已成为贝尔尼尼卢浮宫设计的前奏。沃-勒维孔特府邸实际上只是作为临时住所，主要房间均位于首层，楼梯只通到上面的夹层。通过靠院落一面的方形前厅，人们可直接进入靠花园一面的椭圆形大厅（亦称沙龙、节庆厅）；后者按意大利厅堂样式横向布置（此前人们只知按纵深方向布置，如兰西府邸），高两层，上冠穹顶。这种更为成熟的新形式另见于同时期的（奎里纳莱）圣安德烈教堂。

在室内设计上，沃-勒维孔特府邸也有重要的创新（图3-129~3-132）。平面和房间的舒适布局是它的一个重要特色。此前人们大都将房间一字排开，因而只能通过穿行依次到达各房间，形成所谓"串房"（enfilade）或"简单套房"（appartement simple）。在意大利，人们通过布置侧面廊道来代替在房间内穿行，形成所谓"准双套

（上）图3-177 巴黎 絮里府邸。剖面（图版制作Jean Marot，1679年前）

（下）图3-178 巴黎 絮里府邸。院落景色（向入口处望去的景色）

(上) 图 3-180 巴黎 絮里府邸。院落面近景

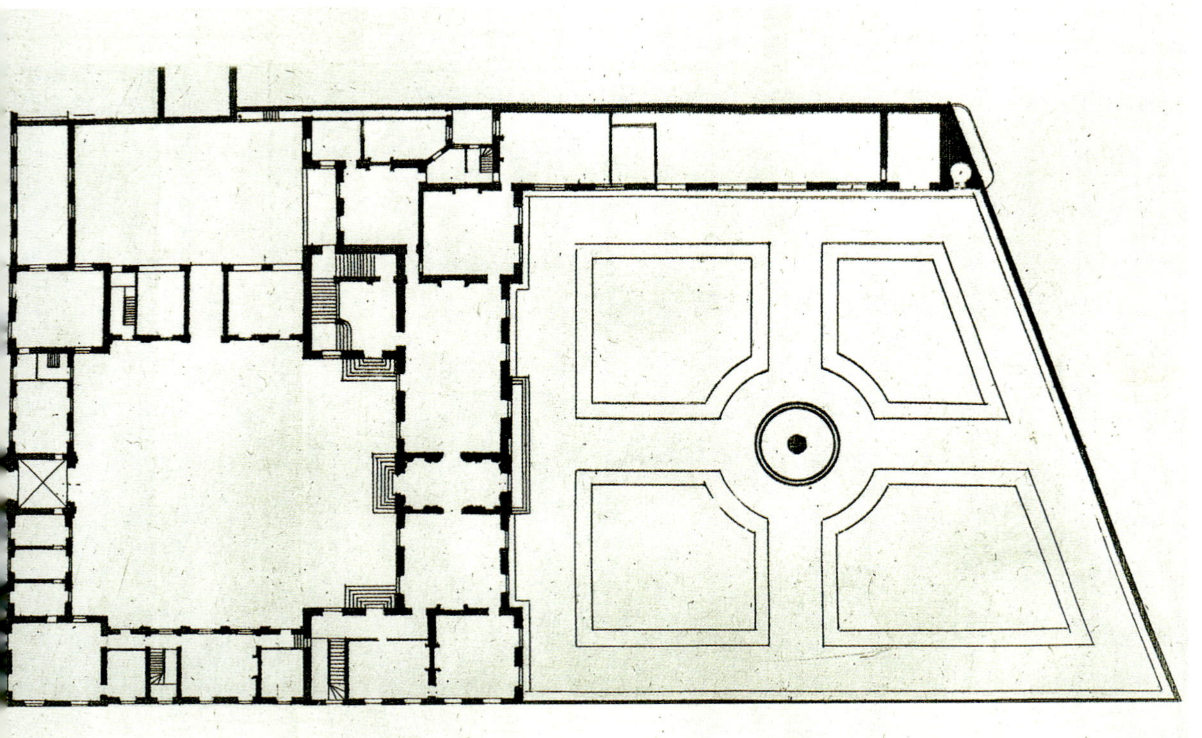

(下) 图 3-182 巴黎 布勒东维利耶府邸(1635/1637~1643年，让·迪塞尔索及路易·勒沃设计，19 世纪拆除)。平面(取自《Le Petit Marot》)

（上）图 3-181 巴黎 絮里府邸。立面细部

（下）图 3-183 巴黎 弗里利埃尔府邸（图卢兹府邸，1635 年，弗朗索瓦·芒萨尔设计，后大部分重建）。总平面（Blunt 据国家图书馆内藏手稿平面绘制）

间”（直译“半双套间”，appartement semi-doable）。只有建筑角上部分房间可以布置得更舒适一些，如卢森堡宫的做法。在沃-勒维孔特，由于在大沙龙前布置了一个前厅，因而有可能成对配置两组房间（每组内均有配套的起居和辅助用房）[13]。就这样用“双套房”（appartement double）取代了原先的简单做法。成双配置的居住形体，和次级楼梯及其他通道一起，使人们可以更便捷地通达各处，保证每个套房都能取得独立的地位；可以按不同的功能需求有区别地组织空间，使房间得到更合理的利用。这种布置方式既能满足豪华和排场的需求，展示各具特色的空间，又能顾及到舒适和有效地组织供应。当然，这一切和妇女在当时法国社会上所起的重要作用也有一定的关系，因为建筑师往往是听从女主人的

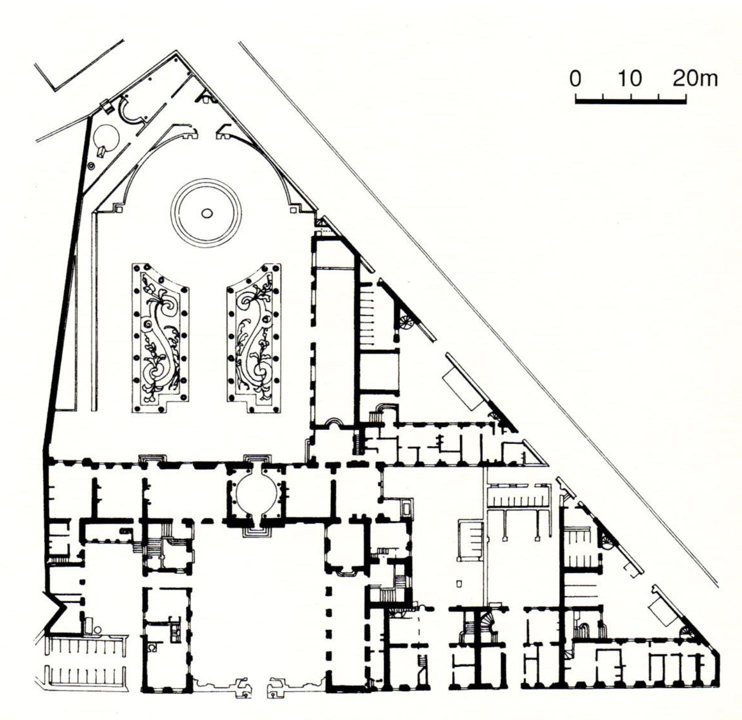

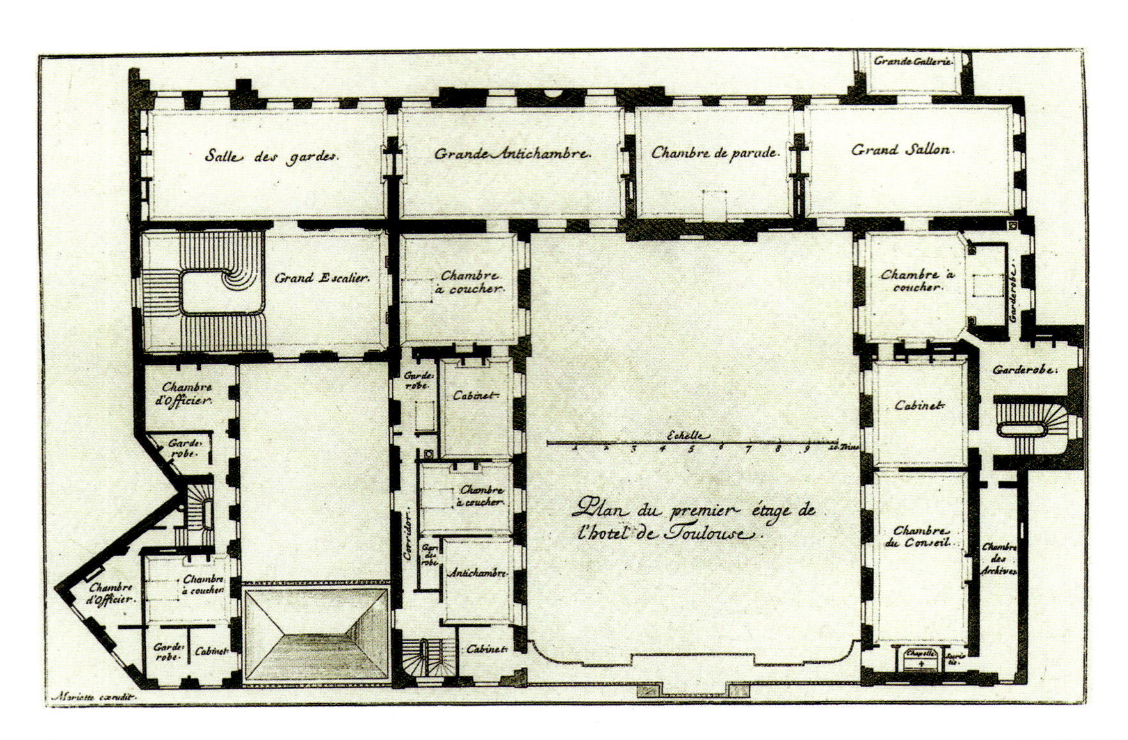

（上）图 3-184 巴黎 弗里利埃尔府邸（图卢兹府邸）。楼层平面（取自 J.Mariette：《L'Architecture Française》）

（中）图 3-185 巴黎 弗里利埃尔府邸（图卢兹府邸）。院落剖面

（下）图 3-186 巴黎 弗里利埃尔府邸（图卢兹府邸）。俯视全景（图版制作 Jean Marot，1679 年前）

要求。在这里，组成室内空间要素的基本房间包括“前室”(antichambre，既是休息和等待的地方，也是从建筑入口到主人私 密空间之间的过渡)，“接待室”(chambre de parade，用于接待和谈话，通常还要配置一张床，因男女主人有时是躺着接待)，“卧室”(chambre à coucher，同样也可以进行接待活动)，“工作间”(cabinet，工作或处理各种事物的处所)，“餐厅”(salle à manger)和“更衣间”(garde-robe，有时也是仆人睡觉的地方)。

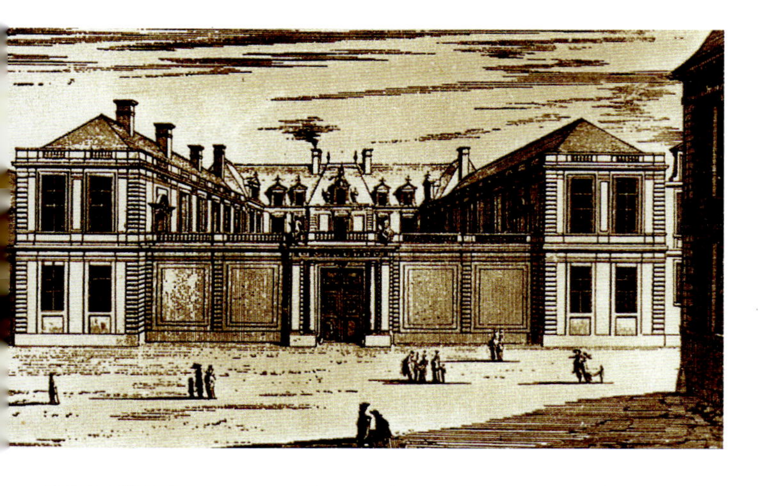

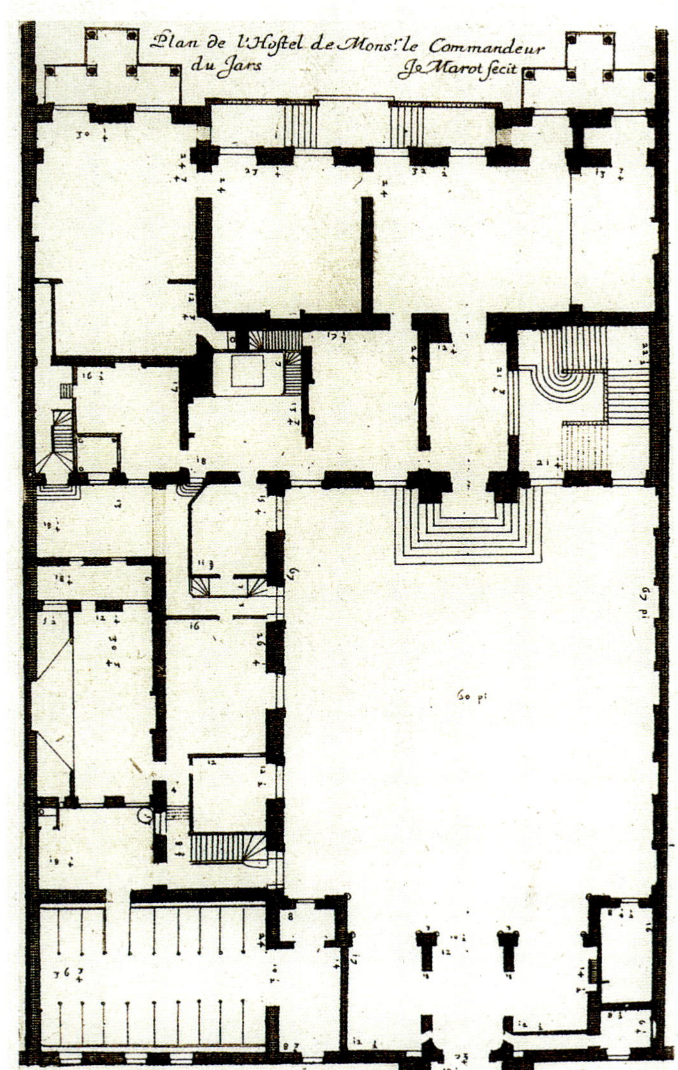

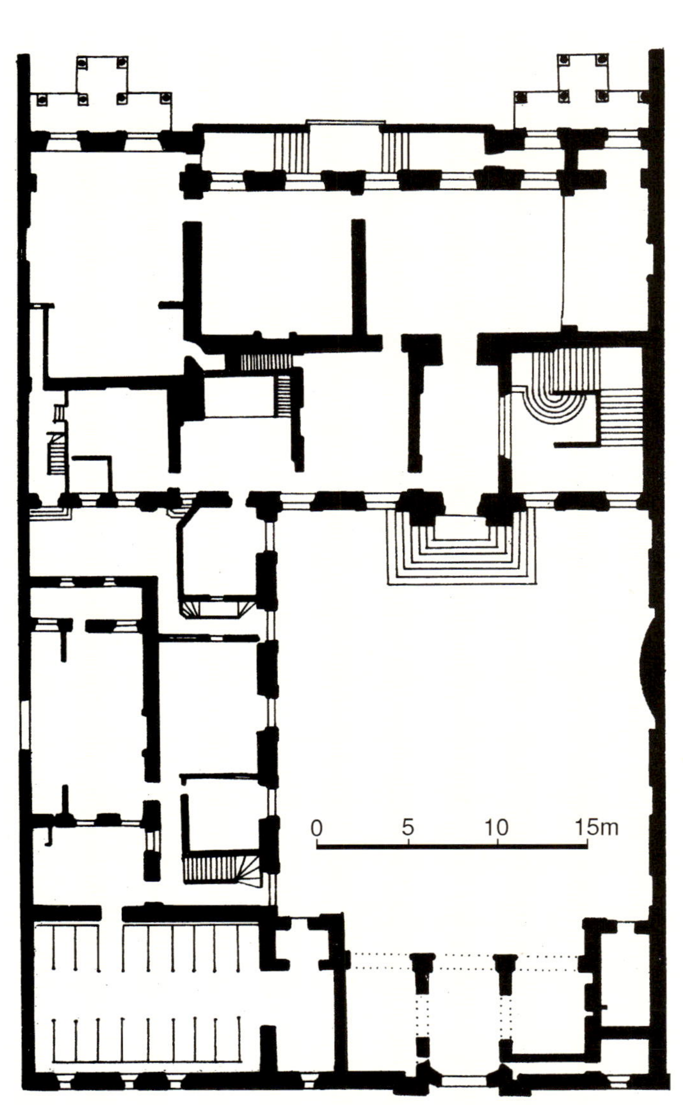

(左上) 图 3-187 巴黎 弗里利埃尔府邸 (图卢兹府邸)。外景 (图版制作 Jean Marot)

(下两幅) 图 3-188 巴黎 雅尔府邸 (1648 年，弗朗索瓦 · 芒萨尔设计，建筑现已无存)。平面 (图版取自《Le Petit Marot》; 线条图据 Blunt)

(右上) 图 3-189 塞纳 - 马恩 (地区) 格罗布瓦府邸 (约 1600 年)。外景

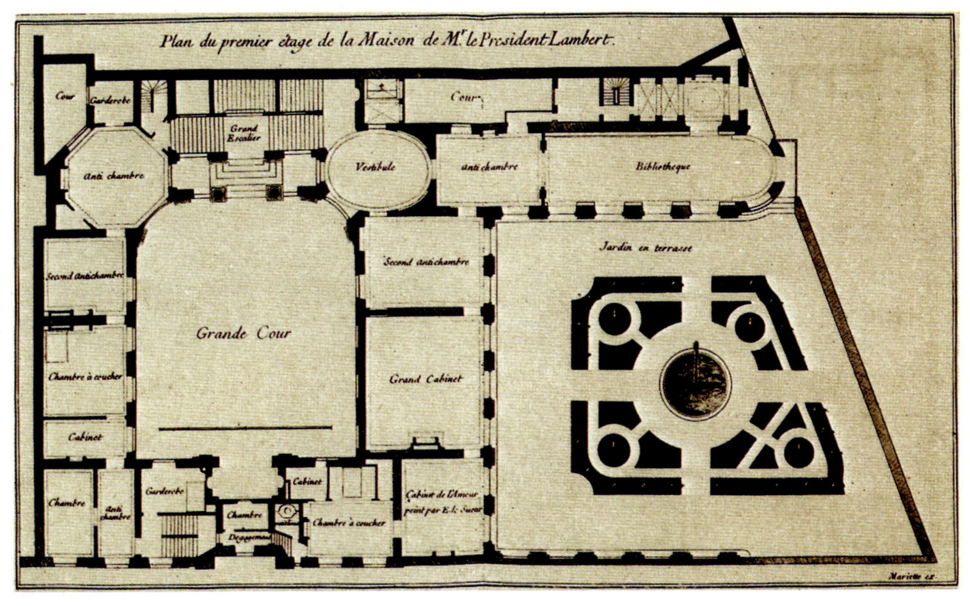

(上)图 3-190 巴黎 唐邦诺府邸(1640 年，路易 · 勒沃设计，1844 年拆除)。俯视全景（版画制作 Jean Marot）

(下）图 3-191 巴黎 朗贝尔府邸（位于圣路易岛上，1640~1644 年，路易 · 勒沃设计)。主层平面(图版制作 J.Mariette)

除了接待室外，大型府邸里还有沙龙（salon）乃至廊厅（galerie)。总之，一栋宅邸可以不要富丽堂皇，但应该不缺优雅和魅力。

沃 - 勒维孔特府邸的这些设计理念影响极为深远，它开了这类做法的先河，对居住建筑以后的发展具有重要意义。把私密空间和公共活动部分加以区分的观念此后得到普遍认可。法国宫殿建筑中最重要的实例——凡尔赛宫，在许多方面就是以它为榜样。

房间的内部组合方式在建筑的外部形体上亦有所反映；虽说类似的做法可上溯到帕拉第奥，但从这时开始，人们更主要是为了满足“舒适”的要求。整个宫殿，和迈松府邸一样，构成了一个既有分划又包含整合的机体。然而所采用的手段却不尽同。和兰西府邸一样，勒沃在这里，主要利用形体的关系，只是构图变得更为复杂。以建筑中部为例，朝院落和花园的两面，为了满足“接待”(门廊和前厅)、“居住”(中央大沙龙）和“扩

（上）图 3-192 巴黎 朗贝尔府邸。主层平面（取自 J.F.Blondel：《L'Architecture Française》，1752 年）

（左下）图 3-193 巴黎 朗贝尔府邸。平面（据 Blunt 原图改绘）

（右下）图 3-195 巴黎 朗贝尔府邸。院落景色

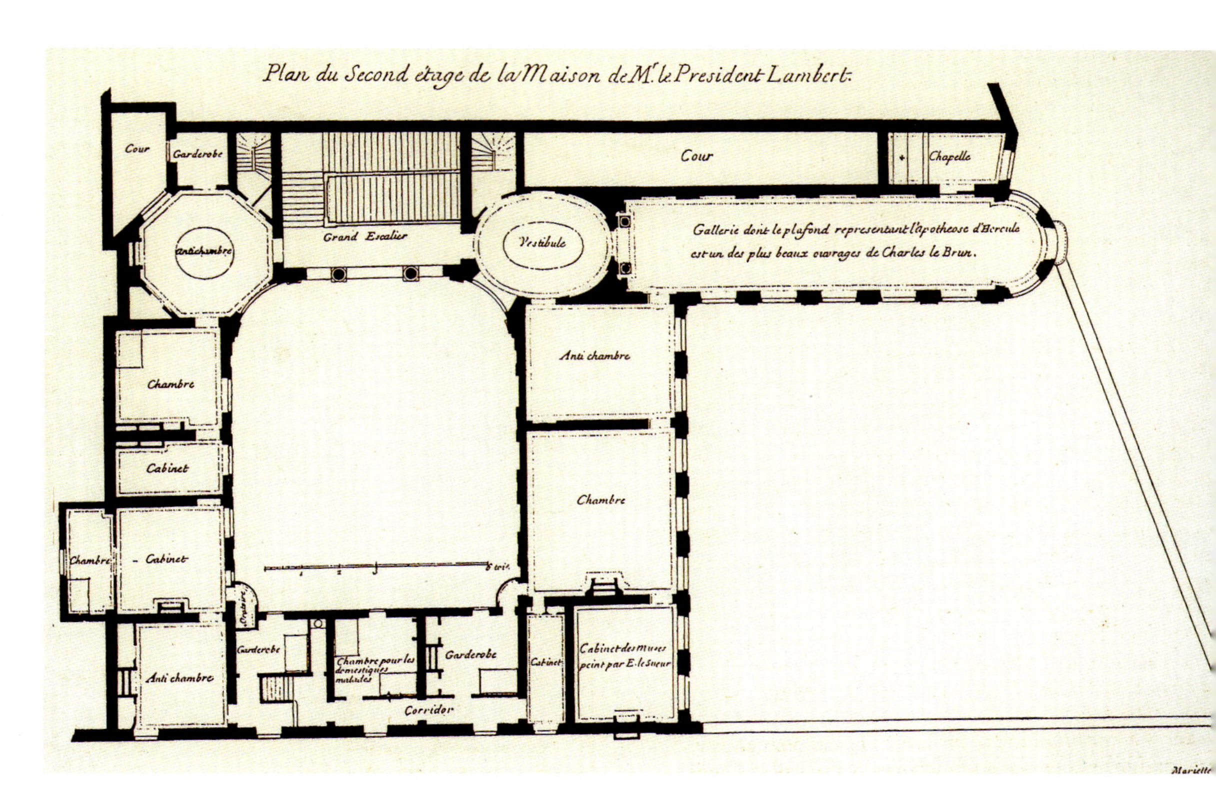

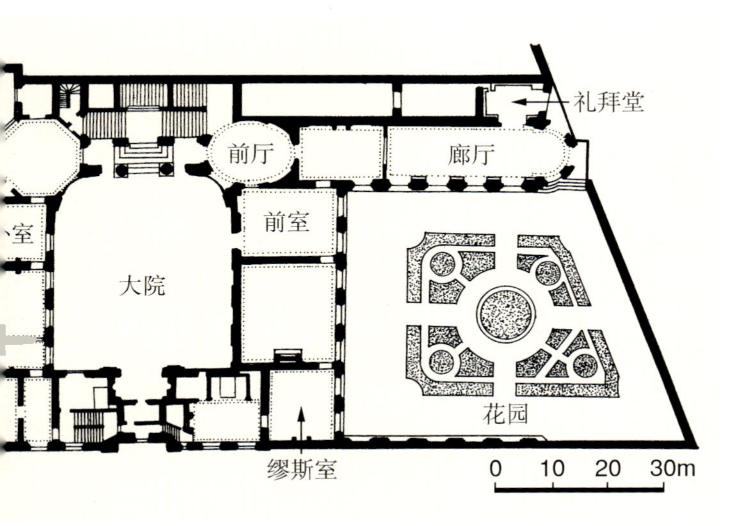

展”（辐射轴线和曲线的凸出形体）的需求，进行了不同的处理，而不是综合成一个单一的形体。大沙龙依横向轴线布置，和强势的纵向运动保持适当的均衡，同时暗示了和宫殿两翼的空间关系。采用封闭的穹顶更是一个大胆的创新（这种具有象征意义的部件可能也是以后冒犯国王的一个因素）。两翼以传统的角楼阁作为结束，但它们并不是独立存在，而是和建筑主体连在一起。朝院落一面，自两翼扁平的立面开始朝入口方向渐次后退，直至位于凹面中部凸出的三开间入口。各个形体就这样参与到墙体的连续运动中，尽管各自通过陡坡屋顶仍然保持了明确的分界。在朝花园一面，分划要更为简单，但不同的构成单元并没有破坏立面的总体连续效果。入口部分由高两层的拱廊构成，上置三角形山墙。较小的壁柱和侧翼的巨大柱式形成奇异的对比，可谓别出心裁。在立面上，勒沃风格的主旋律是在建筑各处均可看到的所谓“三洞口组合”（triple opening）。侧翼楼阁如兰西府邸那样，配置了效法荷兰的巨大壁柱；但这种

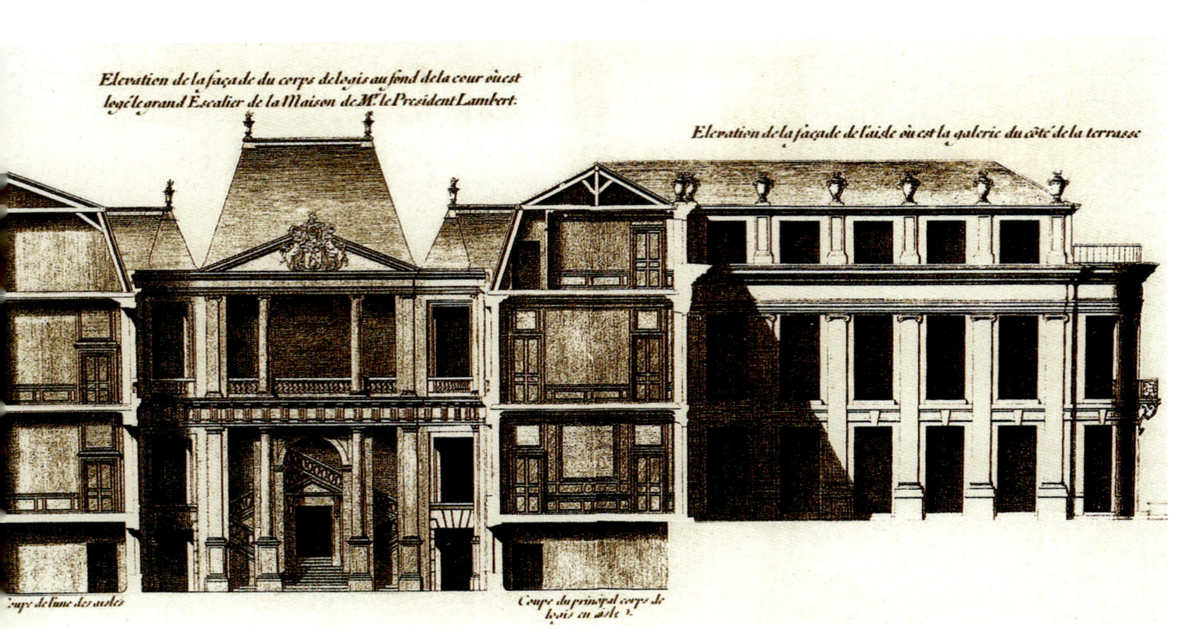

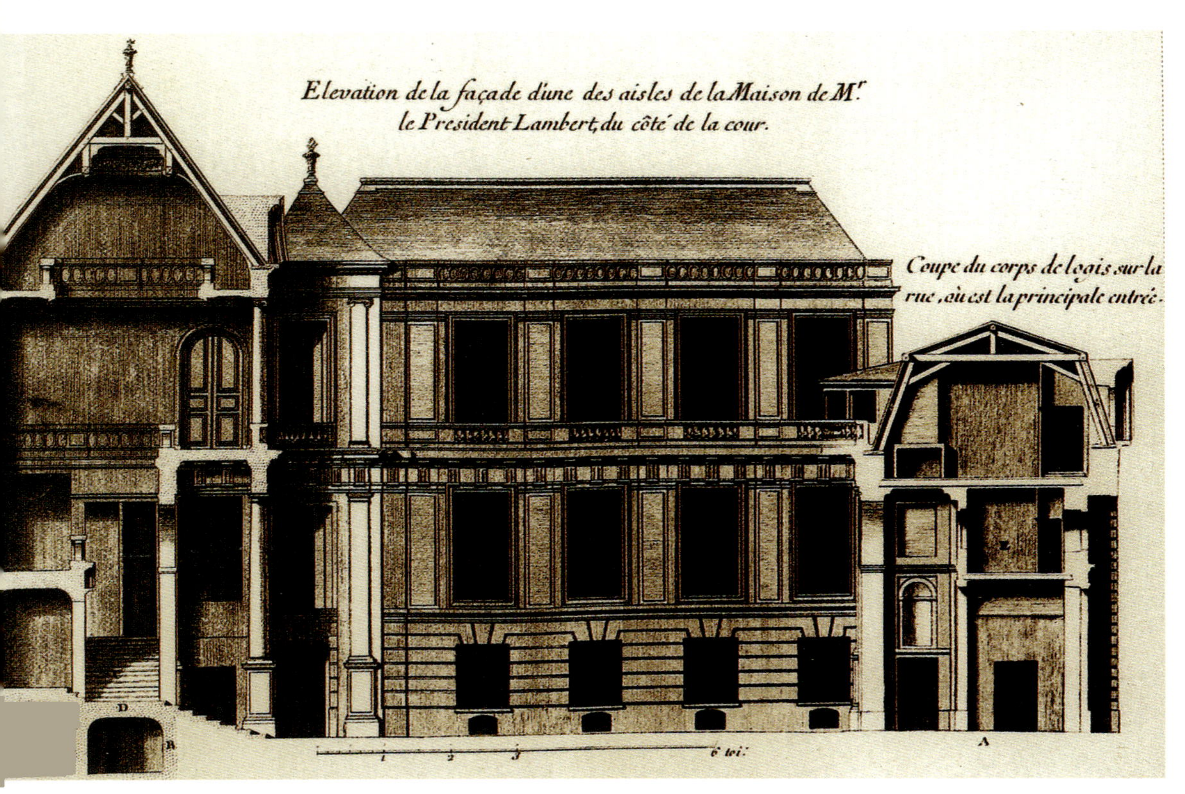

（上下两幅）图 3-194 巴黎朗贝尔府邸。剖面（取自 J.F.Blondel：《L'Architecture Française》，1752 年）

形式和中央的椭圆形体及其凸出的柱廊协调得并不是很好，高耸的屋顶和穹顶的配合也欠理想。不过，从总体上看，沃-勒维孔特府邸仍可视为空间构图的杰作，特别是两翼配备辅助房间的建筑群，创造出一种节奏鲜明的舞台效果。步步深入、逐渐展开的室内外景观（从辅助建筑开始，通过前院到达门厅，再到面向花园的大沙龙）和自然环境的结合（所谓“位于院落和花园之间”，entre cour et jardin）是这个建筑组群最独特的创新。这种做法很快成为所有大型建筑的通用规制。在墙面分划和细部处理上，勒沃的艺术感觉或许没有芒萨尔那样灵敏，但他在处理空间和形体上的才干，使他成为所有法国建筑师中最具有“巴洛克”特色的一位。

沃-勒维孔特府邸的园林是法国最杰出的园林艺术家勒诺特的第一个完美的作品（平面：图 3-133、3-134；全景：图 3-135~3-138；洞窟及台阶：图 3-139~3-148；喷泉水池及瀑布：图 3-149~3-154；花坛及树篱：图 3-155~3-158）。正是在这里，他将独特的法国园林艺术进一步发扬光大。勒诺特不希望视线受边界限制，他

（左右两幅）图 3-196 巴黎 朗贝尔府邸。立面入口处近景

追求的是无限的视野和强烈的透视效果。在设计这个园林时，他将构图沿府邸中轴线展开，在向河谷逐渐降低的层层台地上沿中央道路两侧布置花坛及各种雕刻小品；花坛图案如刺绣工艺品，周围是仔细修剪过的树篱（按当时人们的看法，自然生长的植物只有经过修剪才能表现出最美的形态）。除了府邸周围的壕沟外，在台地上还布置有若干水池及喷泉，最后是和中轴线垂直且一头为圆形的“大运河”（图 3-159、3-160）。中轴线两边作为花坛和水池背景的丛林则形成整组构图的自然边界。园林本是一种处于不断变化中的景观，然而，沃 - 勒维孔特园林保存得如此之好，以至今天的人们仍能和当初一样，全面欣赏它的风貌。建筑前展现着草地和平静的水面，阳光下几乎没有阴影，颇似伦勃朗后期视野开阔的风景画。

如果从总体上观察这个规划，就可以看到，宫殿所在的岛屿好似一个大的“凸出”部分，代表着在“大自然”中的“尘世”。类似的主题以较小的尺度在宫殿内部重现，上冠穹顶的圆形体量就是这两个“世界”的结合点。在这里，府邸是理想宇宙的中心，整个建筑群就这样，如哥特大教堂那样，构成了世界的象征。这种构想本身并不是什么新东西，在这里，人们只是以更完美的形式综合了 17 世纪世俗建筑的这些基本理念。

（上下两幅）图 3-197 巴黎 朗贝尔府邸。男女主人用房（位于第二和第三层，分别于1646~1647年和1650年后装修；图版据 B.Picart，1700~1710 年）

这是马萨林去世前贵族和大庄园主建造的府邸中最大胆和最豪华的一例，也是最后一个。尼古拉 · 富凯在自己的这块领地内并没有享受多久：在 1661 年 8 月 17 日举行盛大落成典礼之后仅几天，这位豪华府邸的主人、当时的财政总监便被投入监狱，到底也未能活着出来 [14]。国王认定，除了动用国库资金，他这位财政大臣不可能有钱支付其府邸和花园的奢华开销。从此开始了路易亲政的时代，杰出的艺术家们开始云集在国王周围。

[城市府邸]

和大型宫邸不同，城市府邸是另一种独特类型，和宅邸基本属同一大类，可算是 17 世纪法国建筑的一项新生事物。在巴黎，贵族和大资产阶级都竞相建造豪华的寓所，尽管每个都具有自身的特色，但毫无例外都纳入了公共活动的空间。

由于特殊的地理位置，城市府邸很快就获得了某些特殊的品性。一般说来，这类建筑总是毗邻而建，因而只有两个立面。和用地不受限制的宫邸相比，其平面往往更为狭窄。在这里，建筑师必须面临多方面的挑战：

（上下两幅）图 3-198 巴黎 朗贝尔府邸。男女主人用房内的壁画

（上）图 3-199 巴黎朗贝尔府邸。浴室仰视

（下）图 3-200 巴黎朗贝尔府邸。赫丘利廊厅（1654 年完成，绘画和浮雕制作者为勒布朗和范奥布斯塔尔），内景

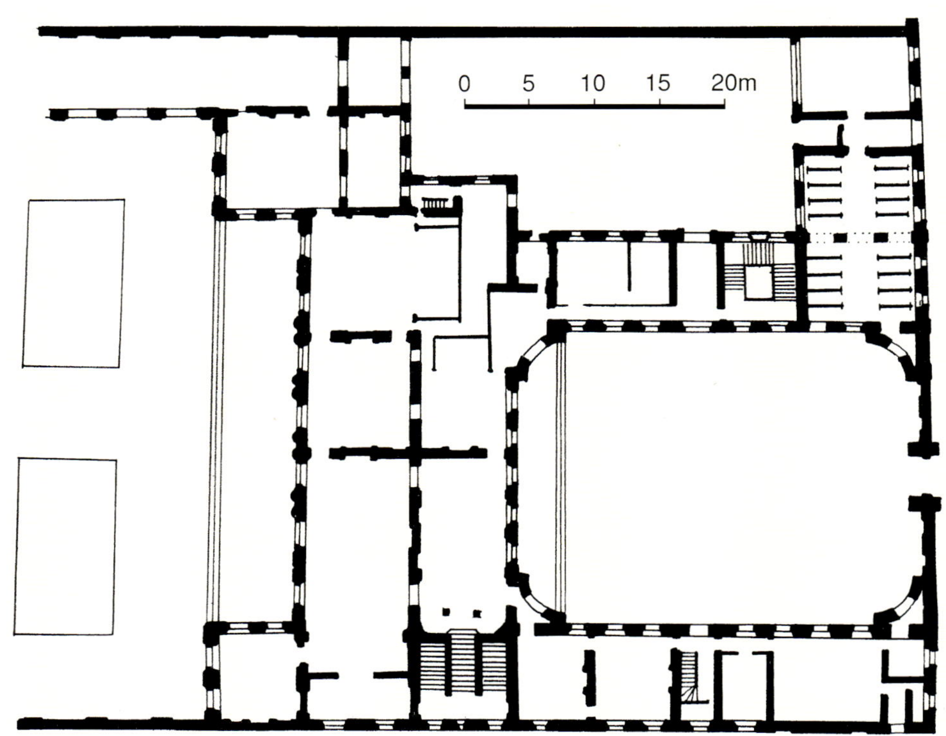

(上) 图 3-201 巴黎 朗贝尔府邸。赫丘利廊厅，天顶画细部

(下)图 3-202 巴黎 利奥纳府邸(1661年，路易·勒沃设计，1827 年拆除)。平面（据 Christian Norberg-Schulz）

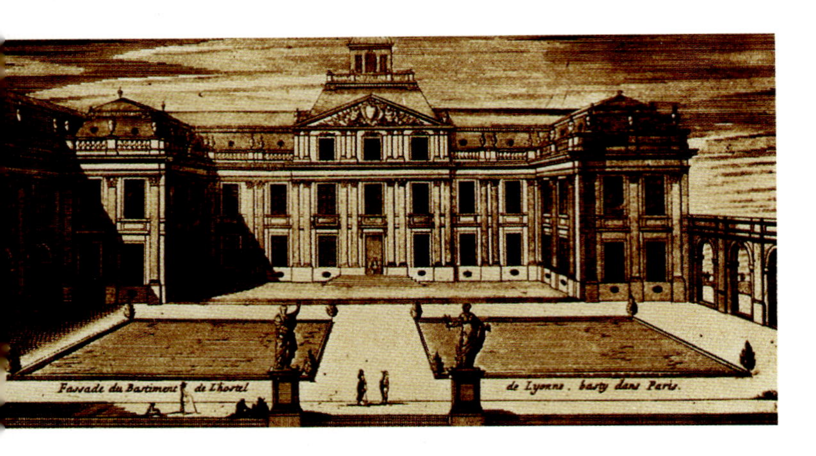

需要把建筑安插到城市肌理里去，而地段却往往并不规则，房间需要布置得舒适便捷，但外部造型和内部装修也不容忽视。在前面我们已经看到，萨洛蒙·德布罗斯在设计布莱朗库尔府邸和卢森堡宫时，已放弃了中世纪那种四翼结构，改为突出主体部分，并使院落具有新的更重要的功能。在建造城市府邸时，人们再次采用了这种做法，但在这里，显然它们还必须考虑到城市规划的要求，适应具体的地段环境，因而在平面布局上具有更大的难度。通常的做法是院落一侧和花园一侧的

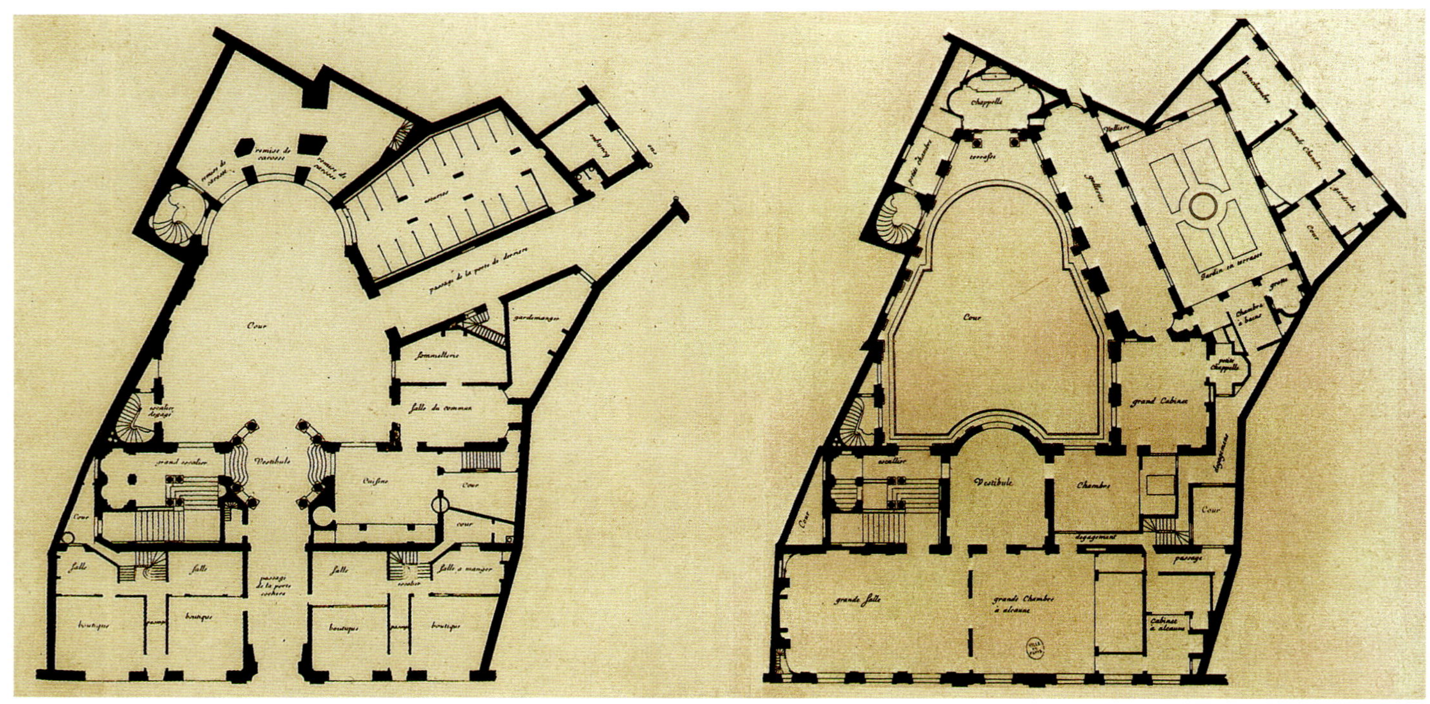

0 5 10 15 20m

底层平面

院落

院落

上层平面

（上）图 3-203 巴黎 利奥纳府邸。外景（版画制作 Jean Marot）

（中）图 3-204 巴黎 博韦府邸（1652~1655 年，另说 1654~1656 年及 1657~1660 年，安托万·勒波特设计）。底层及二层平面（图版取自《Le Grand Marot》）

（下）图 3-205 巴黎 博韦府邸。平面（据 Banister Fletcher）

轴线不求对应（即令轴线在中间弯折）；在大多数情况下，由于布置双院落，这种轴线的弯折往往不易察觉。至于双套房，即双重连续房间，则主要是从实用的角度出发。前厅、楼梯及廊道还要顾及礼仪及排场的需求，特别是要求较高的建筑。

在这时期城市的私人住宅里，舒适程度亦有所提高；只是由于大部分都没有留存下来，现在人们只能从当时的一些版画——特别是让·马罗（卒于1679年）的作品——中，了解这些建筑的盛况。虽说外省城市也有一些独特的表现（例如，位于地中海岸边的蒙彼利埃就更多受到意大利的影响。在这个远离朝廷的城市，大资产阶级的势力越来越大，在宅邸的豪华上已能和贵族

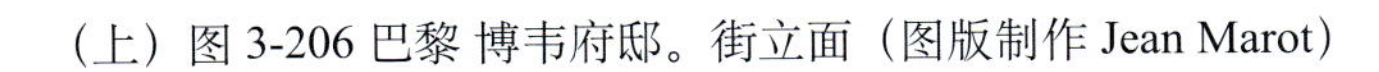
（上）图 3-206 巴黎 博韦府邸。街立面（图版制作 Jean Marot）

（下）图 3-207 巴黎 博韦府邸。院落景色

图 3-208 巴黎 博韦府邸。院落现状

媲美)，但主要还是巴黎在这方面扮演了重要角色，因而下面我们将重点考察这里的演进情况。

雅克·勒梅西耶作品

雅克·勒梅西耶（约 1585~1654 年）是 17 世纪法国古典主义领军人物之一。作为一名主持匠师的儿子，他二十几岁的大部分时间（1607~1614 年）是在罗马度过，并在那里对贾科莫·德拉·波尔塔的作品进行过精心的研究。这段经历对他以后的工作大有裨益。尽管路易十三曾委托他拟订卢浮宫的扩建设计（包括建钟楼,1624 年以后),但他的主要雇主还是红衣主教黎塞留。除了大量府邸和教堂外，他还受这位主教之托设计府邸和以其名字命名的理想城镇（始建于 1631 年）。巴黎的红衣主教宫(即今王宫)也是他的作品(始建于 1633 年，图 3-161~3-166)。

雅克·勒梅西耶设计的三个城市府邸（吕埃、利昂

图 3-209 巴黎 博韦府邸。楼梯内景

库尔和黎塞留）留存下来的东西很少。其中位于黎塞留的黎塞留府邸是规模最大和最重要的一个（1631~1637年，图 3-167~3-172）。按通常模式设计的府邸只是一个规模大得多的建筑组群的中心形体，组群内还包括一个周围布置办公建筑的巨大前院，一个半圆形的大门和一个新规划的城镇。府邸本身设计上并无新意，方座穹顶似乎是倒退到萨洛蒙·德布罗斯的做法，老虎窗则是依 16 世纪的模式。

巴黎的利昂库尔府邸（1613~1623 年，图 3-173、3-174）是雅克·勒梅西耶和萨洛蒙·德布罗斯合作设计的项目，由于不可能在同一方向上布置两个分开的院落，从而导致两个院落并置。前院的主要轴线不再和花园轴线对应，因而在空间关系上有些混杂。其入口轴线在尽端封闭，至居住单元的入口位于院落左角，朝着和前厅相连的楼梯（前厅位于面对花园的立面中间）。院落墙面按简单的古典样式分划，多立克壁柱位于粗面石的底层上。立面类似带凸出翼和中央凸出形体的宏伟府邸。其程式化的分划与其说是基于古典部件，不如说是基于水平

本页：

图3-210 勒波特：乡间府邸设计（1652 年，取自《Oeuvres d'Architecture》）

右页：

（上）图 3-211 勒波特：乡间府邸设计，轴测透视图（据 Christian Norberg-Schulz）

（下）图 3-212 巴黎 奥贝尔府邸（1656 年，建筑师让·布利耶）。平面

和垂直的构图关系[15]。

让·安德鲁埃·迪塞尔索作品

让·安德鲁埃·迪塞尔索（约 1585~1649 年）是一个庞大的建筑师家族的成员，在府邸设计上占有特殊的地位。他设计的巴黎絮里府邸（1624~1629 年，图 3-175~3-181）最初的主人是富有的银行家梅姆·加莱，现在的名称系来自它的第二个所有者，亨利四世的重臣、曾任财政总监的絮里（1560~1641 年）。

建筑采用了宫殿的布置方式，只是规模和尺度较小。其平面基本沿袭 16 世纪府邸的典型形制：院落在朝街道一面由围墙封闭，墙上开一个能容马车通过的大门；居住形体位于院落后部，边上布置双翼，入口及两个楼阁面向道路；楼梯和大门一样，布置在中轴线上（同时期的意大利宫邸往往一面敞开，代之以柱廊；德国的城市住宅则对称布置；而在法国，人们更愿把建筑布置在院落和花园之间）。朝院落的底层窗户配弓形山墙，门布置在每侧中央；上层窗户带三角形山墙，位于各面轴线上的窗户两侧辟带雕像的龛室。细部变化丰富的老虎窗采用了中央大门上的扇形母题。

同样由让·迪塞尔索主持设计的巴黎布勒东维利耶府邸建于 1635/1637~1643 年，位于新整治的圣路易岛

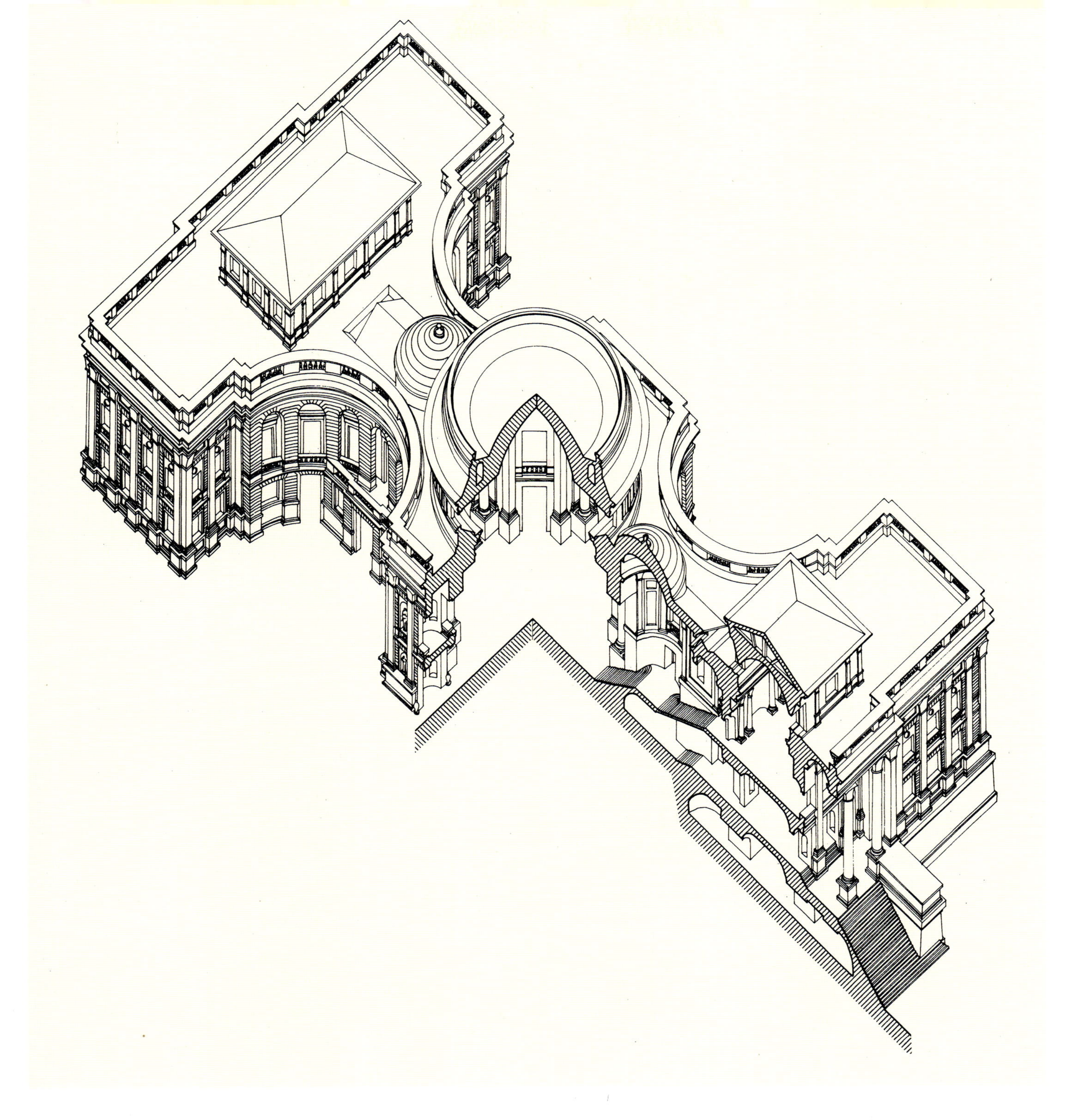

的东端（建筑于 19 世纪时拆除，图 3-182）。从重要性上看，它似乎不及絜里府邸，但后者由于地段既窄且深，因而只能采取简单的轴向布置；从布局上看，这个建筑可能更令人感兴趣。在这里，由于增添了一个小的前院，主要轴线同样有所偏离，但这个错位很小。面向花园的立面中央凸出形体面阔三间，院落轴线通向其左侧门洞。由于中央开间封闭，右侧门通向大沙龙，立面看上去还是对称的。院落问题的解决颇有创意，两翼在建筑上和居住形体分开；后者本身包含两个短翼，形成一个

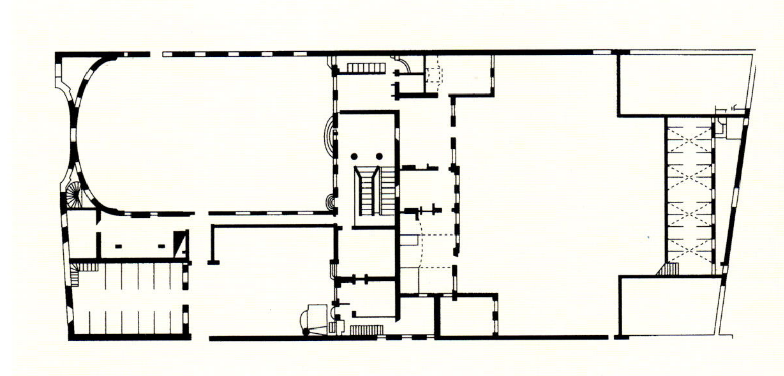

（上）图 3-213 巴黎奥贝尔府邸。院落景色

（下）图 3-214 巴黎奥贝尔府邸。楼梯内景

图 3-215 巴黎 圣热尔韦教堂（1616~1621 年，萨洛蒙·德布罗斯设计）。立面模型

内部的前院。这种布置方式显然是来自传统宫堡建筑固有的那种角楼阁。它预示了 18 世纪独立府邸的诞生 [达维莱在其《建筑教程》（Cours d'Architecture）中谈到府邸这一类型时，即采用了这个例证]，由此导致巴洛克建筑对体量的强调，同时促使了立面的统一特色（立面上开如此大的窗户以前亦不多见）。为了保护住宅的私密性，沿花园北侧增加了一个廊道。

弗朗索瓦·芒萨尔作品

弗朗索瓦·芒萨尔一生中接受了大量来自资产者的

LVDOVICI XIII SVMPTIBVS RECTA
APVD PP PROFESSOS SOC
IESV PARISIIS BASILICA.
RECTA DISSECTAQ SECVNDVM
INTERIOREM LATITVDINE DELINEATIO

订单，在府邸设计里引进了重大的变数。1635年，弗朗索瓦·芒萨尔获得他第一个私人宅邸的设计委托——巴黎的弗里利埃尔府邸（建筑后大部分重建，亦称图卢兹府邸，现为法兰西银行的一部分，图3-183~3-187）。建筑采用通常形制，三个形体围绕着院落布置，院落前方用一道墙封闭。像布勒东维利耶府邸那样，由于左侧增加了一个前院，从而导致主要轴线的偏离。人们在这里以类似的方式对院墙进行处理；但分划却要比同时期让·迪塞尔索的府邸精细得多。芒萨尔通过一个大的凸出部分对主要轴线加以强调，该部分屋顶要比两翼稍高（在布卢瓦府邸，他也采用了这种手法，且规模更大）。凸出部分里安置富丽堂皇上置穹顶的前厅。墙面的处理充分证明了这位建筑师在把握比例和细部上的天分。由于他的努力，弗里利埃尔府邸成为该世纪上半叶城市宫邸的典范。

1648年，芒萨尔开始建造巴黎的雅尔府邸（目前这个建筑已荡然无存，图3-188）。在这里，主轴线同样有所偏离。芒萨尔亦按原先的做法，取消了通向花园的中央门洞，代之以侧面凸出形体上的两个门洞。雅尔府邸可能是第一个成对布置居住单元的府邸实例。前厅位于面向花园的宽阔沙龙后面，双套房的布置方式使它有可能与楼梯间直接相通。居住形体和侧翼这次是通过屋顶分开，墙面分划则依然连续。

位于塞纳-马恩地区的格罗布瓦府邸（约1600年，图3-189）是1600年前后法国特有的混砌砖石结构的一种新颖的变体形式，在隅石和砖构之间加了抹灰的区段，构图显得更为活泼。通过两个位于主要居住形体前的低翼和两个成对布置的楼阁形成“U”形平面。立面上

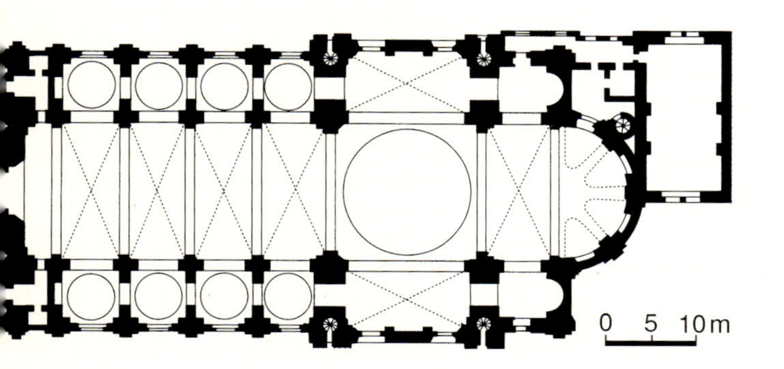

左页：

（左上）图3-216 巴黎 圣热尔韦教堂。外景

（右上及下）图3-218 巴黎 圣保罗和圣路易耶稣会教堂。剖面（图版取自Jean-Marie Pérouse de Montclos：《Paris, Kunstmetropole und Kulturstadt》，2000年）

本页：

（上）图3-217 巴黎 圣保罗和圣路易耶稣会教堂（1627~1641年）。平面（据Dumolin和Outardel）

（下）图3-219 巴黎 圣保罗和圣路易耶稣会教堂。本堂剖析模型

图 3-220 巴黎 圣保罗和圣路易耶稣会教堂。高祭坛，立面设计

引人注目的内凹曲面可能是受到枫丹白露马厩形体的启示。在 1655 年建造的卡纳瓦莱府邸，居住区围绕着院落扩展，并不局限在所谓的居住形体内。

路易·勒沃作品

唐邦诺府邸（1640 年）是路易·勒沃设计的第一个重要的这类建筑。它由一个两层的居住形体构成，两边为仅有单层的双翼[16]。建筑已于 1844 年拆除。从马罗的一幅版画上可知，墙表面分划相当简单，和“通透”的中央凸出形体形成明显的对比（图 3-190）。两排柱子上下叠置，位于山墙和复折式屋顶下，突出了建筑的形体特色。看来勒沃才是所谓“芒萨尔式屋顶”的真正创立者（为了取得更多的容积，哥特式的陡坡屋架于上部弯折）。这种复折式屋顶很快成为巴洛克后期最具特色的要素之一，建筑造型也因此更加富有魅力[17]。唐邦诺府邸朝向花园的立面由巨大的爱奥尼壁柱分划，通过花园实现了空间的无限延伸；院落则依人体尺度划分阶台（这种做法倒是符合布隆代尔的规章，他曾说过，小型柱式适于可近看的墙面，供远观的立面应采用巨柱式）。这个建筑的平面未能留存下来，但从马罗的鸟瞰图上看，居住形体具有相当的深度，因而很可能是采用了双套间的布局方式。

尚存勒沃设计的这类府邸中，位于巴黎圣路易岛上的朗贝尔府邸（1640~1644 年，图 3-191~3-199），是最

右页：图 3-221 巴黎 圣保罗和圣路易耶稣会教堂。街立面全景

图 3-222 巴黎 圣保罗和圣路易耶稣会教堂。正立面

图 3-224 巴黎 圣保罗和圣路易耶稣会教堂。内景

重要的一个，也是这类府邸中给人印象最深刻的一例。其位置靠近布勒东维利耶府邸，地段也类似。在这个特殊环境里应用标准形制，显然需要建筑师有高度技巧和变通能力，并由此导致建筑极富创意的平面布局及许多不同寻常的特点。由于地段纵深很小，因此勒沃没有像通常那样安排纵向轴线，将花园布置在“门廊 - 院落 - 主体建筑”的主轴上，而是将它移向右边，即位于大院的一侧，在地段最长的一边设入口。大院正面轴线

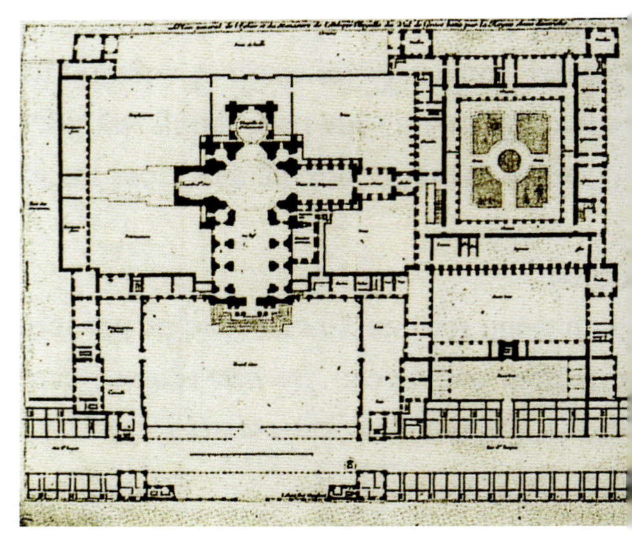

（左）图 3-223 巴黎 圣保罗和圣路易耶稣会教堂。后殿外景

（右）图 3-225 巴黎 瓦尔 - 德 - 格拉斯修道院（1645~1710 年，各阶段主持人分别为弗朗索瓦 · 芒萨尔、雅克 · 勒梅西耶、皮埃尔 · 勒米埃和加布里埃尔 · 勒迪克）。总平面（图版现存巴黎国家图书馆）

通向一个宏伟开敞的大楼梯（像早期府邸那样，位于居住形体中央的楼梯间占有重要的地位），楼梯间两侧布置椭圆形前厅，形成一道横向轴线；人们可以从那里通向两组套房；椭圆形前厅之一与侧面一道豪华廊厅相通，人们可从楼梯顶部通过前厅望廊厅，还可进一步从那里欣赏圣路易岛尖端的自然风光和位于廊厅及建筑右翼之间的台地花园景观。勒沃经常用这样一些特殊景象使人们感到惊奇，其想象力和构图要比芒萨尔的作品更为丰富。由于地段狭窄，不可能采用双套间布局，但通过在底层上布置的特殊层位（bel étage），车辆可到达院落角上。

立面装饰上既有罗马建筑那种宏伟庄重的纪念品性又不失法国式的优雅：大院立面于楼梯入口处叠置多立克和爱奥尼柱式（至两侧为壁柱）形成敞廊，通向主要楼梯并为之提供采光；院落两边墙面形成圆角，使人们的注意力集中到中间叠置柱式上冠山墙的敞廊上。多立克柱顶盘通过曲面不间断地绕行整个空间。这种曲线拐角在布卢瓦已有先例，但很可能是来自博罗米尼设计的罗马圣菲利浦 · 内里奥拉托利会礼拜堂。在法国建筑中，此前还从没有哪个建筑如此接近博罗米尼的观念。大院里采用的多立克和爱奥尼柱式至花园一侧立面处改为巨大的爱奥尼壁柱，这种做法也有别于芒萨尔那种更为严格的古典建筑。该面壁柱间墙面开“门连窗”（即窗洞直落地面）亦为勒沃的创举，以后这种形式同样成为法国宫殿建筑特色之一。室内装修以赫丘利廊厅最为突出（1654 年完成，如今人们看到的基本为原貌，图 3-200、3-201）。其中绘画和浮雕分别出自勒布朗和范奥布斯塔尔之手，表现古代世界和赫丘利的功绩。

在建于 1661 年的巴黎利奥纳府邸(图 3-202、3-203)，勒沃将各种观念综合在一起，创造出一个真正具有宏

(上) 图 3-226 巴黎 瓦尔 - 德 - 格拉斯修道院。东侧建筑群外景（右为教堂，左为柱廊院组群一角）

(下) 图 3-227 巴黎 瓦尔 - 德 - 格拉斯修道院。柱廊院组群东北面景色

本页：

（上）图 3-228 巴黎 瓦尔 - 德 - 格拉斯修院教堂。平面（据 Christian Norberg-Schulz）

（左下）图 3-229 巴黎 瓦尔 - 德 - 格拉斯修院教堂。立面（取自 John Julius Norwich：《Great Architecture of the World》，2000 年）

（右下）图 3-230 巴黎 瓦尔 - 德格拉斯修院教堂。纵剖面（早期）

右页：

（左）图 3-231 巴黎 瓦尔 - 德 - 格拉斯修院教堂。横剖面（图版作者佚名，巴黎国家图书馆藏品）

（右）图 3-232 巴黎 瓦尔 - 德 - 格拉斯修院教堂。设计方案（轴测复原图，作者 Jean Castex）

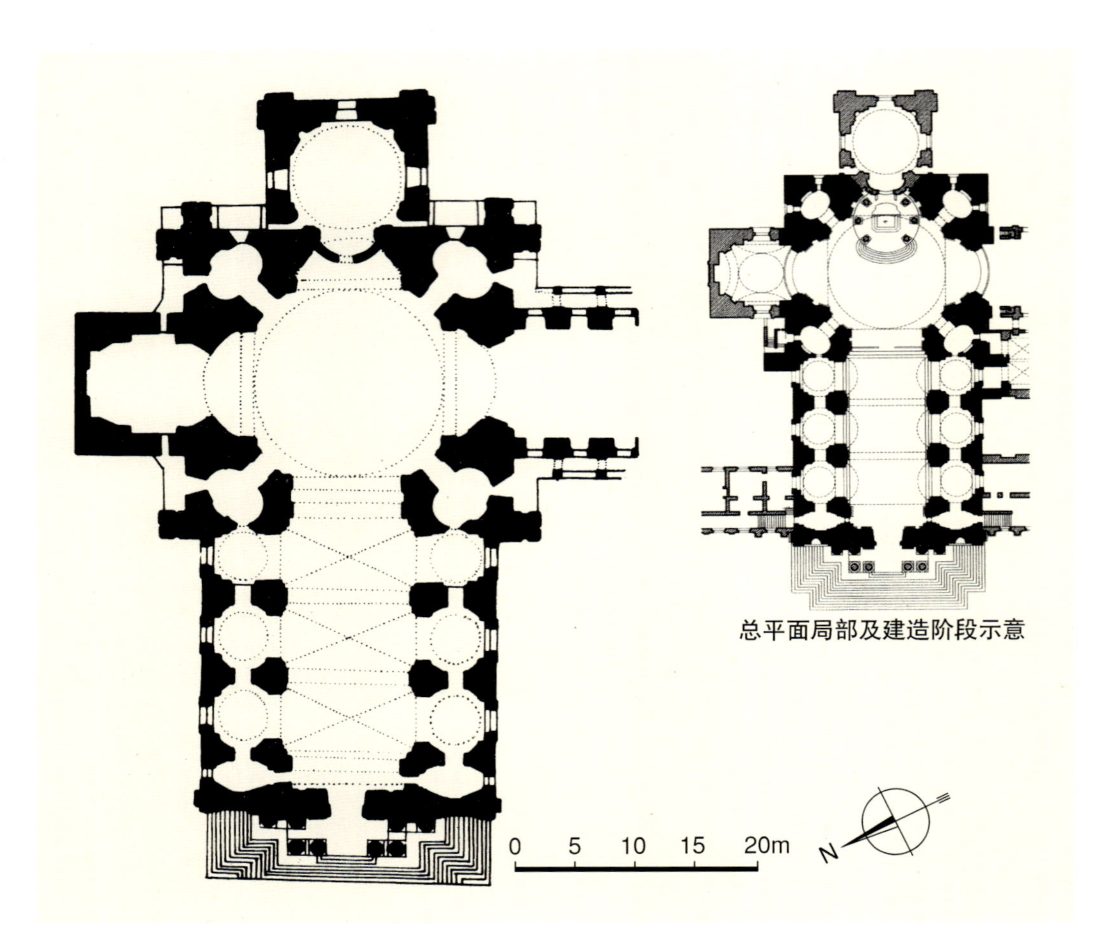

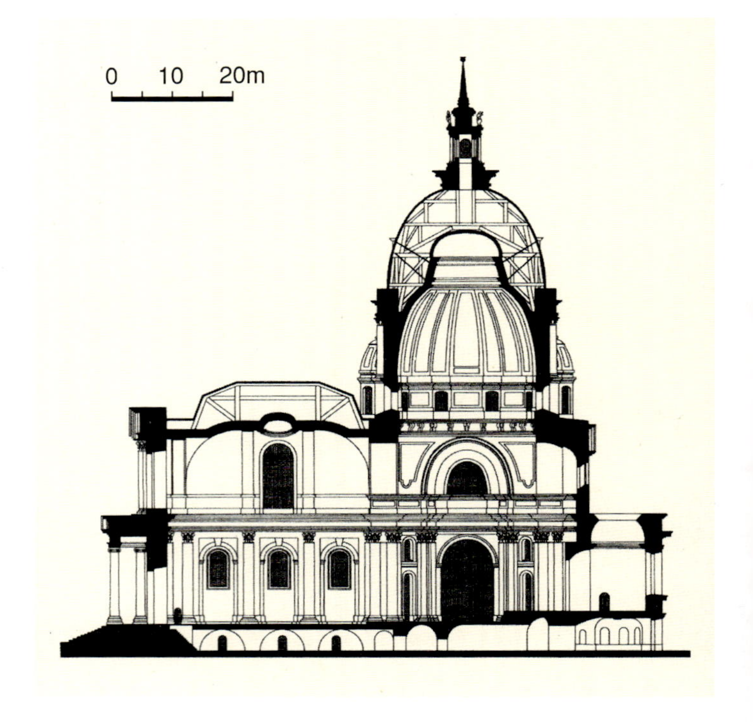

伟纪念品性的城市宫殿（建筑于 1827 年拆除）。由于在主院边上引进了一个次级院落，平面轴线有所移动。居住形体由两层及一个顶楼层组成，侧翼仅两层。院落通过圆角及连续的柱顶盘在空间上得到整合。两种柱式上下叠置另加一个顶楼层，主轴线通过三角形山墙加以强调。居住形体朝向花园的两层立面通过成对配置的宏伟壁柱分划（在中央凸出部分变为半柱），侧翼则仅用简单的壁柱。整个平面形成不规则的“H”形，

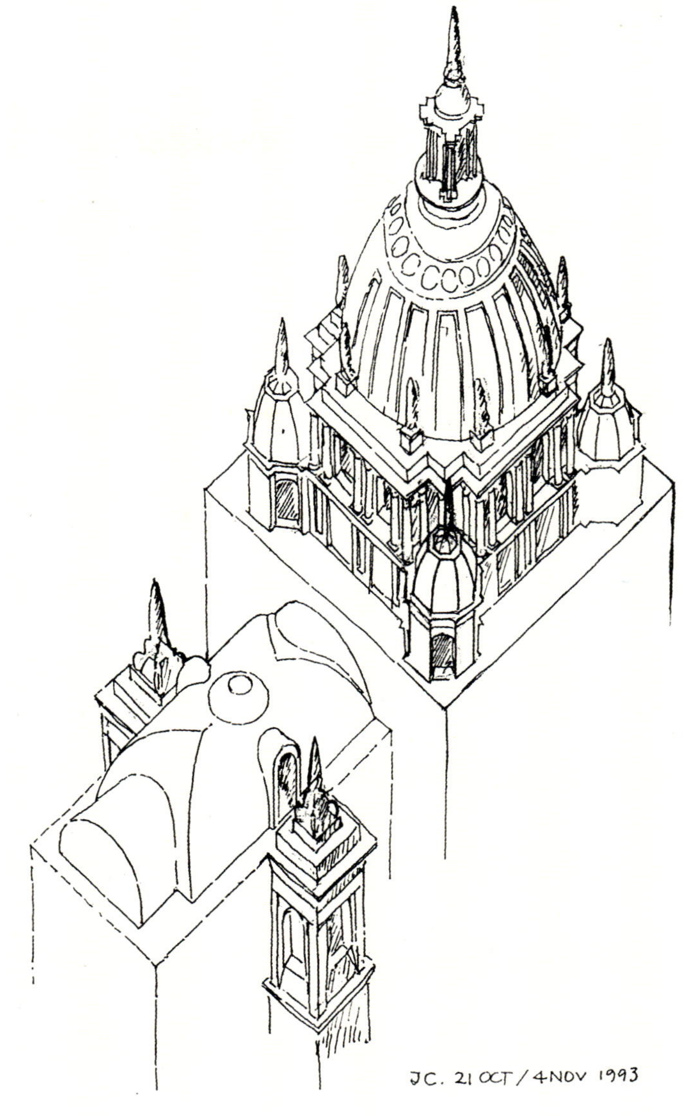

中间部分采用双套间组合，端头为第一个三跑大楼梯，这种类型之后被巴尔塔扎·纽曼成功地用于维尔茨堡和布吕尔。简单的形体关系和明确的分划，是利奥纳府邸最独特的建筑品性，也是它能成为当时最重要作品之一的主要原因。

安托万·勒波特作品

继芒萨尔和勒沃之后，法国17世纪最富有创造精神的建筑师和雕刻家是安托万·勒波特（1621~1691年）[18]。他和弗朗索瓦·多尔雷同为勒沃的门徒，如果说,后者使法国建筑在更大程度上转向古典主义的方向，那么,安托万·勒波特则发展了其导师作品中的“巴洛克”倾向。安托万·勒波特建成的项目不多,但在他哥哥让·勒波特（1618~1682年）的版画作品里，可看到他的一些大胆的设计。勒波特传世的最主要作品是巴黎的博韦府邸（1652~1655年,另说1654~1656年及1657~1660年，图3-204~3-209）。在巴黎现保存下来的私人宅邸中，它和勒波特府邸一起代表了一种特殊的类型，即正面直接朝向街道，首层设店铺。楼梯位于入口通道左侧，后者通向前厅，其后为院落（勒沃设计的朗贝尔府邸则是首先穿过院落再到达中央楼梯间）。在博韦府邸，两个形状极其不规则的相邻地段被整合在一起形成一个完整的设计，在利用棘手的地段上表现出很高的技巧。在主要轴线上，立面底层商店后为带主楼梯间的居住形体（其主要房间布置在二楼）。在院落的空间效果及楼梯间的设计上，可看到各种变化及创新意识。至院落的入口通道通过以巨柱式分划的侧墙得到强调，它和相对一面的柱式向中央的一个亭阁处会聚。与此同时这个空间还被一道凸出甚大的连续檐口环绕。在17世纪的法国建筑中，在造型和动态表现上达到如此程度的空间还很少。楼梯间包括椭圆形、三角形乃至更复杂的形式。楼层平面同样有所变化，面向若尼大街的二层和下面的布局就很不一样，墙体并没有上下对齐，廊厅面对着台地花园和位于马厩上的“空中”洞穴。

勒波特设计方案中最著名的一个是他在《建筑作品》(Oeuvres d'Architecture) 上发表的乡间府邸设计 (1652 年，图 3-210、3-211)。其总体布置来自卢森堡宫，配有角上的套房及中央前厅，墙面分划依勒沃惯用的手法，侧翼采用巨柱式。然而，在造型及空间体系的构思上，这个设计却超过了当时所有的作品。上冠“无穹顶鼓座”(tambour sans coupole) 的巨大圆形前厅，确定了整个系统及主轴线的中心。沿着横向轴线，人们可通过一系列各式各样的空间到达上层。复杂的双轴体系通过一道连续的柱顶盘联在一起。采用房间之间的过道 (dégagement) 更是一项全新的创造。但就总体而言，这个方案在很大程度上只是个理论上的设计。贝尔尼尼完全有可能了解勒波特的这个作品，并在自己的第一个卢浮宫方案中受到它的影响。

除了上面这几位建筑师的作品外，在卢浮宫东面的马雷区，尚有让 · 布利耶建的奥贝尔府邸 (1656 年，图 3-212~3-214) 能证实该区当年的繁华。其双跑楼梯通向一个带敞廊的上层廊厅。

三、宗教建筑

在法国，宗教建筑的发展和民用建筑基本同步，但并不是马上就表现出同样的创作活力。由于地方传统根深蒂固，建筑更多受到传统模式的束缚 (哥特建筑魅力未减、影响深远，罗马建筑仍然是人们效法的样板)，外来风格 (特别在涉及到建筑主体部分时) 往往很难立足，在新形式的追求上难免显得瞻前顾后。法国巴洛克教堂在创造和发展自己独特的造型语言上，也因此显得特别迟缓。不过，它最后终于在宏伟的穹顶上，找到了自己完美的表现。1600 年以后的建筑在保持哥特风格垂直特色的同时，很快转向古典主义的方向。

本页：

(上) 图 3-233 巴黎 瓦尔 - 德 - 格拉斯修院教堂。外景

(下) 图 3-235 巴黎 瓦尔 - 德 - 格拉斯修院教堂。穹顶 (天顶画作者 Pierre Mignard，1663 年)

右页：

图 3-234 巴黎 瓦尔 - 德 - 格拉斯修院教堂。内景

M.D.C.L.ANNA

[巴黎圣热尔韦教堂立面]

巴黎圣热尔韦教堂的立面（1616~1621 年，图 3-215、3-216）是法国巴洛克时期在宗教建筑领域完成的第一个重大项目，也是法国宗教建筑发展过程中的一个重要作品。设计人现一般认定是萨洛蒙·德布罗斯（立面为克莱芒·梅特佐主持建造，但无疑是按萨洛蒙·德布罗斯的设计）。立面按正常序列如罗马大角斗场那样叠置三种古典柱式（多立克、爱奥尼和科林斯式），高处置断裂山墙。柱式造型突出，且完全合乎古典章程。它和意大利教堂最重要的区别在于用了三层而不是两层柱式，显然是由后面哥特式本堂的高度所确定；再就是罗马的附墙柱在这里被成对配置的独立支柱所替代，它们起着围括外部及中央跨间的双重作用。

这个立面是和罗马第一批巴洛克建筑相对应的作品，但它并没有摆脱 16 世纪传统的框架，造型相当沉重。尽管其中已显露出罗马第一批巴洛克建筑（如维尼奥拉的耶稣会堂）那种夸张的作风，但和耶稣会堂这类罗马建筑相比，它和学院派规章的联系显然要更为紧密，其中汇集了不少法国宫殿建筑的手法（如菲利贝尔·德洛姆设计的阿内府邸立面那种手法主义的要素）。尽管立面总体上是强调纵向轴线，但无论在垂直还是水平方向上，构图上主要靠规则地重复建筑部件。贯通立面三层的垂向构图和植根于地面的建筑形象及模仿罗马范本的突出造型形成了鲜明的对比。各种母题的级差配置给人们留下了深刻的印象并成为日后法国宗教建筑的特点之一。

左页：
图 3-236 巴黎 瓦尔 - 德 - 格拉斯修院教堂。华盖及穹顶近景（一）

本页：
图 3-237 巴黎 瓦尔 - 德 - 格拉斯修院教堂。华盖及穹顶近景（二）

[穹顶教堂]

穹顶教堂是这时期法国宗教建筑中最突出的成就。建于 1627 年的圣保罗和圣路易耶稣会教堂，是一个带廊台和穹顶的会堂式建筑，系于罗马耶稣会堂形制的基础上略加变化而成（建筑师尚未查明，图 3-217~3-224）。1635~1642 年雅克 · 勒梅西耶受黎塞留之命修建的索尔本教堂（后者的墓就安置在这座教堂内,图版另参考《世界建筑史 · 文艺复兴卷》），是这时期巴黎市内几个穹顶教堂中比较突出的一个。勒梅西耶在把意大利建筑的影响引入到法国宗教建筑领域方面，起到了重要的作用；这个教堂更成为法国巴洛克古典主义发展道路上的一块基石。作为大学教堂，它需要配置两个入口，分别与街道和学院相通。以这两个门廊为中心布置主要轴线，产生了一个在纵向及横向均呈对称格局的平面。本堂上置筒拱顶，在中央部分由穹顶及两个进深不大的耳堂阻断，两侧成对布置的拱券通向宽敞的礼拜堂。平面形制颇似罗马的卡蒂纳里圣卡洛教堂。因带中央穹顶的希腊十字平面通过增添侧面礼拜堂沿纵向轴线延伸；

罗马的构图模式就这样被灵活处理，加以改造。

西立面基本按罗马耶稣会堂的做法，采用两层构图，可视为罗马形制的变体形式，是巴黎最早的这类表现之一：中央门廊主跨间两边设龛室，下层实体科林斯柱（角上配双柱）至上层变为复合式壁柱，坚实有力的柱顶盘形成水平分划。朝向院落的一面构图形制又有所变化（见图 1-71），立面构造更为生动，好似舞台布景。立面附墙半柱被独立柱子取代，壁柱则缩减成简单的条带。底层柱廊带三角形山墙，上为凯旋门式的构图，再上为陡坡屋顶及立在鼓座上的穹顶，各类母题层层叠加，形成巴洛克和古典部件的独特组合。由于高高的鼓座角上加了四个小塔，半球形穹顶构架外廓提高并配置了同样细高的顶塔，穹顶的上升态势得到了进一步的强调。

和索尔本教堂相比，巴黎瓦尔 - 德 - 格拉斯修院教堂（1645~1710 年，图 3-225~3-238）要更为雄伟壮丽。这是为履行路易十三的王后（奥地利的）安娜的誓愿并由她出资纪念王太子（即未来的路易十四）诞生而建的还愿教堂。教堂始建于 1645 年，开始阶段主持人为弗朗索瓦 · 芒萨尔，一年后即由雅克 · 勒梅西耶接手，直到 1710 年才由皮埃尔 · 勒米埃和加布里埃尔 · 勒迪克最后完成。工程虽由后继者完成，但基本上按照芒萨尔的原设计（在勒梅西耶接手前，平面方案已经确定并由芒萨尔主持施工直到第一道柱顶盘的高度；在这以上设计由勒梅西耶进行了修改）。

室内中央本堂部分仅长三跨间，宽度小于穹顶直径。本堂两侧布置高起的礼拜堂并饰科林斯壁柱，最后到达上置穹顶的宽大交叉处。交叉处通过三个圆头礼拜堂扩大成三叶形空间，比相邻的本堂更为宽大壮美。尽管人们在其中还能辨认出某些来自罗马的影响，但制

左页：

图 3-238 巴黎 瓦尔 - 德 - 格拉斯修院教堂。华盖细部

本页：

（上）图 3-239 巴黎 最小兄弟会教堂（1657 年，弗朗索瓦 · 芒萨尔设计）。外景（版画作者 Jean Marot）

（下）图 3-240 巴黎 四国学院教堂（今法兰西学院，1662~1672 年，路易 · 勒沃设计）。立面（取自前苏联建筑科学院《世界建筑通史》第一卷）

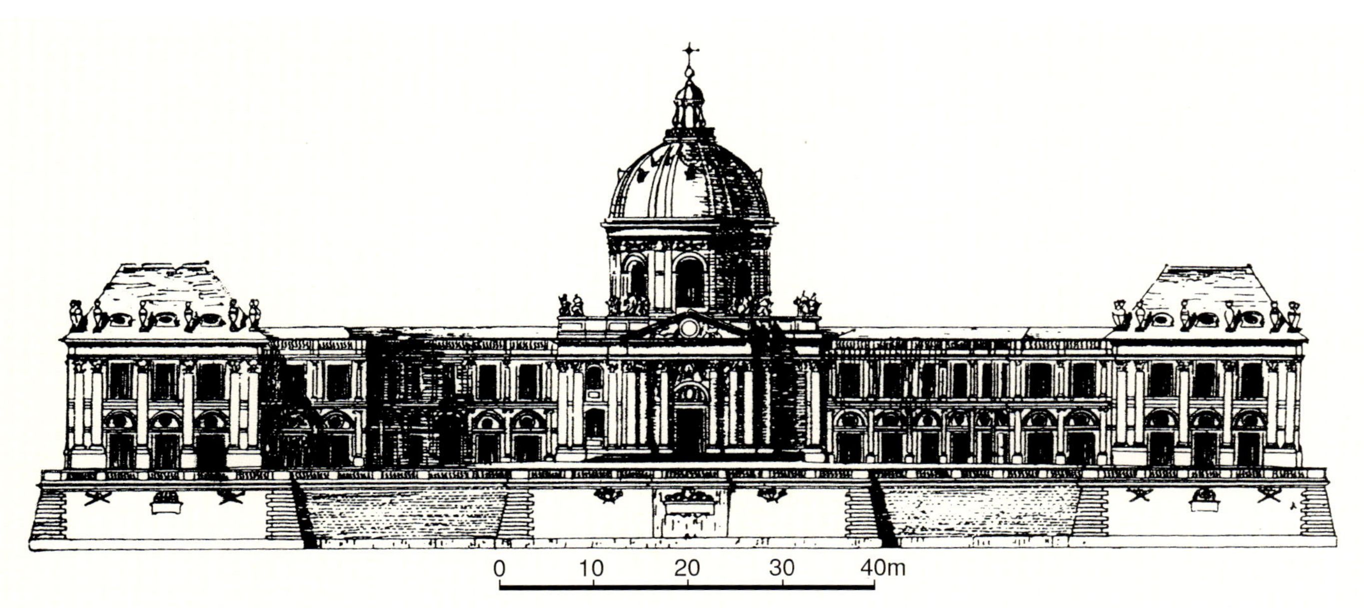

本页：

（上）图 3-241 巴黎 四国学院教堂（今法兰西学院）。剖面（图版取自 Jean-Marie Pérouse de Montclos：《Paris，Kunstmetropole und Kulturstadt》，2000 年）

（下）图 3-243 巴黎 四国学院教堂（今法兰西学院）。中央礼拜堂，第二方案剖面（作者路易·勒沃，巴黎国家档案材料）

右页：

（上）图 3-242 巴黎 四国学院教堂（今法兰西学院）。中央礼拜堂，平面（据 Blondel 等人资料改绘）

（下）图 3-244 巴黎 四国学院教堂（今法兰西学院）。全景图（版画作者 Pérelle，自塞纳河上望去的景色）

订方案设计的芒萨尔，在纪念性建筑的设计上，显然已成功地跨越了一个新的阶段：位于交叉处各角上的小礼拜堂，并不像通常那样，向本堂或耳堂敞开，而是依对角线方向，朝向穹顶下的空间，布置在对角轴线上的四个宽大的柱墩遂创造了八角体的印象。主祭坛上好似圆形的六柱华盖和交叉处本身一样，颇似罗马的圣彼得大教堂，其旋转和上升运动，平添了某种在法国古典主义建筑里少见的情欲色彩。室内白色的墙面上有丰富的造型表现，拱券底面饰藻井图案。交叉处端头为一进深不大的后殿。

立面前安置了大的台阶。在这里，罗马的构图方式也在很大的程度上被加以改造：类似卡洛·马代尔诺设计的圣苏珊娜教堂的立面前，加了一个向前凸出的科林斯柱廊。像索尔本教堂一样，它使立面具有了一定的深度。入口两侧按法国方式配置双柱；尽管具有古典主义的庄重基调，但芒萨尔仍然设法在其中注入了巴洛克的活力，通过创造渐变的效果，避免了因对齐引起的僵硬感觉。其他结构部件（如半柱及壁柱）也都具有类似的造型表现和力度。

室外穹顶类似索尔本教堂（图 3-233），突出了高耸的特点；支承它的鼓座由于周围的 16 个粗壮扶垛和角上的 4 个小塔增加了垂向的动态。穹顶基部两排雕刻起到小尖塔的作用。所有这些穹顶的外廓曲线均类似罗马圣彼得大教堂，虽同样由两层构成，但结构上完全不同，从远处望去显得更为挺拔高耸。

在巴黎最小兄弟会教堂的立面上（1657 年，图 3-239），芒萨尔的熟练和技巧表现得尤为突出。在这里，他面临的课题是，在将建筑纳入到所在街道的同时，还要突出其纵向轴线，他解决问题的方式使人想起罗马纳沃纳广场上博罗米尼设计的圣阿涅塞教堂。在由连续墙

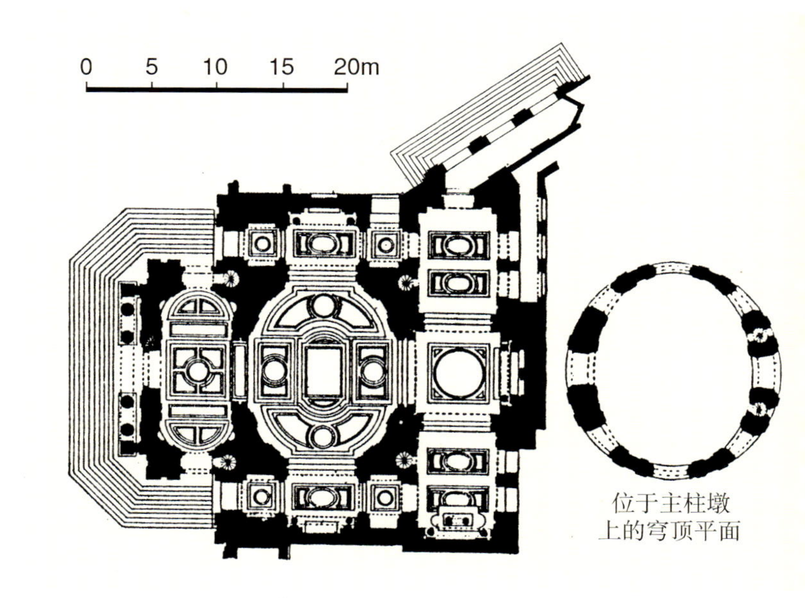

（上）图 3-245 巴黎 四国学院教堂（今法兰西学院）。全景图（版画作者 Israël Silvestre，1670 年）

（下）图 3-246 巴黎 四国学院教堂（今法兰西学院）。现状俯视全景

（上）图 3-247 巴黎 四国学院教堂（今法兰西学院）。入口门廊近景

（左下）图 3-249 巴黎 四国学院教堂（今法兰西学院）。东北面景色

（右下）图 3-250 巴黎 四国学院教堂（今法兰西学院）。礼拜堂，穹顶内景

图 3-251 巴黎 四国学院教堂（今法兰西学院）。马萨林墓，总貌

左页：图 3-248 巴黎 四国学院教堂（今法兰西学院）。西北面景色

本页：
图 3-252 巴黎 四国学院教堂（今法兰西学院）。马萨林墓，雕刻细部（一）

右页：
（上）图 3-253 巴黎 四国学院教堂（今法兰西学院）。马萨林墓，雕刻细部（二）

（下）图 3-254 巴黎 太平桥。设计方案（作者路易·勒沃，1660 年）

面构成的系统内部，每个形体都得到明确的分划（在 1623 年建造的贝尔尼府邸里，芒萨尔已用过这样的手法）。垂向构图和水平延伸就这样被结合到一起并达到了高度的均衡。位于教堂入口上的穹顶同样是孚日广场轴线的终点标志，通过这样的方式，建筑被极富创意地纳入到城市景观中。

1662 年，勒沃受红衣主教马萨林之命建造的四国学院教堂（今为法兰西学院，设计可能始于 1660 年，图 3-240~3-250；马萨林墓：图 3-251~3-253）亦属 17~18 世纪之交完成的著名穹顶建筑，也是这位红衣主教委托的最后一项任务和他自己的墓寝所在地。

建筑位于塞纳河左岸，卢浮宫"方院"门廊轴线上。作为对岸卢浮宫的对应建筑，朝向河道的主立面于中央布置穹顶教堂。教堂采用集中式平面，室内椭圆形，立面前设古典门廊，高高的穹顶位于鼓座上。这种带穹顶的集中式教堂虽然是来自罗马的样式，但法国的这类建筑已具有了本身固有的巴洛克语言。两边的曲线形侧翼和角上的楼阁既起到衬托中央主教堂的作用，又和它一起围成一个呈内凹曲面的前院。这种布置方式使人想起贝尔尼尼的第一个卢浮宫立面设计和博罗米尼设计的罗马纳沃纳广场的圣阿涅塞教堂。为和教堂立面均衡和呼应，边侧楼阁惹人注目地采用了巨柱式，呈凹面的学院立面则为两种柱式上下叠置。教堂立面按科尔托纳的构图理念，密集布置柱子和壁柱。

勒沃最初设计中还包括在塞纳河上建造一座桥梁（太平桥，图 3-254），将学院和卢浮宫连接在一起，但直到 19 世纪，这个想法才得以实现，且样式已有所改变。此前，由于河上没有联系桥梁，它和对岸卢浮宫的轴线关系一时还难以觉察。

把路易·勒沃（1612~1670 年）的作品和芒萨尔的作品加以比较，就可以看出，在处理同样问题时，角度并不一样。将芒萨尔的最小兄弟会教堂和勒沃的这个四国学院（法兰西学院）教堂进行比较，其间的差异可看得很清楚。两者均以穹顶作为城市轴线的对景，但在四国学院，向两边展开的侧翼同时创造了侧向延伸的效果。也就是说，在勒沃的建筑里，芒萨尔作品里所表现出来的那种微妙的张力被巴洛克的形式语言取代，其魅力来自凸出和凹进形体的对比、巨柱式和一般尺度柱式的反衬；整体的连续系通过同样洞口的不断重复得到保障（建筑由弗朗索瓦·多尔雷接手完成，教堂很多细

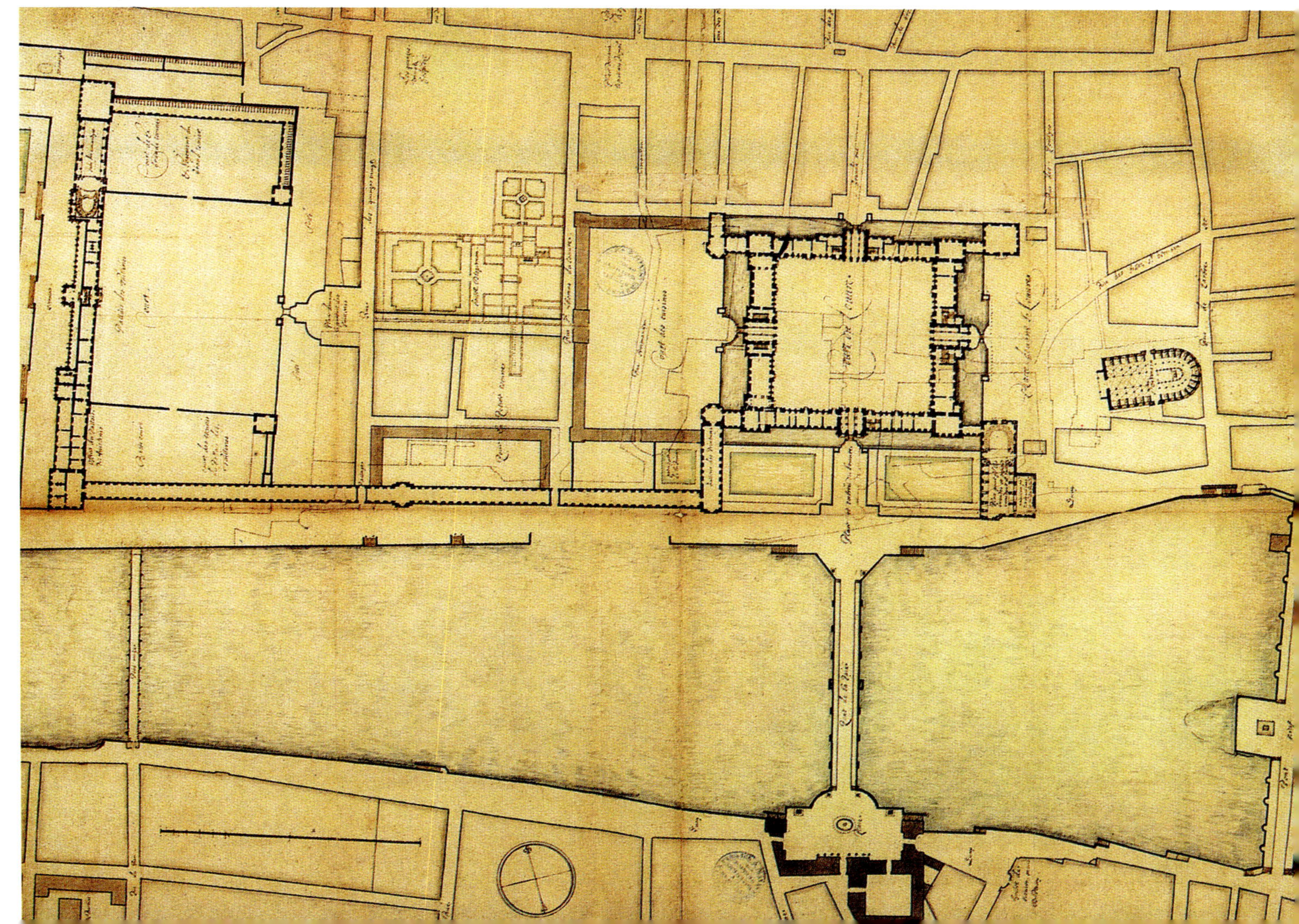

部都是由他主持制作）。勒沃不仅对宏伟的构图很有兴趣，对实用型住宅的发展也有很大贡献，在按功能需求拟订平面设计上表现出特殊的技巧。芒萨尔生性固执、傲慢，曾多次拒绝过业主的委托；而勒沃则性情随和，能够耐心听取业主的要求 [19]。

［堂区教堂］

一般的堂区教堂，如圣罗克教堂（建筑师雅克·勒梅西耶，1653 年）和岛上圣路易教堂（勒沃设计，1664 年），则为罗马那种带穹顶的十字形教堂和巴黎圣母院平面相结合的产物。由柱墩支撑的中央空间配有侧廊，后者及其礼拜堂形成圆头回廊环绕拉长的歌坛。总之，这些建筑不管工期拖得多长，也不管建筑师如何更迭，都无法阻止向哥特风格回归的这种趋势。始建于 1646 年的圣叙尔皮斯堂区教堂表明，在采用这种形制的同时，还有另外一种做法延续下来。在这里，教堂本身仍用会堂式布局，边廊、耳堂及回廊，均属传统形制，但室外却穿上了古典构造的外衣（见图 3-753~3-759）。这个独特建筑最初主体部分的设计人为克里斯托夫·加马尔，施工主持人为达尼埃尔·吉塔尔（1625~1686 年）。

第三节 路易十四时代（约 1661~1715 年）

1661 年，马萨林去世后，时年 23 岁的路易十四开始亲政（图 3-255~3-258）。这位“太阳王”（Roi-Soleil）所推行的政治体制一时成为绝对权力的典范，其宫廷亦成为专制制度下豪华奢侈的代名词。艺术，特别是建筑，开始在政治上扮演重要角色：它既要控制和引导民众，同时还要通过艺术形象传播特定的政治理想。

(左) 图 3-255 路易十四（1638~1715 年，1643~1715 年在位）画像（版画，作者 Robert Nanteuil，1664 年，原作现存伦敦大英博物馆）

(右) 图 3-257 路易十四纹章像（作者 Jean Warin，1665 年）

图 3-256 路易十四画像（油画，作者 Hyacinthe Rigaud，1701 年，巴黎卢浮宫博物馆藏品）

左页：

（左上）图 3-258 路易十四雕像（作者 Jean Warin，1665 年，原作现存凡尔赛宫）

（左下及右）图 3-259 让 - 巴蒂斯特 · 柯尔贝尔（1619~1683 年）画像（油画，作者 Claude Lefèvre，1666 年，凡尔赛博物馆藏品）

本页：

（左）图 3-260 弗朗索瓦 · 布隆代尔：《建筑教程》（Cours d'Architecture，1675 年）图版

（右上）图 3-261 弗朗索瓦 · 布隆代尔：《建筑教程》插图（柱式起源，1675~1683 年）

（右下）图 3-263 巴黎 天文台（1676 年）。现状外景

(上) 图 3-262 纪念科学院成立和巴黎天文台奠基的油画 (作者 Henri Testelin，原作现存凡尔赛博物馆)

(下) 图 3-264 巴黎 丢勒里花园。全景 (版画，作者 Pérelle)

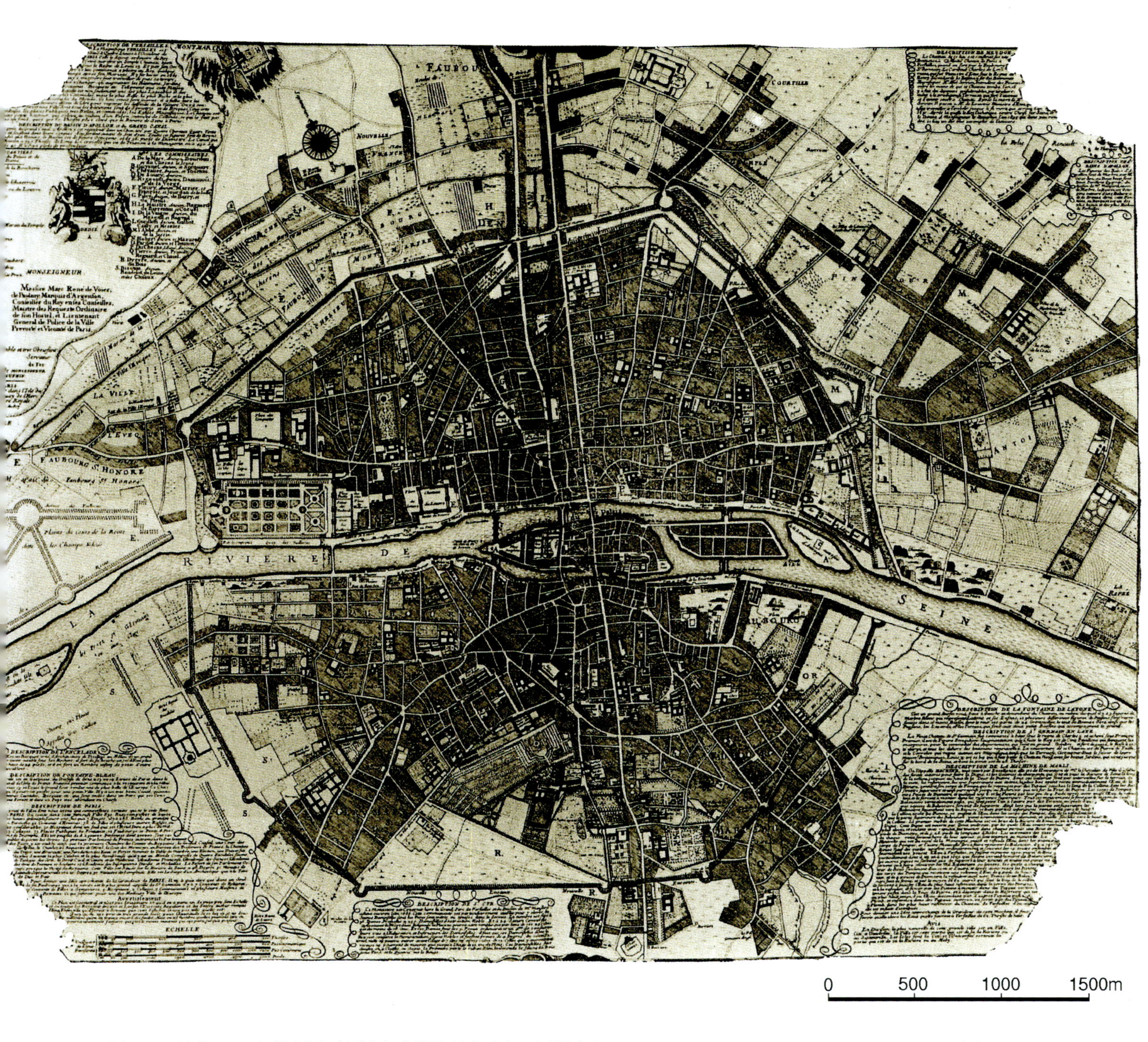

图 3-265 巴黎 1697 年规划图（环城大道线路基本确定，图版取自 Leonardo Benevolo：《Storia della Città》，1975 年）

继富凯后任路易十四财政大臣的柯尔贝尔[20]是这一政策的积极推动者（图 3-259）。他和勒布朗一起，领导着创建于 1648 年的皇家绘画及雕刻学院(L'Académie Royale de Peinture et de Sculpture)，并于 1664 年被任命为对王室建筑负全责的建筑总监。自从 1666 年在罗马创办了法兰西学院之后，法国进一步向世界传达了明确的信息：作为一个新的欧洲列强，它要成为罗马的竞争者，甚至要超越这个“永恒之城”（Ville éternelle），让巴黎成为帝王之都和艺术圣地。1671 年，随着皇家建筑学院（L'Académie Royale d'Architecture）的设置，法国朝着这个方向又迈进了一大步。这个机构既是对新一代建筑师进行高质量培训的场所，同时也是开展理论探讨及研究的平台，当局的建筑政策往往也通过它得到有效的贯彻。

尽管宫廷迁到了凡尔赛，但巴黎仍然是建筑发展的中心。此时在学院院士之间，就主导法国美学观念的理论基础问题爆发了一场激烈的争论。作为培训中心和高级决策机构，当时的皇家学院实际上左右着整个法国

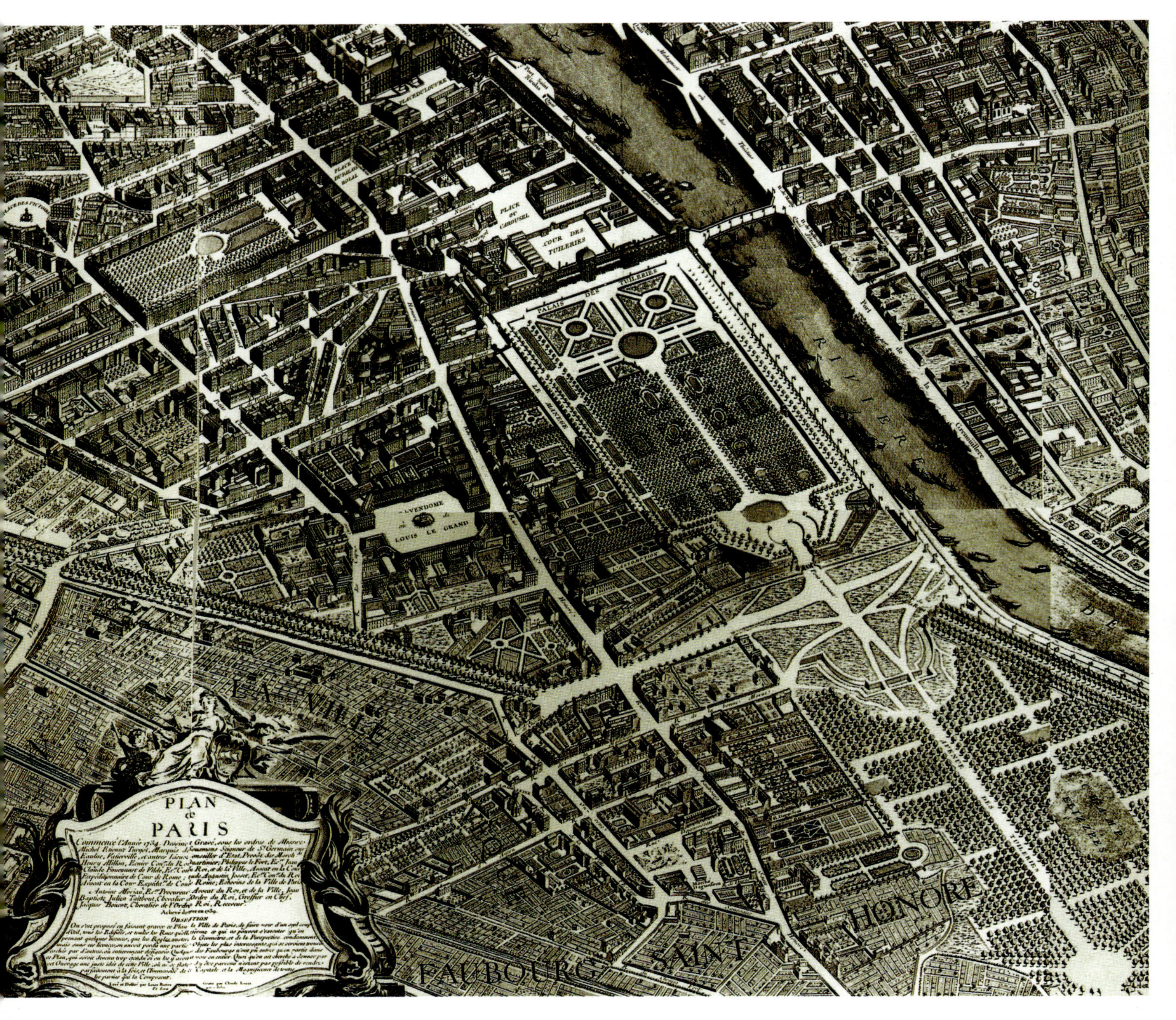

图 3-266 巴黎 1734~1739 年中心区全图（取自 Michel Étienne Turgot 城图）

的建筑；这场论争也绝不仅仅涉及到文化层面。在有关古代和近代的争论中，焦点集中在对古代——特别是奥古斯都时代——艺术主要特点的评价上。这场不可避免的论战波及到皇家建筑学院的核心人物，特别是院长布隆代尔，以及作家和文学理论家、法兰西学院院士查理·佩罗。

布隆代尔（1617~1686 年）早年曾为军事工程师并进行过广泛游历，之后成为皇家建筑学院的第一任院长，并被任命为"王室工程师"(ingénieur du roi)，是这时期的主要理论家，其《建筑教程》(Cours d'Architecture，1675 年）在将近一个世纪的时间内，成为这门学科的主要教材和年轻建筑师的必读书（图 3-260、3-261)。在 17 世纪上半叶，人们普遍强调空间的抽象性能，特别是比例问题，建筑更多地遵循自然和理性的法则，而不是想象力或个人的动机。在布隆代尔那里，这种态度被进一步体系化。在这位典型的理想家和古典主义学者看来，古代和文艺复兴的做法是无可置疑的规章；尽管在理解上可有一定的自由度，但古代建筑仍然是最终的参照系。虽说他具有丰富的经验，其美学观念亦不在古人和意大利人之下，但他似乎更相信尺

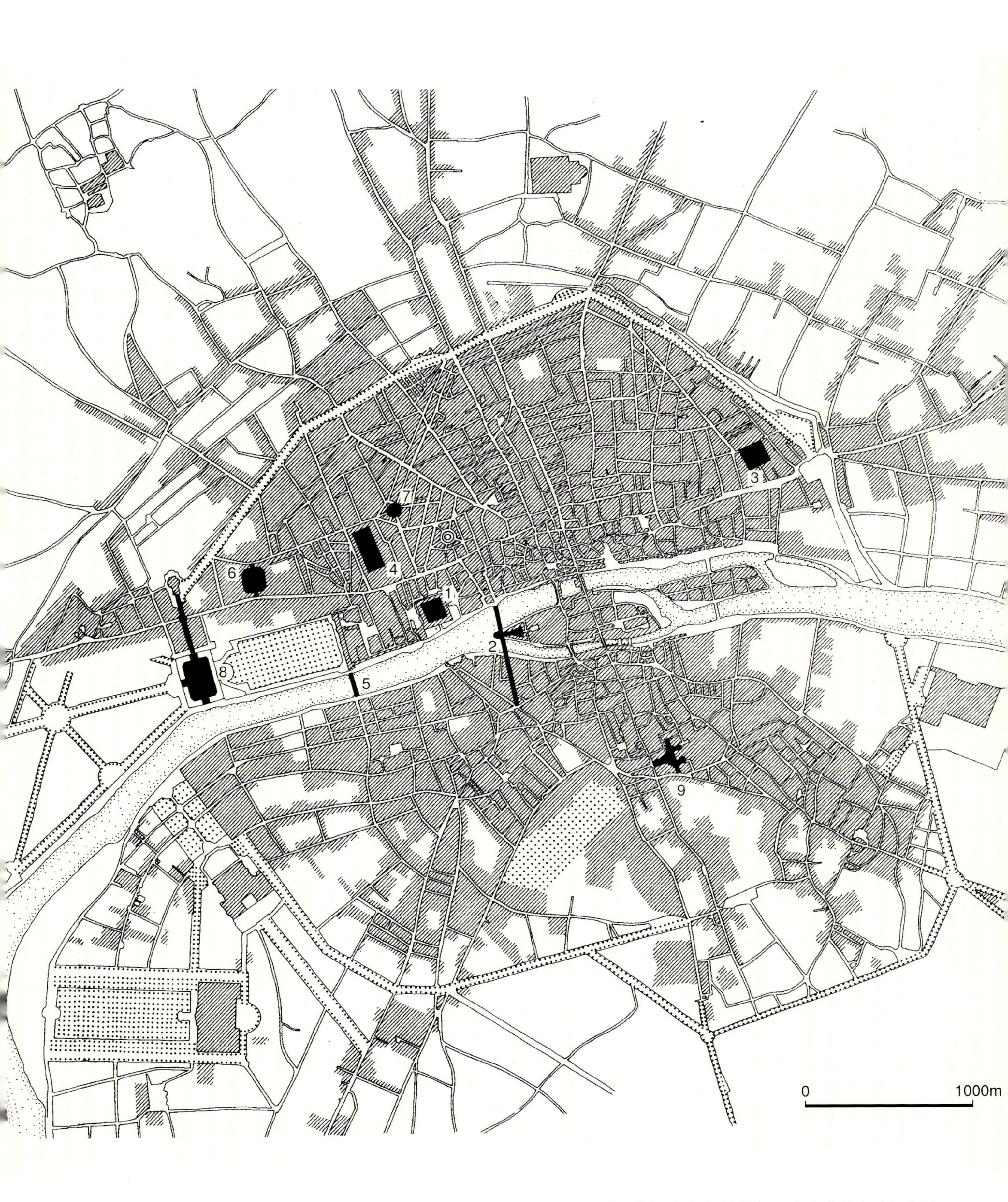

图 3-267 巴黎 18 世纪末城市平面。图中：1、卢浮宫“方院”，2、新桥及王太子广场，3、孚日广场（原国王广场），4、红衣主教宫（今王宫），5、王室桥，6、旺多姆广场，7、胜利广场，8、协和广场，9、先贤祠广场

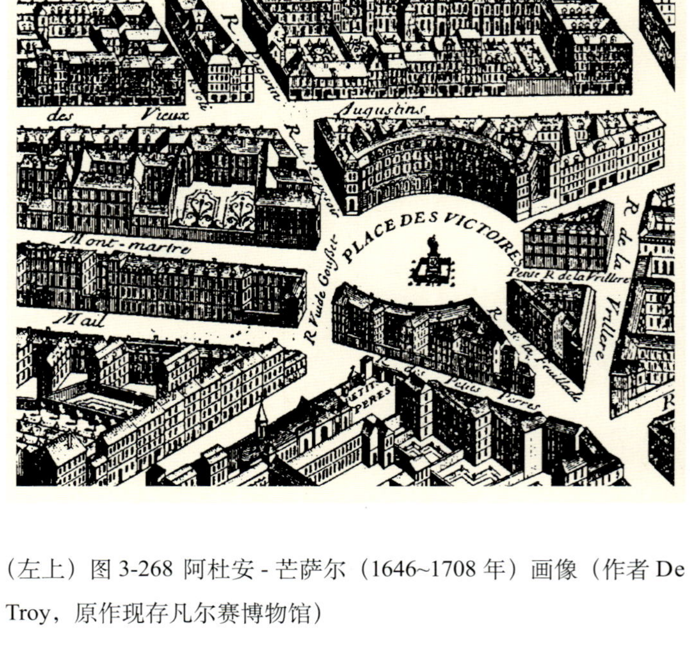

（左上）图 3-268 阿杜安 - 芒萨尔（1646~1708 年）画像（作者 De Troy，原作现存凡尔赛博物馆）

（左下）图 3-269 阿杜安 - 芒萨尔：城市宫邸设计（平面图，图版制作 Lepautre，约 1700 年）

（右上）图 3-270 巴黎 胜利广场（初称路易十四广场，1682~1687 年，阿杜安 - 芒萨尔设计）。平面（据 Christian Norberg-Schulz）

（右下）图 3-271 巴黎 胜利广场（路易十四广场）。地段俯视全景（版画，取自 Leonardo Benevolo：《Storia della Città》，1975 年）

度和数据，并打算建立一套具有绝对价值的规章（在《建筑教程》里，他声称，只有比例才是使建筑优美和雅致的原因，因而人们应为此确立永恒的数学规律）。尽管严格采纳布隆代尔规章和教条的人并不是很多，但

(上) 图 3-272 巴黎 胜利广场 (路易十四广场)。全景图 (版画，作者 Claude Aveline 或 Pérelle，路易十四骑像下有四个代表战败国的雕像)

(中) 图 3-273 巴黎 胜利广场 (路易十四广场)。立面 (取自 J.Mariette：《L'Architecture Française》,1727 年)

(下) 图 3-274 巴黎 胜利广场 (路易十四广场)。现状全景

图 3-275 巴黎 胜利广场（路易十四广场）。路易十四骑像近景

它毕竟是“学院派”建筑的理论基石，这种观念一直延续到 20 世纪。

和布隆代尔相反，作为科学家的查理·佩罗[21]认为，所谓正常的尺度只不过是约定俗成的范例，可以而且应该通过感觉来修正，这也是使艺术作品获得活力的唯一途径。在他看来，传统观念应继续发展，对古代的模仿不应再具有法律效力。在其著作《古代和近代的比较》(Parallèles des Anciens et des Modernes, 1688~1697 年）中，他进一步讨论了科学和艺术进步的问题。在 17 世纪末，这也是人们最为关注的论题。查

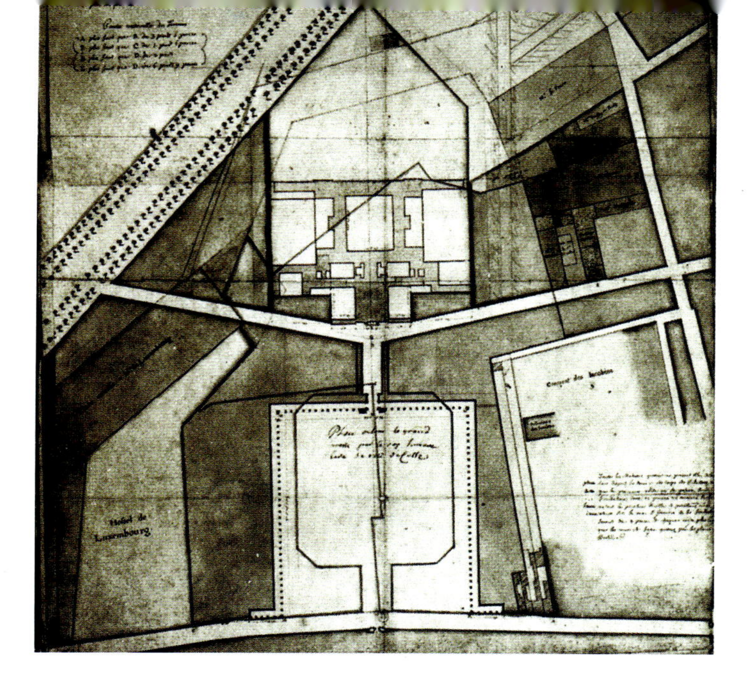

（上及左中）图 3-276 巴黎 旺多姆广场（路易大帝广场，1670~1720年，阿杜安 - 芒萨尔设计）。平面（上图据 Robert de Cotte；下图取自《Dizionario di Architettura e Urbanistica》）

（左下）图 3-277 巴黎 旺多姆广场（路易大帝广场）。广场边府邸（图示 Hôtel d'Évreux 底层平面，设计人 Pierre Bullet，1707 年，图版取自 J.Mariette：《L'Architecture Française》）

（右下）图 3-278 巴黎 旺多姆广场（路易大帝广场）。广场边府邸（图示 Hôtel Crozat 二层平面，设计人 Pierre Bullet，1702 年完成，图版取自 J.Mariette：《L'Architecture Française》）

（右中）图 3-279 巴黎 旺多姆广场（路易大帝广场）。广场边建筑立面（Jules Hardouin-Mansart 设计，1702~1720 年）

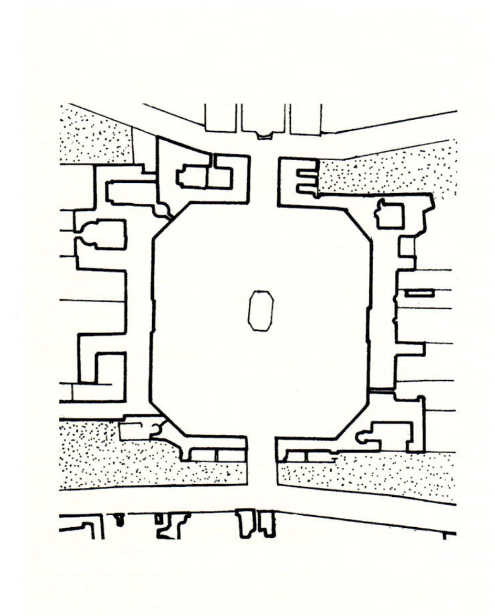

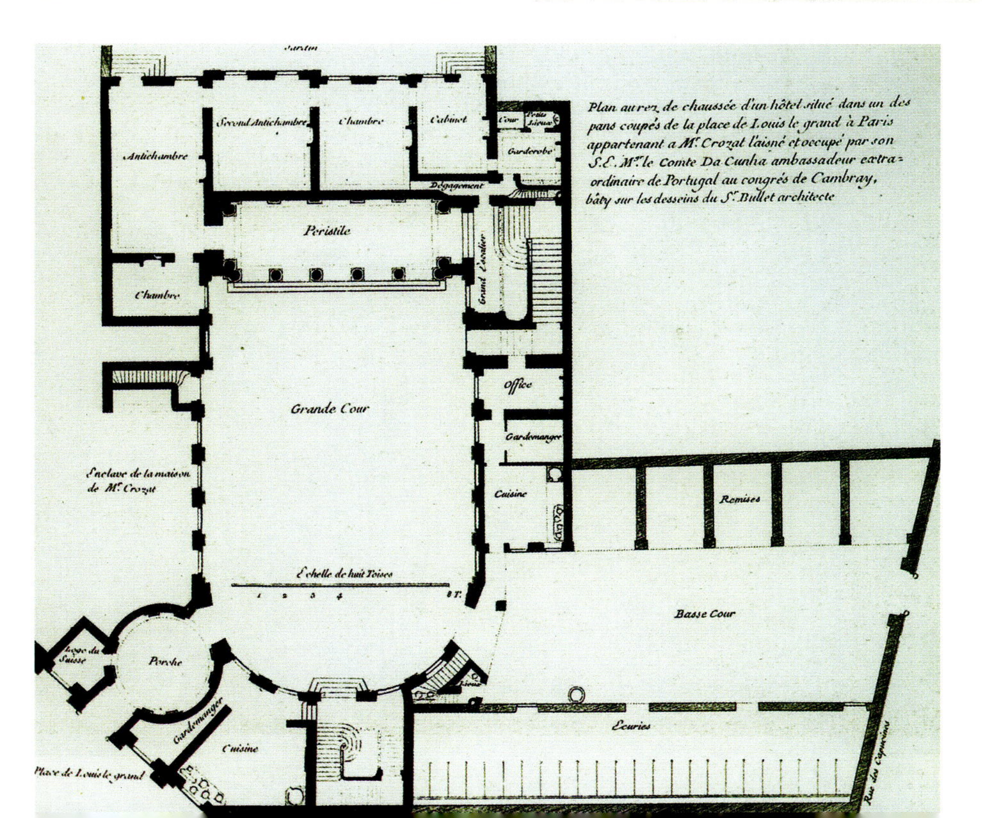

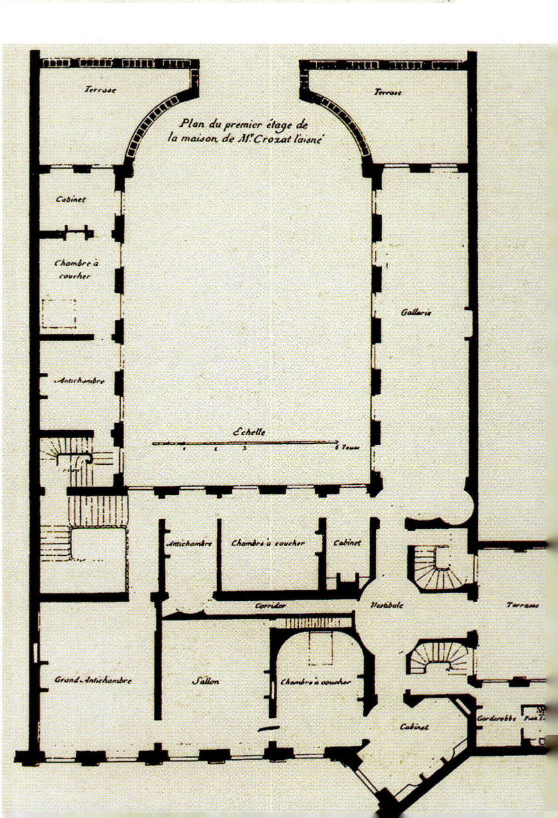

(左上）图 3-280 巴黎 旺多姆广场（路易大帝广场）。周边建筑跨间立面（取自《Dizionario di Architettura e Urbanistica》）

(右上）图 3-281 巴黎 旺多姆广场（路易大帝广场）。地段俯视（示中央立路易十四骑像时景象）

(下）图 3-285 巴黎 旺多姆广场（路易大帝广场）。自南边入口处望广场

(上)图 3-282 巴黎 旺多姆广场(路易大帝广场)。俯视全景(版画，作者 Pérelle，1695 年前)

(中)图 3-283 巴黎 旺多姆广场(路易大帝广场)。广场全景(版画，作者 Pierre Le Pautre，示 17 世纪时景观)

(下)图 3-284 巴黎 旺多姆广场(路易大帝广场)。广场全景(版画，作者 J.Rigaud)

理·佩罗的这些观念在始建于 1676 年的巴黎天文台里得到了反映（图 3-262、3-263）。这个如堡垒般朴实的建筑，虽然采用了一些古典部件，但已预示了主要考虑功能需求的近代建筑的诞生。

一、城市建设

[城市广场及环行大道]

在路易十四统治的漫长时期（1643~1715 年），巴黎

及其郊区经历了若干次变化，对城市以后的发展产生了重大的影响。在这期间，新创建了两个国王广场，丢勒里花园成为城市空间向西大规模扩展的出发点（图3-264）。在拆除了路易十三时期完成的城防工事后，建成了几乎是完整的一圈林荫大道（boulevards，该词最早是指城墙上部的道路），巴黎也因此变成了一个空间

图 3-286 巴黎 旺多姆广场（路易大帝广场）。自东面望去的广场全景

“开放”的城市（图 3-265~3-267）。

在法国的城市规划和园林艺术领域，逐渐形成了一套属后期手法主义的构图体系，按轴线布置的直线街道和小径彼此相交，交叉处扩大成圆形、矩形或方形的广场。这项原则一直持续到 18 世纪，不仅用于新区，

本页：

（上）图 3-287 巴黎 旺多姆广场（路易大帝广场）。向西南角望去的广场景色

（下）图 3-288 巴黎 旺多姆广场（路易大帝广场）。西北角广场景色

右页：

（上）图 3-289 巴黎 旺多姆广场（路易大帝广场）。周边建筑立面

（下）图 3-291 巴黎 旺多姆广场（路易大帝广场）。纪念柱基座近景

Ritz
Ritz

本页及右页：

（左）图 3-290 巴黎 旺多姆广场（路易大帝广场）。转角处建筑景色

（中）图 3-292 巴黎 旺多姆广场（路易大帝广场）。纪念柱顶部

（右上左）图 3-293 巴黎 弗扬教堂。立面（1624 年，弗朗索瓦 · 芒萨尔设计，图版制作 Jean Marot，1660 年）

（右下）图 3-294 巴黎 圣但尼门（1671~1673 年，弗朗索瓦·布隆代尔设计）。立面（取自 J.F.Blondel：《Architecture Française》，1752~1756 年）

（右上右）图 3-295 巴黎 圣但尼门。立面全景（J.F.Blondel：《Cours d'Architecture》 扉页）

COVRS
LVDOVICO MAGNO

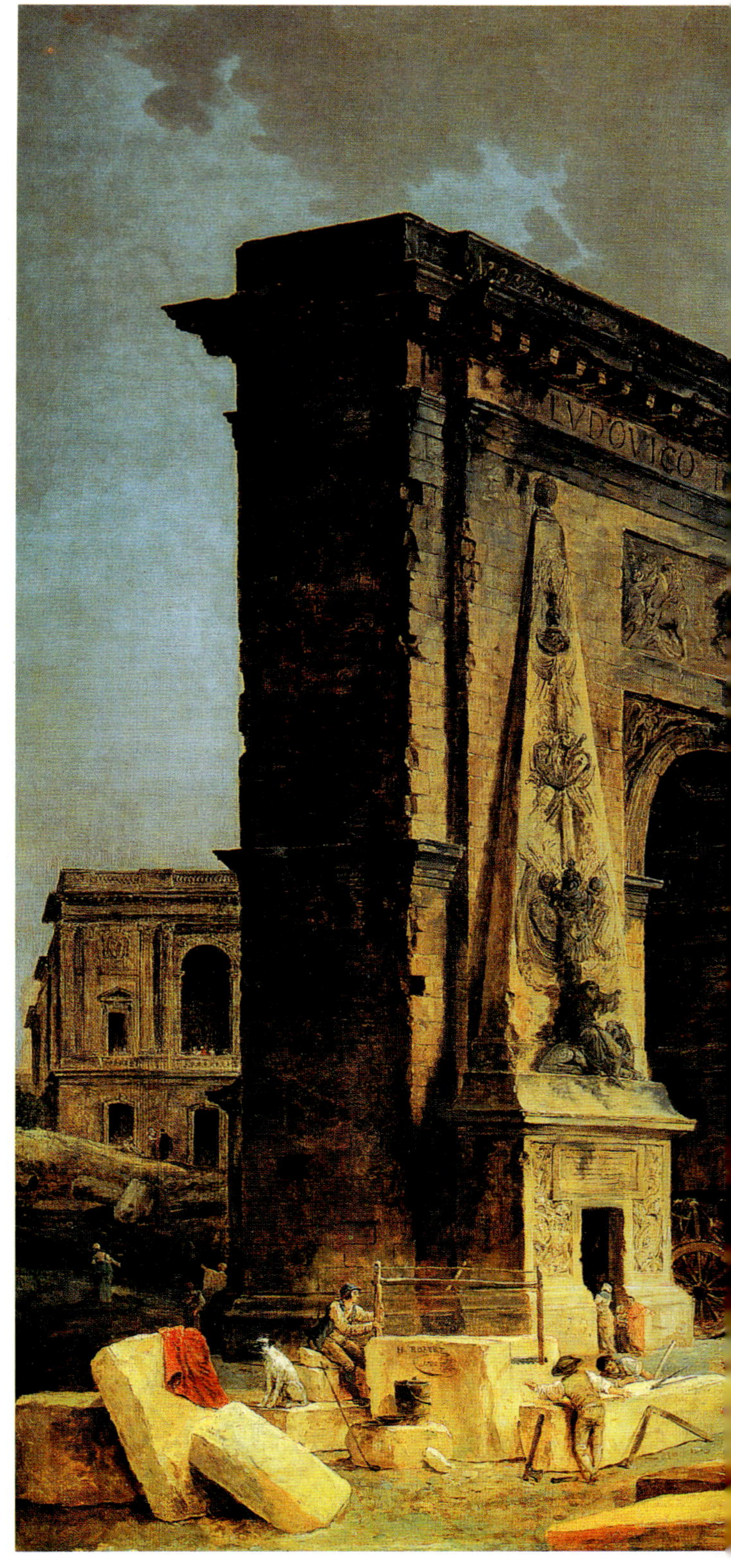

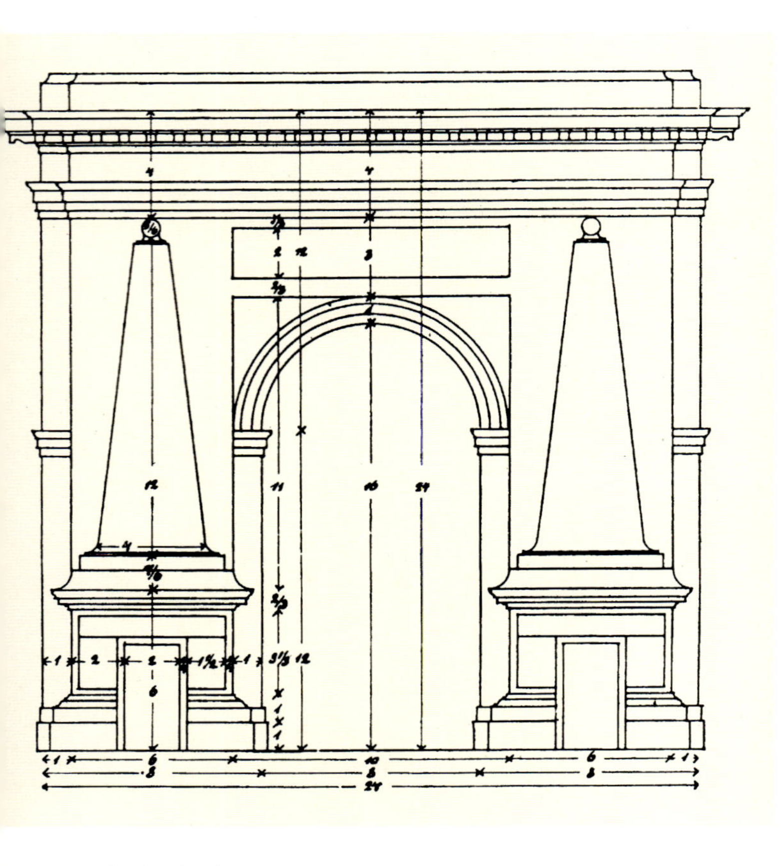

本页及右页：

(左上) 图 3-296 巴黎 圣但尼门。立面（据 J.F.Blondel，1673 年）

(左下) 图 3-297 巴黎 圣但尼门。立面比例分析（据 J.F.Blondel，1675/1683 年）

(中) 图 3-298 巴黎 圣但尼门。外景（油画《巴黎古迹》局部，作者 Hubert Robert，原作现存蒙特利尔 Power Corporation du Canada）

(右上) 图 3-299 巴黎 圣但尼门。外景（17 世纪油画，作者佚名，巴黎 Musée Carnavalet 藏品）

(右下) 图 3-300 巴黎 圣但尼门。外景（版画，作者 Pérelle）

LUDOVICO MAGNO

LUDOVICO MAGNO.
LA PORTE S.T DENIS a este bastie à peu prez sur les ruines de l'Ancienne l'an 1672. et acheuée en 1673. elle a 72 pieds de large et autant de hauteur auec vne Ouuerture de 26. pieds les petittes portes ont 9. pieds. elle a ete faite pendant les Victoires du Roy sur les Hollandois, M.r Blondel en est l'Architecte. Cette face regarde le Fauxbourg.
A Paris chez I. Mariette rüe S.t Iacques a la Victoire auec Priuilege du Roy
fait par Perelle.

本页：

(上) 图 3-301 巴黎 圣但尼门。现状全景

(下) 图 3-302 巴黎 圣但尼门。西南侧景色

右页：

图 3-303 巴黎 圣但尼门。立面近景

同样也用于旧城更新。外形如星的圆形广场更是备受青睐，带路易十四雕像的胜利广场为这种类型的范例；旺多姆广场则是抹角方形广场的典型例证。这两个著名的巴黎广场均由阿杜安 - 芒萨尔设计，这也是他在城市规划方面的主要成就。

阿杜安 - 芒萨尔（1646~1708 年，图 3-268）为画家之子，只是通过联姻才成为弗朗索瓦 · 芒萨尔的孙辈亲戚并带上了芒萨尔之名。他是法国 17 世纪建筑师中巴洛克风格表现得最充分的一个；在该世纪的最后几十年，更成为占主导地位的建筑师，对这时期的法国建筑作出了突出贡献（图 3-269）。这位早熟的天才还在 24

LVDOVICO MAGNO

图 3-304 巴黎 圣但尼门。雕饰细部

岁之前就设计了圣日耳曼昂莱的诺瓦耶府邸和巴黎的洛尔热府邸。1691 年他被任命为总监察员，1699 年进一步成为国王建筑总监。这位凡尔赛宫的工程主持人，实际上掌管着凡尔赛和行省的所有建筑项目。他的成就不仅来自其艺术才干，也同样来自他的组织和领导能力。作为一名熟练的设计师，他同时还经营着一个具有相当规模并高效运转的工作室，许多下一代建筑师（如德科特）都在这里得到了充分的业务训练。在法国，以后几代人都受到阿杜安 - 芒萨尔、其学生及门徒的影响，在 18 世纪的大部分时间，他的风格一直是人们效法的

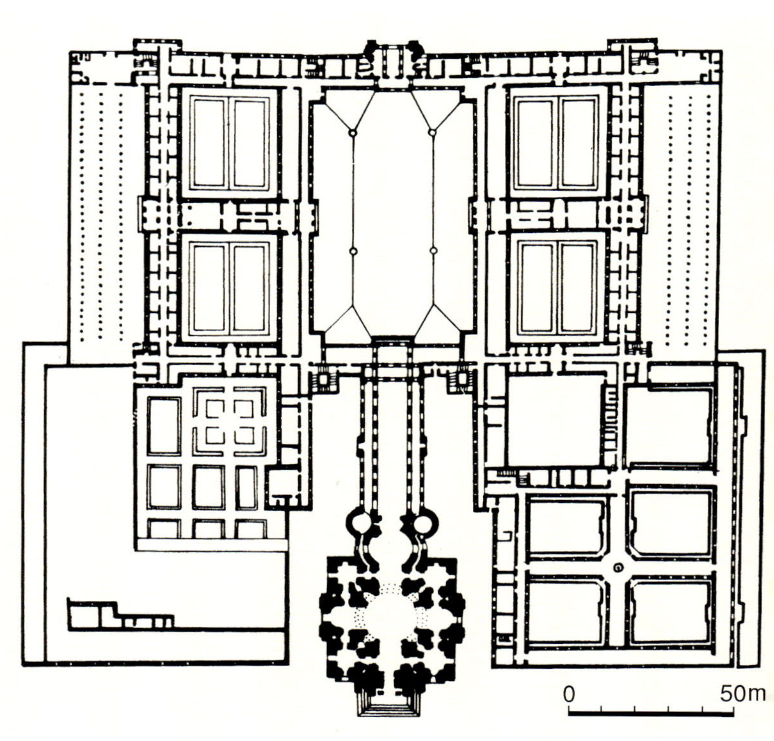

(左上) 图 3-305 巴黎 圣马丁门 (1679 年，皮埃尔 · 比莱设计)。东南侧全景

(下) 图 3-306 巴黎 圣马丁门。立面近景

(右上) 图 3-307 巴黎 荣军院 (1670~1708 年，设计人利贝拉尔 · 布卢盎、阿杜安 - 芒萨尔)。总平面 (据 Lurçat)

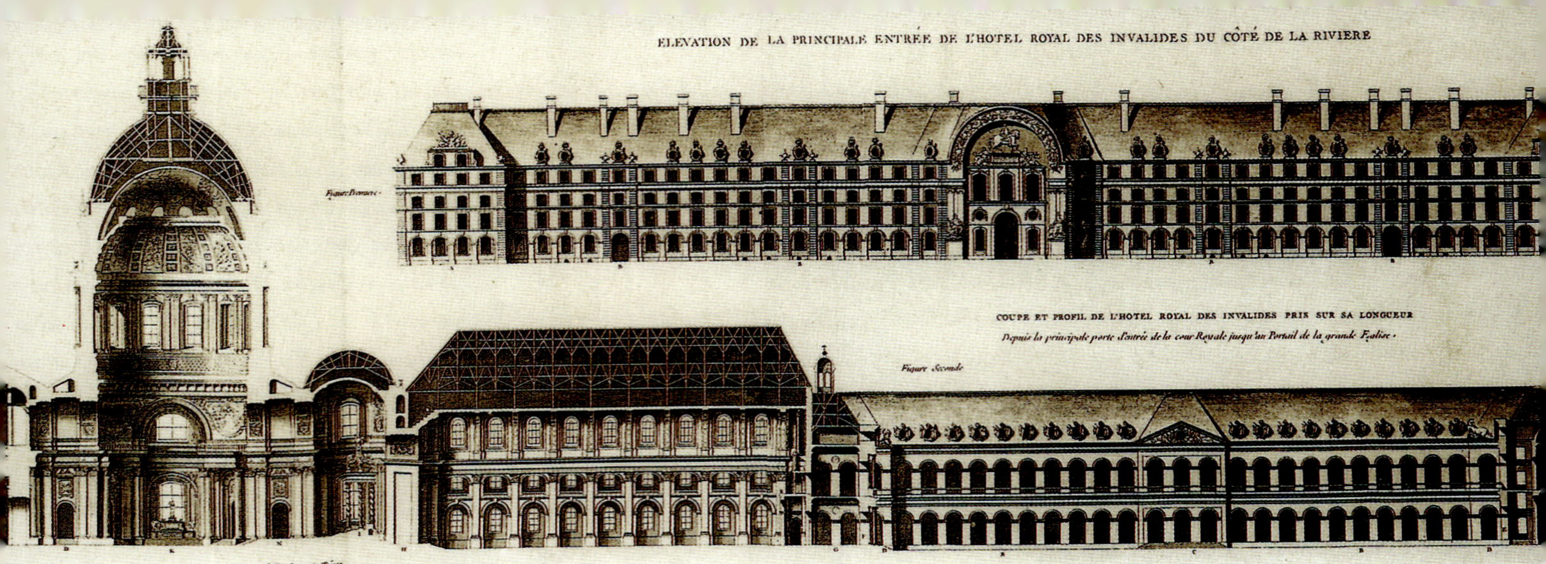

（上）图 3-308 巴黎 荣军院。朝塞纳河的立面及纵剖面（图版取自 Jean-Marie Pérouse de Montclos：《Paris，Kunstmetropole und Kulturstadt》，2000 年）

（下）图 3-309 巴黎 荣军院。建筑群俯视全景（版画，自南向北望去的景色，取自 Jean-Marie Pérouse de Montclos：《Paris，Kunstmetropole und Kulturstadt》，2000 年）

（上）图 3-310 巴黎 荣军院。建筑群俯视全景（版画，自北向南望去的景色，作者 Jean Marot）

（左下）图 3-311 巴黎 荣军院。建筑群俯视全景（版画，自北向南望去的景色，取自 Jean-Marie Pérouse de Montclos：《Paris，Kunstmetropole und Kulturstadt》，2000 年）

（中）图 3-312 巴黎 荣军院。建筑群俯视全景（版画，自北向南望去的景色，取自 Werner Hager：《Architecture Baroque》，1971 年）

（右下）图 3-313 巴黎 荣军院。建筑群俯视全景（版画，自北向南望去的景色，取自《The Franch Millennium》，2001 年）

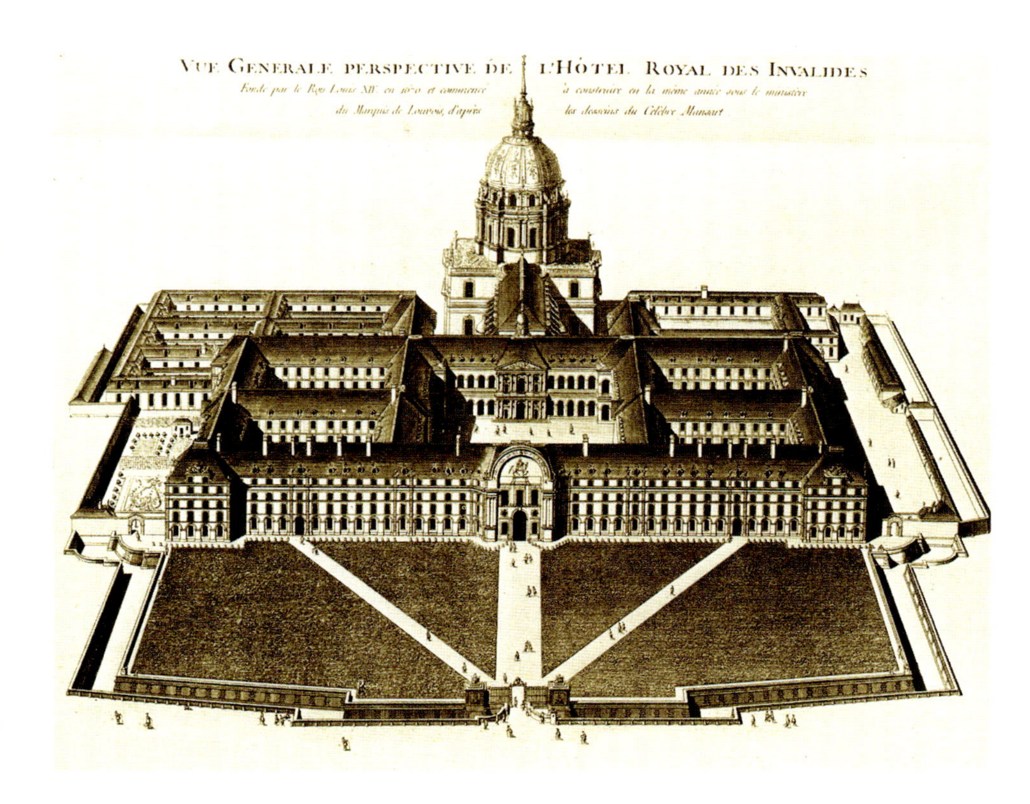

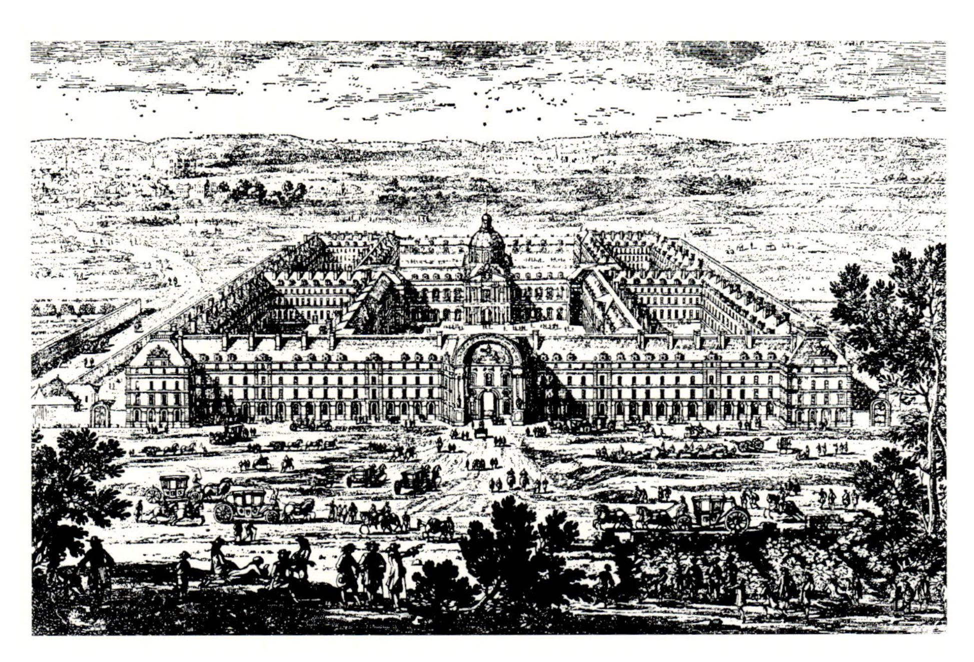

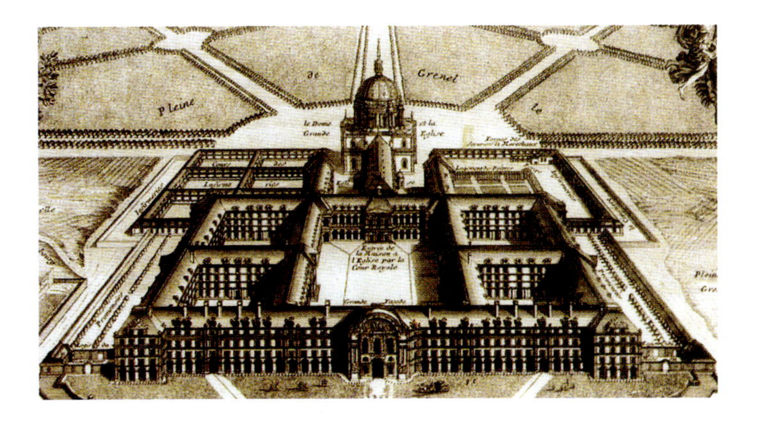

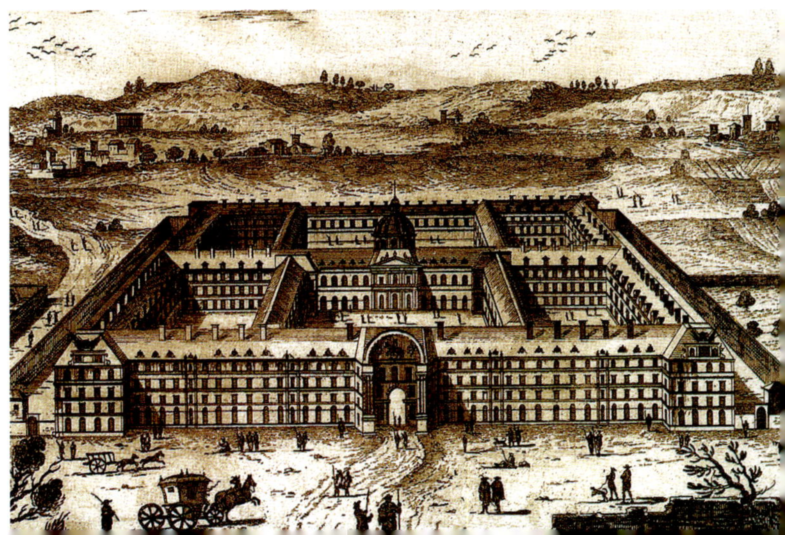

图 3-314 巴黎 荣军院。现状俯视全景(自东南侧望去的景色)

对象。他在凡尔赛的工作及其在王室圈子里获得的声望使他得到了男爵的称号。

阿杜安 - 芒萨尔常常被看作是有些缺乏想象力和灵气的人物，但事实表明，他的一些样式单一纵向延伸的结构，是深思熟虑的结果；在解决一些特定的问题上（如胜利广场或荣军院的教堂），他同样表现出非凡的才干。

胜利广场（最初称路易十四广场，图 3-270~3-275），为卢浮宫北面街区的中心。1682~1687 年间，阿杜安 - 芒萨尔按全新的理念进行了设计。它没有像孚日广场那样，构成相对独立的空间，而是考虑将城市街道网络内的若干重要轴线连在一起，包括由查理五世时期老城墙限定的福塞 - 蒙马特尔大街（阿布基尔大街），向南直接通向卢浮宫的小场十字大街和向西通往丢勒里宫北面新区的弗亚德大街。圆形是唯一适合这一目标的形式，胜利广场就这样成为整个欧洲一系列圆形城市空间的原型。自圣但尼门起把广场和环行林荫大道连接起来

的福塞 - 蒙马特尔大街作为圆形线路的附加轴线。它越过广场后直接通向弗里利埃尔府邸（图卢兹府邸，现为法兰西银行所在地）的正院。1686 年，广场中央立路易十四的骑马雕像（骑像下原有四个被铁链缚住的雕像，分别代表德国、皮埃蒙特、西班牙和荷兰，现已取消）。为给广场提供照明，曾在街道角上布置了四组塔司干柱子（今已无存）。围绕广场的建筑属私人所有，但在立面形式上有统一要求（底层饰粗面石，上部爱奥尼柱式高两层）。广场直径 78 米，周围建筑立面高 15 米多，两者之比约为 1/5，大体符合阿尔贝蒂的规章。这种布局方式可在贝尔尼尼的作品中找到先例，只是和类似的罗马实例相比，这里表现得更为轻快，造型亦比较平缓。仅面向广场的立面采用了这种构图形制，沿街的侧墙分划要更为简单。也就是说，和周围的建筑相比，空间是更重要的构图要素。这种观念可上溯到米开朗琪罗的罗马卡皮托利诺广场设计。

（上）图 3-315 巴黎 荣军院。西面俯视景色

（下）图 3-316 巴黎 荣军院。北侧全景

这种基本理念在旺多姆广场（亦称路易大帝广场，图 3-276~3-292）表现得尤为突出。路易十四统治期间建的这第二个国王广场系考虑作为城市西部新区的中心。这位国王最初（1685 年）希望创建一个周围布置王室建筑或公共建筑——包括皇家图书馆、科学院、铸币厂和大使馆等——的文化“飞地”。1686 年芒萨尔

(上)图3-317 巴黎 荣军院。自东北方向望去的景色

(下)图3-318 巴黎 荣军院。花园景色

(中)图3-319 巴黎 荣军院。院落现状

（上）图 3-320 巴黎 荣军院。院落一角

（下）图 3-322 巴黎 荣军院。教堂（1677~1691年，阿杜安 - 芒萨尔设计），总平面

拟订了第一个设计，充分展示了他在城市规划上的才干。但这个计划由于缺乏资金而搁浅，周围部分建筑只是建了立面（后面无房屋）。到 1698 年以后，人们最后放弃了这一计划，立面也被推倒。芒萨尔遂提出新一轮设计，规模亦有所缩减。广场由一个四角切掉的矩形平面组成（即不等边的八边形）。平面尺寸 124×140 米，沿南北轴纵向稍长（最初该轴线系通向附近的卡皮桑教堂和弗扬教堂，图 3-293）。这种解决方式充分体现了巴洛克建筑将集中式构图和纵向特色相结合，并与周围环境相互影响和作用等典型做法。广场在某些方面同样使人想起孚日广场的总体方案。但在这里，空间的封闭

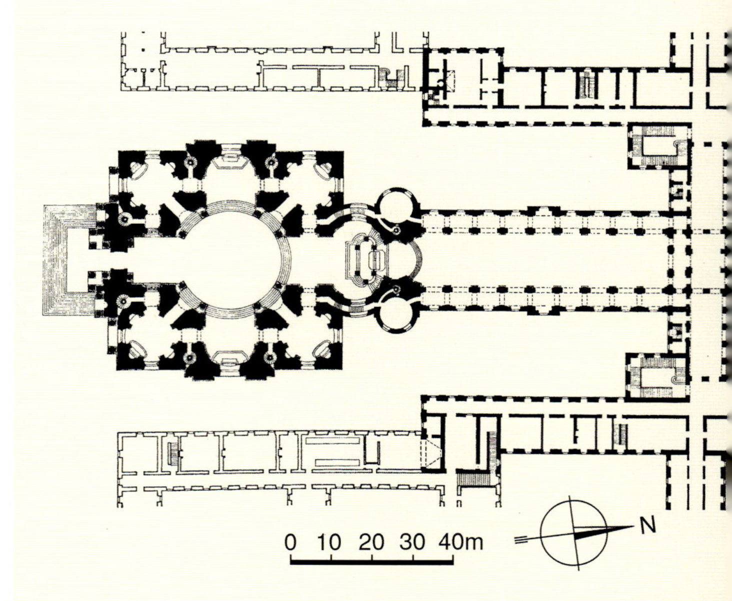

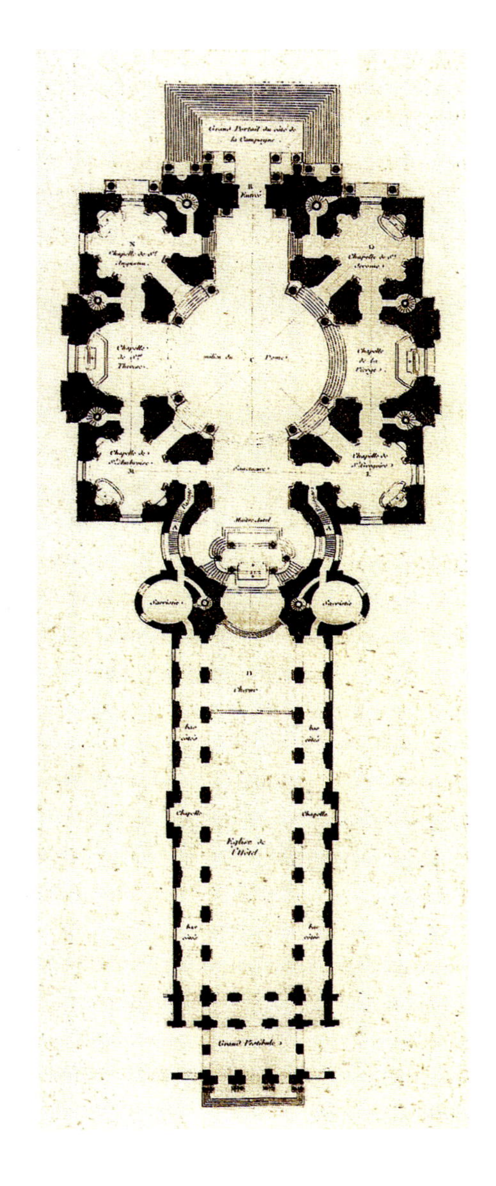

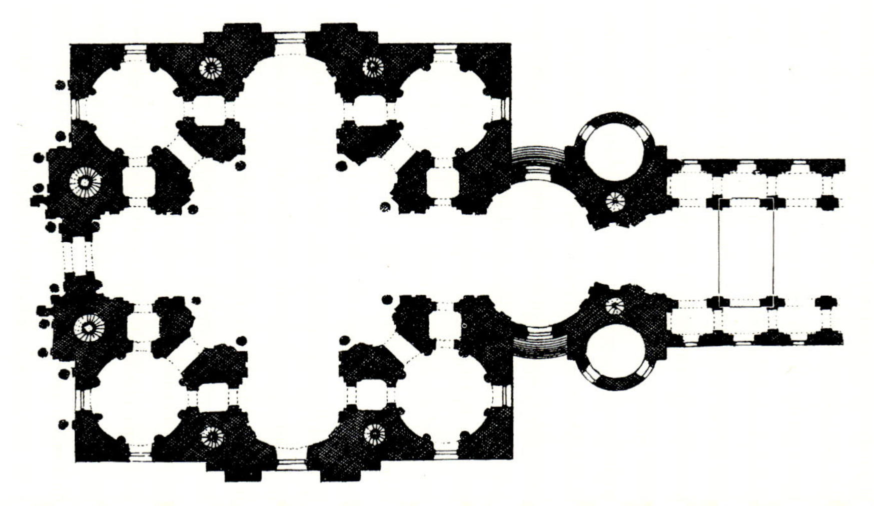

（右上）图 3-321 巴黎 荣军院。院落入口门廊上的拿破仑像

（左及右下）图 3-323 巴黎 荣军院。教堂，平面（图版取自 J.F.Blondel：《Architecture Françoise》，1752 年）

（左及右下）图 3-324 巴黎 荣军院。教堂，平面（左右两图分别取自 Leonardo Benevolo :《Storia della Città》和 Henry A.Millon 主编：《Key Monuments of the History of Architecture》）

（右上）图 3-325 巴黎 荣军院。教堂，平面（1 ：600，取自 Henri Stierlin :《Comprendre l'Architecture Universelle》）

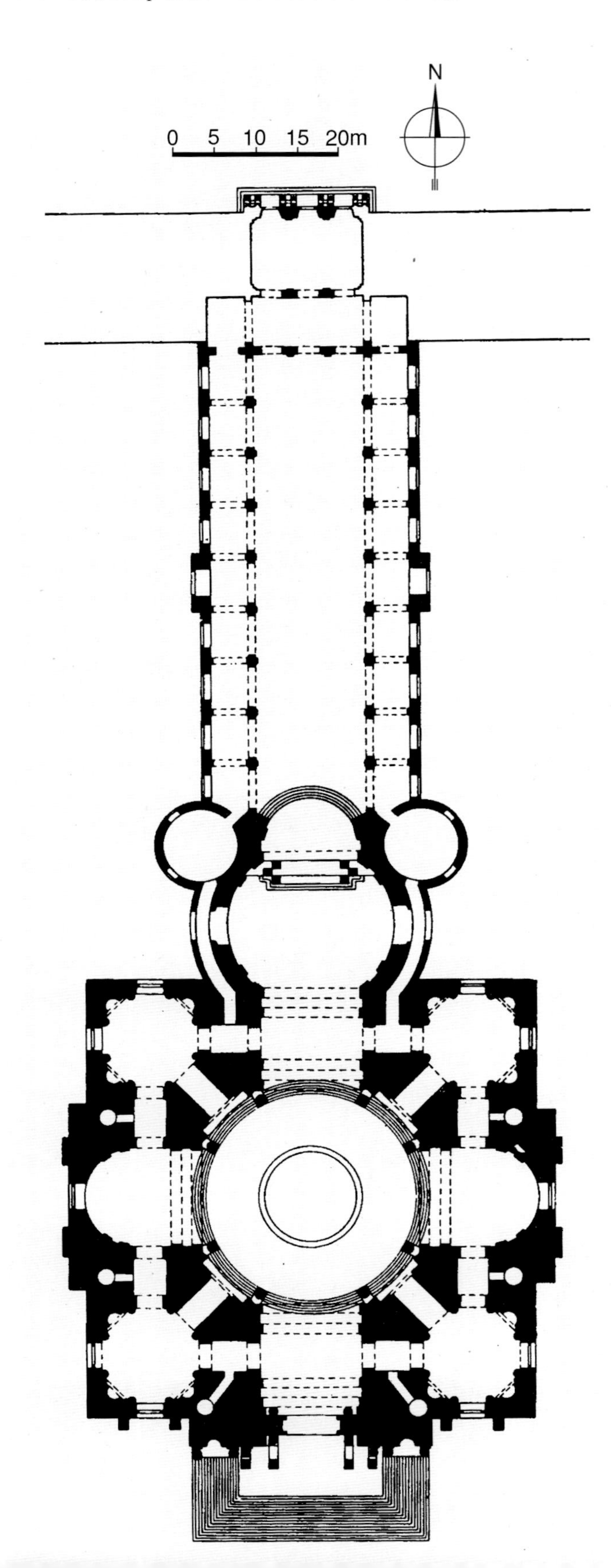

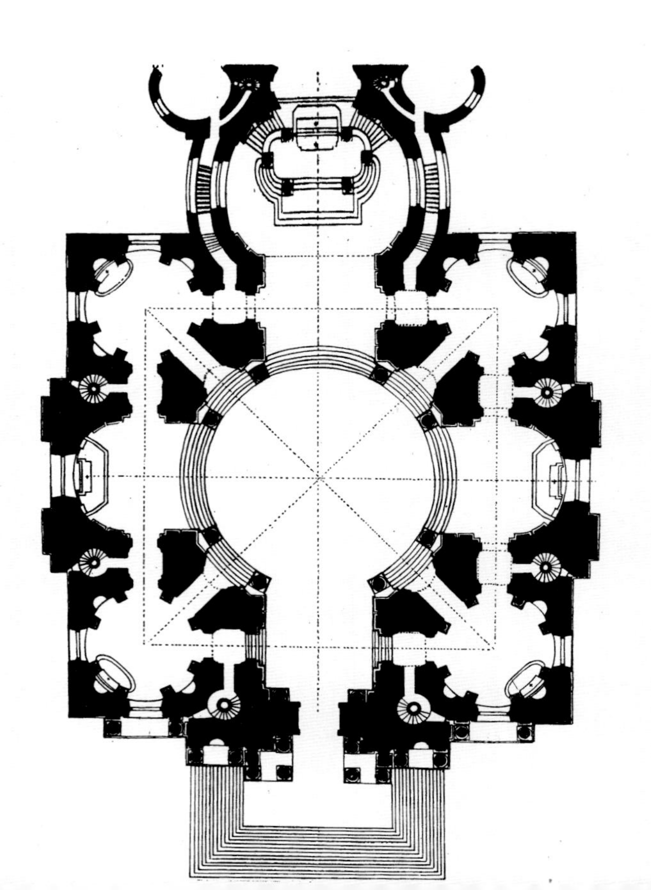

特色由于切除了四角和规则齐整、节奏强烈的墙面分划得到了特别的强调。新的立面建于1699~1708年。墙面的分划类似胜利广场的形制，于粗面石砌筑的基层上立由巨大壁柱分划的统一立面，但跨间比例更为细长，细部更为丰富。其后同样为私人投资建造的住房（相应

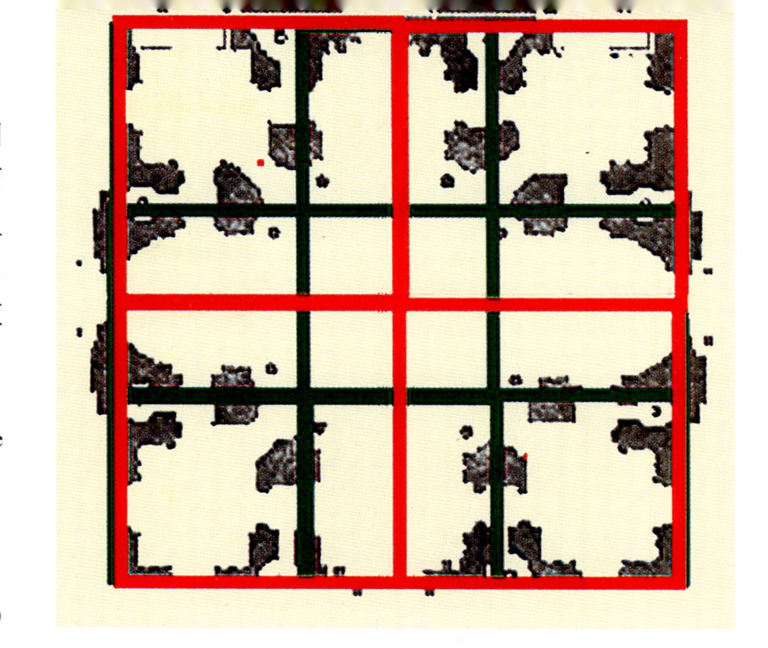

（上）图3-326 巴黎 荣军院。教堂，平面比例分析（取自George L. Hersey：《Architecture and Geometry in the Age of the Baroque》，2000年）

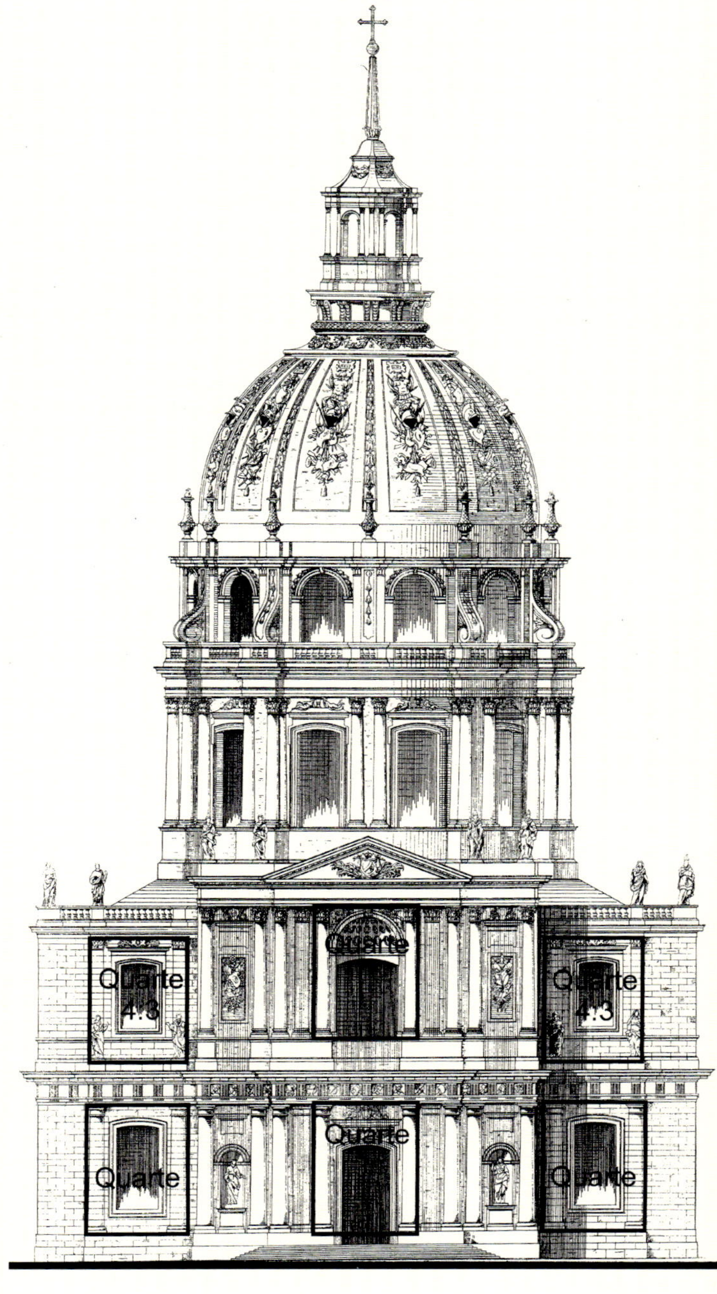

（下）图3-327 巴黎 荣军院。教堂，立面及比例分析（据Mellenthin）

本页：

（上）图 3-328 巴黎 荣军院。教堂，纵剖面（图版，取自 Jean-Marie Pérouse de Montclos：《Histoire de l'Architecture Française》，1989 年）

（下）图 3-329 巴黎 荣军院。教堂，纵剖面（左图据 Banister Fletcher；右图取自 Henri Stierlin：《Comprendre l'Architecture Universelle》）

右页：

（左上）图 3-330 巴黎 荣军院。教堂，纵剖面（取自 Wilhelm Lübke 及 Carl von Lützow：《Denkmäler der Kunst》，1884 年）

（下两幅）图 3-331 巴黎 荣军院。教堂，横剖面（右图据 J.Guadet）

（右上）图 3-332 巴黎 荣军院。教堂，横剖面（取自 Marian Moffett 等：《A World History of Architecture》，2004 年）

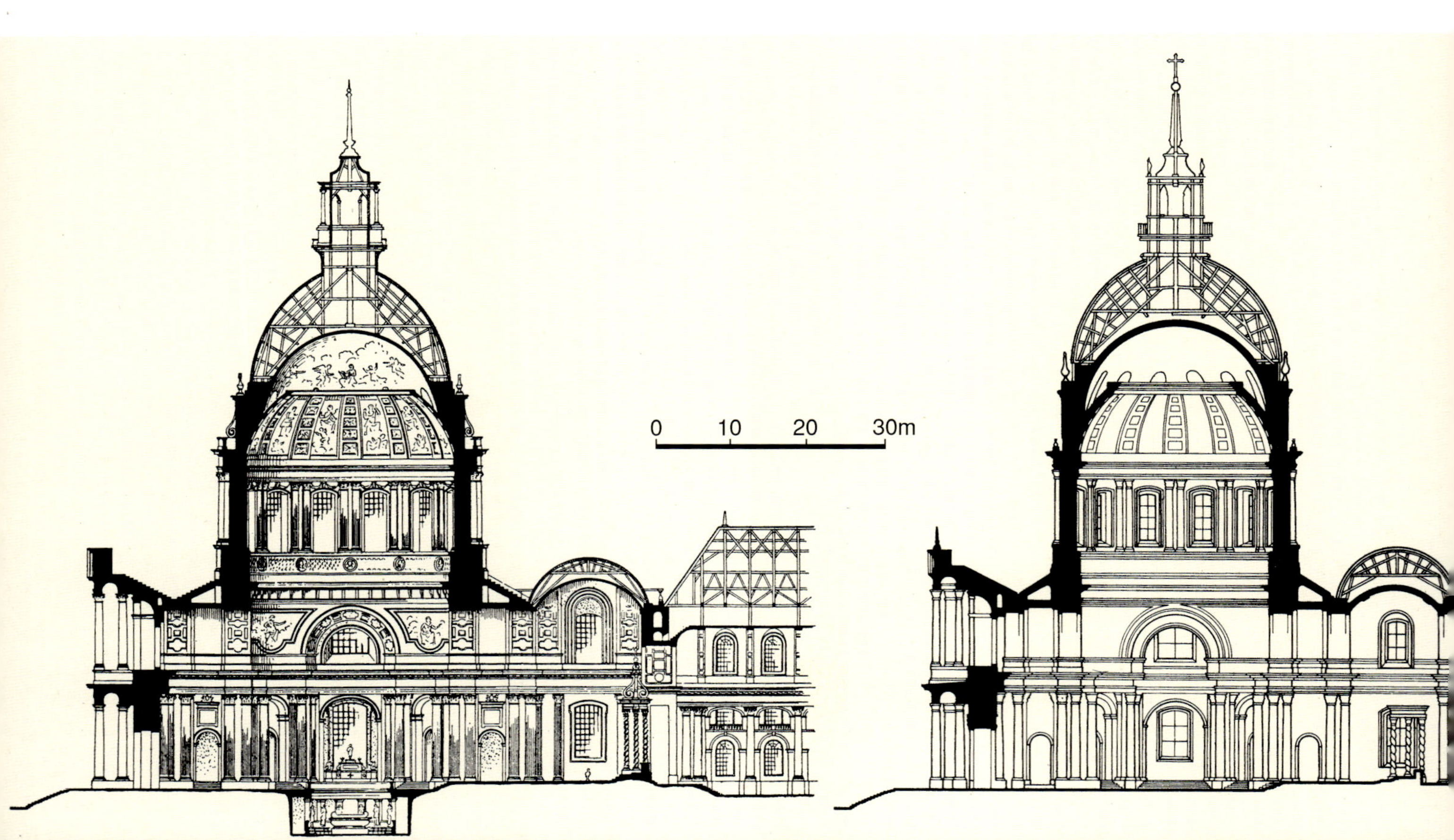

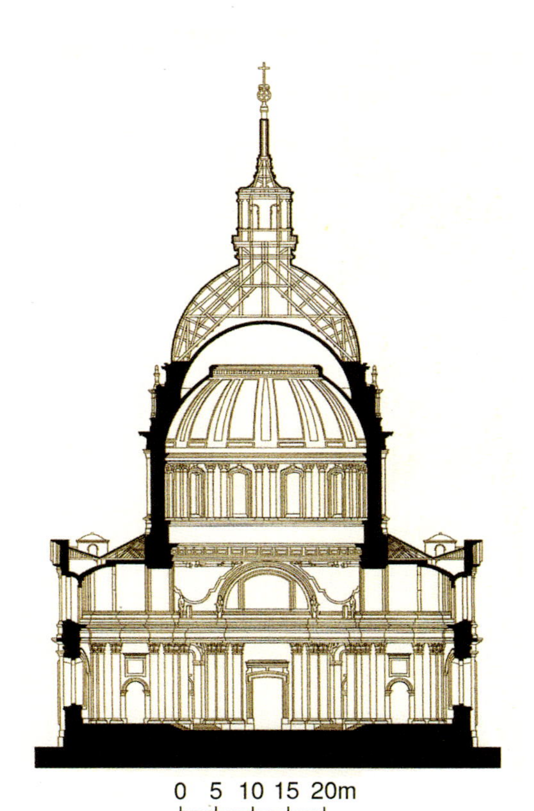
0 5 10 15 20m

Coupe et elevation geometrale du Dôme.

本页：

（左上）图 3-333 巴黎 荣军院。教堂，横向剖析图（作者 Lucas）

（左下）图 3-334 巴黎 荣军院。教堂，剖面及和伦敦圣保罗大教堂的比较（取自 Robert Adam：《Classical Architecture》，1991 年）

（右）图 3-335 巴黎 荣军院。教堂，剖析图（取自《Dizionario di Architettura e Urbanistica》）

右页：

图 3-336 巴黎 荣军院。教堂，全景（当时版画上记录的景色）

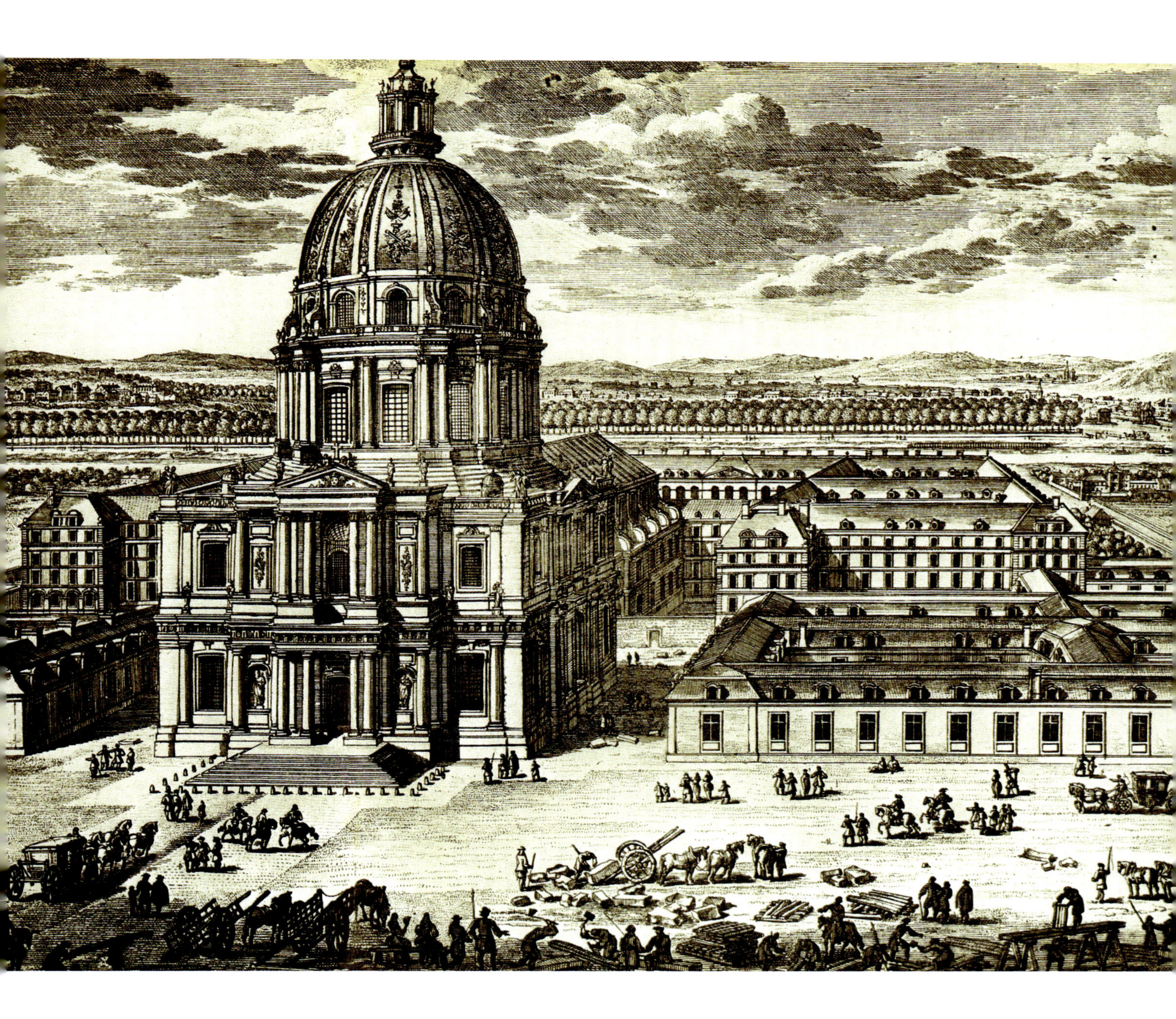

的土地出售给个人)。芒萨尔进一步在各面中央和斜切的角上，以半柱取代壁柱并形成带山墙的立面。广场具有罗马巴洛克建筑那种宏伟的纪念品性，但因法国古典主义的表现，程度上有所缓和。广场中央原为着罗马帝王服装的路易十四青铜骑像，雕像于法国大革命时期被毁；现纪念柱为1810年拿破仑立。由于纪念柱过高，广场南北又开了新的街道，总体景观亦有所变化。

从上面这些论述可以看出，巴黎的四个国王广场，都是在同一母题的基础上变化而得：它们基本上都是作为空间进行设计，也就是说，不像罗马广场那样取决于特定的建筑（在罗马人民广场和纳沃纳广场，可认为是空间和建筑的结合），而是被设想为“城市的室内”(intérieurs urbains)。环绕广场的连续墙面和广场中心的标志具有同样重要的意义。这个总的命题可根据具体形式或与周围环境的关系而有所变化。所有这些广场均基于四种最简单的几何形式：三角形、方形、圆形和矩形，明显映射出社会的理性态度和追求系统化的倾向。这类国王广场同样在法国的其他城市里有所表现，如第戎的勃艮第政府宫前的半圆形空间（亦为阿杜安-芒萨尔设计，1686年）。

如果说这些国王广场使巴黎具有了一个新的内部结构的话，那么，环行林荫大道和辐射状的轴线则确定了它们和周围环境的新关系。最初这些创新的想法是来自园林艺术，反映了总体上对风景的一种新态度。首批重要实例来自意大利。在法国，这方面的发展主要应归功于一个人：勒诺特。1637年，他被任命为丢勒里宫总

图 3-338 巴黎 荣军院。教堂，南侧景观

左页：图 3-337 巴黎 荣军院。教堂，正立面现状

图 3-339 巴黎 荣军院。教堂，东南侧全景

园艺师（在他整个漫长而活跃的职业生涯中，那里一直是其宅邸所在）。在当时，花园均按文艺复兴的典型样式规划，由一系列静态的方形和矩形图案组成（1563 年）。勒诺特通过引进轴线体系和各种形式的空间变化彻底改变了整个设计（图 3-264、3-265），特别是打开了向西扩展的前景，包括通向圆场（即以后的星形广场，今称戴高乐广场）的林荫大道（香榭丽舍大道）。同时还规划和部分实现了一条向东延伸的类似轴线（自圣安托万门至万塞讷）。一个辐射状的道路体系就这样逐渐成形，显示出巴黎作为整个法国首府的作用。辐射状的道路通

右页：图 3-340 巴黎 荣军院。教堂，南偏西景色

左页：

图 3-341 巴黎 荣军院。教堂，西南侧全景

本页：

(左右两幅) 图 3-342 巴黎 荣军院。教堂，穹顶近景及老虎窗细部

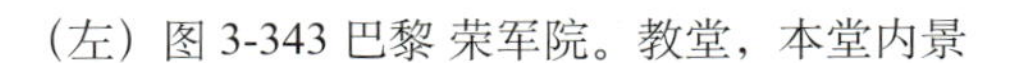

（左）图 3-343 巴黎 荣军院。教堂，本堂内景

（右上）图 3-344 巴黎 荣军院。教堂，穹顶下环道

（右下）图 3-345 巴黎 荣军院。教堂，礼拜堂祭坛

过环行林荫道相连，实际上限定了城市所在的区域（尽管没有明确界定）。路易十四时期的林荫道宽 36 米，由主干线及侧面更窄的街道组成。在它们和辐射道路的交叉处设凯旋门，即表现空间体系基本要素的象征性大门。目前尚有两座这类纪念性拱门留存下来：即布隆代尔设计的圣但尼门（1671~1673 年，图 3-294~3-304）和皮埃尔·比莱设计的圣马丁门（1679 年，图 3-305、3-306）。

在布隆代尔不多的作品中，圣但尼门可能是最重要的一个。这是个棱角分明带单券门的建筑，立面整体纳入一个方形框架内，以边长的 1/24 为细部构件的模数。其比例系统经过仔细推敲，被认为是采纳布隆代尔美学观点和比例理论的典型实例，甚至有人认为它可与最优秀的古代建筑媲美。建筑同时因其新奇的装饰

（上）图 3-346 巴黎 荣军院。教堂，穹顶仰视

（下）图 3-347 巴黎 荣军院。教堂，穹顶画（Charles de la Fosse 设计，1692 年）

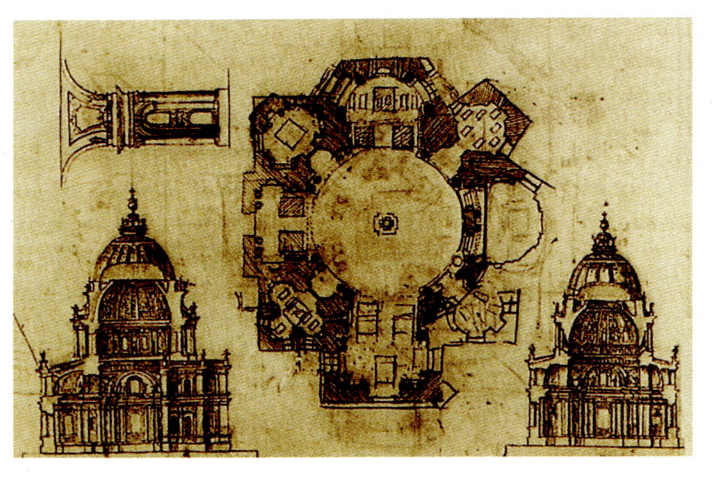

（上及右下）图 3-348 巴黎 荣军院。教堂，拿破仑墓

（左中）图 3-350 巴黎 圣但尼修道院。波旁家族葬仪祠堂，设计方案（作者弗朗索瓦·芒萨尔，1665 年）

（左下）图 3-351 巴黎 阿姆洛府邸（1710/1712 年，加布里埃尔 - 热尔曼·博夫朗设计）。总平面（据 Spiro Kostof，1995 年）

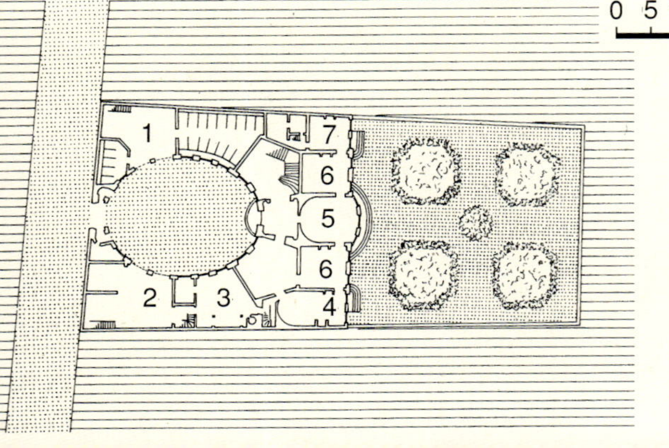

而称著：中央拱门两边的柱墩上对称布置贴墙的方尖碑，装饰着战利品及其他雕饰（圣马丁门上也有这类歌颂路易十四战功的浮雕）。这是当时建造的最大凯旋门，至今超过它的也只有星形广场上的大凯旋门。它和卢浮宫柱廊及迈松府邸一起，均被视为“古典”建筑；

（上）图 3-349 巴黎 圣但尼修道院（1700~1725 年）。总平面（波旁家族葬仪祠堂位于左侧）

（下）图 3-352 巴黎 阿姆洛府邸。平面（取自 J.Mariette：《L'Architecture Française》，1727 年）

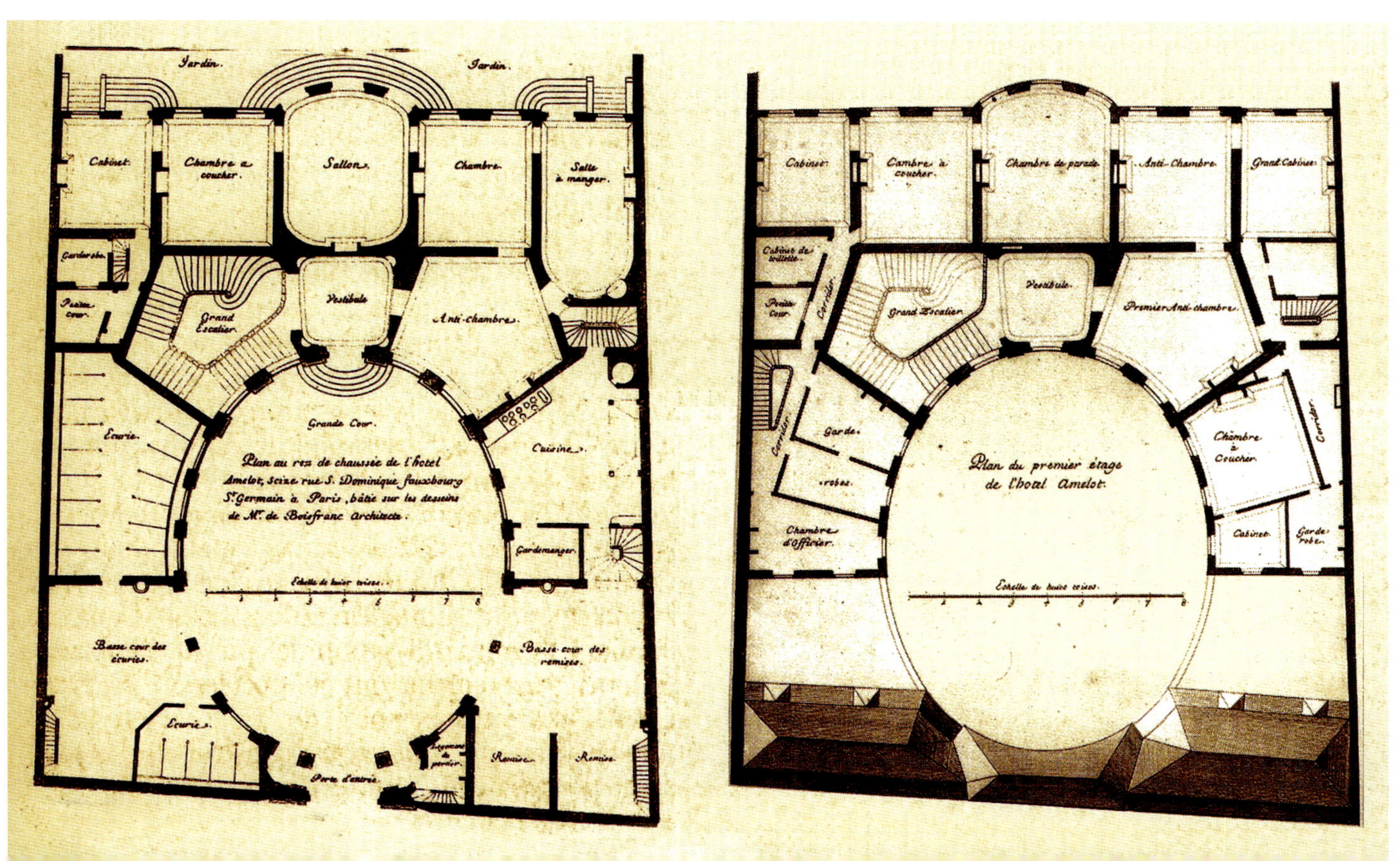

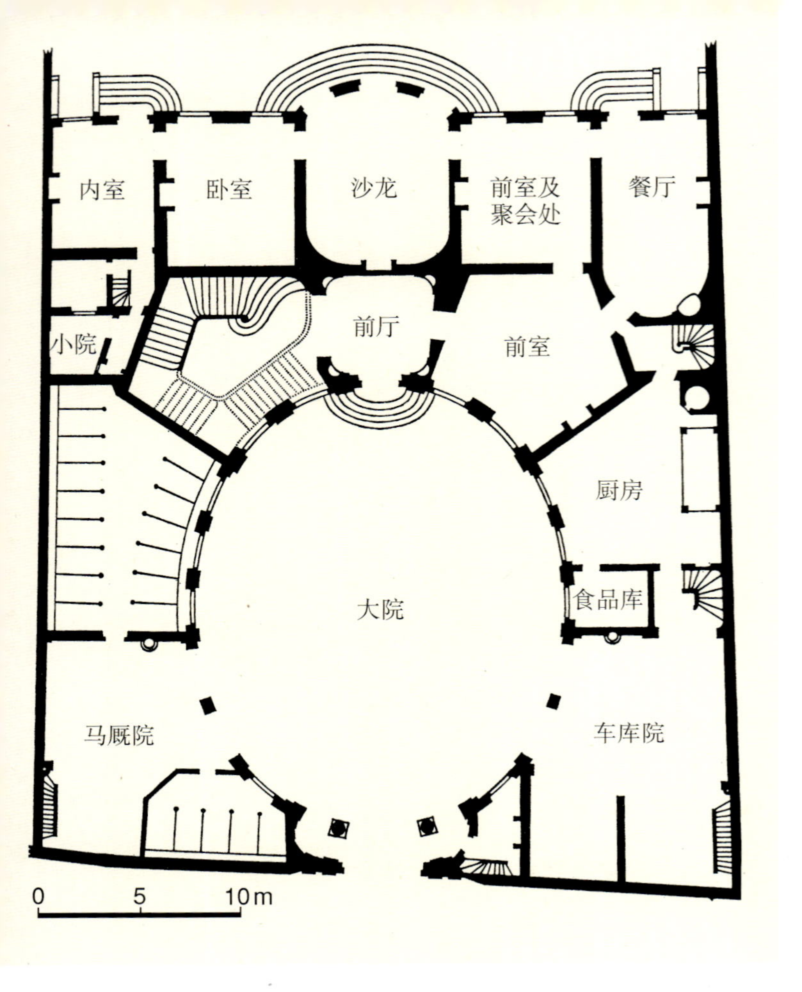

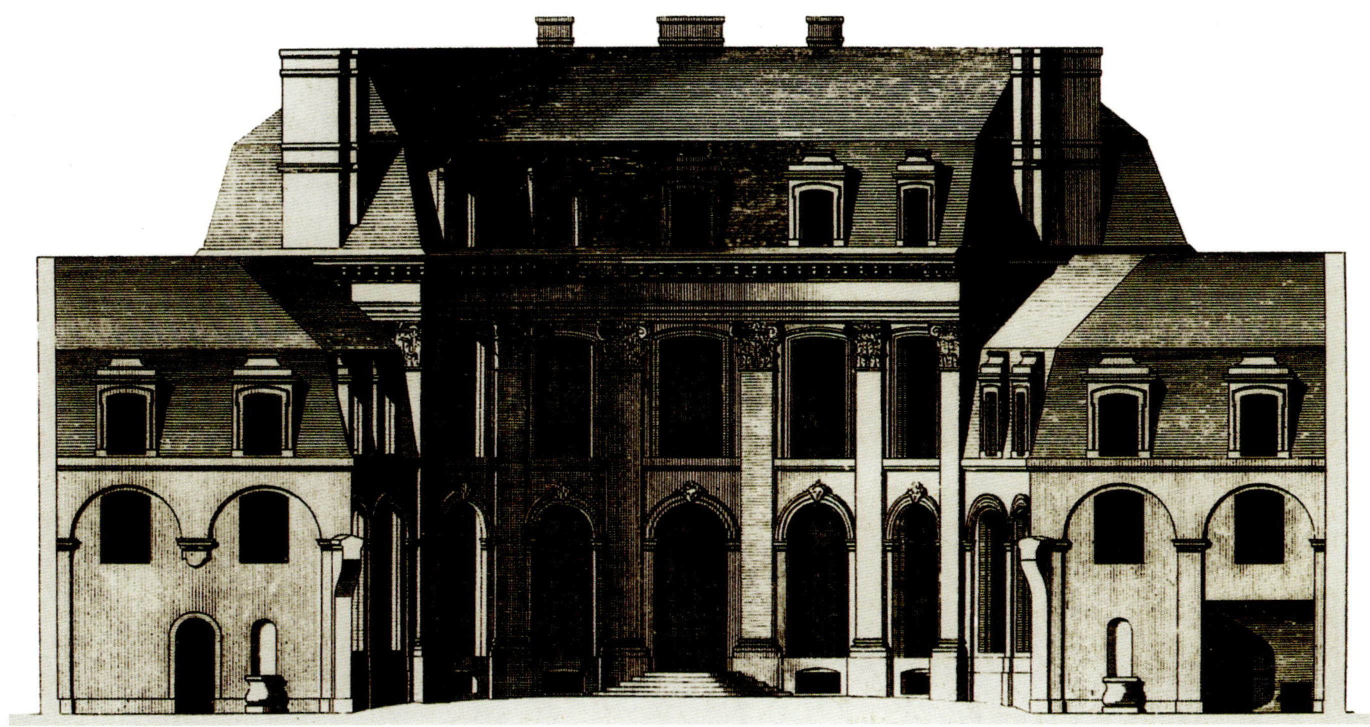

不过在精美的程度上，它似乎不如前两个作品。

正是在路易十四时期，巴黎城市及其郊区的基本结构得以确定。其主要特色非常明显：布局规整的空间节点、道路和街区，成为城市的基本构成要素。建筑亦作为体系中的一部分来考虑，造型上缺乏强烈的个性特色。

（左上）图 3-353 巴黎 阿姆洛府邸。首层平面

（下）图 3-354 巴黎 阿姆洛府邸。立面（取自 J.Mariette：《L'Architecture Française》，1727 年）

（右上）图 3-356 巴黎 小卢森堡府邸（1709~1713 年，加布里埃尔 - 热尔曼 · 博夫朗设计）。楼梯内景

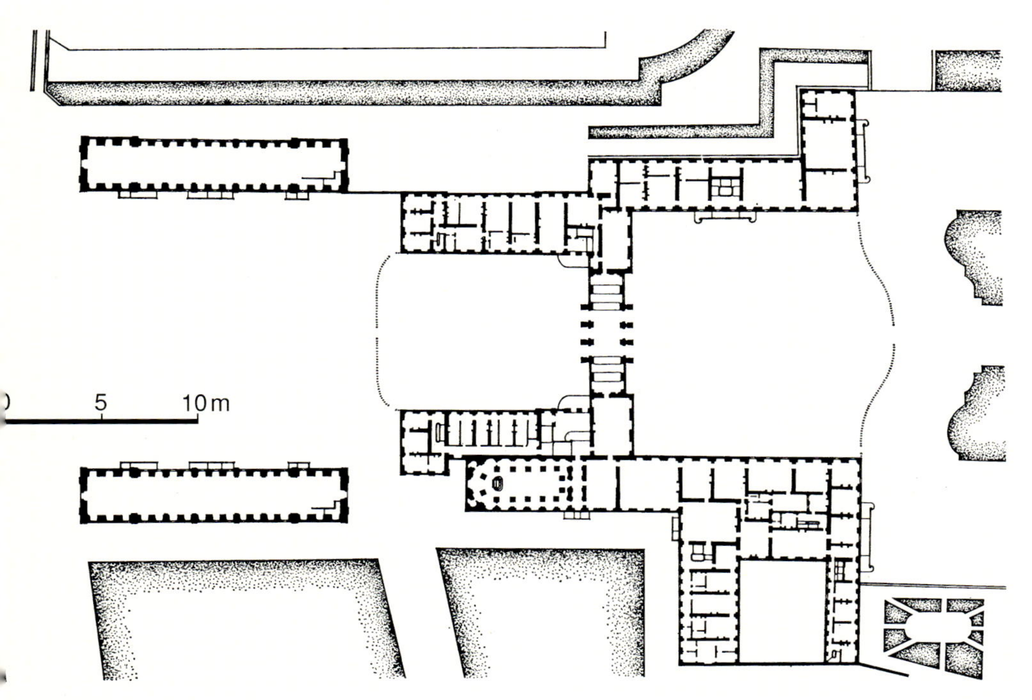

(右下）图 3-355 巴黎 阿姆洛府邸。外景

（上）图 3-357 巴黎 小卢森堡府邸。大沙龙内景

（左下） 图 3-358 吕内维尔府邸（1702~1706 年及 1720~1723 年，加布里埃尔－热尔曼·博夫朗设计）。总平面

人们更重其立面表现而不是形体，城市空间及其延伸部分（如法国建筑特有的大院，cours d'honneur）均由这些立面限定。就生机和活力而言，17 世纪法国的城市规划显然缺乏巴洛克时期罗马固有的那种戏剧性的效果。由于追求系统整齐的外貌，导致了一种以采用“准确”和规则的古典部件为基础的分划方式。人们之所以仍称它为“巴洛克”建筑，在很大程度上是因为在其中同样表现出对合成、连续及“开放”的强烈追求。如果说，罗马是巴洛克时期“圣城”的杰出代表的话，那么，巴黎则是它“世俗”方面的对应作品。

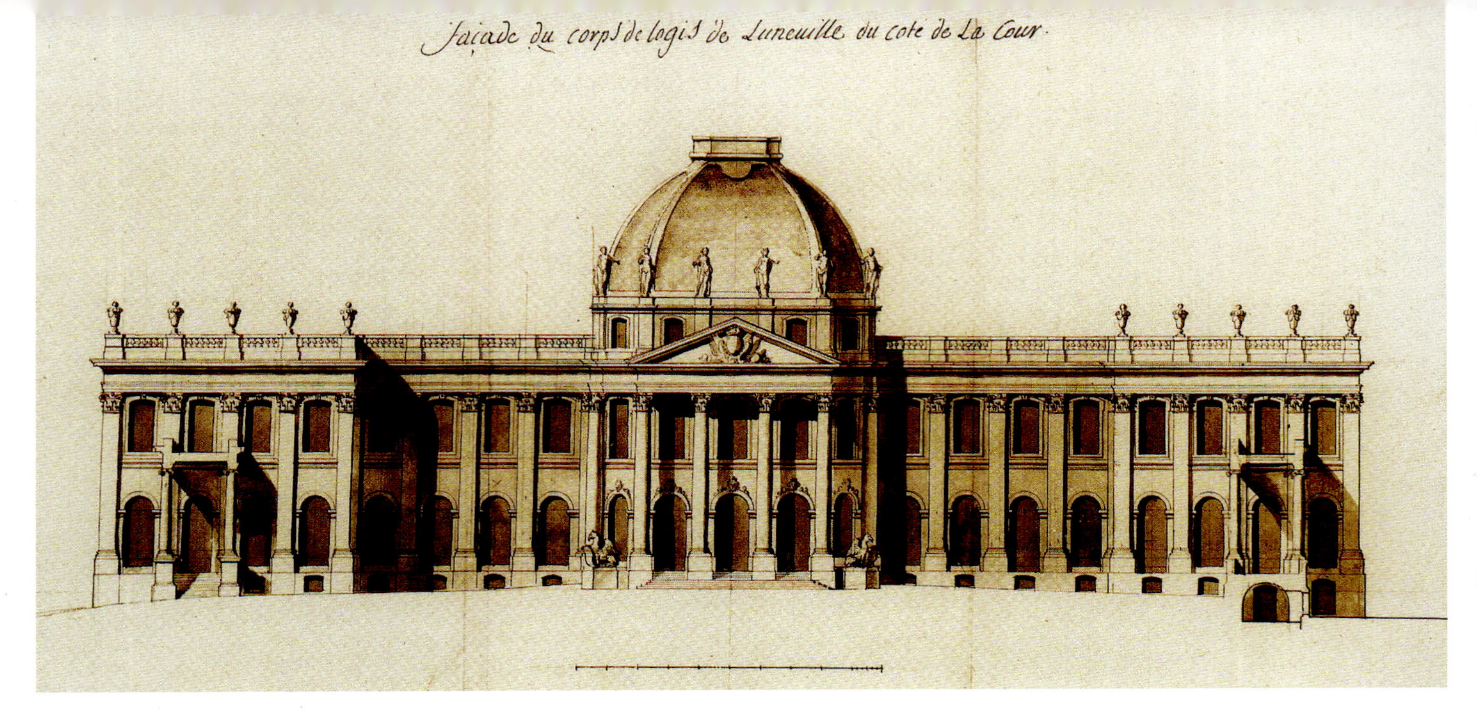

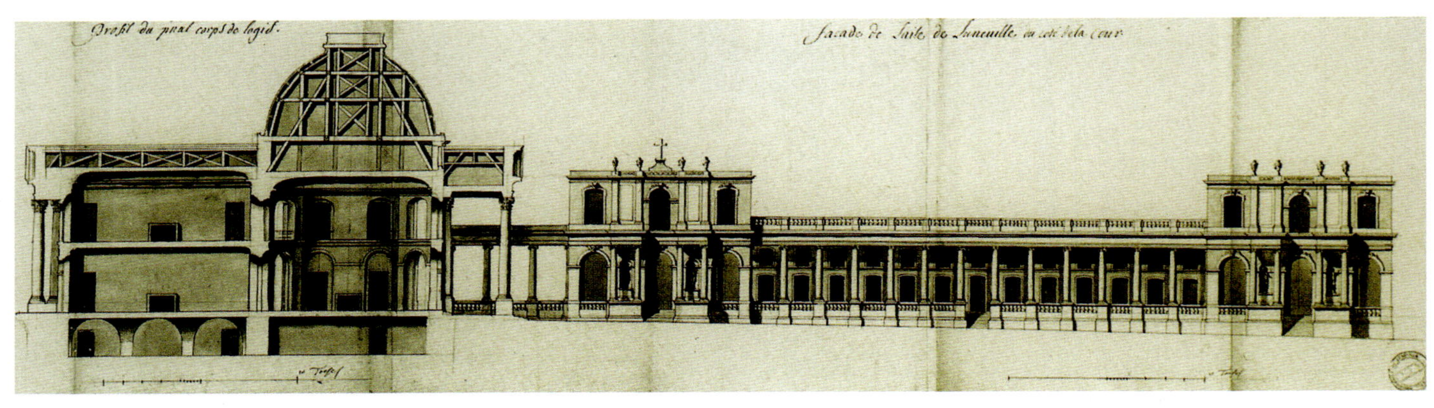

（上及中）图 3-359 吕内维尔 府邸。最初立面及剖面设计（作者加布里埃尔 - 热尔曼 · 博夫朗）

（左下）图 3-360 吕内维尔 府邸。外景

（右下）图 3-361 吕内维尔圣雅克教堂（1730 ~ 1747 年）。外景

［宗教及世俗建筑］

巴黎荣军院

在法国，这时期还建了大量的修院建筑，其规则的平面照例是承自中世纪的传统。城市内大量的医院及其他公共建筑的布局大体也是如此。这些建筑中最重要的一组即位于塞纳河左岸的巴黎荣军院（1670~1708 年，建筑群平面、立面及剖面：图 3-307、3-308；全景：图

（上）图 3-362 南锡 首席主教堂（1699~1736 年，阿杜安 - 芒萨尔设计）。平面（作者阿杜安 - 芒萨尔，1706 年）

（左下）图 3-363 南锡 首席主教堂。立面（作者阿杜安 - 芒萨尔，1706 年）

（右下）图 3-364 南锡 首席主教堂。立面方案（作者 Germain Boffrand，1723 年，图版制作 Anto）

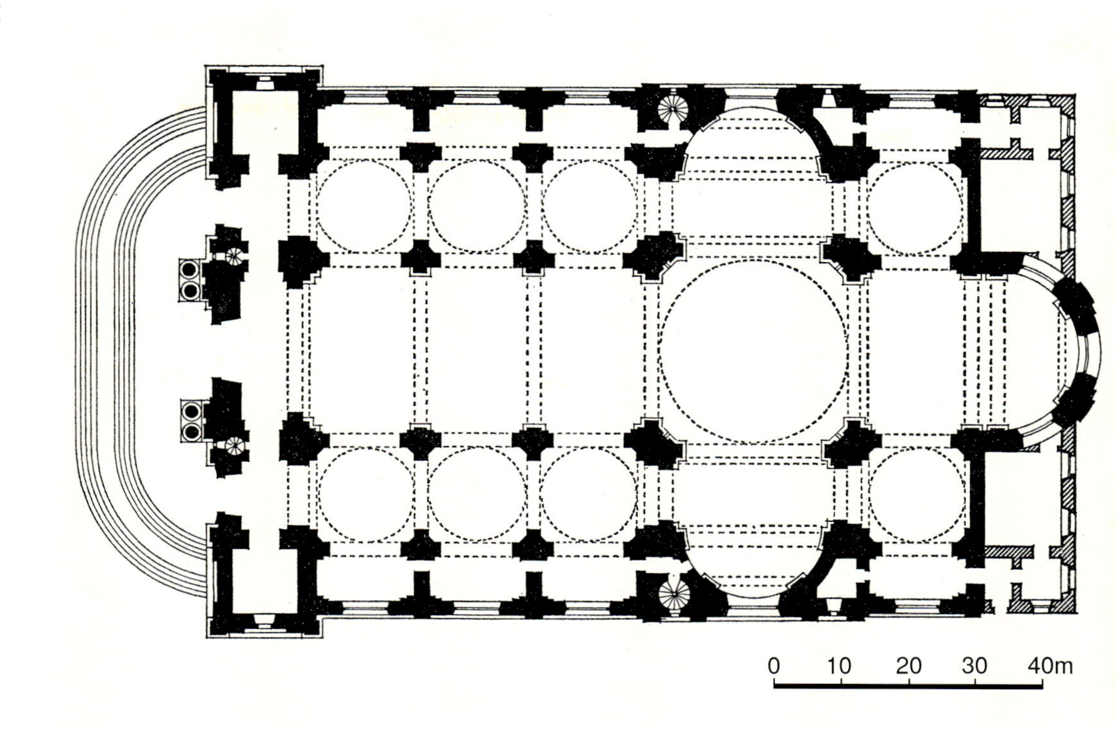

（上）图 3-365 南锡 首席主教堂。内景

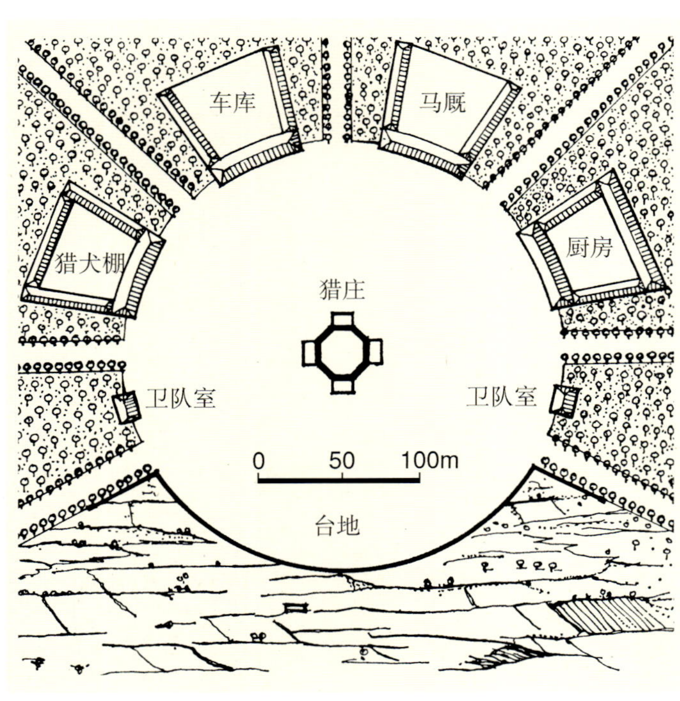

（左下）图 3-366 布鲁塞尔 布舍堡猎庄（1705 年，加布里埃尔 - 热尔曼 · 博夫朗设计）。总平面

（右下）图 3-367 布鲁塞尔 布舍堡猎庄。主体建筑平面

3-309~3-318；院景：图 3-319~3-321）。由王室出资建造的这一工程系为了安置退伍军人，并作为伤残老兵的医护机构。开始阶段设计人是利贝拉尔·布卢盎(1635~1697年)，一期工程至 1677 年。

这是个带中央礼拜堂和方形院落的大型建筑群，早期完成的拱廊院落不带装饰，庄重、简朴，显然是模仿埃尔埃斯科里亚尔宫堡的形制。但一期工程尚未结束，路易十四就计划建第二个规模更大的王室教堂。1676 年，芒萨尔接手主持这个 6 年前已开工的项目。

1680 年，阿杜安 - 芒萨尔拟订了荣军院教堂穹顶及其礼拜堂的最后方案（平立剖面及剖析图：图 3-322~3-335；外景及细部：图 3-336~3-342；内景：图

(上) 图 3-368 布鲁塞尔 布舍堡猎庄。主体建筑立面

(下) 图 3-369 巴黎 田园堡府邸 (1701~1707 年, 建筑师皮埃尔·比莱和让-巴蒂斯特·比莱·德尚布兰)。底层平面 (取自 J.Mariette:《L'Architecture Française》,1727 年)

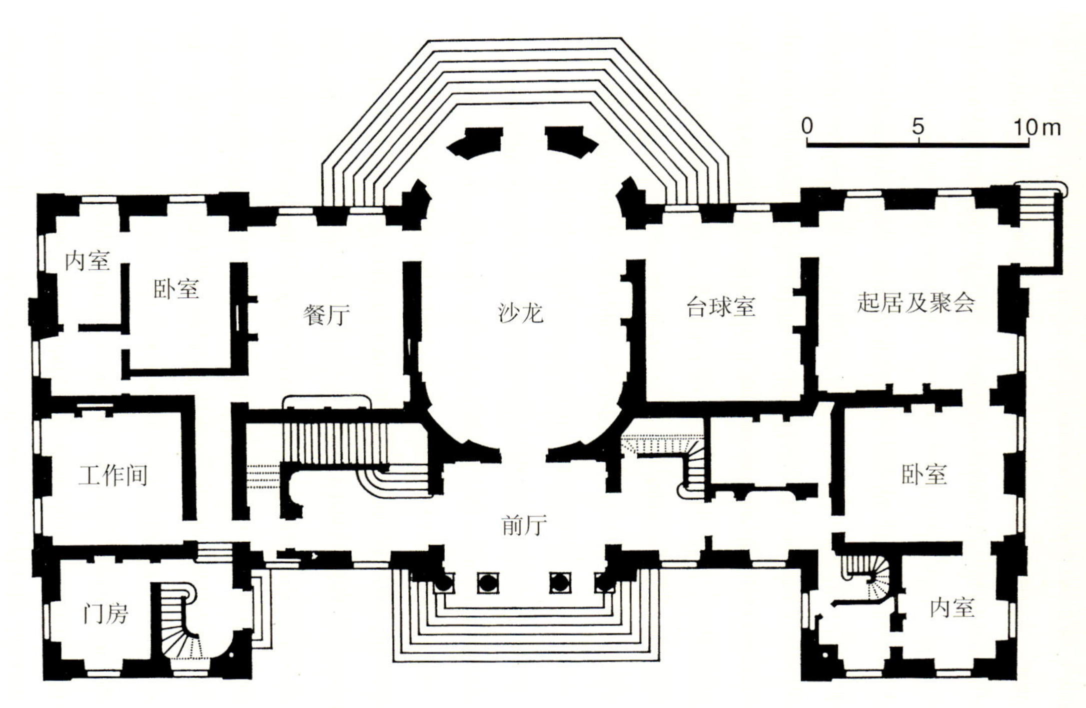

3-343~3-348)。其平面为一个内接于方形的希腊十字，另附一圆形内殿。和其原型罗马圣彼得大教堂的区别在于，采用了圆形的交叉处，并环绕着中央的这个圆形空间向外伸出耳堂短翼；周边配置独立的巨柱并如瓦尔-德-格拉斯教堂样式，于对角轴线上设通道通向角上的礼拜堂。角上方形空间上冠穹顶。巨大的科林斯柱式进一步突出室内构图的垂向特点，成对配置的柱子则再次强调了主要轴线。

穹顶由阿杜安-芒萨尔主持建于 1675~1706 年，结构三层，从内部可看到两层。第一层穹顶表面设藻井，通过其中央的巨大圆洞，可看到第二层穹顶的天顶画。之后维托内在瓦利诺托圣所进一步发展了这种

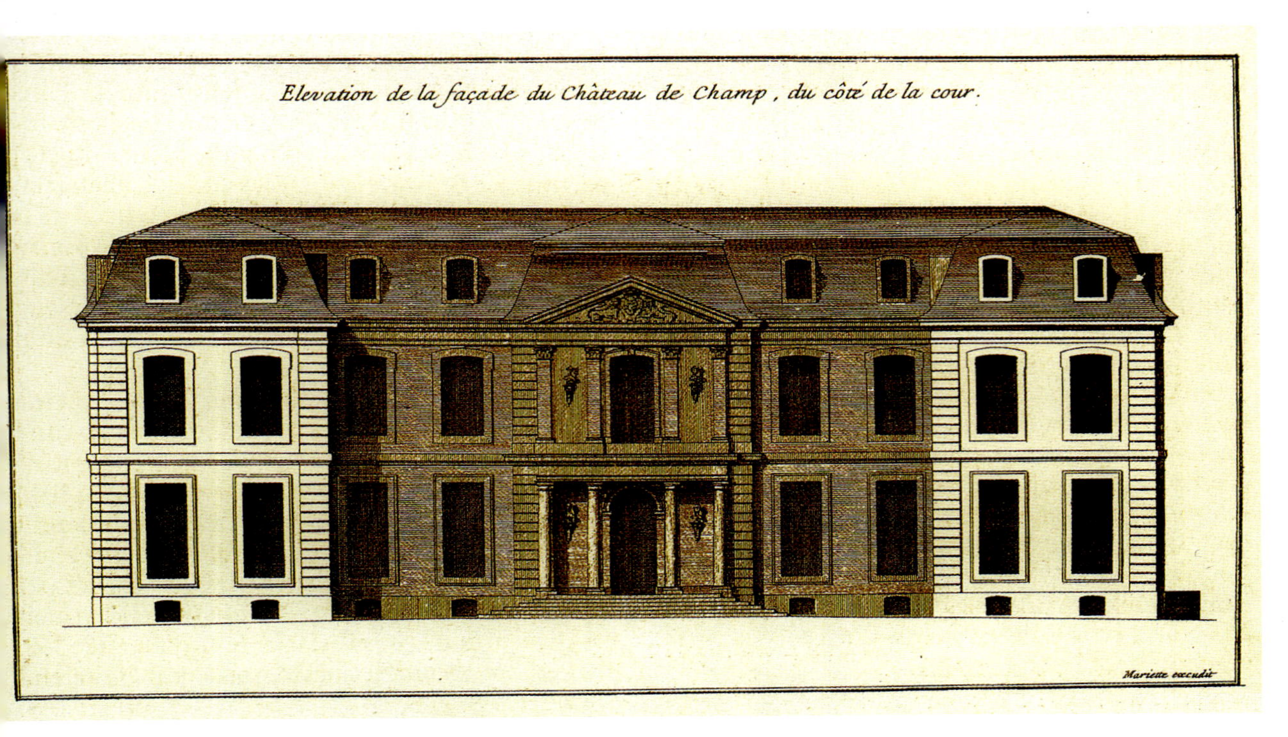

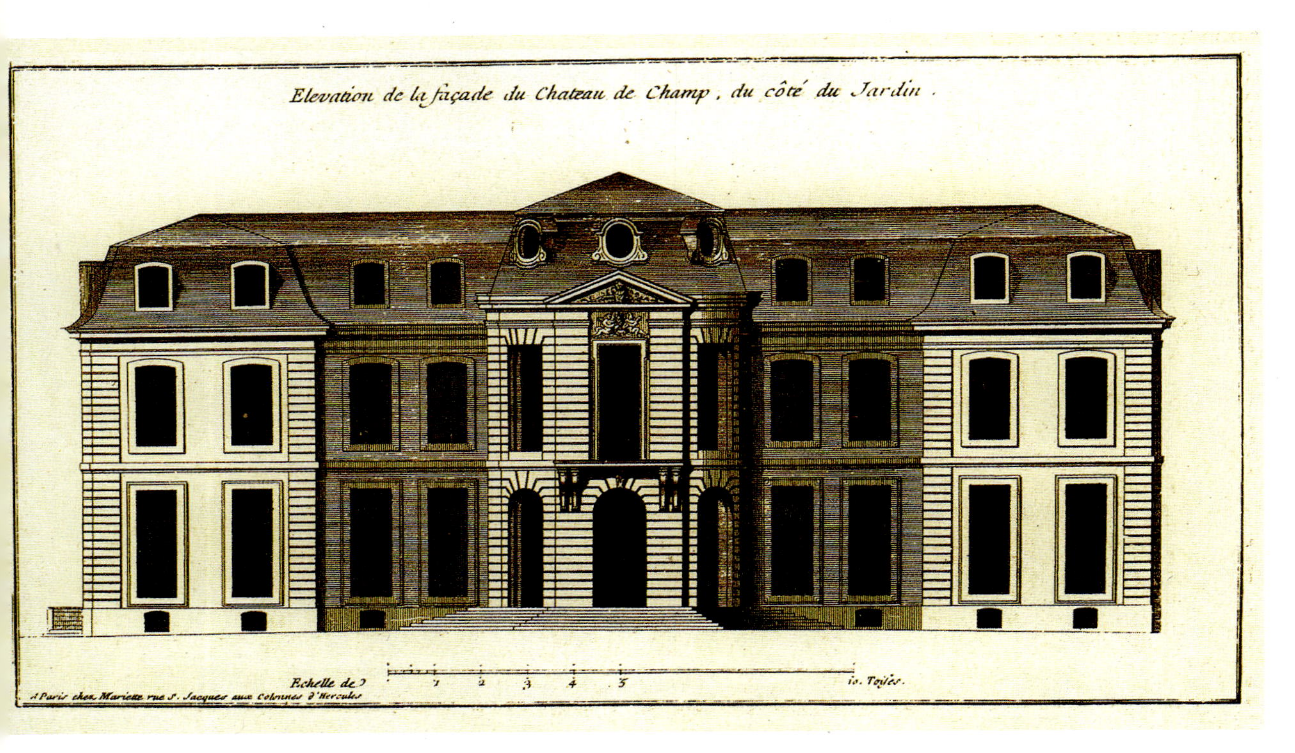

图 3-370 巴黎 田园堡府邸。立面（取自 J.Mariette：《L'Architecture Française》，1727 年，上为院落立面，下为花园立面）

构图方式。

由于建筑采用了集中式平面，配置亦皆属一流，因而有人认为，路易十四可能一度打算将其陵寝安置在这里。不过，到头来并不是路易十四，而是另一位帝王在这里找到他的安息之地：1861 年，维斯孔蒂令人在穹顶下方挖了一间地下室，将拿破仑（1769~1821 年）葬在那里。

在室外，通过把集中式平面和一个供军人使用的简单本堂连在一起，实现了两种建筑要素——带入口柱廊的方形基座和宏伟穹顶——的完美结合。在方形的基部，高两层的门廊向前凸出甚多。立面自下而上、成对配置的柱子再次成为墙面节律的分划手段并使建筑具有不同寻常的造型表现。从边侧到中央门廊处，建筑形体渐次升高，从简单的实体墙面开始，分划部件逐渐增多，立面造型深度也越来越大。

室外穹顶同样被赋予向上的动态。其鼓座上不同

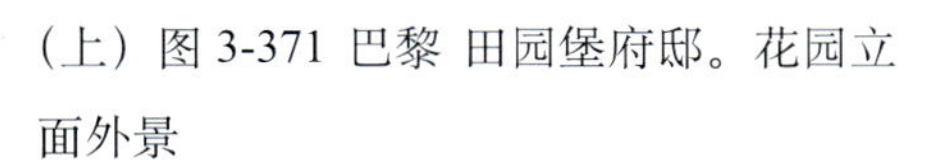

(上) 图 3-371 巴黎 田园堡府邸。花园立面外景

(下) 图 3-372 尼斯 圣雷帕拉特教堂 (1649 年，建筑师让 - 安德烈 · 吉贝尔，1699 年落成，现存立面 1825~1830 年)。地段俯视景色

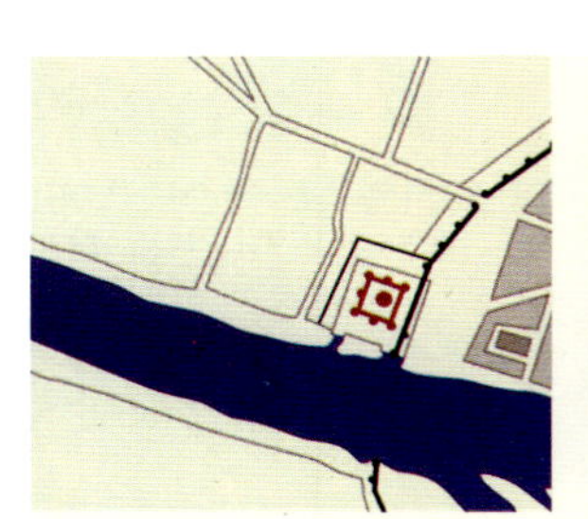

菲利浦·奥古斯特二世（1223年）

查理五世（1380

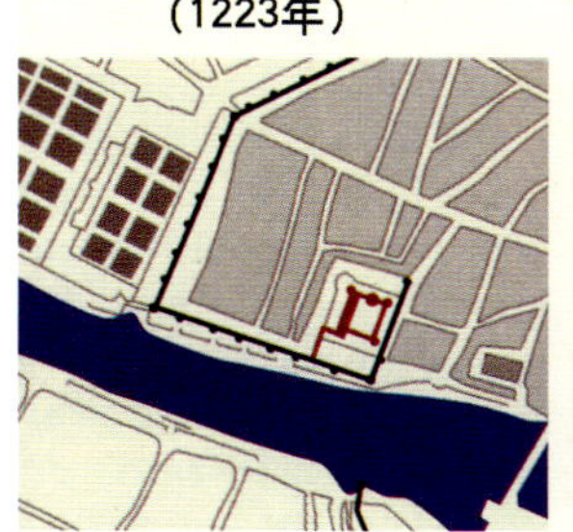

亨利三世（1589年）

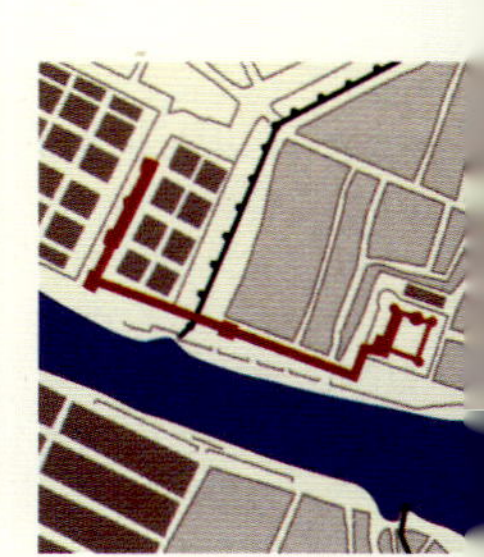

亨利四世（1610

路易十四（1715年）

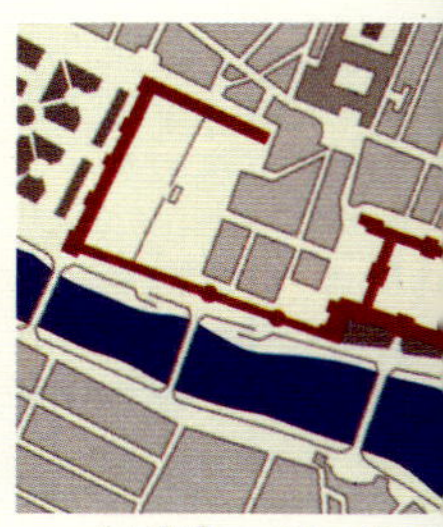

拿破仑一世（181

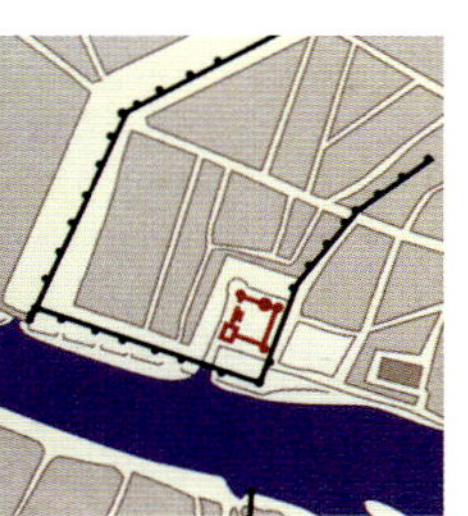

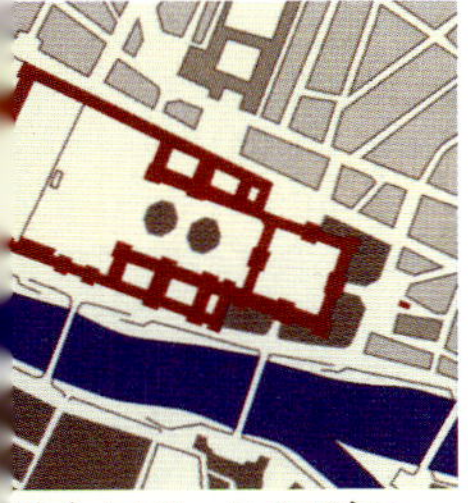

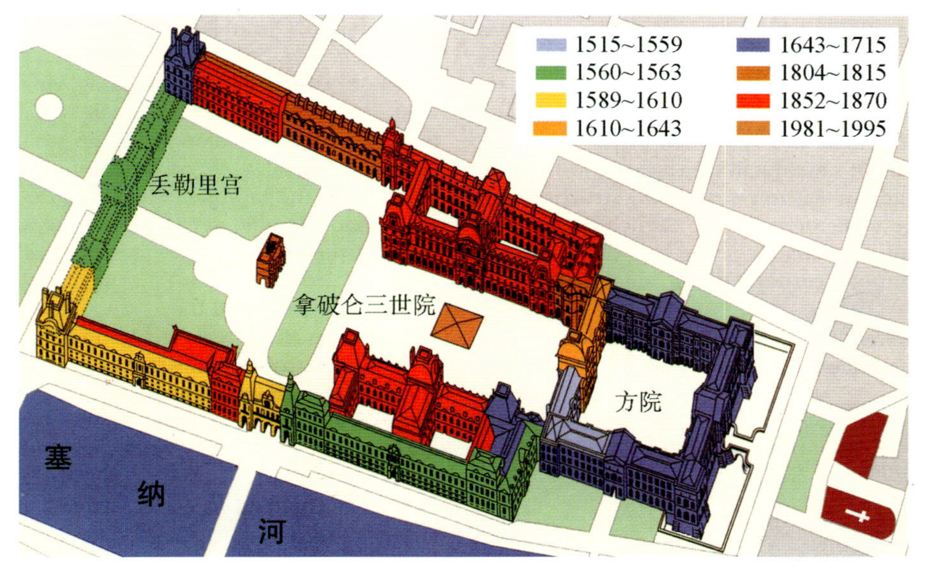

本页及左页：

（左上及中上）图 3-373 尼斯 圣雷帕拉特教堂。西立面外景及门廊细部

（左下）图 3-374 尼斯 圣雷帕拉特教堂。内景

（右下）图 3-375 沃邦（1633~1707 年）画像（Charles Le Brun 绘，原稿现存巴黎 Bibliothèque de Génie）

（右上）图 3-376 巴黎 卢浮宫。亨利四世时期规划方案［取自枫丹白露宫壁画，所谓"大设计"（Grand Disign），前景为方院，其他院落朝丢勒里宫方向扩展直至城墙处，两个宫殿通过沿塞纳河的长廊联为一体，但在亨利四世生前仅后者部分得以实现］

（中下左）图 3-377 巴黎 卢浮宫。扩建阶段图

（中下右）图 3-378 巴黎 卢浮宫。建造时期示意

(上)图 3-379 巴黎 卢浮宫。1609 年地段景观(Vassalieu 城图局部，右中丢勒里宫通过沿塞纳河长廊与卢浮宫相连，左侧城岛端头可看到新建的王太子广场和新桥)

(下)图 3-380 巴黎 卢浮宫。1739 年地段图(和图 3-266 均属 Michel Étienne Turgot 城图局部，丢勒里花园已经勒诺特改造，卢浮宫本身亦大为扩展，河对岸可看到刚建成的四国学院)

(上) 图 3-381 巴黎 卢浮宫。图 3-380 宫殿区细部

(下) 图 3-382 巴黎 卢浮宫。现状俯视全景

图 3-383 巴黎 卢浮宫。钟楼（勒梅西耶设计），东南侧景色

右页：图 3-384 巴黎 卢浮宫。钟楼，东立面全景

图 3-386 巴黎 卢浮宫。钟楼，东面雕刻夜景

寻常地加了一个颇高的顶楼，它和挺拔的穹顶及顶上的尖塔一起，使建筑整体产生了高塔般的构图效果。高耸的鼓座就这样分为上下两层：下层沿对角方向出壁垛，其位置和室内圆形平面的教堂对应，壁垛端部及墙面出双柱；上层相对下层壁垛处出过渡性的扶垛，其间窗户为有彩绘的第二道穹顶采光。最外一层穹顶立在小的圆形基台上，上部透空的顶塔以镀金的小方尖碑作为结束。就这样，从下部严谨的帕拉第奥式构图逐步过渡到配有生动华丽装饰的顶部。

最后完成的这个王室教堂如塔楼般耸立在建筑群之上，很远就能看到它那镀金的穹顶。完成于 1706 年的这个高 105 米的穹顶，既不同于勒梅西耶那类立面，也有别于布隆代尔那种僵冷的古典主义，而是更接近罗马的巴洛克传统，使人想起罗马的圣彼得大教堂。

实际上，自 1665 年起，弗朗索瓦 · 芒萨尔（即老芒萨尔，1598~1666 年，阿杜安 - 芒萨尔是其孙辈亲戚）在设计圣但尼教堂的波旁家族葬仪祠堂时，就采用过这类集中式平面（图 3-349、3-350）。在这个设计中，他发展了瓦尔 - 德 - 格拉斯教堂的平面，于中央圆形空间周围，布置正向凸出的四肢外加斜向布置的四个礼拜堂，后者如罗马圣彼得大教堂的样式，通过穹顶柱墩斜切面上的门洞进入。只是因为弗朗索瓦 · 芒萨尔在提出这个方案后不久即去世，设计一直未能实现。荣军院的这个穹顶可说是真正实现了这种突出对角线的法国式集中式构图的设想，周围的礼拜堂如行星般环绕着中央的太

左页：图 3-385 巴黎 卢浮宫。钟楼，东立面近景

图 3-387 巴黎 卢浮宫。钟楼，西立面细部（女像柱作者 Jacques Sarazin，1636 年）

图 3-388 巴黎 卢浮宫。“方院”，西翼立面（左侧为莱斯科翼，中间钟楼及右翼由勒梅西耶主持建造）

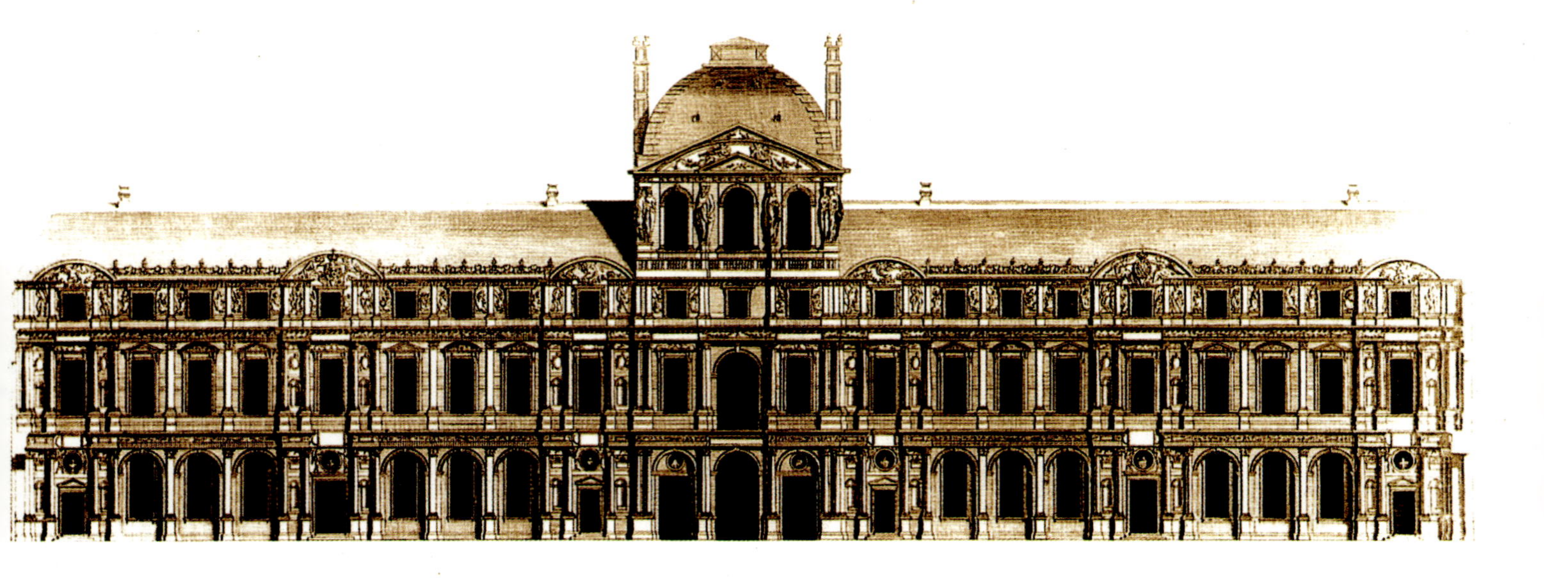

(上）图 3-389 巴黎 卢浮宫。“方院”，西翼立面现状

(下）图 3-390 巴黎 卢浮宫。“方院”，扩建方案（作者弗朗索瓦·勒沃，1662~1663 年，拟在东翼入口处建一椭圆形大厅，原稿现存卢浮宫博物馆）

(中）图 3-391 巴黎 卢浮宫。“方院”，东立面设计方案（作者弗朗索瓦 · 勒沃，1662~1663 年，已提出建柱廊的设想，原稿现存斯德哥尔摩国家博物馆）

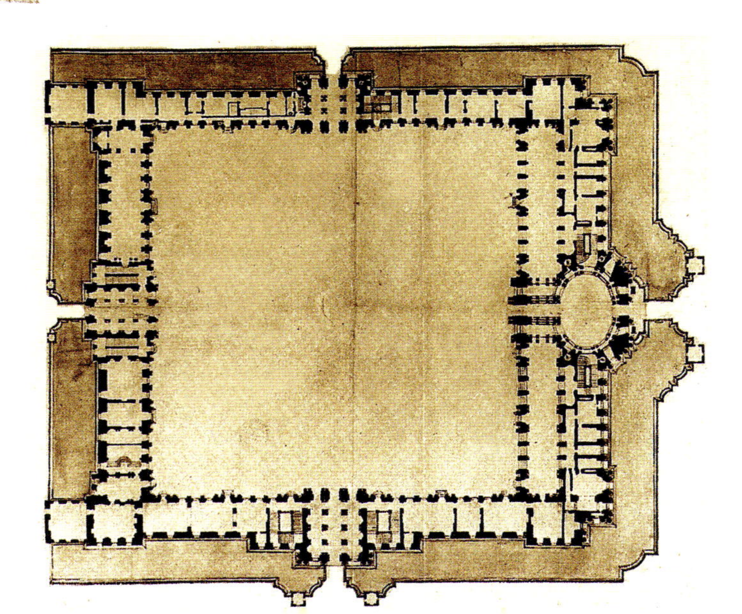

阳。可惜这种辐射的透视效果因以后中间建了拿破仑的墓而无法欣赏。位于圆形圣殿上的穹顶由于直接从轻快的鼓座墙体上拔起而取得了尽可能大的直径。这种解决方式可谓直截了当，但同时也不可避免地失去了从方形平面向圆形过渡的变化乐趣。

穹顶中央的圆洞（oculus）自然使人们想起罗马的万神庙，但透过洞口展望高处绘制的苍穹，则是典型的巴洛克手法。这种突然展现一块虚拟天空的手法曾于1617年用于埃纳雷斯堡教堂，但规模较小。以后芒萨尔将它用到世俗建筑的楼梯间里，其独特的效果颇得人们赞赏，并随即在海牙的奥兰治厅里得到模仿（1645年）。1662年，瓜里尼在设计巴黎德亚底安修会教堂时，同样提出了一个双穹顶的方案。这种做法很快就在弗朗索瓦·芒萨尔设计的波旁家族葬仪祠堂里得到应用，并在以后被多次效法（首先用于克里斯托弗·雷恩设计的伦敦圣保罗大教堂）。由于阿杜安·芒萨尔的认可，以后在法国，它已成为扩大室内幻景的一种流行的设计手法。

从上面这些论述中可以看出，法国巴洛克建筑正是

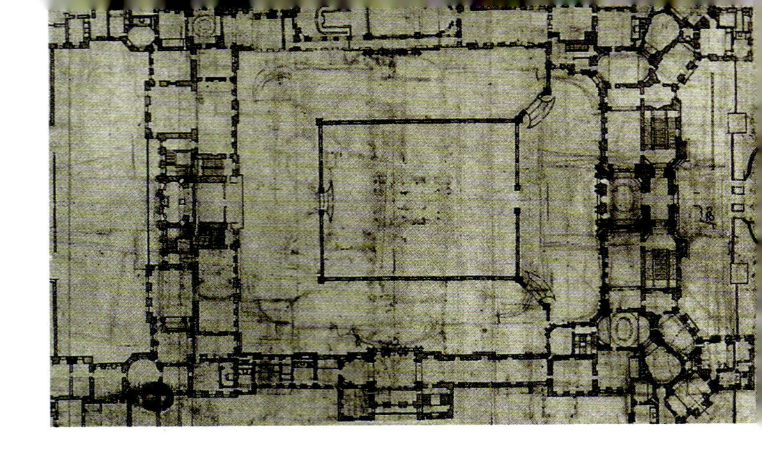

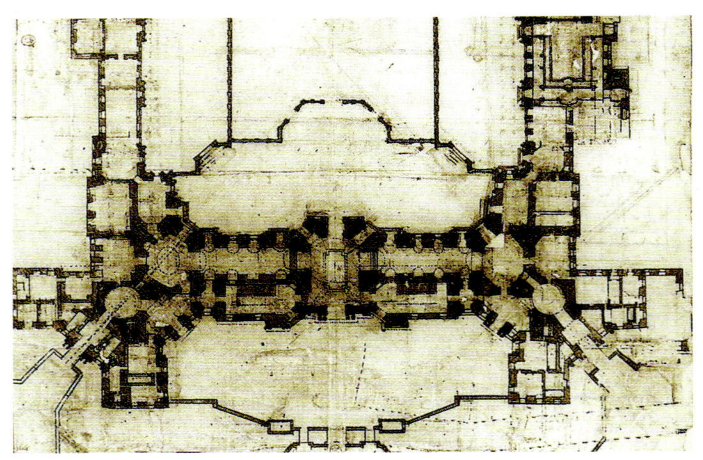

（上及中上）图3-392 巴黎 卢浮宫。弗朗索瓦·芒萨尔平面方案（1662~1666年，原稿现存巴黎国家图书馆）

（下及中下）图3-393 巴黎 卢浮宫。弗朗索瓦·芒萨尔东立面方案（1662~1666年，原稿现存巴黎国家图书馆）

（上及中上）图 3-394 巴黎 卢浮宫。弗朗索瓦·芒萨尔立面方案(1662~1666 年，原稿现存巴黎国家图书馆)

（下及中下)图 3-395 巴黎 卢浮宫。安托万·莱奥诺尔·乌丹设计方案（俯视全景及立面，1661 年，原稿现存巴黎 Musée Carnavalet）

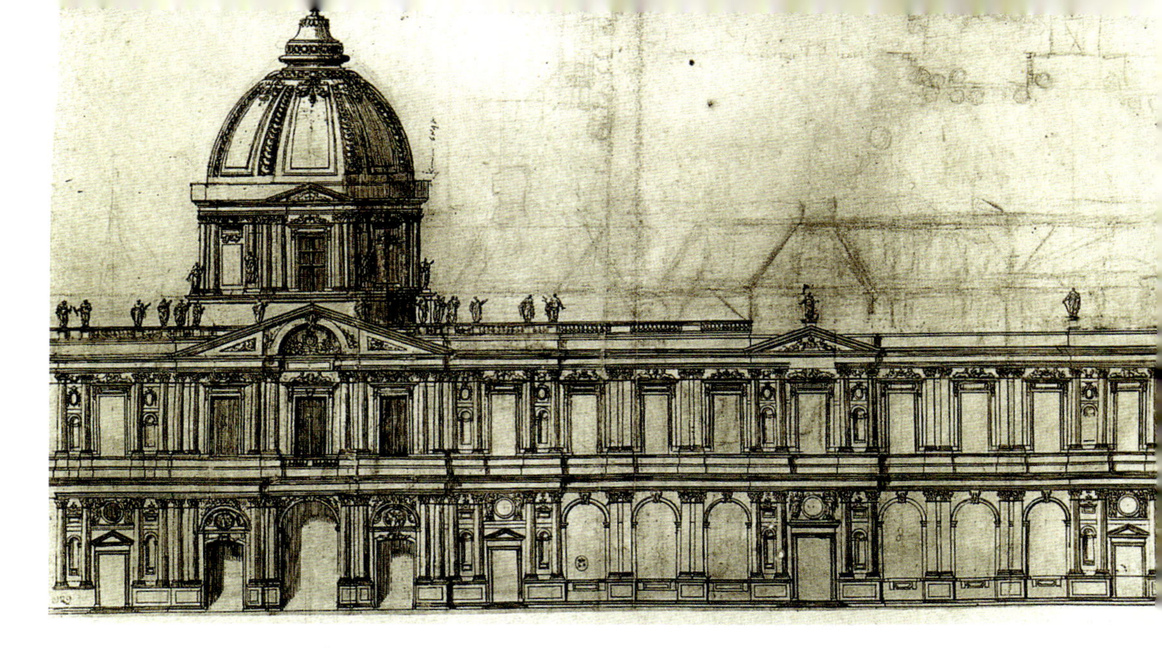

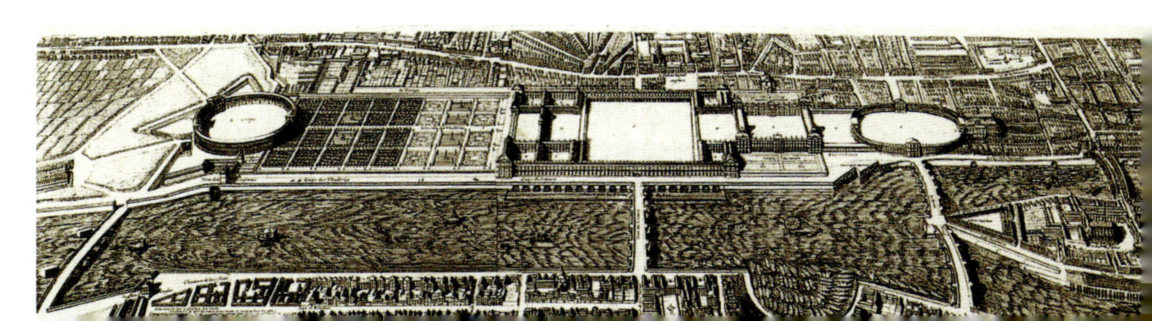

（上）图 3-396 巴黎 卢浮宫。勒布朗东立面设计方案（1667 年，原稿现存卢浮宫博物馆）

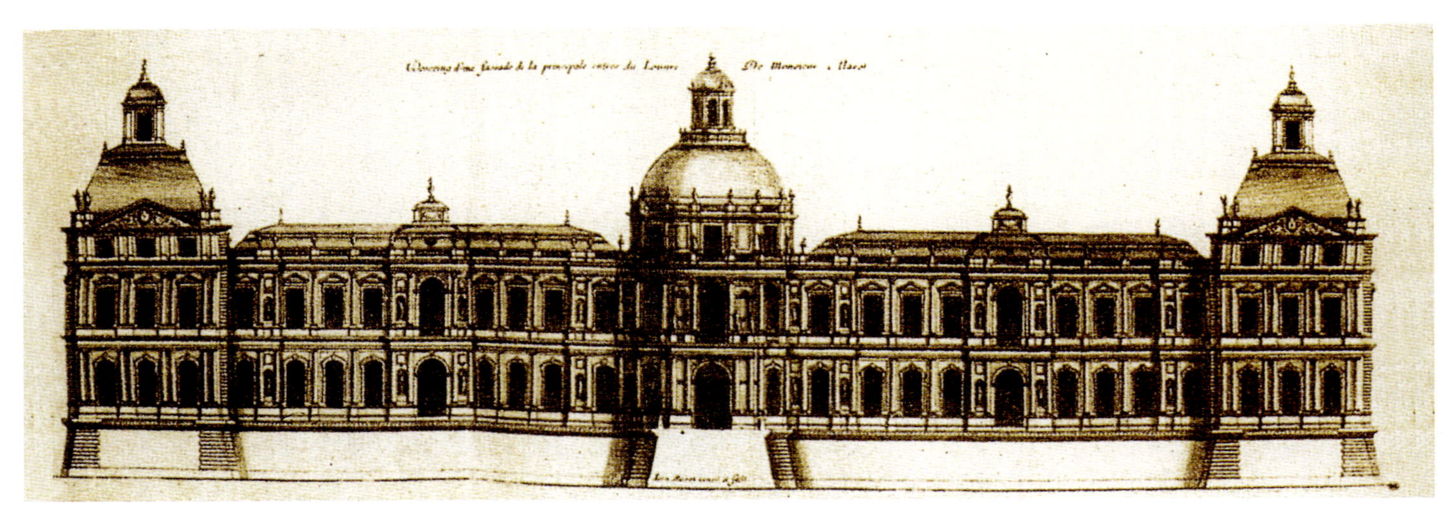

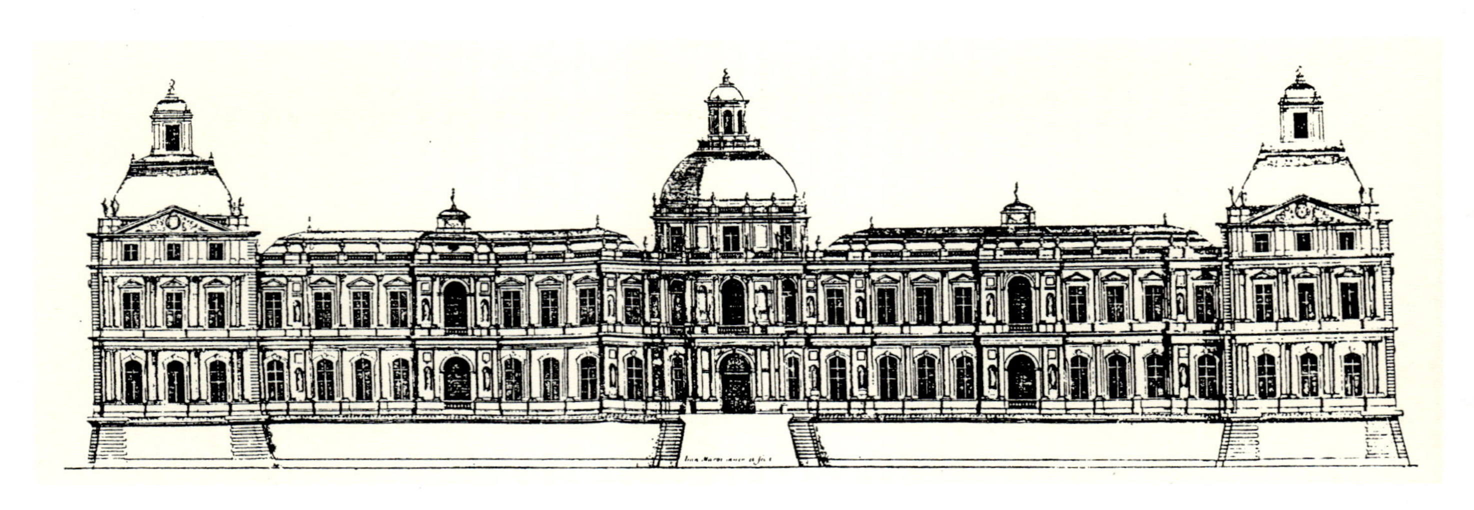

（中及下）图 3-397 巴黎卢浮宫。让·马罗东立面设计方案

在阿杜安 - 芒萨尔的作品中才得到了最成功的表现。实际上，在路易十四执政后期，几乎所有重要作品都出自这位凡尔赛建筑师之手。他精力过人、才能卓绝，是作为国家公仆的一代新型艺术家的代表人物。从 1699 年起，柯尔贝尔组织筹划的官方建筑均由他负责设计和实施。建筑学也从这时开始，被公认为一门需要专业知识和专门培训的学科。

荣军院的建设同样折射出这时期法国宗教建筑的变化。在 17 世纪上半叶，尽管法国的这类建筑在艺术上仍然非常活跃（弗朗索瓦·芒萨尔的作品就是一个很好的证明），但由于宫殿上升为国家建筑，教堂已开始退居次要地位。像荣军院这样的穹顶，实际上是象征国家而不是教会。在真正的宗教建筑里，穹顶已渐趋消失，被一个中性的“厅堂”所取代，其中不再具有占主导地位的中心。

其他作品

巴黎苏比斯府邸（1704/1705~1709 年，见图 3-704~

(上) 图 3-398 巴黎 卢浮宫。路易·勒沃东立面设计方案（1667 年，原稿现存卢浮宫博物馆）

(中) 图 3-399 巴黎 卢浮宫。勒梅西耶东立面设计方案（图据让·马罗）

(下) 图 3-400 巴黎 卢浮宫。科塔特东立面设计方案

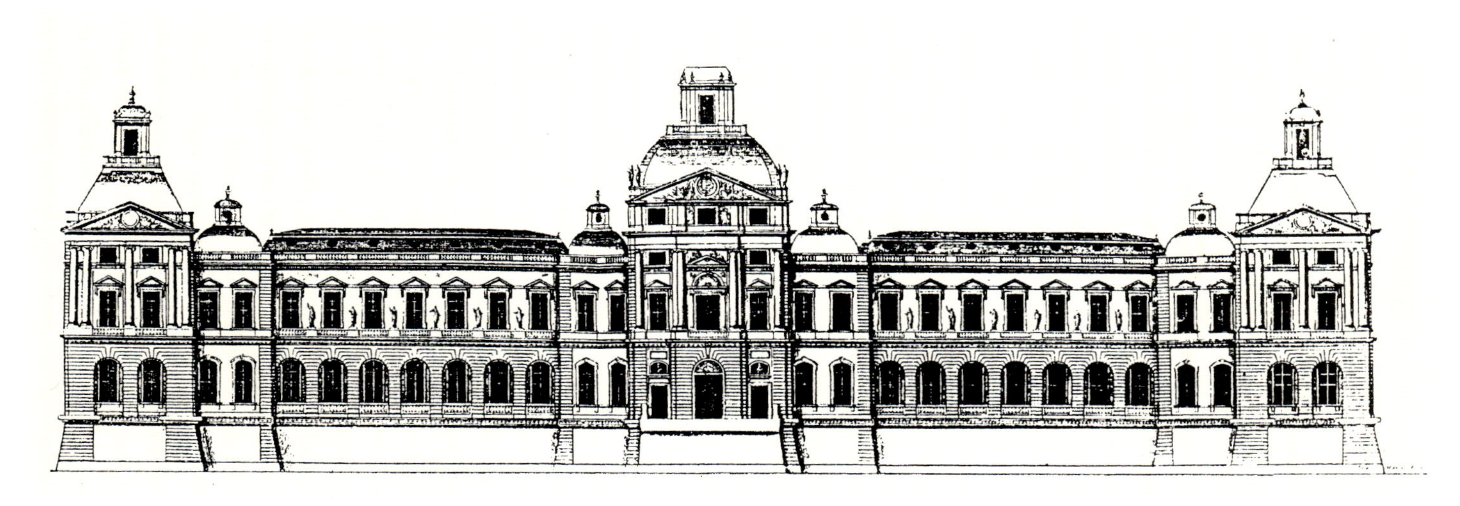

3-712）的设计人皮埃尔 - 亚历克西·德拉迈尔是一位总体上比较保守的建筑师。其成对独立布置的柱子和与山墙相接的栏杆，显然是效法卢浮宫的东立面。采用双柱的柱式围着前院延续，形成开敞的柱廊。上层平素墙面前布置的雕像同样是来自卢浮宫的设计（勒沃的第一个方案）。

加布里埃尔 - 热尔曼·博夫朗（1667~1754 年）为阿杜安 - 芒萨尔的门徒及合作者，他同时是剧作家、工

（上）图 3-401 巴黎 卢浮宫。贝尔尼尼第一方案（东立面，1664 年，原稿现存卢浮宫博物馆）

（下）图 3-402 巴黎 卢浮宫。贝尔尼尼第一方案（东立面局部，1664 年，原稿现存伦敦 Courtauld Institute of Art）

程师和建筑师。巨柱式和雕刻形体的运用，有限的细部，构成其风格的主要特色。他设计的巴黎阿姆洛府邸(1710/1712 年，图 3-351~3-355）是建在纯理论的基础上，没有雇主的条件约束，因而能比其他任何建筑更充分地体现他的设计理念。但由于地段比较狭窄和呈不规则形状，在平面设计上，对建筑师技能的要求自然更高。在这里，空间的变化是人们的主要兴趣所在。房间围绕着建筑深处一个椭圆形院落布置，院落通向带圆角的方形前厅，然后到转角处相邻的五边形楼梯间，设计上颇有新意。一个向花园方向凸出的圆头矩形厅堂构成主要沙龙，但参观者必须通过系列其他房间才能到达那里。和功能的便捷相比建筑师似乎更看重空间的体验。他设计的巴黎小卢森堡府邸（1709~1713 年）系在一个 16 世纪普通宅邸的基础上改造而成，前厅内华美的楼梯形成整个建筑的构图中心（图 3-356、3-357）。

热尔曼 · 博夫朗作品中更有代表性的是为洛林公

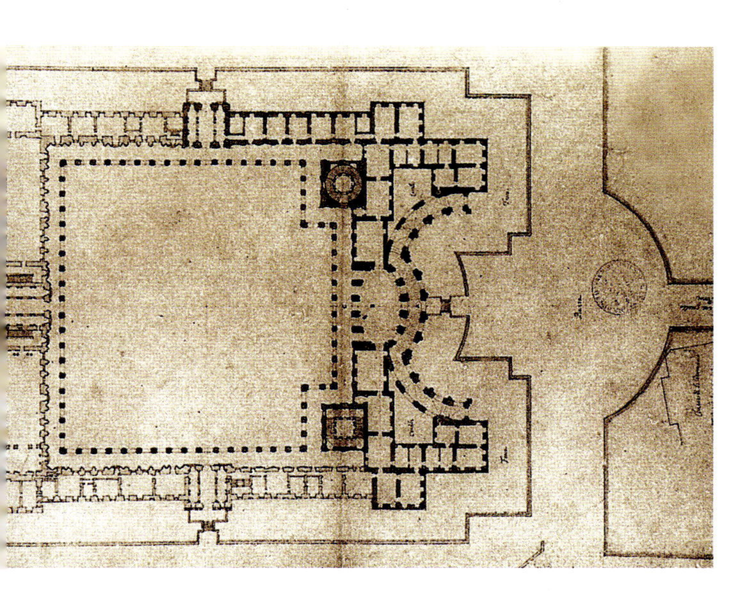

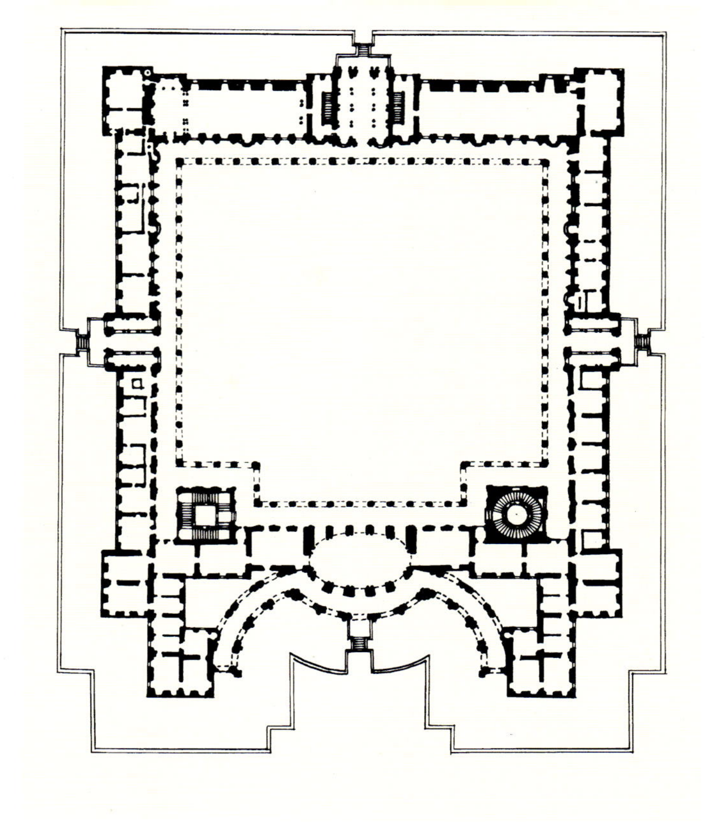

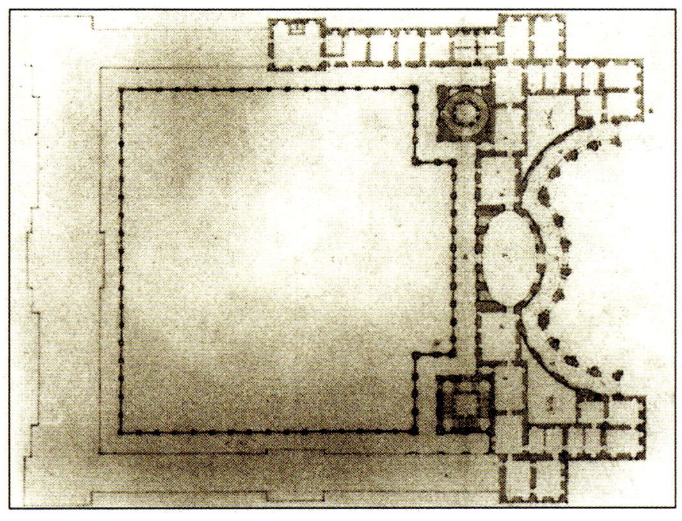

(左上及中）图 3-403 巴黎 卢浮宫。贝尔尼尼第一方案（首层及主层平面，1664 年，原稿现存卢浮宫博物馆）

(右上）图 3-404 巴黎 卢浮宫。贝尔尼尼第一方案（首层平面，根据上图图版绘制）

(下)图3-405 巴黎 卢浮宫。贝尔尼尼第二方案(东立面,1665年1月,原稿现存斯德哥尔摩国家博物馆)

爵建造的吕内维尔府邸（1702~1706 年及 1720~1723 年，图 3-358~3-360)。这个向水平方向扩展的庞大建筑显然是以凡尔赛宫为范本。在主立面中央，由独立的复合柱式巨柱支撑的山墙下布置了三个拱券，从中可看到后面的花园景色。1719 年的一场大火毁坏了部分建筑，为此热尔曼 · 博夫朗又提供了一个新的设计。最值得注

（上）图 3-406 巴黎 卢浮宫。贝尔尼尼第三方案（东立面，1665 年，图版制作 Jean Marot）

（中上）图 3-407 巴黎 卢浮宫。贝尔尼尼第三方案（东面景观图，Gurlitt 绘）

（中下）图 3-408 巴黎 卢浮宫。贝尔尼尼第三方案（西立面，取自 Jean Marot：《Architecture Françoise》）

（下）图 3-409 巴黎 卢浮宫。贝尔尼尼第三方案（南立面，即沿河立面，取自 Jean Marot：《Architecture Françoise》）

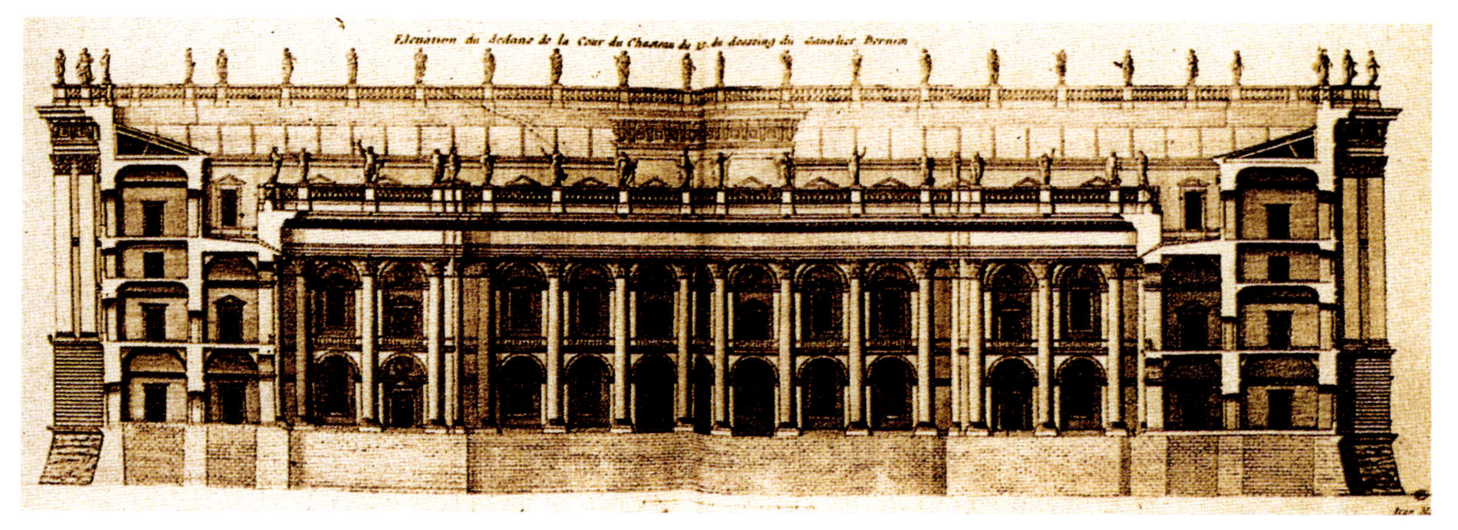

图 3-410 巴黎 卢浮宫。贝尔尼尼第三方案（院落立面及剖面，取自 Jean Marot：《Architecture Françoise》）

图 3-411 巴黎 卢浮宫。贝尔尼尼第三方案（首层平面，1665 年，巴黎卢浮宫藏品）

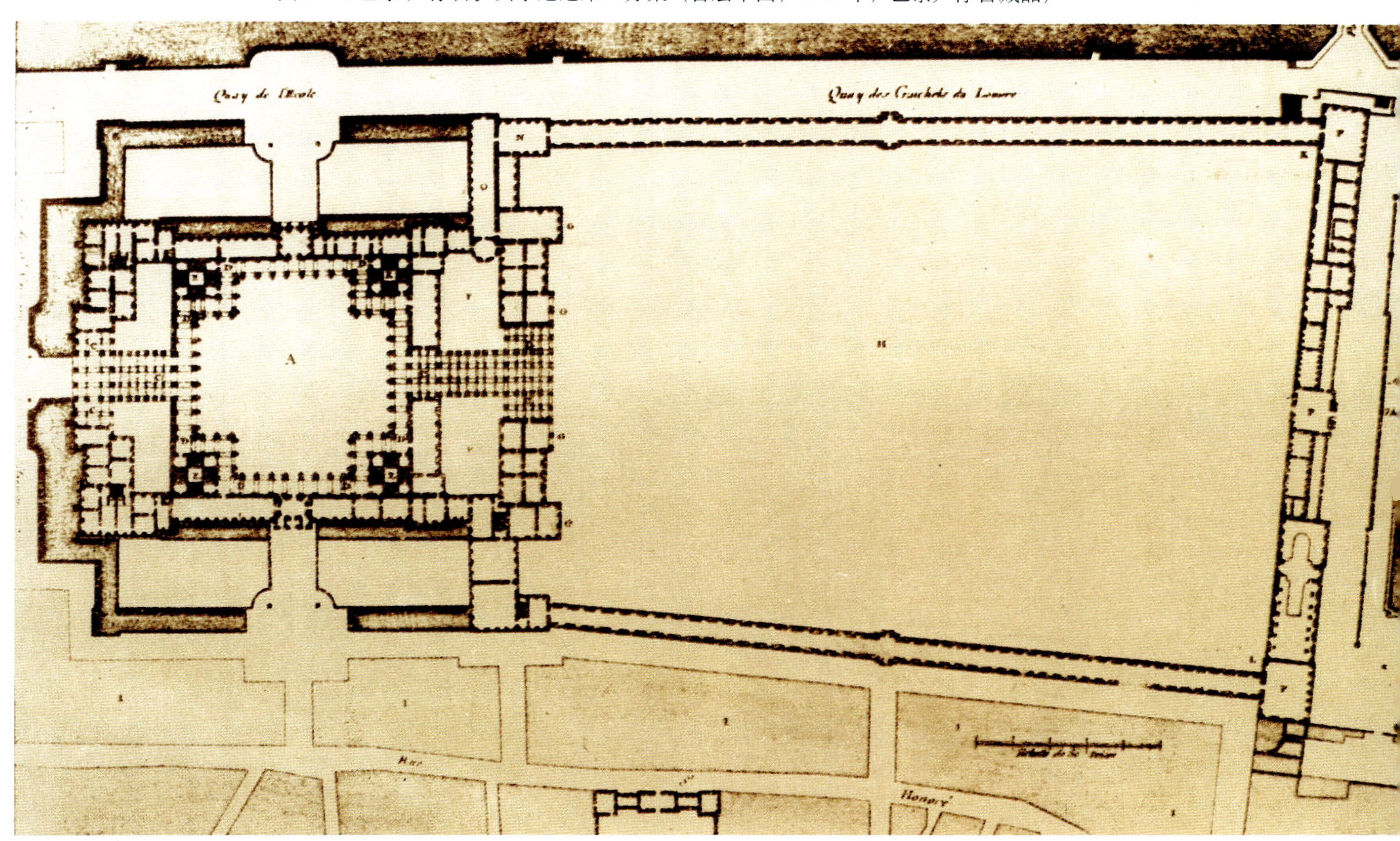

意的是引进了一个类似凡尔赛那样的礼拜堂。采用两种柱式的独立柱子及连续的柱顶盘，支撑着上层廊道和筒拱顶的天棚，只是装饰上没有凡尔赛那么华美。

吕内维尔的圣雅克教堂可能也是由热尔曼·博夫朗设计（1730~1747 年，图 3-361）。在这里，他放弃了佛罗伦萨新圣马利亚教堂那种意大利式的立面，改以中世纪法国的双塔立面为模本。其直接的灵感可能是来自阿杜安-芒萨尔设计的南锡首席主教堂（1699~1736 年，图 3-362~3-365）。塔楼（特别是钟楼）的洛可可装饰也颇值得注意，越向上装饰越丰富、复杂。

热尔曼·博夫朗还为另一个外国雇主，巴伐利亚选帝侯马克斯·伊曼纽尔建造了布鲁塞尔的布舍堡猎庄

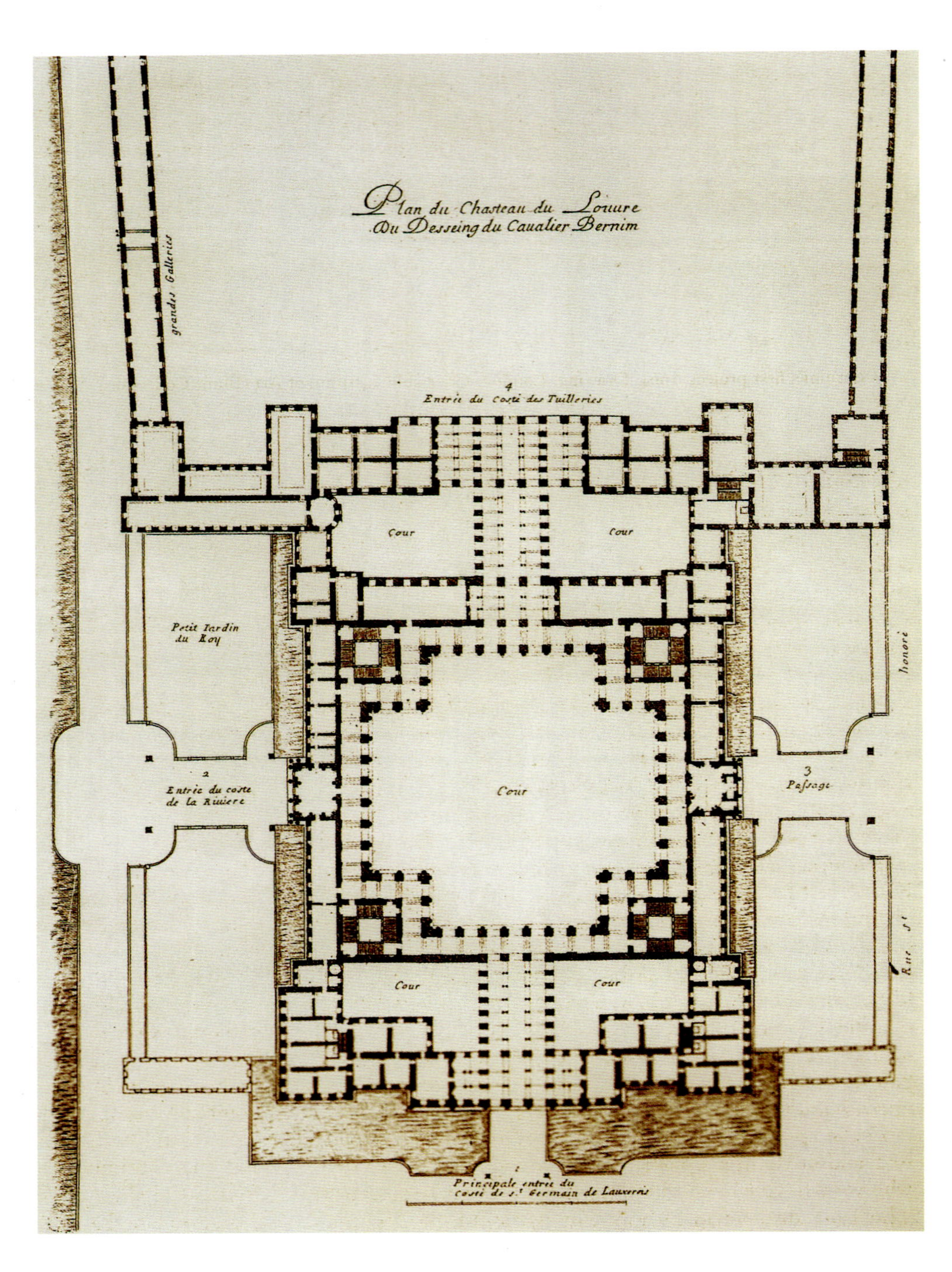

图 3-412 巴黎 卢浮宫。贝尔尼尼第三方案（首层平面，局部，1665 年，取自《Le Grand Marot》）

(1705 年，图 3-366~3-368)，这是个位于圆形广场中间的集中式结构，周围是森林和成辐射状向外发散的道路，路边规则地布置着辅助建筑。八个侧边中四个布置了带山墙的门廊，使人想起帕拉第奥的圆厅别墅，但具有如此规模的集中式别墅的构想，似乎只有在塞利奥那些奢华的设计中才能看到。

让 - 巴蒂斯特 · 比莱 · 德尚布兰（1665~1726 年）为著名建筑师皮埃尔 · 比莱之子，他在建筑上最主要的贡献是建造了位于巴黎以东的田园堡府邸（1701~1707 年）。为一位富翁建造的这个建筑配有很大的花园，居住部分形成独立形体，侧翼很短，椭圆形的沙龙向花园一面凸出（图 3-369~3-371）。

在法国南部的尼斯，这时期的巴洛克建筑中值得一提的有现位于老城区的圣雷帕拉特教堂（图 3-372~3-374)。1649 年，建筑师让 - 安德烈 · 吉贝尔拟订了一个全新的设计（本堂筒拱顶，东面三叶形结构上冠穹顶)，但建筑直到 1699 年才落成（现存立面为 1825~1830 年后加)。

在法国元帅、军事工程师沃邦（图 3-375）领导下，这时期建成了 35 个新城堡并改建了大量的老城堡。其建筑外观略嫌生硬但不乏活力。这种风格可上溯到维尼奥拉和斯卡莫齐；他不仅通过门廊（有时用琢石，有

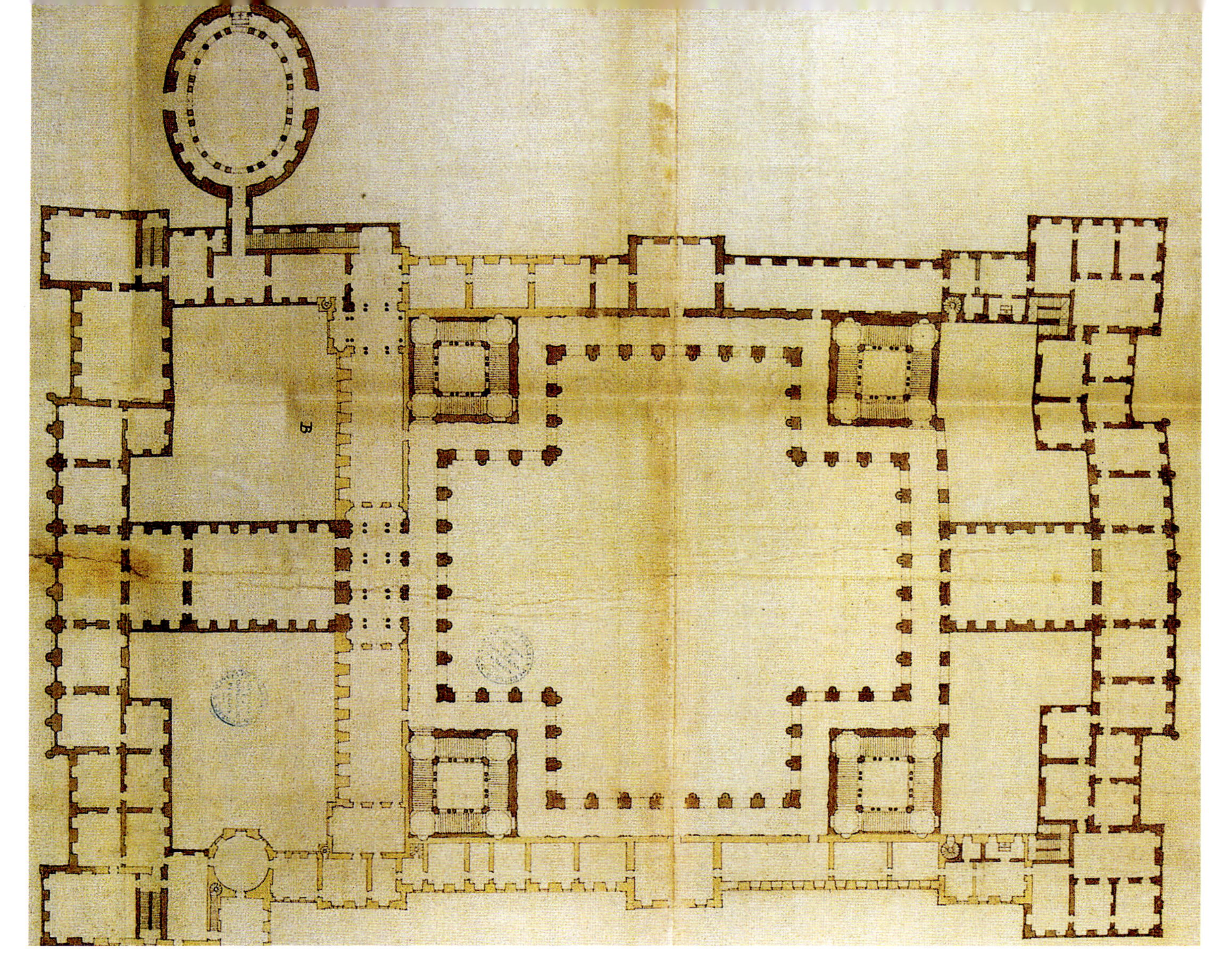

（上）图 3-413 巴黎 卢浮宫。贝尔尼尼第三方案（主层平面）

（下两幅）图 3-414 巴黎 卢浮宫。奠基纪念章（1665 年，一面为路易十四像，一面为贝尔尼尼设计的立面图，伦敦大英博物馆藏品）

（上）图3-415 巴黎 卢浮宫。贝尔尼尼第四方案(实为第三方案变体，据模型绘制，只绘出半个东立面，原稿现存斯德哥尔摩国家博物馆）

（中）图3-416 巴黎 卢浮宫。贝尔尼尼第三和第四方案比较图

（下）图3-418 巴黎 卢浮宫。卡洛·拉伊纳尔迪东立面方案（1664年，王冠式的屋顶可能是应柯尔贝尔的要求，原稿现存巴黎卢浮宫博物馆）

时用粗面石），同时也通过棱堡本身的设计，使这些粗犷沉重的构筑物具有庄重高尚的品位。沃邦还留下了《论要塞的攻击和防卫》（De l'Attaque et de la Defense des Places，写于1705~1706年，1737年出版）等著作，其筑城理论对欧洲军事学术的影响长达一个世纪。

二、卢浮宫扩建及立面设计

作为国王的建筑总监、宫廷建筑的主要负责人，柯尔贝尔首先关心的自然是卢浮宫的扩建。事实上，这个由四翼构成的宫堡建筑自16世纪以来直到近代一直在不停地扩建和更新（图3-376~3-382）。这期间刚完成的整治工程包括勒梅西耶设计的钟楼与西翼的延伸（图

（左右两幅）图3-417 路易十四胸像（作者贝尔尼尼，1665年，高80厘米，现存凡尔赛宫博物馆）

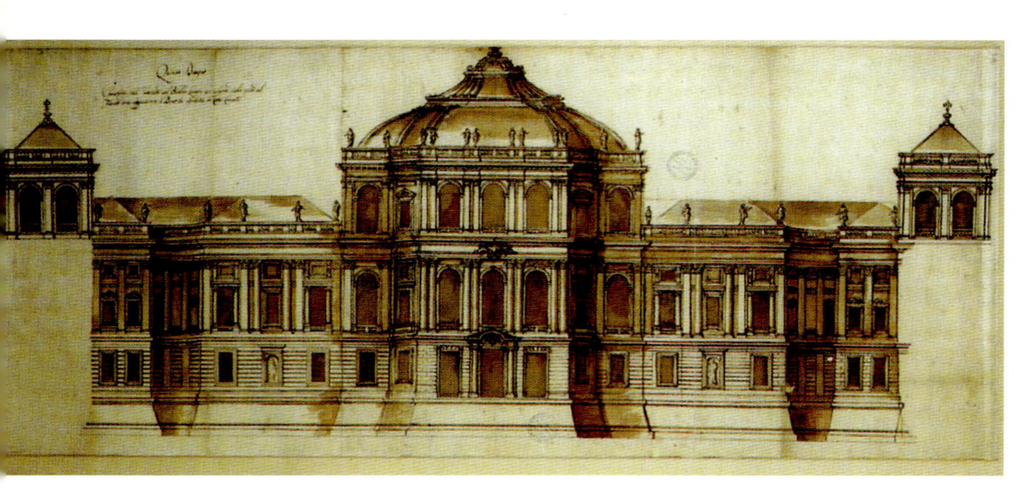

（上）图3-419 巴黎 卢浮宫。彼得罗·达·科尔托纳方案（东立面，1664年，原稿现存巴黎卢浮宫博物馆）

（中）图3-420 巴黎 卢浮宫。彼得罗·达·科尔托纳方案（方院东立面，1664年，原稿现存巴黎卢浮宫博物馆）

（下）图3-421 巴黎 卢浮宫。彼得罗·达·科尔托纳方案（西立面，即朝丢勒里宫和花园的立面，1664年，原稿现存巴黎卢浮宫博物馆）

（上）图 3-422 巴黎 卢浮宫。东立面（1667~1671年），最后实施设计（所谓佩罗方案，图版作者 Jean Marot，1676 年）

（中上）图 3-423 巴黎 卢浮宫。东立面（据 J.Heck）

（中下及下）图 3-424 巴黎 卢浮宫。东立面（上图取自 John Julius Norwich：《Great Architecture of the World》，2000 年；下图据 Gurlitt）

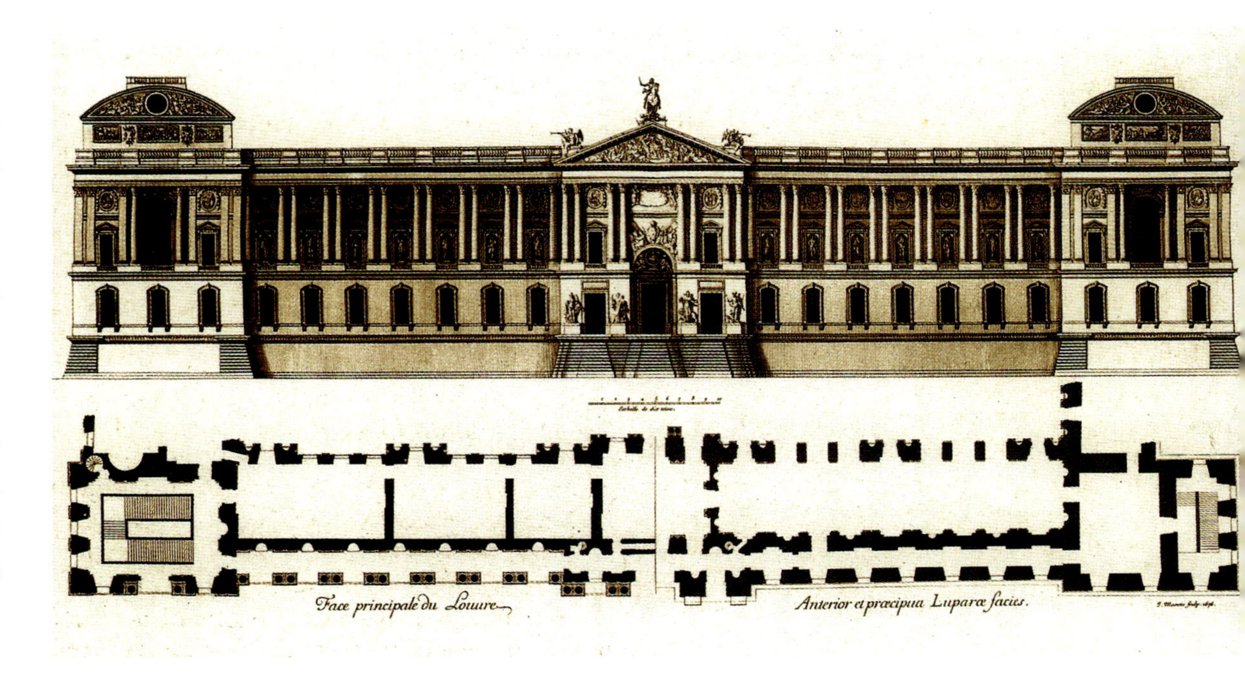

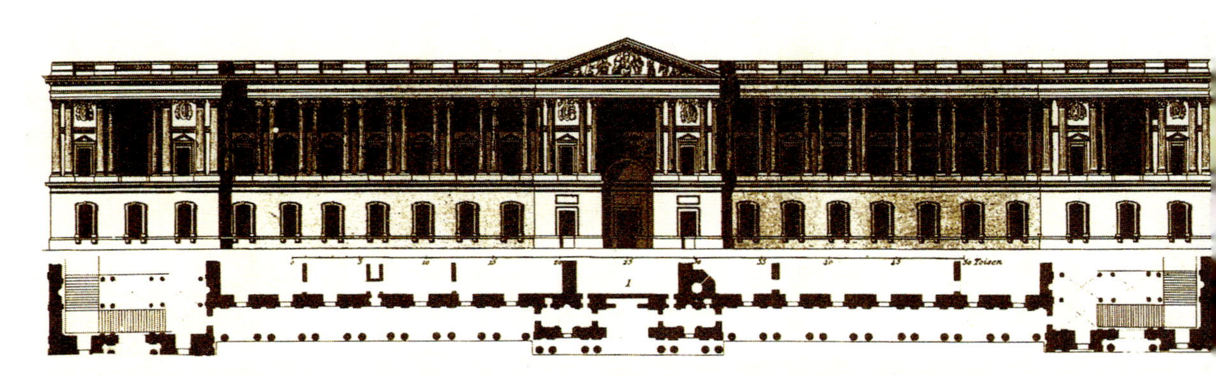

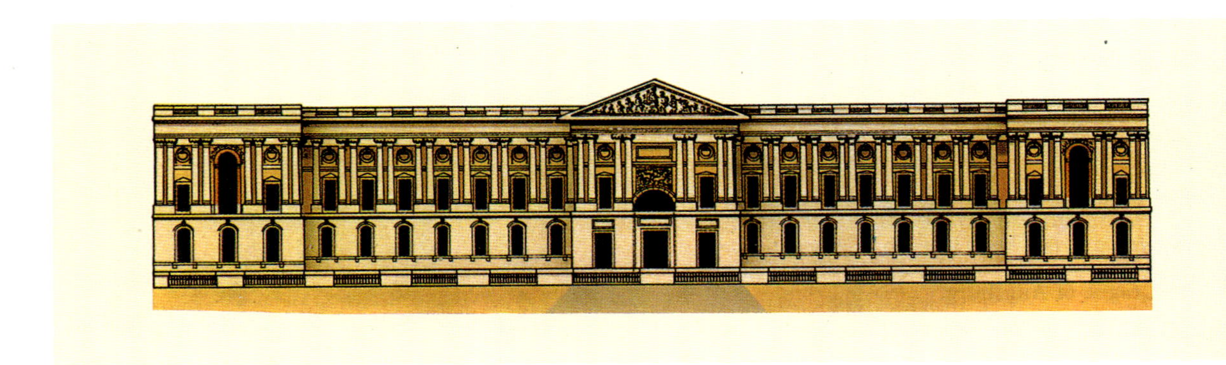

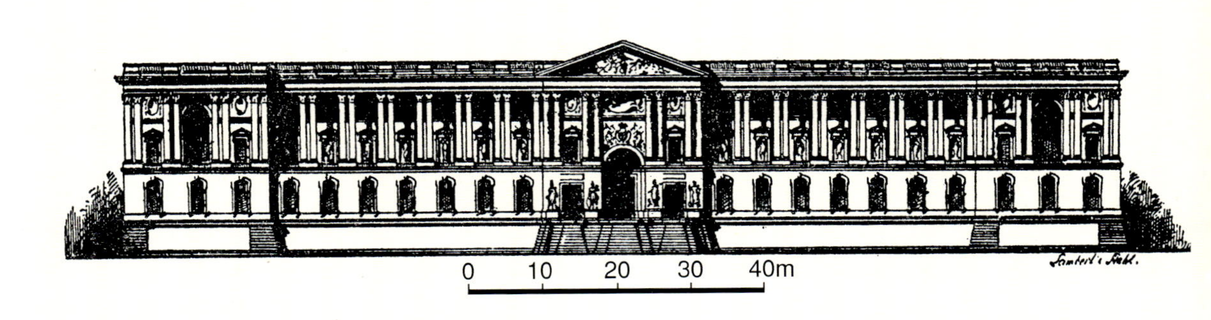

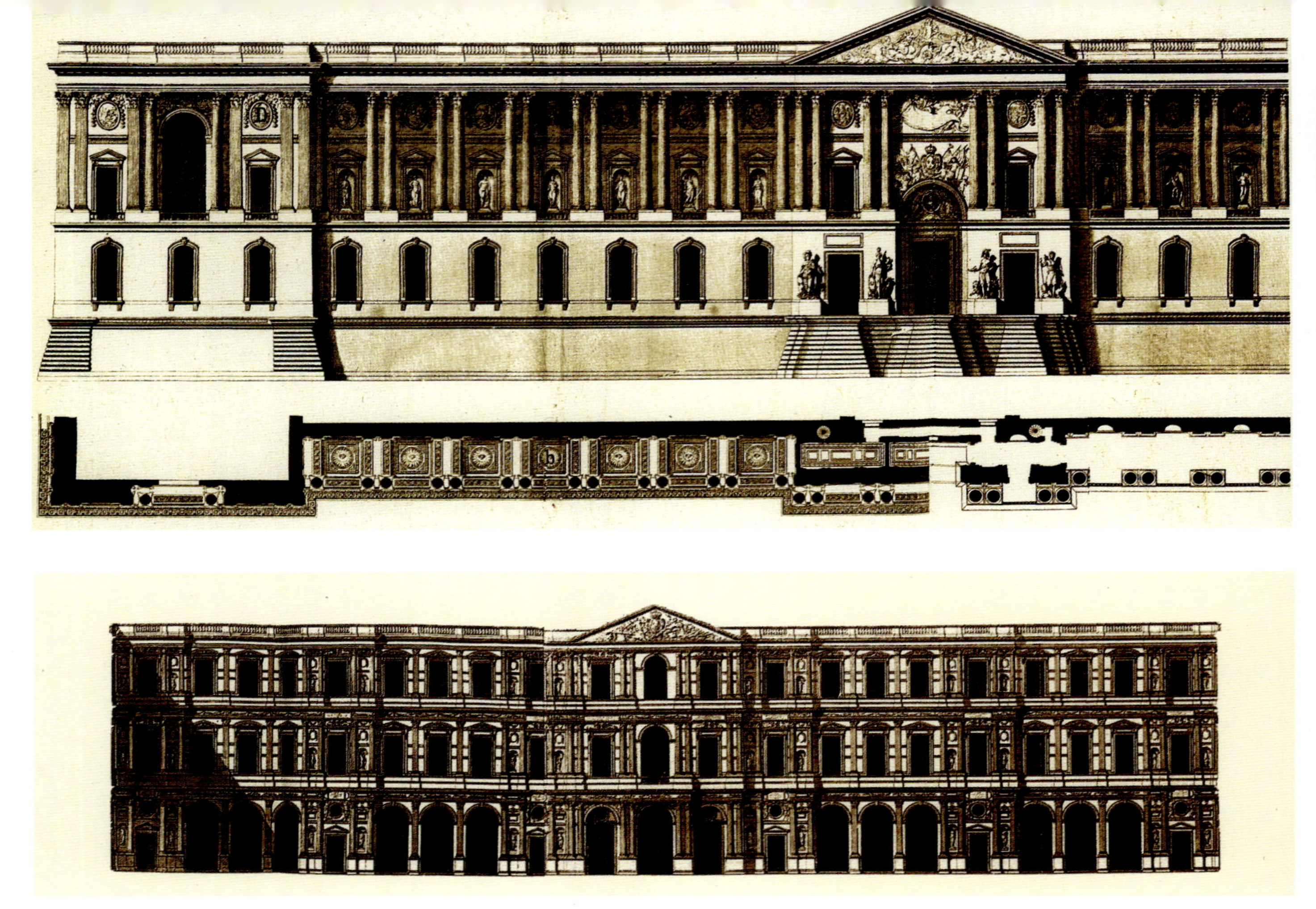

Representation des Machines jui ont serui a esleuer les deux grandes pierres qui couurent le fronton de la principale entrée du Louure.
Icon Machinarum quibus subleuati sunt ingentes duo Lapides tympano majoris portæ Luparæ incumbentes.

左页：

（上）图 3-425 巴黎 卢浮宫。东立面及外墙剖面（取自 J.F.Blondel：《Architecture Françoise》，1752 年）

（中）图 3-426 巴黎 卢浮宫。方院东翼立面（据 Jean Marot，1678 年）

（下）图 3-427 巴黎 卢浮宫。东立面施工场景（图版作者 S.Leclerc，1677 年）

本页：

（上）图 3-428 巴黎 卢浮宫。东立面柱廊景色（油画，作者 Pierre-Antoine de Machy，1772 年，巴黎卢浮宫博物馆藏品）

（下）图 3-429 巴黎 卢浮宫。方院及东立面鸟瞰图（路易十四时期情景，柱廊翼屋顶以后改为平顶）

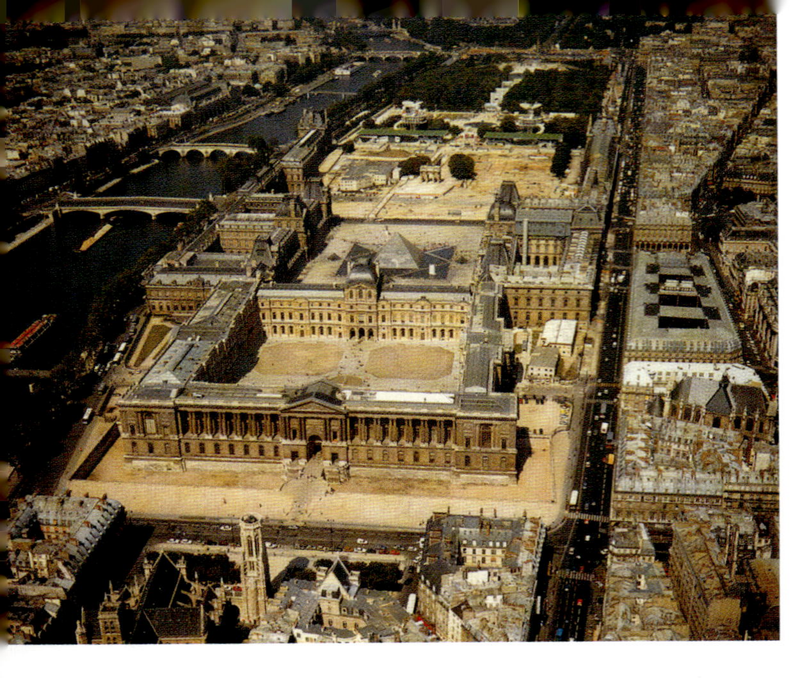

3-383~3-389)，以及勒沃扩建的"方院"东部。但直到这时，宫殿尚没有一个面向城市的可称道的立面。

1661 年，安托万·莱奥诺尔·乌丹制订的第一个东立面设计是一个宏伟的柱廊立面。弗朗索瓦·勒沃也提出了一个方案，由双柱柱廊构成，中间部分通过一个

(上)图 3-430 巴黎 卢浮宫。方院及东立面现状(航片，约 1990 年摄)

(中)图 3-431 巴黎 卢浮宫。东立面现状(基座层边壕沟属 1964 年)

(下)图 3-432 巴黎 卢浮宫。东立面，自东北方向望去的景色

（上）图 3-433 巴黎 卢浮宫。东立面，自东南方向望去的景色

（下）图 3-434 巴黎 卢浮宫。东立面，中央门廊近景

向前突出上冠山墙的形体加以强调，在它后面是一个宽敞的椭圆形前厅（图 3-390、3-391）。但勒沃最初提出的这个东立面设计没有得到当时刚任建筑总监的柯尔贝尔的首肯，宫殿设计提出的问题似乎也超出了他的能力。柯尔贝尔于是又请芒萨尔准备一个方案（图 3-392~3-394），同时还向所有在巴黎工作的建筑师征求意见（先后参与这一工作的建筑师有安托万·莱奥诺尔·乌丹、勒布朗、路易·勒沃、让·马罗、勒梅西耶和科塔特等，

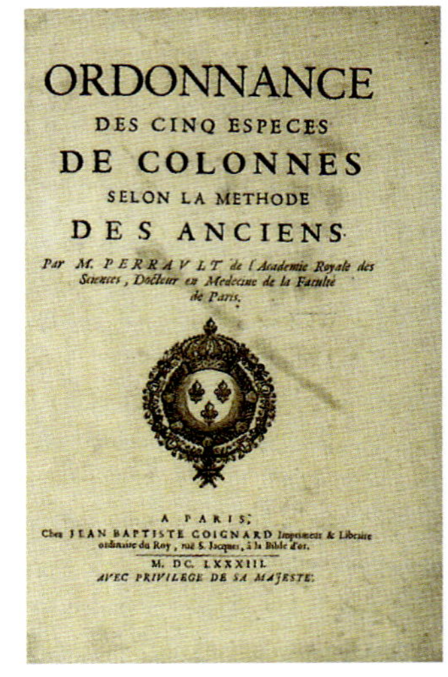

ORDONNANCE
DES CINQ ESPECES
DE COLONNES
SELON LA METHODE
DES ANCIENS.
Par M. PERRAULT de l'Academie Royale des Sciences, Docteur en Medecine de la Faculté de Paris.

A PARIS,
Chez JEAN BAPTISTE COIGNARD Imprimeur & Libraire ordinaire du Roy, rue S. Jacques, à la Bible d'or.
M. DC. LXXXIII.
AVEC PRIVILEGE DE SA MAJESTE.

（左）图 3-435 克洛德·佩罗：维特鲁威《建筑十书》法文译本扉页（1673 年，图版制作 S. Leclerc，应柯尔贝尔要求翻译的这本著作带有很强的官方色彩，标志着法国古典主义的诞生，前景示正在接受赠书的“法国”，背景为包括卢浮宫东廊和天文台在内的几个典型作品）

（右）图 3-437 克洛德·佩罗：论五种柱式著作的标题页（著作全名为《Ordonnance des Cinq Especes de Colonnes selon la Methode des Anciens》，1683 年）

图 3-395~3-400）。由于没有一个设计能令这位总监满意，1664 年，他的眼光遂转向罗马，决定征询当时最著名的几位意大利建筑师的意见。他最初的想法是邀请贝尔尼尼、科尔托纳、拉伊纳尔迪和博罗米尼提供方案设计。但由于博罗米尼谢绝参赛，科尔托纳和拉伊纳尔迪的方案也没有什么新意，因而法国人的兴趣很快就集中到贝尔尼尼的方案上。科尔托纳和拉伊纳尔迪的方案基本上未予考虑。

［意大利建筑师的方案设计］

贝尔尼尼方案

从贝尔尼尼设计的宫殿建筑中可知，他在水平和垂直方向空间的系统化和造型的整合等方面进行过不

图 3-436 克洛德·佩罗：维特鲁威《建筑十书》法文译本插图（古代会堂复原图，1673/1684 年）

154 VITRUVE

Planche XL.

EXPLICATION DE LA PLANCHE XL.

Cette Planche eſt l'élevation de la Baſilique de Vitruve. A A A A, les quatre poutres qui compoſent l'Architrave. B B, les piles qui ont quatre piez en quarré, & trois piez de haut. C C, les troiſiémes colonnes du dedans de la Baſilique. K, & D, les Architraves qui vont des troiſiémes colonnes aux Antes du Temple d'Auguſte. E E, les Forces. F, l'Entrait. G G, les contrefiches. H K, à cet endroit eſt la ferme poſée au droit de la Friſe qui eſt ſur les Antes des murs du Porche. I, eſt la Friſe qui eſt ſur les murs du Porche. L, eſt le toit du Temple d'Auguſte. Φ Φ Les poutres de deux piez d'épaiſſeur bien jointes, ſur leſquelles ſont les entraits, &c.

懈的努力。他的这些研究都集中体现在 1664~1665 年为卢浮宫完成的这一系列方案设计中 [贝尔尼尼第一方案：图 3-401~3-404；贝尔尼尼第二方案：图 3-405；贝尔尼尼第三方案：图 3-406~3-414；贝尔尼尼第四方案（第三方案变体）：图 3-415、3-416]。在 1665 年 4 月到巴黎之前，贝尔尼尼已经送去了两个设计，在这个都城度过的六个月期间，他又拟订了第三个方案，对设计进一步完善并将最后成果镌版保存。

由于要保持已有的结构不动，贝尔尼尼的三个设计均用了类似的布置方式（围绕着宫殿大院布置），继续采用五区段模式。在头两个设计里，他把注意力集中在尚没有的东部。当时，卢浮宫已有的部分为长长的一列自两侧采光的房间（即所谓“简式套房”，appartement simple）。贝尔尼尼打算增加一道环绕庭院的敞廊，即创造一种“准复式套房”（appartement semi-doable）。第一个方案主立面起伏较大，于内凹的背景前凸出一个反曲

（上）图 3-438 巴黎 1740 年城市东南郊总图（左下角为凡尔赛，右上深色区为布洛涅森林公园）

（下）图 3-440 凡尔赛 宫殿及园林（1661~1756 年，主要设计人路易 · 勒沃、勒诺特和阿杜安 - 芒萨尔）。1661~1662 年宫区总平面 [所谓“比斯平面”（Plan de Bus），局部，原稿现存巴黎国家图书馆]

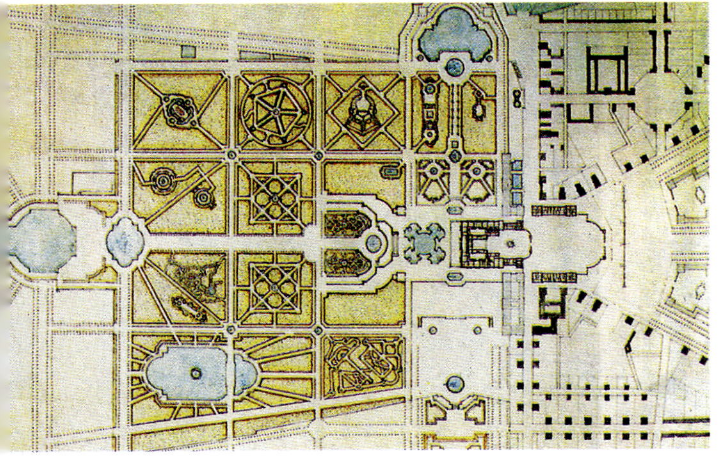

(上)图 3-439 巴黎 1765 年城市东南郊及凡尔赛地区狩猎图（J.-B. Berthier 绘）

(下) 图 3-441 凡尔赛 宫殿及园林。1680 年宫区总平面（作者 Israël Silvestre，原稿现存巴黎国家图书馆）

线的中央实体，在这个巨大的椭圆形前厅上起同样硕大的顶楼层。显然是仿当时流行的博罗米尼母题，只是规模和尺度要大得多[22]。两翼内凹立面高两层，前设宽大的敞廊。巨大的柱式、突出的造型，以及体量和空间

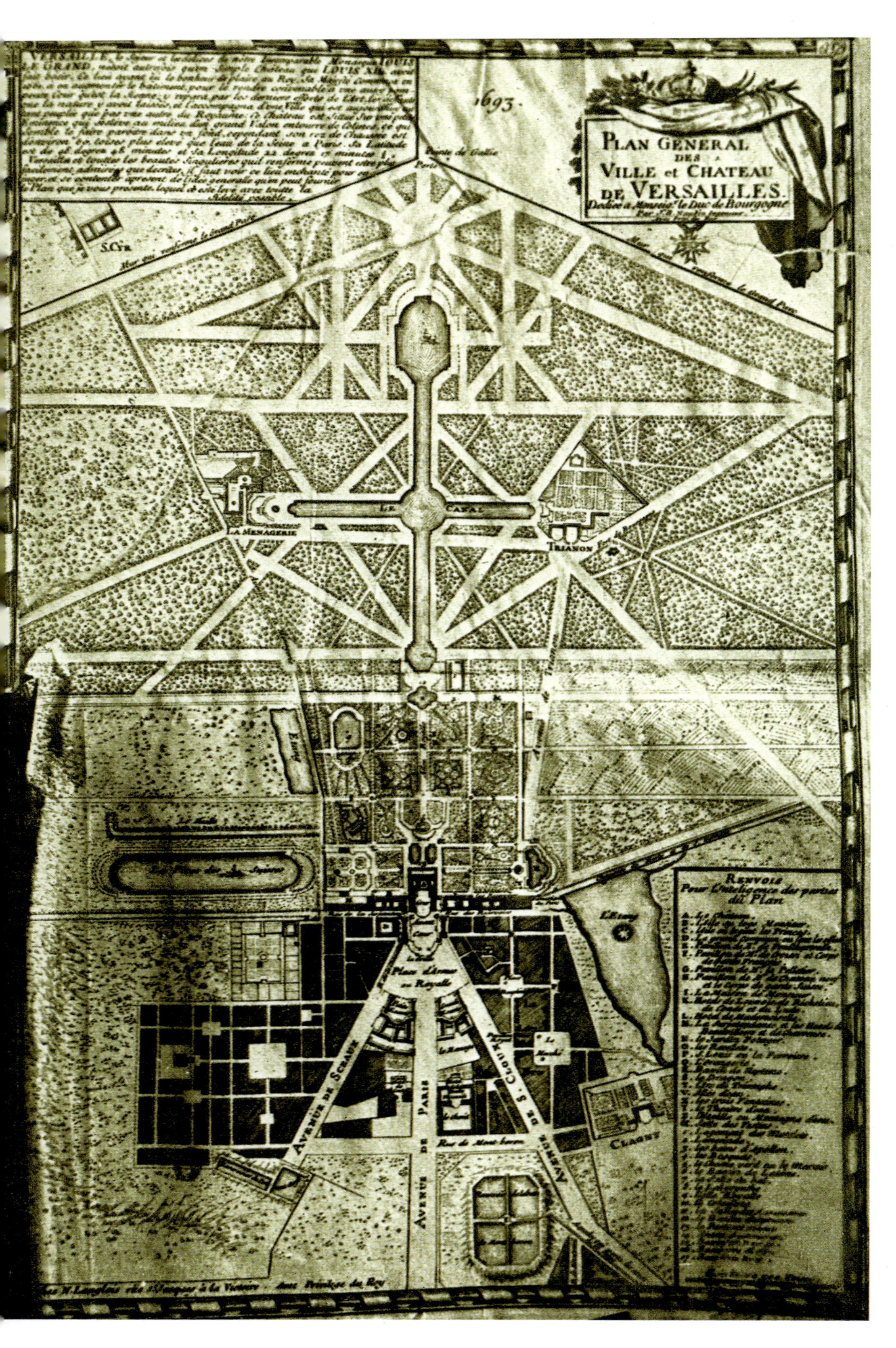

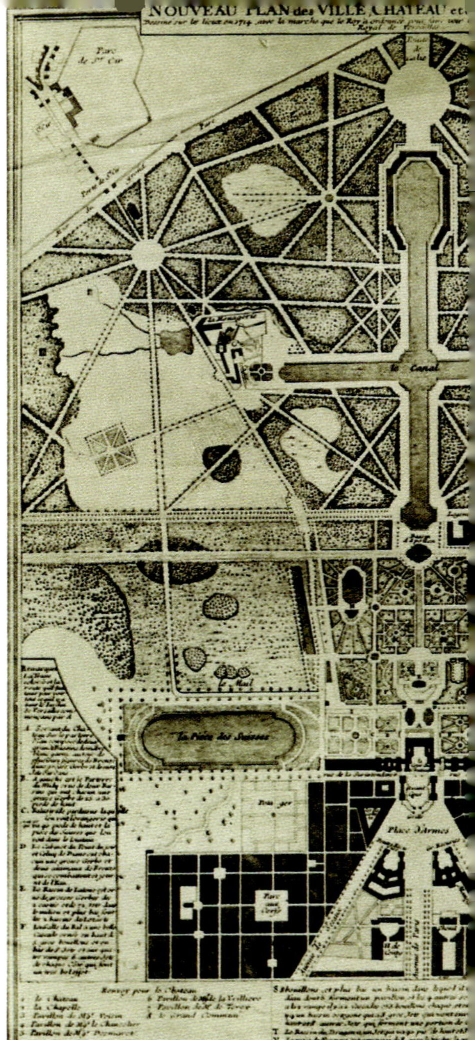

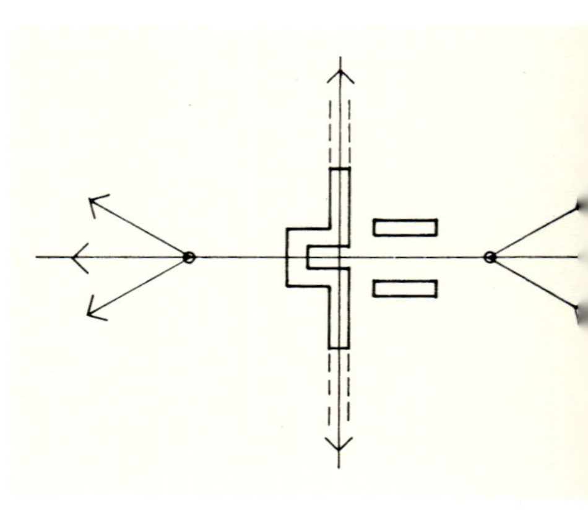

的强烈对比，颇似罗马圣彼得大教堂广场的气势。其运动通过连续的檐口和起主导作用的巨柱式构图统合到一起（每组巨柱均由中间半柱和两边的半壁柱组成）。两边凹面拱廊同样以壁柱作为结束，以便在外观上和侧翼协调。凹进的臂翼和向外凸出但同时又是“通透”的中央形体提供了一种无与伦比的内外空间相互作用的感

本页及右页：

（左）图 3-442 凡尔赛 宫殿及园林。约 1693 年宫区总平面（园林设计勒诺特）

（中两幅）图 3-443 凡尔赛 宫殿及园林。1714 年宫区总平面及示意简图（简图据 Christian Norberg-Schulz）

（右下）图 3-444 凡尔赛 宫殿及园林。1746 年中心区平面

（右上）图 3-445 凡尔赛 宫殿及园林。约 1750 年宫区总平面（作者 Pierre Lepautre）

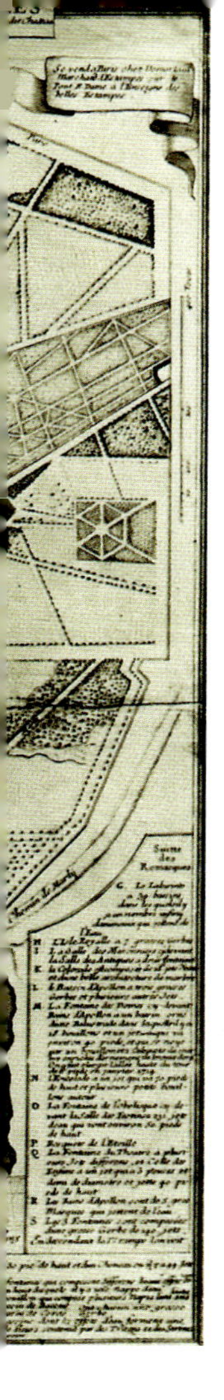

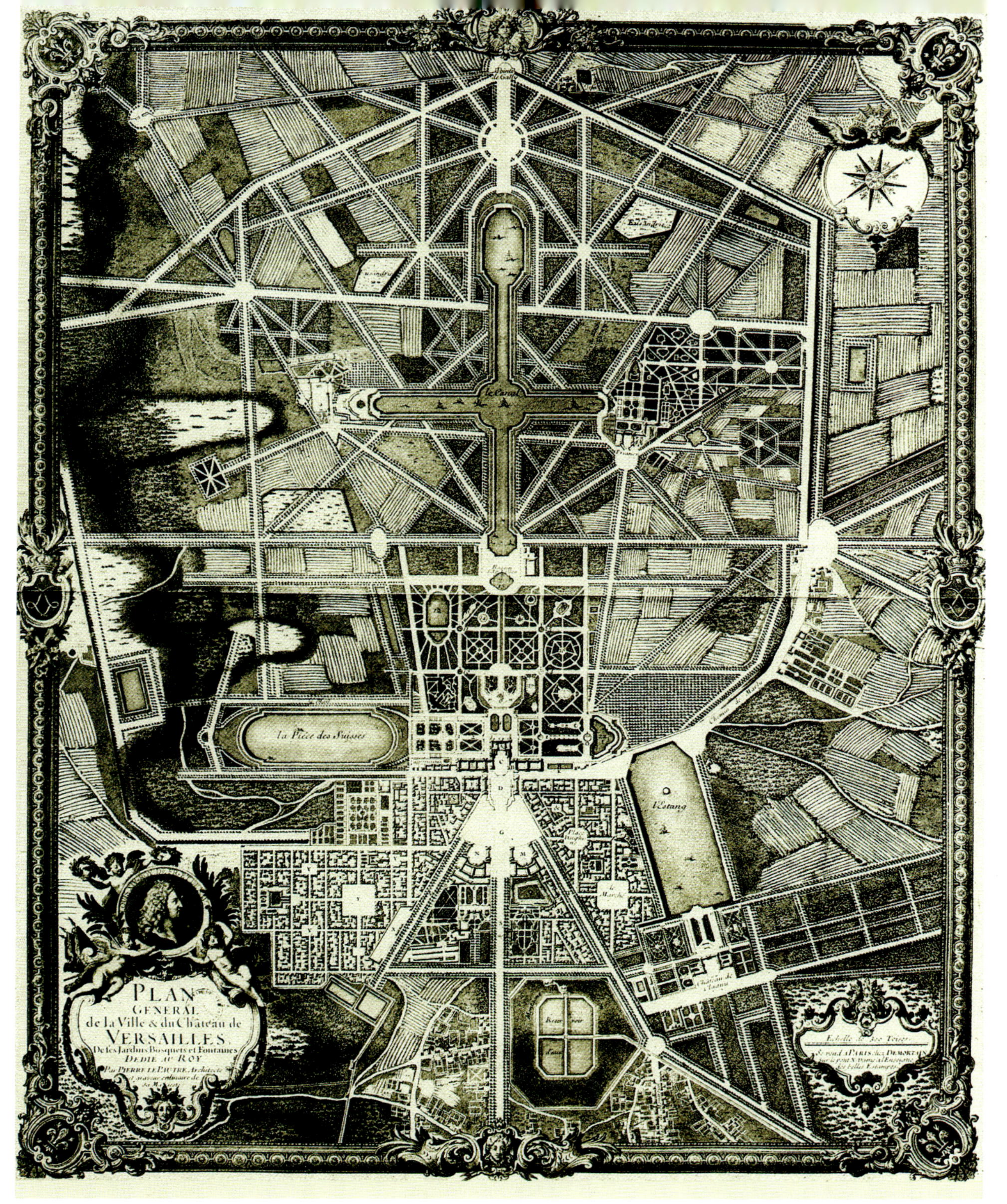
PLAN GENERAL de la Ville & du Château de VERSAILLES,
la Piece des Suisses
l'Estang

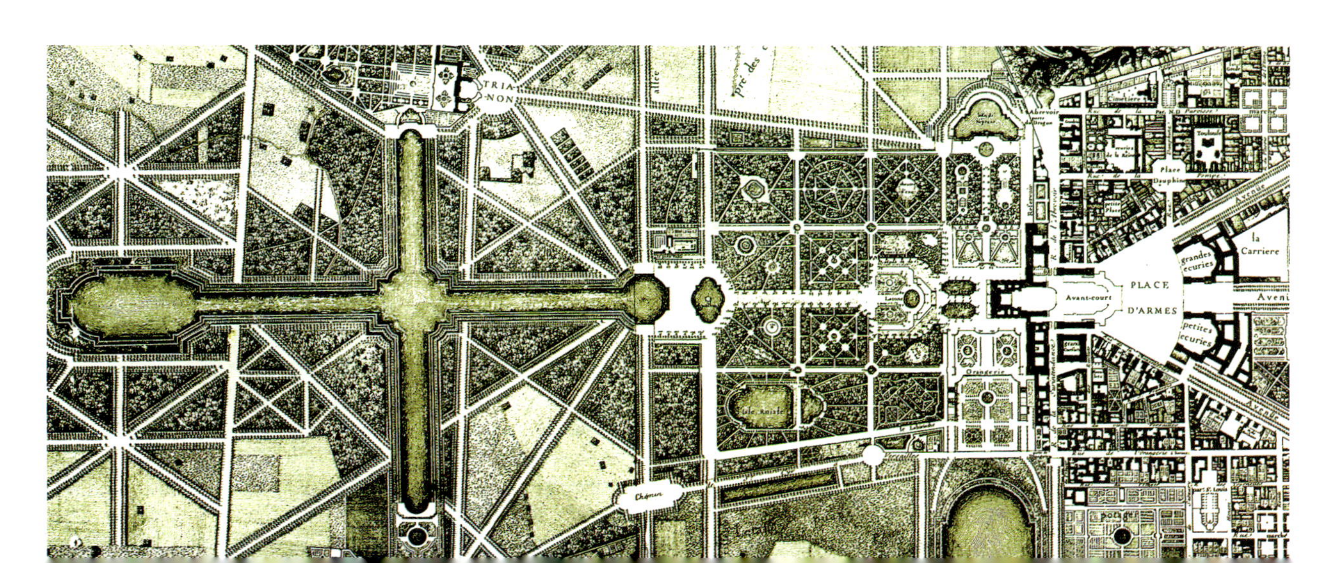
PLACE D'ARMES
Avant-cour
grandes ecuries
la Carriere

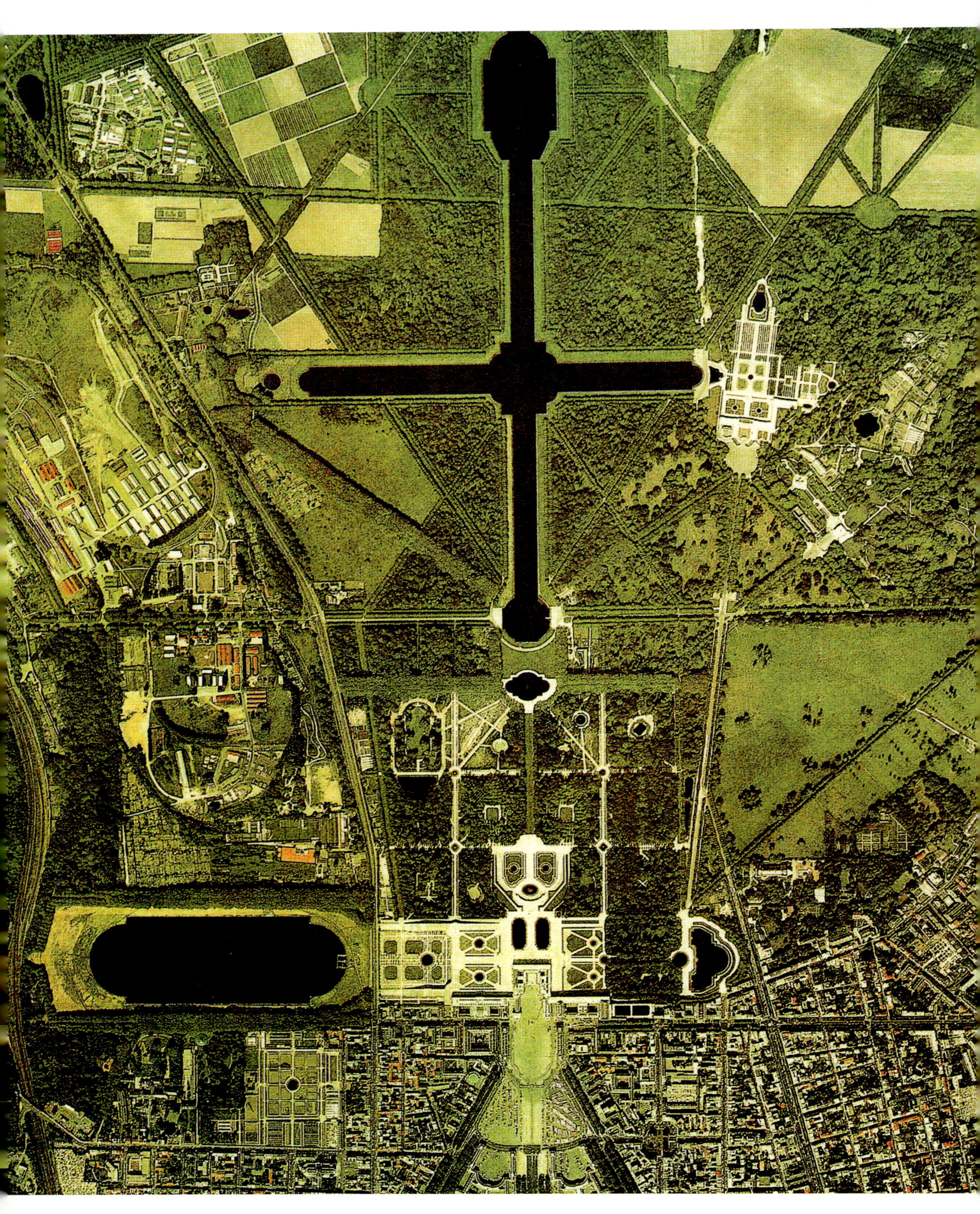

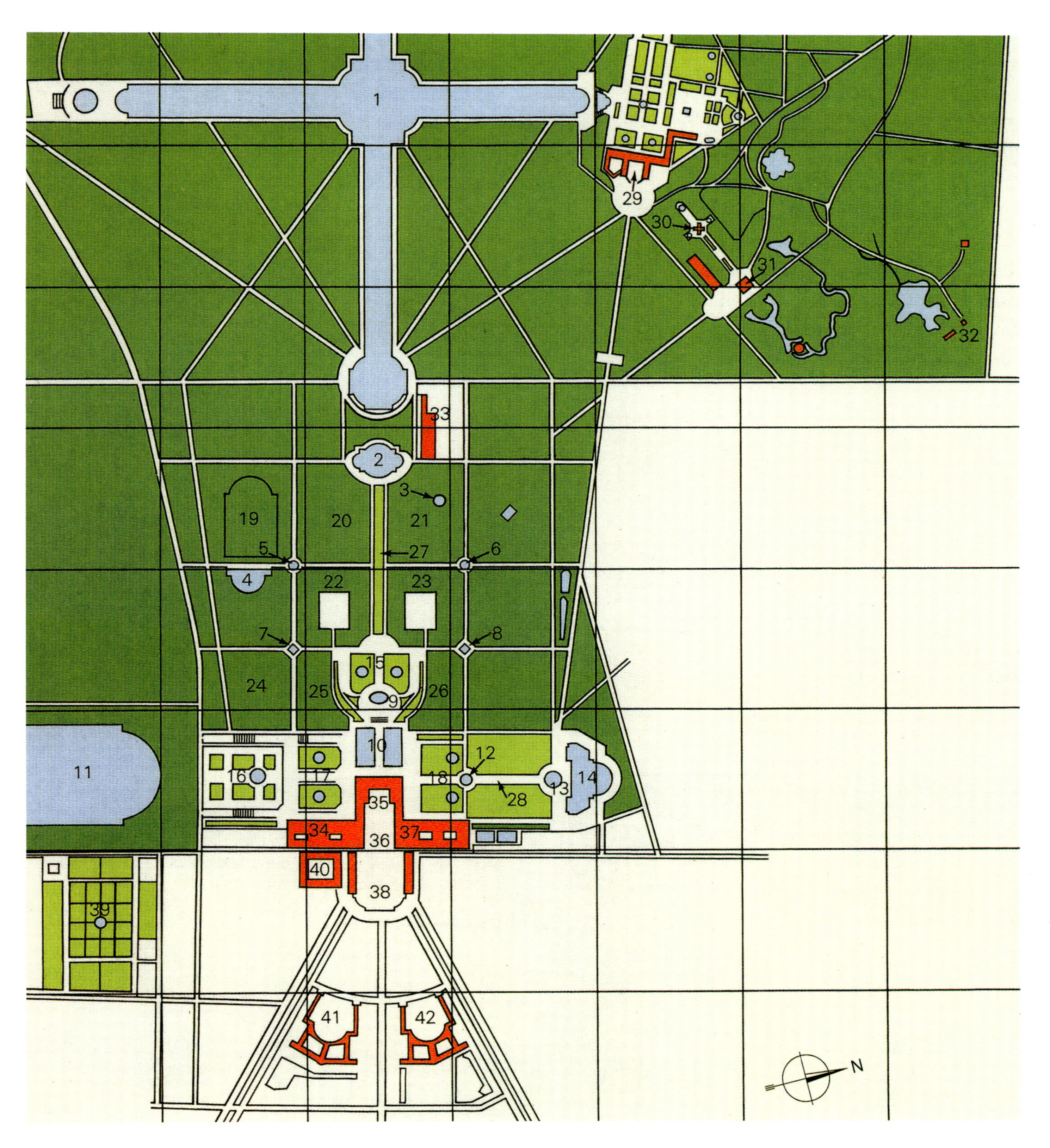

(本页及左页两幅）图3-446 凡尔赛 宫殿及园林。垂向航片及示意简图，图中：1、大运河，2、阿波罗水池，3、恩克拉多斯池，4、镜池，5、冬池，6、春池，7、秋池，8、夏池，9、拉托恩池，10、宫前台地水池，11、瑞士卫队池，12、金字塔及宁芙喷泉，13、龙池，14、海神池，15、拉托恩花坛，16、桔园花坛，17、南花坛，18、北花坛，19、国王林，20、柱廊林，21、穹顶林，22、南场，23、北场，24、王后林，25、贝壳林，26、阿波罗浴林，27、国王林荫道（“绿地毯”），28、泉水大道，29、大特里阿农，30、爱神亭，31、小特里阿农，32、“特里阿农村”，33、小威尼斯，34、宫殿南翼，35、大理石院，36、国王院，37、宫殿北翼，38、大臣院，39、厨房花园，40、主会计室，41、小马厩，42、大马厩

（上）图 3-447 凡尔赛 宫殿。大马厩（1679 年，阿杜安 - 芒萨尔设计），院落景色

（下）图 3-448 凡尔赛 宫殿。大马厩，门廊立面

（上）图 3-449 凡尔赛 宫殿。大马厩，廊道内景

（下）图 3-450 凡尔赛 宫殿。小马厩，内景（现存放原在巴黎美术学院的石膏像）

本页及右页：

（左上）图 3-451 凡尔赛 宫殿。小马厩，内景

（左下）图 3-452 凡尔赛 宫殿。1664 年宫区景色

（右）图 3-453 凡尔赛 宫殿。约 1668 年宫区全景（油画，作者 Pierre Patel，表现路易十四第一阶段工程时景观，原作现存凡尔赛博物馆）

觉，经过精心考虑的简朴分划促成了一种庄严宏伟的效果。在院落角上布置了两个楼梯，一个方形，一个圆形，使人想起巴尔贝里尼宫的配置。贝尔尼尼的这个设计是 17 世纪建筑中最值得注意的成就之一。它令人信服地证明，空间的相互作用同样可通过并置简单的形体来实现，重复采用单一的主题也可完美地表现巴洛克艺术的基本理想。然而，可能是基于气候的原因和安全方面的考量，柯尔贝尔没有接受这个在建筑构图及思

想观念上都相当开放的设计。

在贝尔尼尼的第二个修订方案里，东立面前的凸出形体不再是凸面而是凹面。取消了廊道但增加了第三层，于粗面石的首层上起巨柱式构图。从空间构图的角度来看，这种安排说不上合理，因为立面的运动并没有和形体的交互作用明确对应。因而它同样遭到人们的批评。

尽管如此，贝尔尼尼仍于1665年4月应邀到巴黎设计另一轮方案。他于4月底到达巴黎，在那里一直待到11月中旬，这是他唯一一次长时间不在罗马。这次旅行既是为了回报国王路易十四多年以来对他的邀请，同时也得到耶稣会会长奥利瓦神父的鼓励。

在贝尔尼尼的第二个设计里，已可看到某种趋于简化的倾向，并因此导致了各立面均复归直线的第三个方案（图3-407，也有著作未计前述凹面修订设计称其为第二方案；还有人把该方案的一个变体形式称为第

图 3-454 凡尔赛 宫殿。约 1679 年施工期间景色（油画，作者 Van der Meulen，英国女王私人藏品）

图 3-456 凡尔赛 宫殿及园林。路易十四后期（1688 年）宫区全景

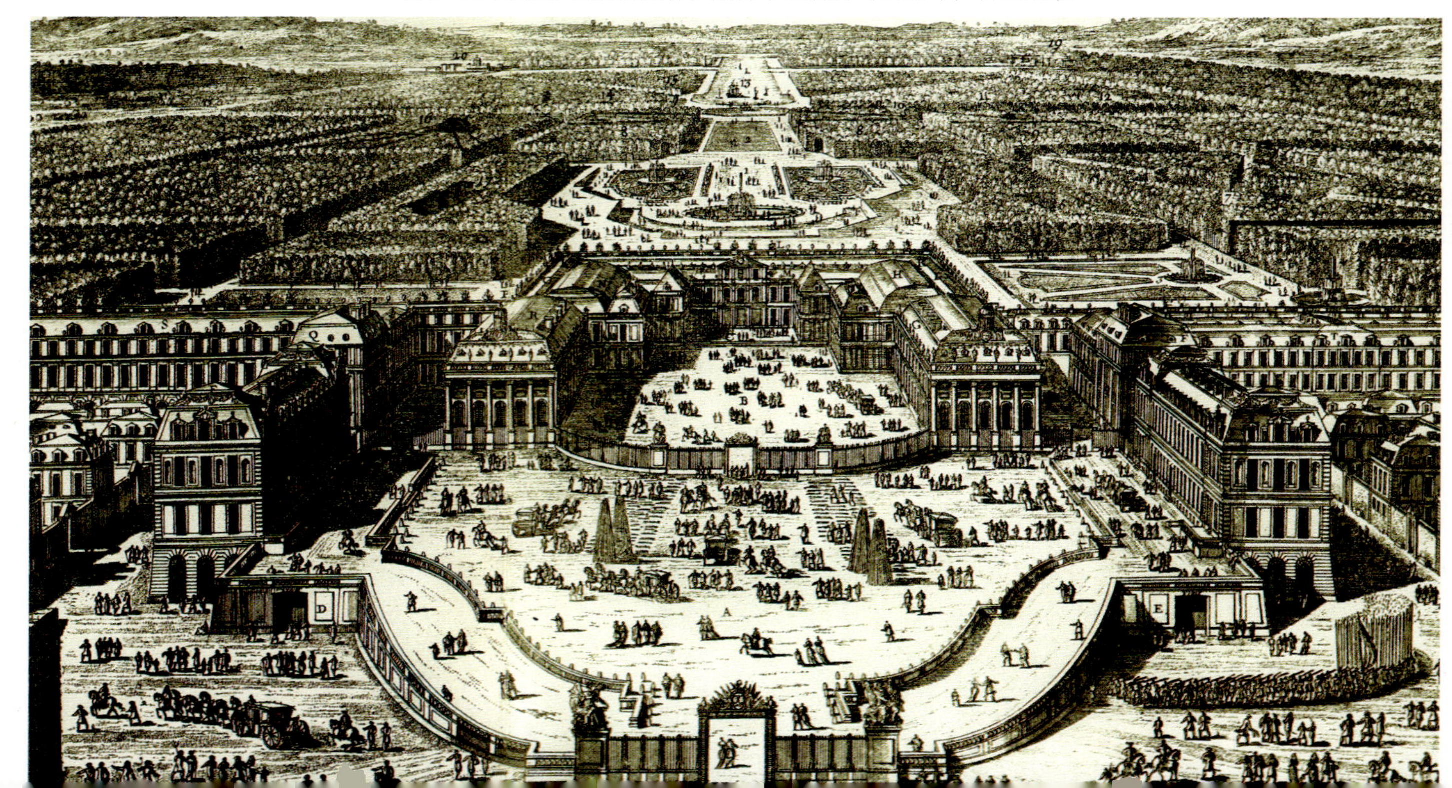

图 3-455 凡尔赛 宫殿。约 1680 年宫前广场及御马厩全景

图 3-457 凡尔赛 宫殿及园林。约 1690 年宫区全景图（作者 Israël Silvestre，自西向东望去的景色，原作现存卢浮宫博物馆）

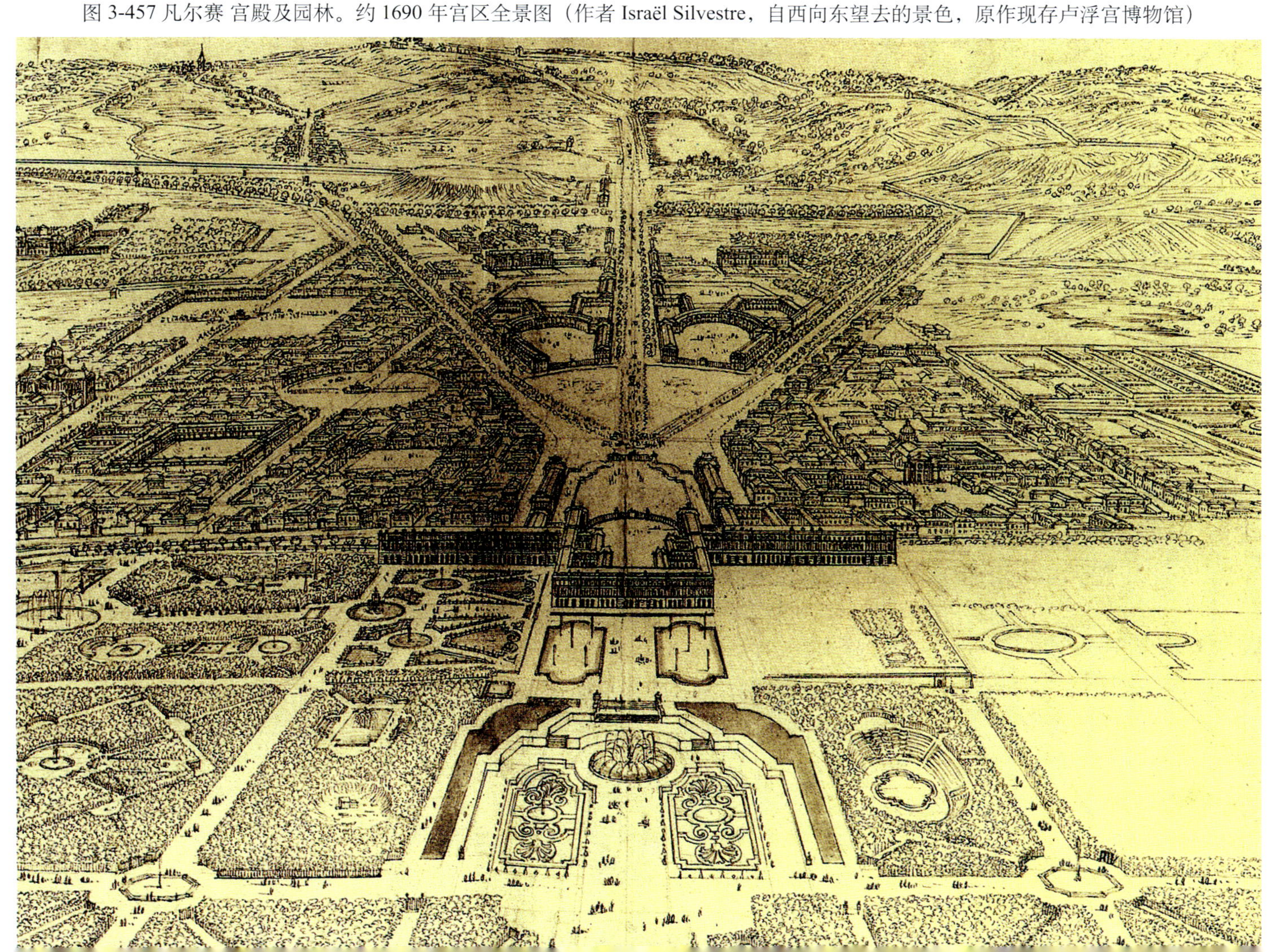

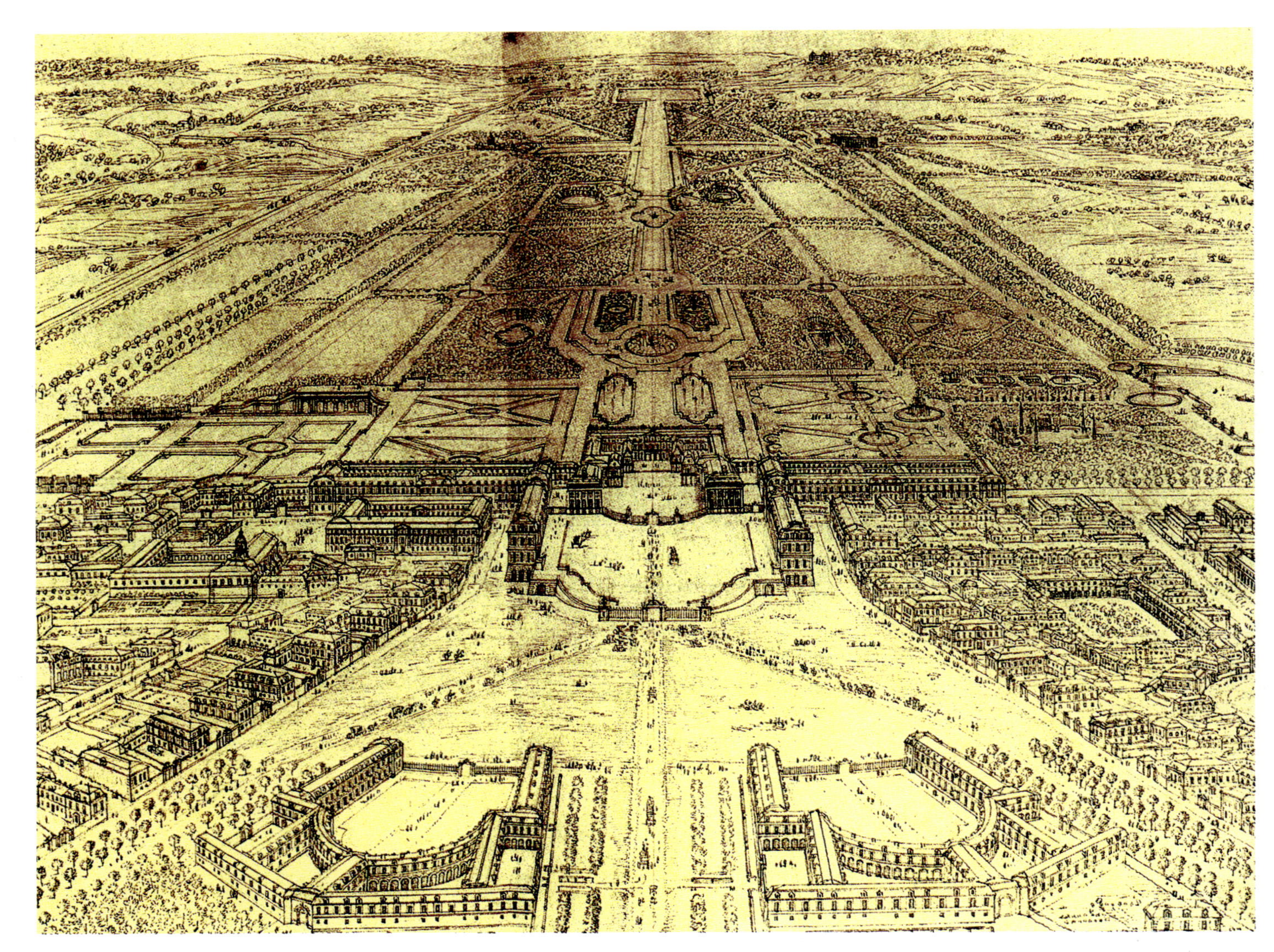

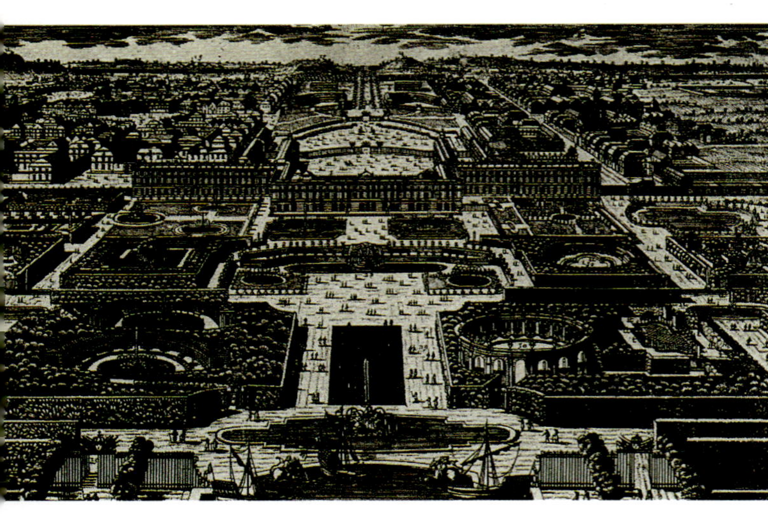

四方案)。这个设计实际上包含了更丰富的内容，围绕着院落的已有结构被隐藏在两层房后，东西两面增加了两个较小的院落。从建筑上看,应该说是个全新的设计。方案保留了三层的体制，但没有采用楼阁式构图。由块石砌筑的直线立面，只在形体的组合搭配、凸出和凹进上下功夫。首层被处理成基座的形式，以上几层布置宏伟的附墙列柱，上承高大的柱顶盘和平顶屋面，屋顶栏杆柱上立成排的雕像。向前凸出的主要形体，通过中间排列更为密集的柱子在构图上得到强化。立面总体上表现出一种相对封闭的特点。这个主立面就基本点

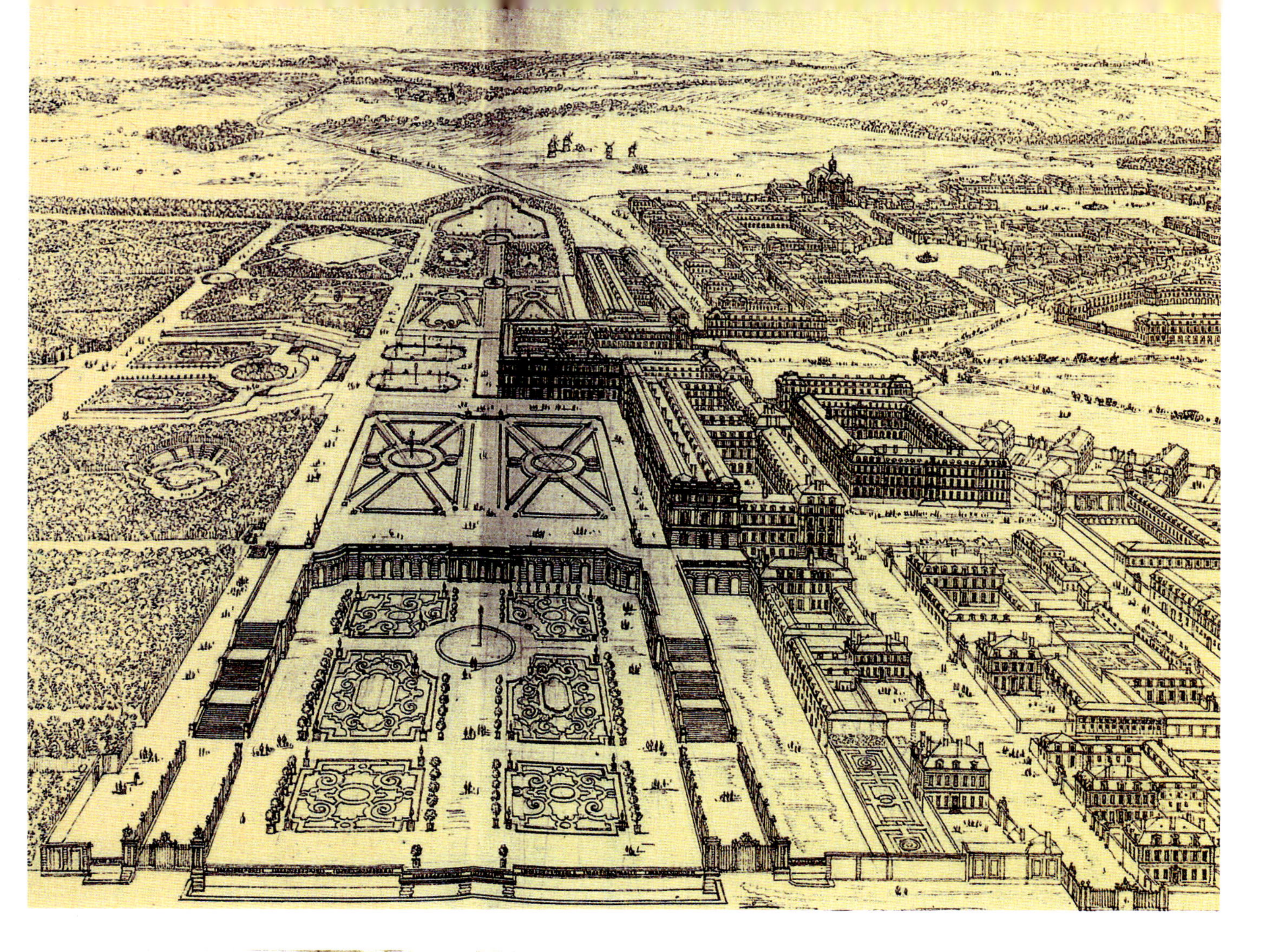

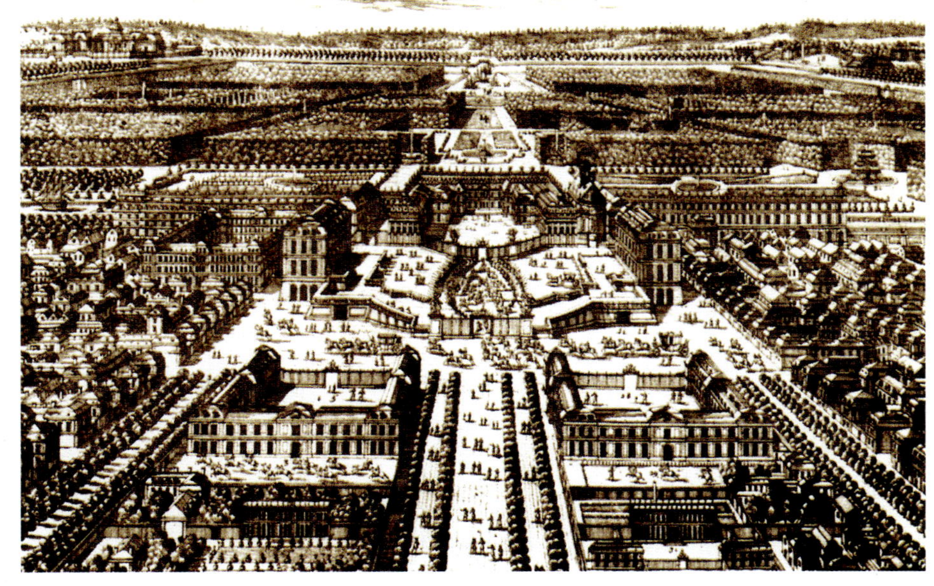

左页：

（上）图 3-458 凡尔赛 宫殿及园林。约 1690 年宫区全景图（作者 Israël Silvestre，自东向西望去的景色，原作现存卢浮宫博物馆）

（左下）图 3-460 凡尔赛 宫殿及园林。17 世纪末全景（自西向东望去的景色）

（右下）图 3-461 凡尔赛 宫殿及园林。宫前广场全景（版画，作者 Claude Aveline，向西望去的景色，右侧礼拜堂已建成）

本页：

（上）图 3-459 凡尔赛 宫殿及园林。约 1690 年宫区全景图（作者 Israël Silvestre，自南向北望去的景色，前景为桔园及百步梯，原作现存卢浮宫博物馆）

（下）图 3-462 凡尔赛 1700 年城镇、宫殿及花园全景图（从东面望去的景色）

而言，可视为在巴尔贝里尼宫形制的基础上进一步发展的结果，也可看作是罗马基吉－奥代斯卡尔基宫那种母题的一个更宏伟的变体形式。

院落的处理方式构成该设计的一个亮点。由于取消了建筑内侧的第三层，建筑师得以将墙体降低，从而

获得更明亮且比例良好的空间。在主立面，柱子均严格背靠墙体；但在朝花园的这面，却按威尼斯方式以两层廊道的拱券相连，这种做法系来自帕拉第奥甚或是博罗米尼的奥拉托利会修院礼拜堂的院落。大院四角均为楼梯间。如果能按这个设计实现的话，显然将是一个非常漂亮的院落。

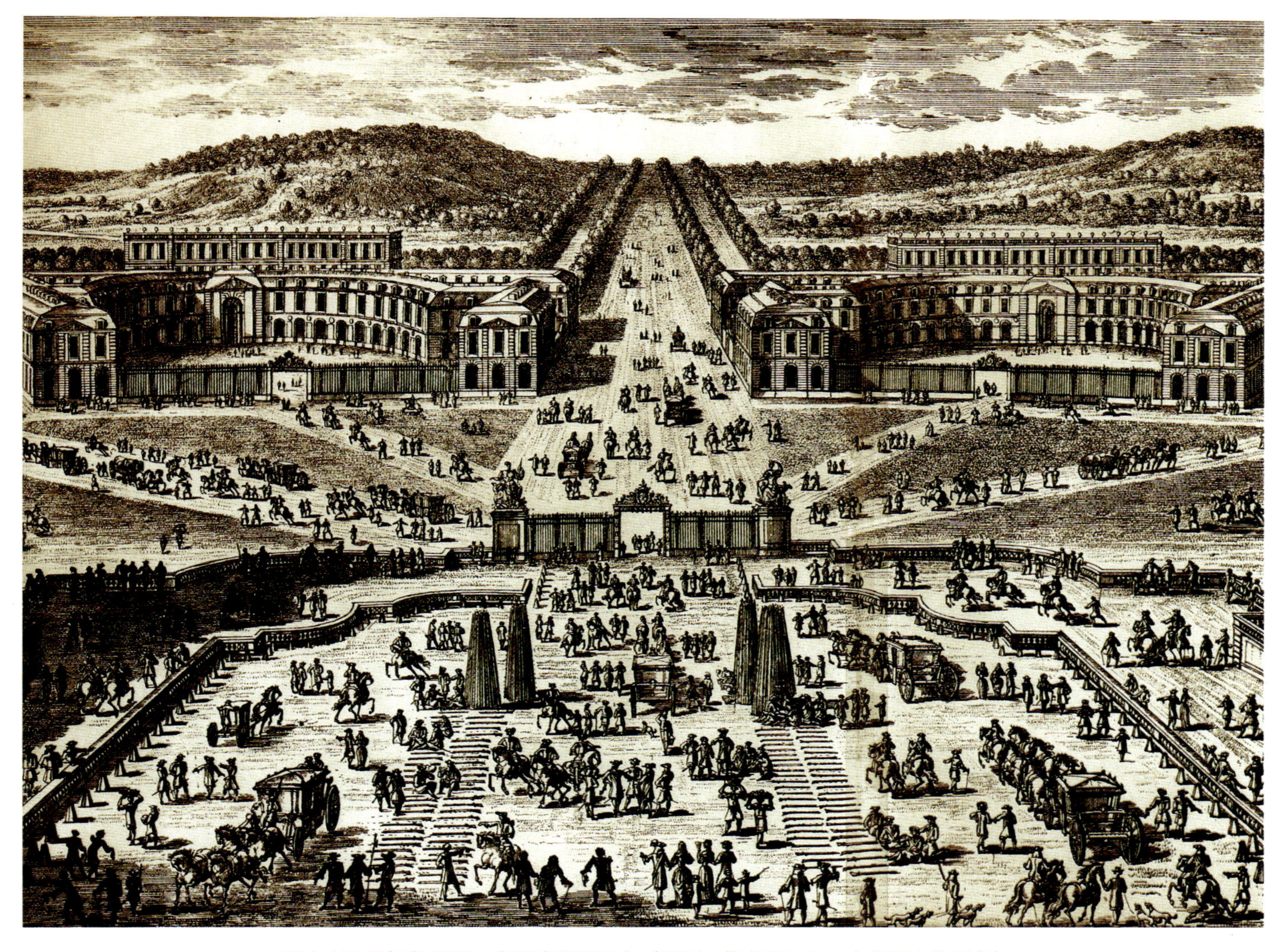

图 3-464 凡尔赛 宫殿。宫前广场区景色（版画，作者 Pérelle，向东望去的景色）

该方案于 1665 年 10 月 17 日，即贝尔尼尼离开法国的前三日举行了奠基仪式。但到次年，国王的兴趣又转向重建凡尔赛。在卢浮宫，基础以上工程一直未能延续，贝尔尼尼的这个方案最后也不了了之。

贝尔尼尼的设计在巴黎屡屡受挫的原因倒是颇值得探究。从设计上看，这位罗马建筑师完全从意大利的传统出发，力求设计一个能和周围城市环境沟通的王侯宫邸，第一个方案敞开的侧翼实际上颇似宫邸广场另一侧的半圆形凹龛。对这种类型的罗马建筑来说，做到这个程度已算达到顶点；但在法国人看来，它仍然只是个贵族宫邸，缺乏王权的标记。对柯尔贝尔来说，他需要的是一座体现绝对君权的建筑，一个能代表法国君主制度的纪念碑，它需要和民众保持一定的距离而不是如何和他们亲近。同时，这些方案在是否实用方面也一直受到质疑。和沃 - 勒维孔特府邸相比，无论从房间的布置还是舒适程度上看，这些设计都不能令东道主满意。看来，它既无法满足法国人的艺术情趣也难以和他们的生活方式协调，最后未能通过也是意料中的事。另外，贝尔尼尼个人的作风在这方面可能也不无影响。在他 1665 年到法国时，其名声已是如日中天，每到一个城市，都有人群沿街守望，他最初在巴黎受到的接待宛如凯旋回朝的将军；但很快这位大师就因傲慢地鼓吹意大利的艺术和建筑并贬低法国同行而得罪了敏感的主人。例如，他讥笑当时已毁的丢勒里宫是个“大号的小把戏”，“小孩组成的部队”，声称意大利艺术家雷尼[23]的一幅画比整个巴黎还值钱。这样一些言论使他在法国宫廷中失去人心，对他以后卢浮宫立面设计的落选恐怕也都有一定的关系。

左页：

图 3-463 凡尔赛 宫殿。18 世纪初宫前广场区景色（油画，作者 P.-D. Martin）

（上）图 3-465 凡尔赛 宫殿。1722 年宫前广场景色（油画，作者 P.-D.Martin，向西望去的全景，示路易十四去世后的景况，原作现存凡尔赛博物馆）

（下）图 3-466 骑在马背上的路易十四（油画，作者 Jean-Baptiste Martin，背景上表现这位帝王梦想中的宫殿）

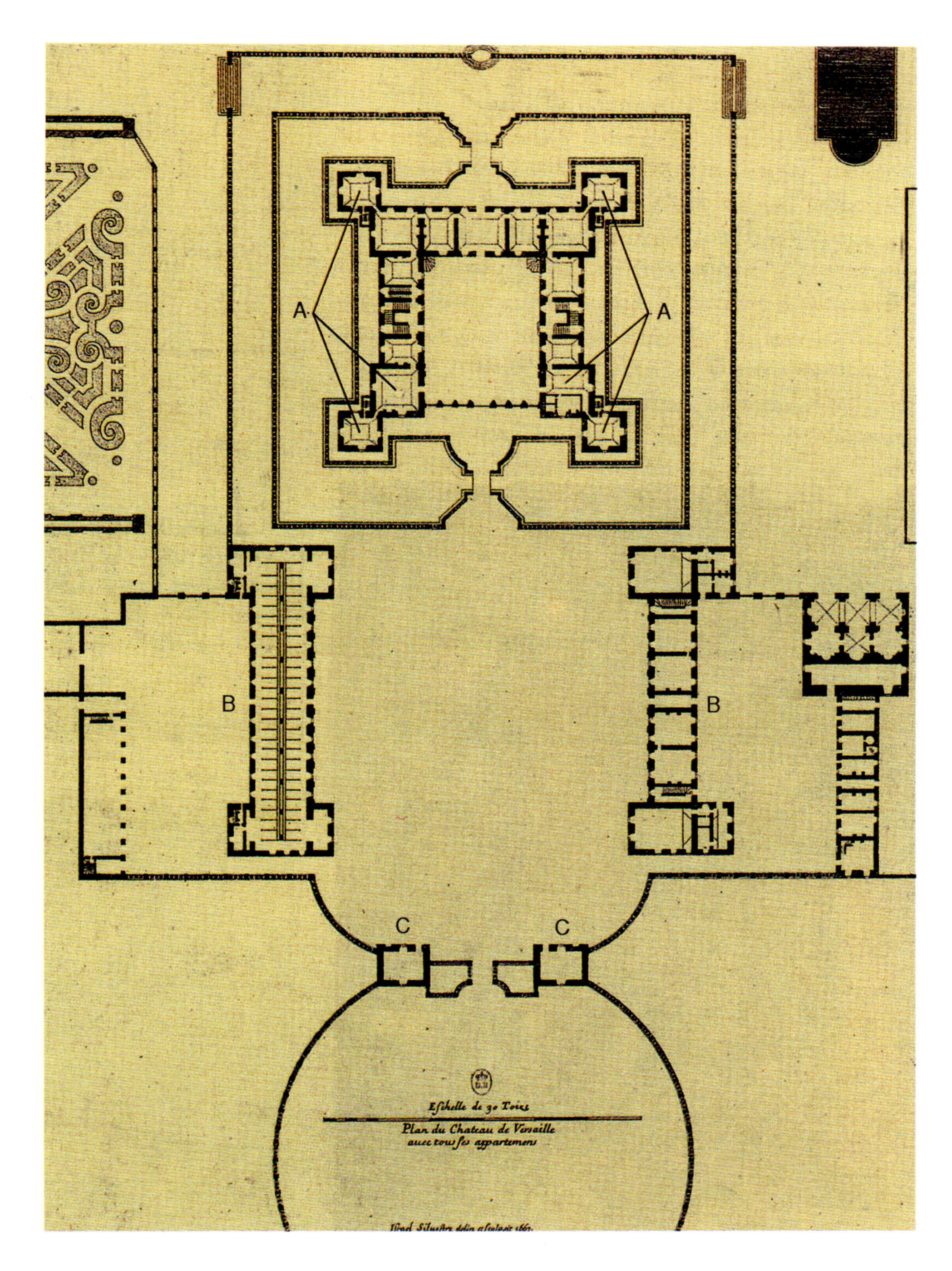

图 3-467 凡尔赛 宫殿。路易十四第一阶段工程示意（平面，1667 年，图版制作 Israël Silvestre，A 为路易十三时期建造的宫殿中央形体，B 为扩建的两个平行结构，C 示小亭阁）

贝尔尼尼方案受挫这件事实一方面固然说明了法国人及阿尔卑斯山以北各民族已开始摆脱了意大利艺术的影响和控制，但另一方面，应该承认，这些设计（包括其中所体现的这位大师的许多构想）仍然具有许多特色，其影响也不容忽视，柏林、斯德哥尔摩和马德里等地的一些王室宫邸实际上都以这一方案（包括其形体设计）作为模仿的范本。

贝尔尼尼这次造访法国留下的唯一作品是路易十四的一尊胸像，这位“太阳王”神情威严，凝视远方（图 3-417）。这尊像为国王肖像确立了标准，并延续了上百年。

拉伊纳尔迪和科尔托纳方案

总的来看，拉伊纳尔迪和科尔托纳的方案（拉伊纳尔迪方案：图 3-418；科尔托纳方案：图 3-419~3-421）要更接近勒沃的最初平面（在东侧增加一个新的双翼）。他们的方案均对墙面分划给予了特别的关注（科尔托纳方案的平面布局未能保留下来）。拉伊纳尔迪构想的主立面表明，柱式构图是他最喜爱的题材。立面上三个大的凸出部分均饰有成对配置上下叠置的列柱，中间墙体高度较低，配独立的巨柱式壁柱和顶楼层。如此构成的方案总体上不免给人以做作和装饰过度的感觉，和贝尔尼尼设计的宏伟朴实形成了鲜明的对比。但这个方

（上下两幅）图 3-468 凡尔赛 宫殿。路易十四第一阶段工程示意（全景，1664 年，图版制作 Israël Silvestre）

案也有一个值得一提的独特之处，即它的凸出部分配置了一个塔状结构，顶上造型如王冠，因而被认为是体现了“君权神授”的观念 [P. 波尔托盖西在他 1961 年发表的一部著作（《Gli Architetti Italiani per il Louvre》）中，对此有详尽的阐述]。科尔托纳设想的方案也配置了一个巨大的穹顶，造型如封闭的王冠。从贝尔尼尼头一个方案的椭圆形顶楼上看，设计委托上可能确有这方面的要求或暗示。

（上下两幅）图 3-469 凡尔赛 宫殿。路易十四第二阶段工程示意（全景，1674 年，图版制作 Israël Silvestre，示第二阶段结束后情景，上图为入口面，下图示花园面，主体部分 A 和附属建筑 B 已联为一体）

科尔托纳的设计同样表明，在赋予一个具有如此规模的建筑以活力和统一的外观上人们所遇到的困难。立面实际上是一张贴面，在上面附加各种装饰部件；宽大凸出的中央形体在某种程度上起到了掌控全局的作用。科尔托纳设计的面对丢勒里宫的另一侧立面尤为引人注目。其中央有一个朝花园凸出的大型椭圆形体。两侧附加较矮的双翼，将中央形体和通向丢勒里宫的侧面长廊联系起来；其过渡跨间形式暧昧但饶有趣味，使人不

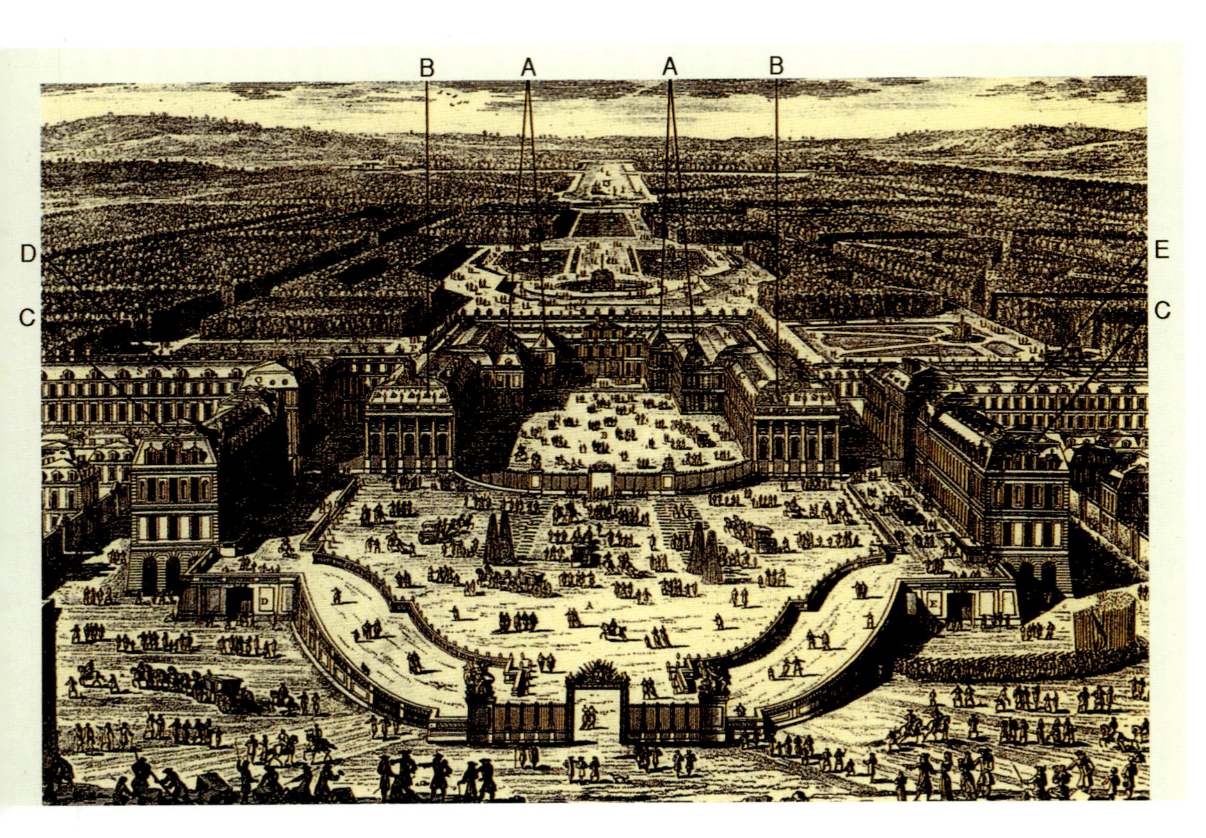

（上下两幅）图 3-470 凡尔赛 宫殿。路易十四第三阶段工程示意(全景,1688 年,表现第三阶段结束后情景；上图示入口面，图版制作 N.Langlois, 图中新加的 C、D、E 分别示大臣翼、南翼及北翼；下图示花园面，图版制作 Pérelle）

能不想起太平圣马利亚教堂那种灵巧的处理方式。墙面的分划显示出科尔托纳对光影变化的喜爱。从总体上看，这一设计令人感兴趣之处在于把法国的楼阁体系和意大利的形体组合原则巧妙地结合在一起，并因此预示了菲舍尔·冯·埃拉赫和希尔德布兰特某些作品的诞生。

[最后实施方案]

1667~1671 年最后付诸实施的卢浮宫东立面（方案图：图 3-422~3-426；施工场景：图 3-427、3-428；鸟瞰全景：图 3-429、3-430；现状：图 3-431~3-434）通常被看作是法国古典主义建筑的顶峰。的确，它比此前所有

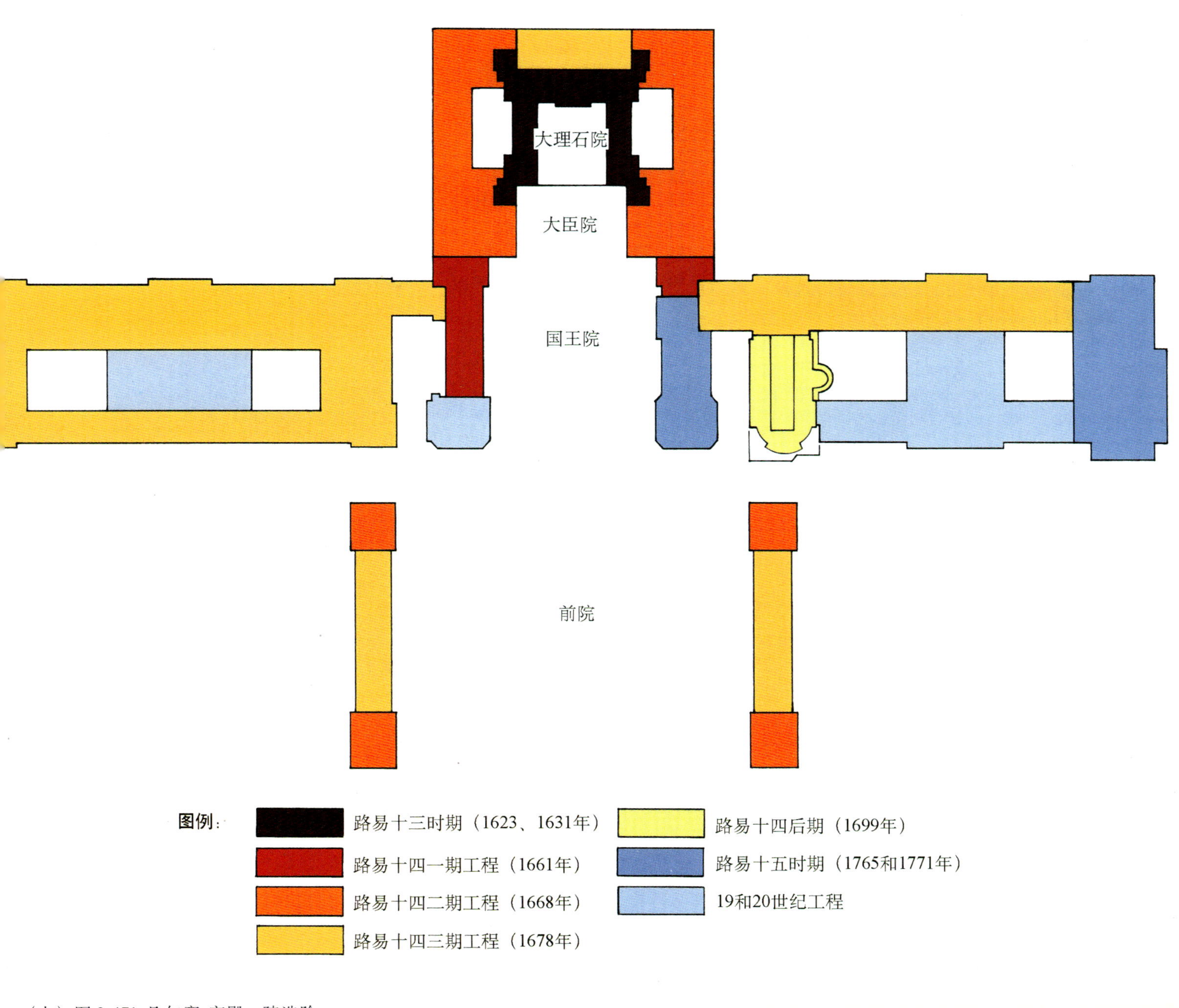

(上）图 3-471 凡尔赛 宫殿。建造阶段示意图（取自 Jean-Marie Pérouse de Montclos :《Versailles》，1991 年）

(下）图 3-472 凡尔赛 宫殿。中央主体平面（路易 · 勒沃设计）

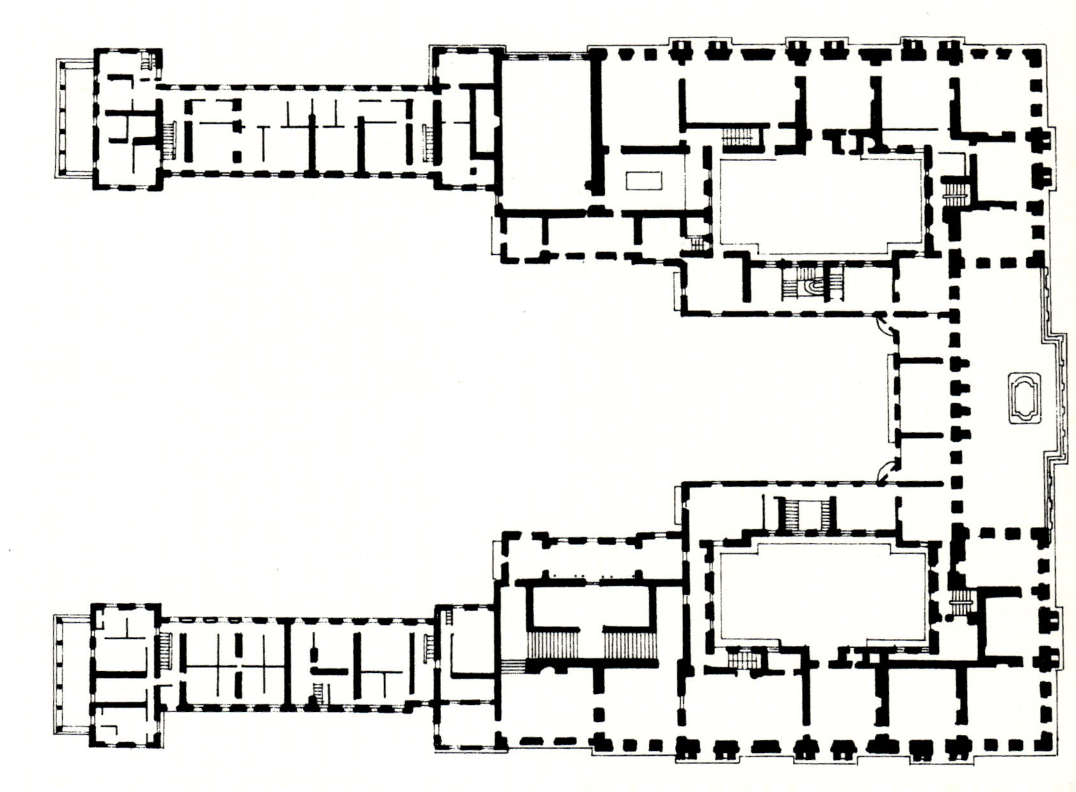

左页：

（上）图 3-473 凡尔赛 宫殿。“使节梯”（1674~1680年，路易·勒沃设计，施工主持人 d’Orbay，装饰 Le Brun，毁于 1752 年）

（下）图 3-474 凡尔赛 宫殿。花园立面（17 世纪油画，示 1678 年镜厅增建前景色，巴黎 Réunion des Musées Nationaux 藏品）

本页：

（上）图 3-475 凡尔赛 宫殿。花园立面（版画，作者 Israël Silvestre，1674 年）

（中）图 3-476 凡尔赛 宫殿。花园立面（版画，作者 C.Gurlitt，约 1670 年代）

（下）图 3-477 凡尔赛 宫殿。花园立面全景（版画，作者 Israël Silvestre，示阿杜安 - 芒萨尔 1678 年增建镜厅之后）

图 3-479 凡尔赛 宫殿。“镜厅”，内景（沿中轴线向南望去的景色）

方案都更好地体现了法国君主制度的理想。建筑师重新启用柱廊来装饰这个立在中世纪宫殿前的立面，但通过纯粹古典的方式，赋予它庄重、严肃和宏伟的面貌。底层形成朴实的实体基座，其上立长排柱廊，宏伟的科林斯列柱成对配置，上部连续的柱顶盘突出了建筑的水平特点。通过构件的不断重复进行延伸，本是法国建筑的典型做法，在这里它进一步获得了微妙的变化。墙面由五个不同特点的区段组成，中央及两端通过凸出的形体加以强调。统领整个立面的中轴线形体上冠三角形山墙。两端凸出部分取凯旋门样式，形成体量坚实的楼阁状形体。在这部分采用了壁柱，仅中央开洞口处,通过成对组合的柱子和壁柱加以强调。在角上“楼阁”和中央凸出形体之间的外墙，柱式和立面分开，独立的柱子形成了一个高大但进深甚浅的敞廊,相邻双柱之间,间距较大。它既像罗马的神殿，又类似“半通透”的哥特建筑。整个建筑通过实体和骨架结构的结合，表现室内外的交互作用，这种作用既积极又不失含蓄。很少有哪个建筑能把秩序和变化的辨证关系表现得如此杰出，这种做法一直影响法国建筑长达一个多世纪。

从某种意义上可以说，人们看到的现立面是在贝尔尼尼设计的基础上发展而来。采用双柱柱廊是模仿勒沃的第一个方案和以布拉曼特的卡普里尼府邸为榜

（上）图 3-478 凡尔赛 宫殿。“镜厅”（1678~1686 年，阿杜安 - 芒萨尔及查理 · 勒布朗设计），内景（版画，作者 C.Gurlitt）

（下）图 3-480 凡尔赛 宫殿。“镜厅”，东南向全景

样。科林斯柱式系参考前不久刚发现的巴勒贝克残迹的样式。把柱式和山墙相结合则使王宫立面具有罗马庙宇的神圣造型并因此构成王室威权的象征。透过柱廊的成对立柱，隐现出沉浸在昏暗中的龛室及底面；整个构图充满了张力，龛室内没有人体雕刻，本打算在屋顶部位设置的装饰框也取消了。建筑可说是集法国巴洛克古典主义之大成，将可用于一切时代的古代遗产和

左页：

图 3-481 凡尔赛 宫殿。"镜厅"，大厅内侧景色

本页：

（上下两幅）图 3-482 凡尔赛 宫殿。"镜厅"，北望室内全景（下图示未置吊灯前）

图 3-484 凡尔赛 宫殿。战争厅（1678 年，阿杜安 - 芒萨尔及查理 · 勒布朗设计），内景

哥特本堂那种令人难忘的半通透表现揉合在一起。

这个宏伟立面的设计人此前一直被认为是热衷于建筑的业余建筑师、数学家和医生克洛德 · 佩罗（他同时也是维特鲁威著作的译者和一本论柱式著作的作者，图 3-435~3-437）。还有人认为是勒沃、克洛德 · 佩罗和画家勒布朗共同努力的成果。但 20 世纪 60 年代 A. 拉普拉德的研究证实，克洛德 · 佩罗并不是设计的作者，设计系委托给勒沃（实际上，这个最终立面的总体布局可上溯到 1664 年勒沃的第一个设计，只是没有顶楼层。把墙体划分成五个区段的做法也是这位建筑师其他作品的典型布置方式，在那里，人们同样可看到成对配置的柱式，如 1662 年建造的利奥纳府邸），但主要是由他的门生和合作者弗朗索瓦 · 多尔雷（1634~1697 年）主持实施和完成，最后这个简单并具有古典宏伟气势的方案也主要是他干预的结果 [24]。

卢浮宫立面引起的这场争论和学院派古典主义最后得胜的事实，直观地说明在当时的法国，人们对艺术的理解和具体引导及操作的方式。越来越多的事实表明，确定当时官方美学标准和艺术评价准则的，与其说是路易十四本人，不如说是他那位大权在握的大臣柯尔贝尔。卢浮宫的设计可作为这方面的一个典型例证：在进行内院规划时，这位大臣希望能创造一种“法国”柱式，并为此举行了一次设计竞赛；在进行室内装饰时，他又突发奇想，打算模仿世界各地的房间，搞成一个“微型世界”，以此象征法国君主对全球的统治。在卢浮宫的立面完成之后，由于投石党的活动，路易十四对城内的许多计划不得不割爱。也正是从这时开始，扩建巴黎郊外凡尔赛的猎庄，开始提上了日程。

左页：图 3-483 凡尔赛 宫殿。“镜厅”，装修细部

图 3-485 凡尔赛 宫殿。战争厅，装修细部（壁炉上表现路易十四战胜强敌的浮雕为 Antoine Coysevox 的作品）

三、凡尔赛宫及其园林

位于巴黎西南 14 公里的凡尔赛宫，自 1682~1789 年为法国首府及政府所在地（1715~1723 年摄政时期除外），是法国巴洛克建筑和古典主义建筑代表作品，以宫殿建筑及园林艺术成就闻名于世（地区总平面：图 3-438、3-439）。

图 3-486 凡尔赛 宫殿。和平厅（1678 年，阿杜安 - 芒萨尔及查理 · 勒布朗设计），内景 [壁炉上椭圆框内表现路易十四赋予欧洲和平的壁画时间稍晚（1729 年）]

本页及右页：

(中) 图 3-487 凡尔赛 宫殿。和平厅，墙面装修细部

(右上)图 3-488 凡尔赛 宫殿。路易十四卧室，内景[位于面向大理石院的轴线上，最初（1679 年）为沙龙，1701 年改为国王卧室]

(左上) 图 3-489 凡尔赛 宫殿。路易十四卧室，安置在室内的路易十四胸像（作者 Antoine Coysevox，1679 年）

(右下) 图 3-490 凡尔赛 宫殿。通向路易十四卧室的前室（所谓“圆窗室”），内景

[宫殿]

总体布局

凡尔赛城市的发展是 1661 年随着勒沃扩建王宫开始的。总体规划是勒沃、勒诺特和阿杜安 - 芒萨尔几位共同（有时是相继）工作的成果。花园由勒诺特负责规划，他监管这项工作达 30 余年（宫区总平面：图 3-440~3-446）。

宫殿占据着构图的中心位置，通过其长翼将基址分成两部分：一边是花园，另一边为城市。宫殿广场前

图 3-492 凡尔赛 宫殿。王后卧室（原为路易十四的王后玛丽 - 泰蕾莎所用，目前室内系按路易十六的王后 Marie-Antoinette1789 年离开时样式布置），西南侧景色

左页：图 3-491 凡尔赛 宫殿。国王内室（1737~1738 年，设计人 Jacques Verberckt），内景

(上) 图 3-493 凡尔赛 宫殿。王后卧室，西北侧内景

(下)图 3-494 凡尔赛 宫殿。王后用房室内装修设计(作者 Jacques Verberckt, 1737 年)

图 3-495 凡尔赛 宫殿。贵族沙龙，内景

为一检阅场，以此为中心向城市辐射出三条主要干道，即巴黎大道、圣克卢大道和索镇大道（道路之间的御马厩为阿杜安 - 芒萨尔设计，大马厩：图 3-447~3-449；小马厩：图 3-450、3-451）。次级街道和广场则按正交体系规划。花园采用辐射道路体系，于道路汇交处设圆形场地。也就是说，城市这两部分均以宫殿为中心展开深远的透视景色（图 3-452~3-465）。

凡尔赛充分表现了 17 世纪城市的精髓：结构清晰明确，在体现威权的同时充满活力和开放的精神。除了表现君权制度外，其结构同时体现了更多的内容，因而使这个城市和建筑群，直到今天，仍然保持着持久的魅力。

路易十三时期猎庄和 1661 年首次扩建

凡尔赛原来只是一个带有庄园城堡的小山头。山下有一个村庄，周围是一片沼泽和猎物丰富的森林。17 世纪时，这里成为国王路易十三喜爱的打猎场所。1624

年他在这里建了一座临时的行辕，设计人德·布洛斯。1631年，菲利贝尔·勒鲁瓦将这个路易十三时期的小猎庄改造成一个具有三翼的砖石结构府邸（沿袭通常府邸的形式，带居住形体、两翼及入口屏墙）。这个三合院式的建筑就是今日凡尔赛宫的核心。路易十四决定在这里建宫后，曾花了很大力气扩大作为宫殿基址的山头。整治周围环境，进行引水和排水工程（图3-466）。在他的推动下经过三次大的扩建，彻底改变了建筑群的面貌，使它成为欧洲最大最宏伟的宫殿组群之一（路易十四时期各建筑阶段图：第一阶段，图3-467、3-468；第二阶段，图3-469；第三阶段，图3-470）。

在1661年开始的一期工程里，勒沃增加了两个辅助翼。与此同时，勒诺特负责整治规模宏大的花园，按

（上）图3-496 凡尔赛 宫殿。王后卫队室，内景

（下）图3-498 凡尔赛 宫殿。北翼“大厅堂”系列：马尔斯厅，内景

图 3-497 凡尔赛 宫殿。王后梯，内景（与国王一侧的使节梯对称布置，但规模和尺度上要小得多）

几何方式规划和设计了林荫道、树篱、花坛及运河。

1668 年二期工程

对老猎庄的大规模扩建和整治工程于 1668 年（即卢浮宫东立面开始建造那年）开始启动，是为二期工程。为此，国王召来了勒沃、勒布朗和勒诺特，这几位艺术家在建造沃 - 勒维孔特的富凯大臣府邸时，已经展现出他们的创新理念。和自然相结合是这一宏伟抱负中最核

心的内容。在具体的改建中，人们采取的第一项措施是扩建早期猎庄，以一个意大利式的石建筑及立面将其三面包围，使建筑朝向花园和一个宽阔的台地，同时确定轴线系统及整治巨大的花园。

柯尔贝尔本想拆除老建筑全部重建，但没有得到国王的首肯。勒沃遂按国王的指示拟订了一个尽可能将原有建筑（即1624年路易十三时期建造的老猎庄）纳入其中的设计（图3-472）。具体做法是用一个新建筑将老建筑围括在内并将早期宫堡的前院保留下来成为现在的“大理石院”（见图3-503~3-509）。最初设计完成于1667年，1669年规模再次扩大。由于勒沃1670年去世，弗朗索瓦·多尔雷在完成这个设计——特别是朝花园立面的构思——上，无疑起到了重要的作用。

按照勒沃的这个设计，宫殿形成了一个几乎是方形的巨大形体，加上两翼构成了一个特深的前院，在老建筑两侧形成长长的系列房间(图3-471、3-472)。在室内，勒沃给人印象最深的作品是所谓“使节梯”（1674~1680年，图3-473），自中央梯段分成两跑向上，这种构图可

（左页及本页上）图3-499 凡尔赛 宫殿。北翼“大厅堂”系列：狄安娜厅，内景及天顶画

（本页下）图3-500 凡尔赛 宫殿。北翼“大厅堂”系列：维纳斯厅，仰视内景

左页：

（上）图 3-501 凡尔赛 宫殿。北翼“大厅堂”系列：富贵厅（巴洛克式镜框内为帝王画像，台座上安置哲学家胸像）

（下）图 3-503 凡尔赛 宫殿。大理石院，举行节庆活动时的景象（版画，作者 Lepautre，1676 年）

本页：

（上下两幅）图 3-502 凡尔赛 宫殿。北翼“大厅堂”系列：赫丘利厅（1710~1730 年，室内设计 Robert de Cotte，下为壁炉装饰细部）

本页及右页：

（左下）图 3-504 凡尔赛 宫殿。大理石院，1676 年景色（版画，作者 Israël Silvestre）

（右下）图 3-505 凡尔赛 宫殿。大理石院，现状景色

（上）图 3-506 凡尔赛 宫殿。大理石院，立面全景

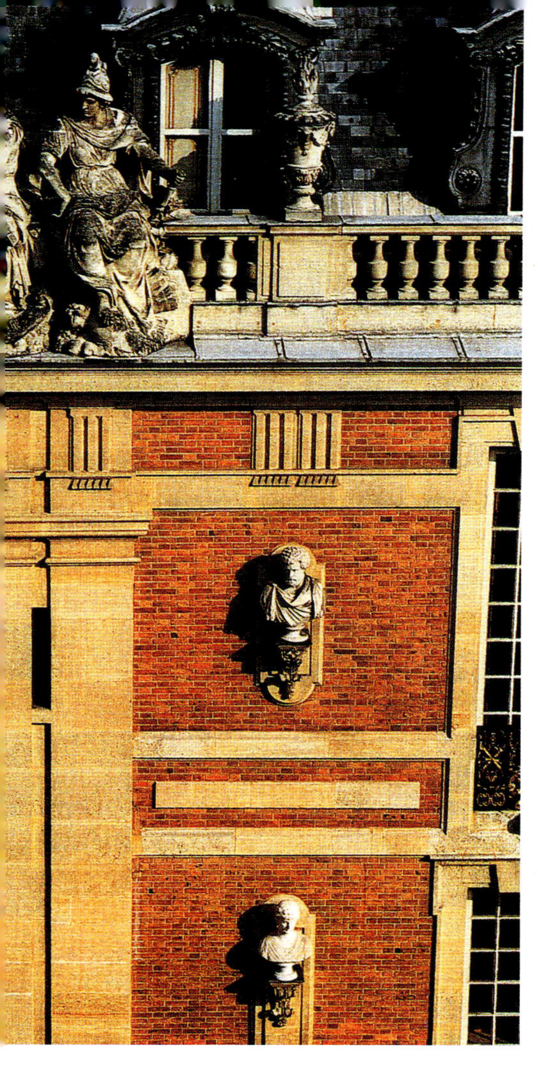

本页及左页：

（左上）图 3-507 凡尔赛 宫殿。大理石院，院落内景

（左下）图 3-508 凡尔赛 宫殿。大理石院，墙面近景

（中上）图 3-509 凡尔赛 宫殿。大理石院，墙面细部

（右）图 3-510 凡尔赛 宫殿。南翼（1678~1681 年，主持人阿杜安 - 芒萨尔），君王梯，平面及剖面（取自 J.Mariette：《Architecture Françoise》）

（中下）图 3-511 凡尔赛 宫殿。南翼，君王梯，内景

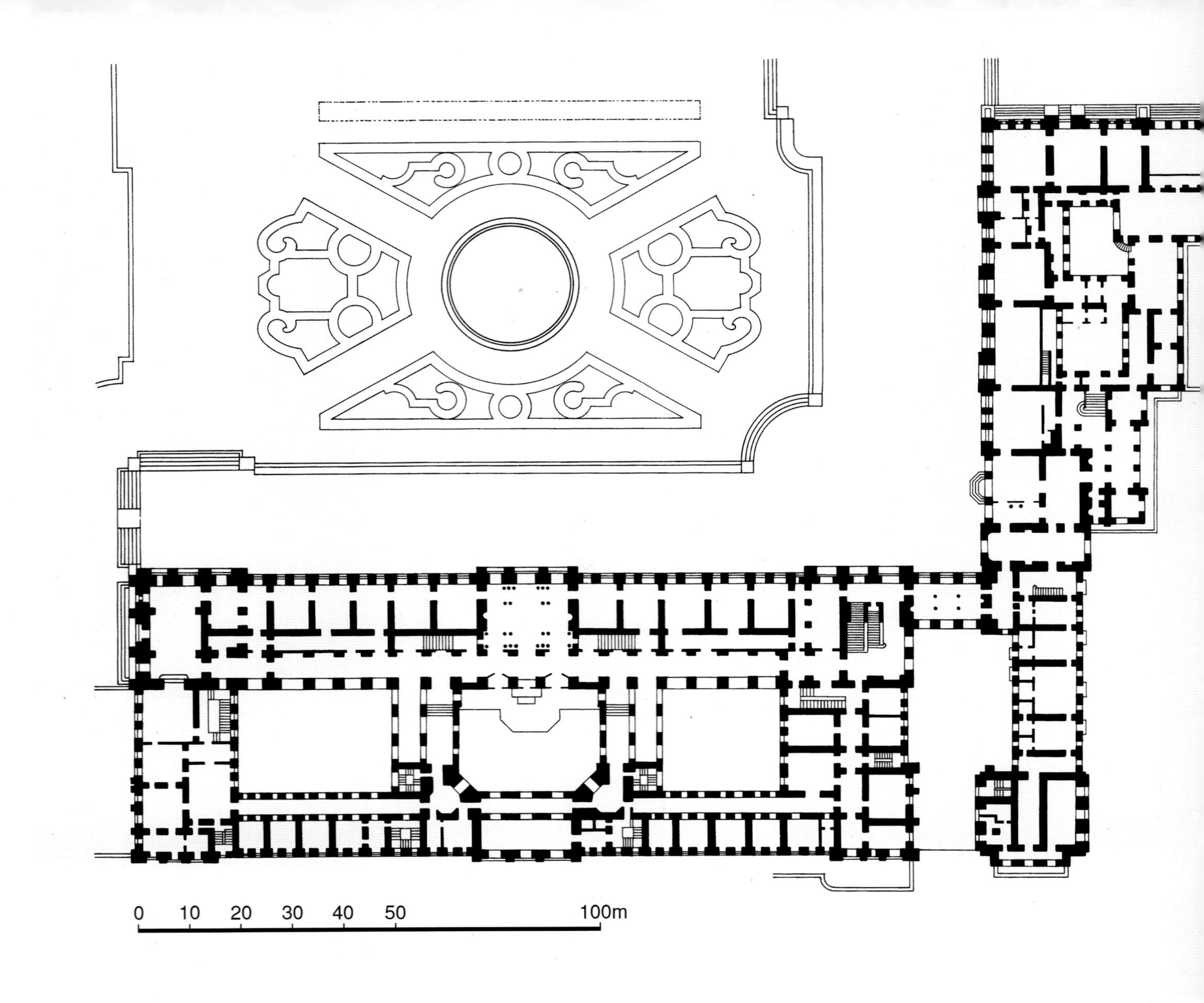
0
10
20
30
40
50
100m

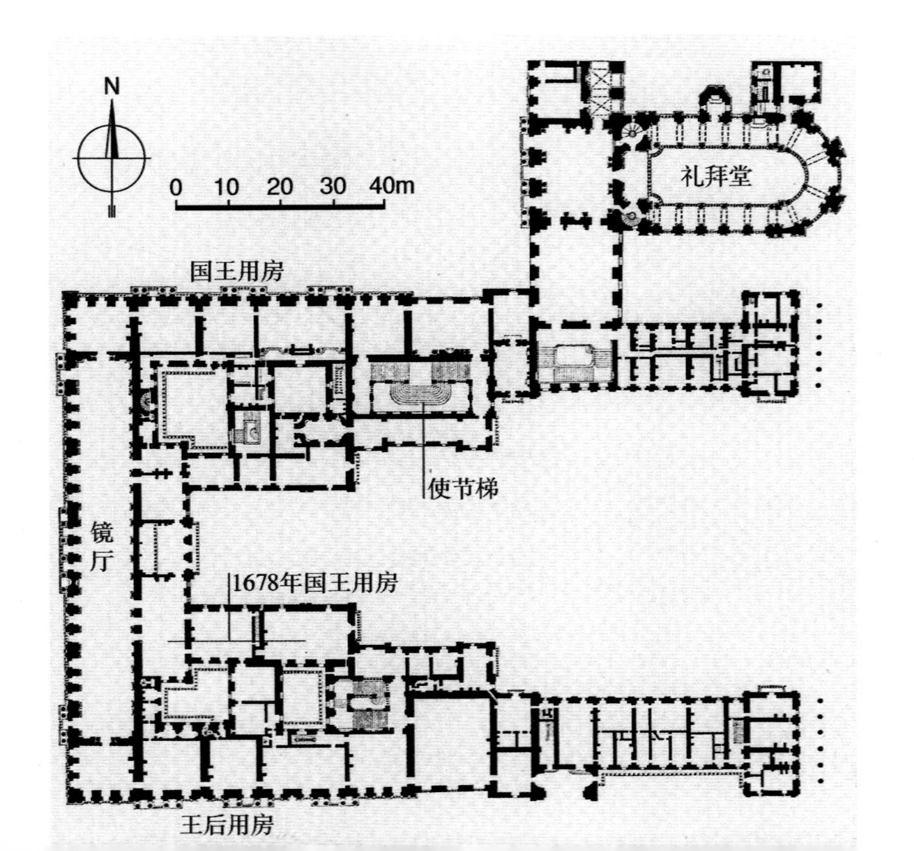
N
0 10 20 30 40m
礼拜堂
国王用房
使节梯
镜厅
1678年国王用房
王后用房

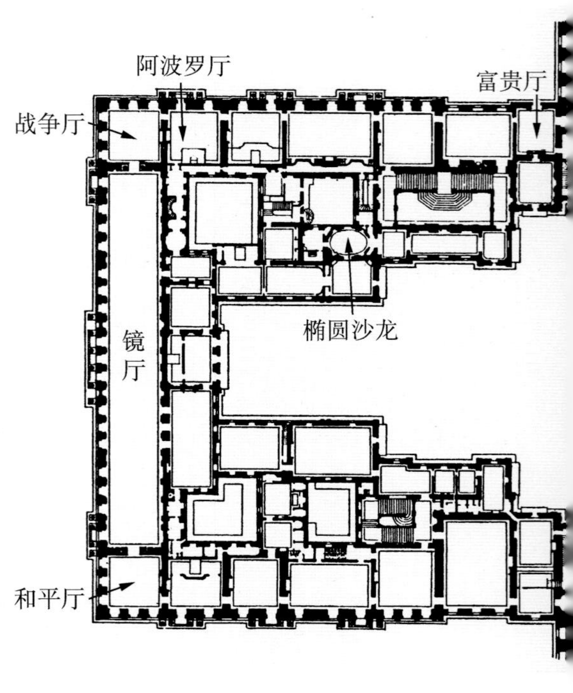
阿波罗厅
富贵厅
战争厅
镜厅
椭圆沙龙
和平厅

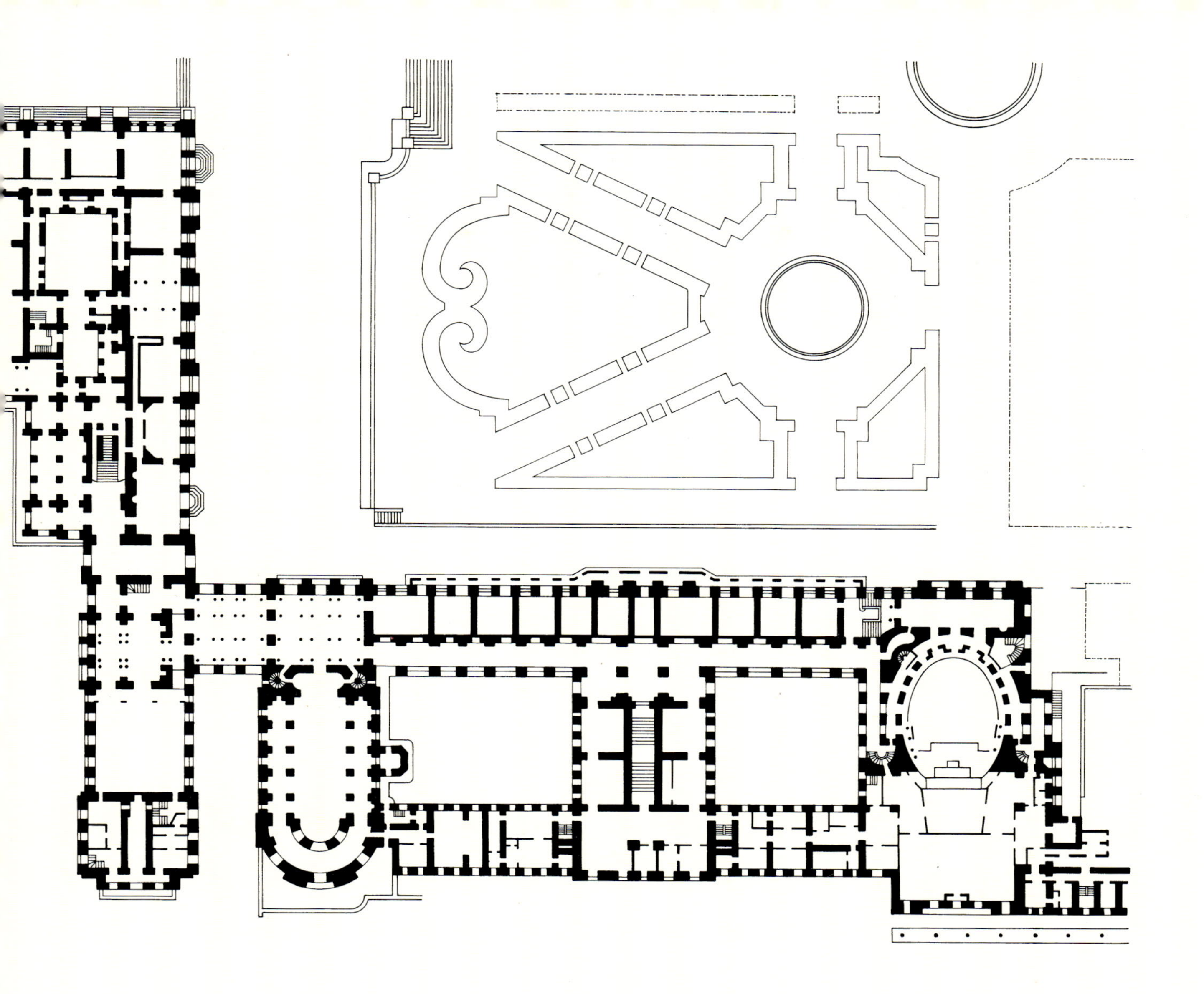

]厅

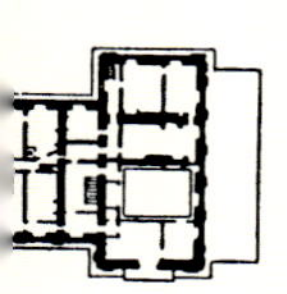

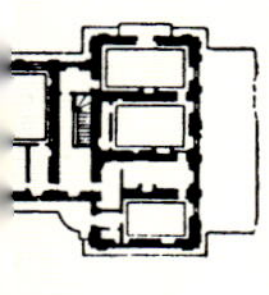

本页及左页：

(上）图 3-512 凡尔赛 宫殿。19 世纪建筑平面 (1:1250，取自 Henri Stierlin：《Comprendre l'Architecture Universelle》)

(左下）图 3-514 凡尔赛 宫殿。主体部分平面详图（取自 Stephan Hoppe：《Was ist Barock？ Architektur und Städtebau Europas 1580-1770》，2003 年）

(右下）图 3-515 凡尔赛 宫殿。主体部分平面详图（据 J.Guadet）

能是模仿普里马蒂乔设计的枫丹白露宫“美炉翼”。

立于高处朝向花园的主立面宽 25 开间，由凸出的两翼和一个颇深的凹进部分构成（位于主要楼层中间的这个凹进部分形成一个宽阔的平台），立在以带状粗面石砌筑跨越整个立面的拱廊基座层上。立面上层由爱奥尼壁柱分划，上承高高的柱顶盘和顶楼（增建前图像记录：图 3-474~3-476）。在这里，不同寻常的是采用了“意大利式”的平屋顶，这种解决方式通常被认为是来自贝尔尼尼的卢浮宫设计。

主立面前方为朝向花园的中央台地。在它前面，勒诺特清理出一块比罗马圣彼得大教堂广场还要大的场地，该部分地面逐渐降低，形成一系列台地，主轴线纵深达 3 公里。周围丛林中布置次级轴线及路径，它们彼此相交，形成各种图案。在埃尔埃斯科里亚尔，人们是按古代方式，将自然环境作为周围的背景；而在凡尔赛，

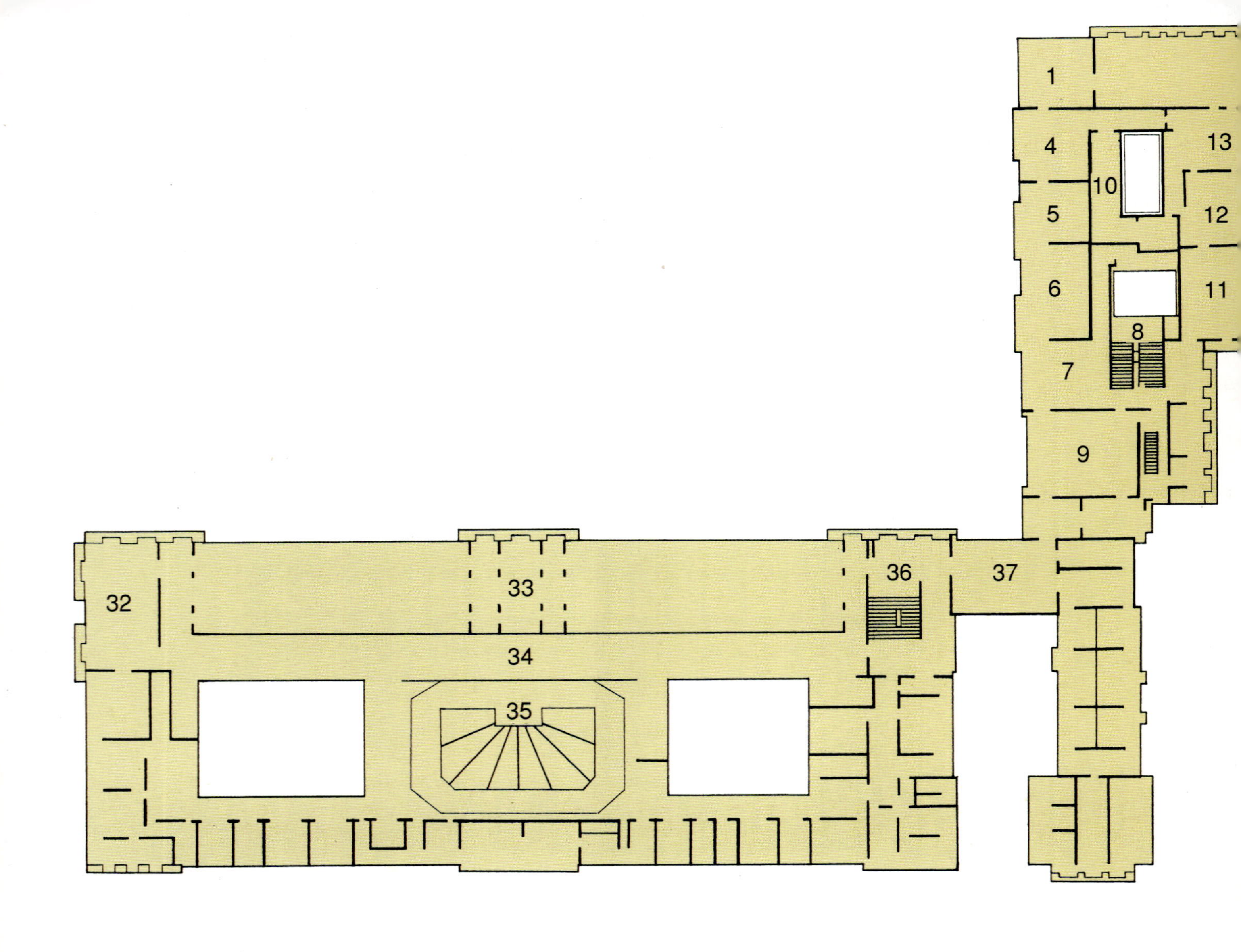

本页及右页：

（上）图 3-513 凡尔赛 宫殿。平面各部名称，图中：1、和平厅，2、镜厅，3、战争厅，4、王后卧室，5、贵族沙龙，6、王后前室，7、王后卫队室，8、王后梯，9、原礼拜堂，10、王后内室，11、国王卫队室，12、前室，13、圆窗室，14、路易十四卧室，15~22、国王内室（路易十五及路易十六时期，22 为图书室），23、餐厅，24、国王梯，25、原珍宝室，26、阿波罗厅，27、墨丘利厅，28、马尔斯厅，29、狄安娜厅，30、维纳斯厅，31、富贵厅，32、1831 室，33、战争廊厅，34、石廊厅，35、会议厅，36、君王梯，37、1792 室，38、大楼梯，39、赫丘利厅，40、礼拜堂沙龙，41、礼拜堂，42、石廊厅，43、非洲厅，44、剧院

（下）图 3-516 凡尔赛 宫殿。东面（入口面）俯视全景

则是纳入了经人工改造的景观。

勒沃建造的两翼一直留存至今，但原来把它们分开的平台于 1678 年为阿杜安 - 芒萨尔设计的镜厅取代(图 3-477)，立面也因此具有了统一的外貌。

1678 年三期工程

1678 年的奈梅亨和约（Paix de Nimègue）确认了法国在欧洲的主导地位，路易十四的胜利达到顶峰。1678~1679 年，在卢浮宫东立面完成之前，他即决定将其宫廷驻地从巴黎迁至凡尔赛。既然整个王室和宫廷都要迁移到“郊区”，自然意味着一个更庞大的新规划。此时主持工程的是时年 31 岁的阿杜安 - 芒萨尔。在接下来的 30 年期间，都是他在领导扩建工程。在这期间，工地上雇佣的工匠共达三万之众。

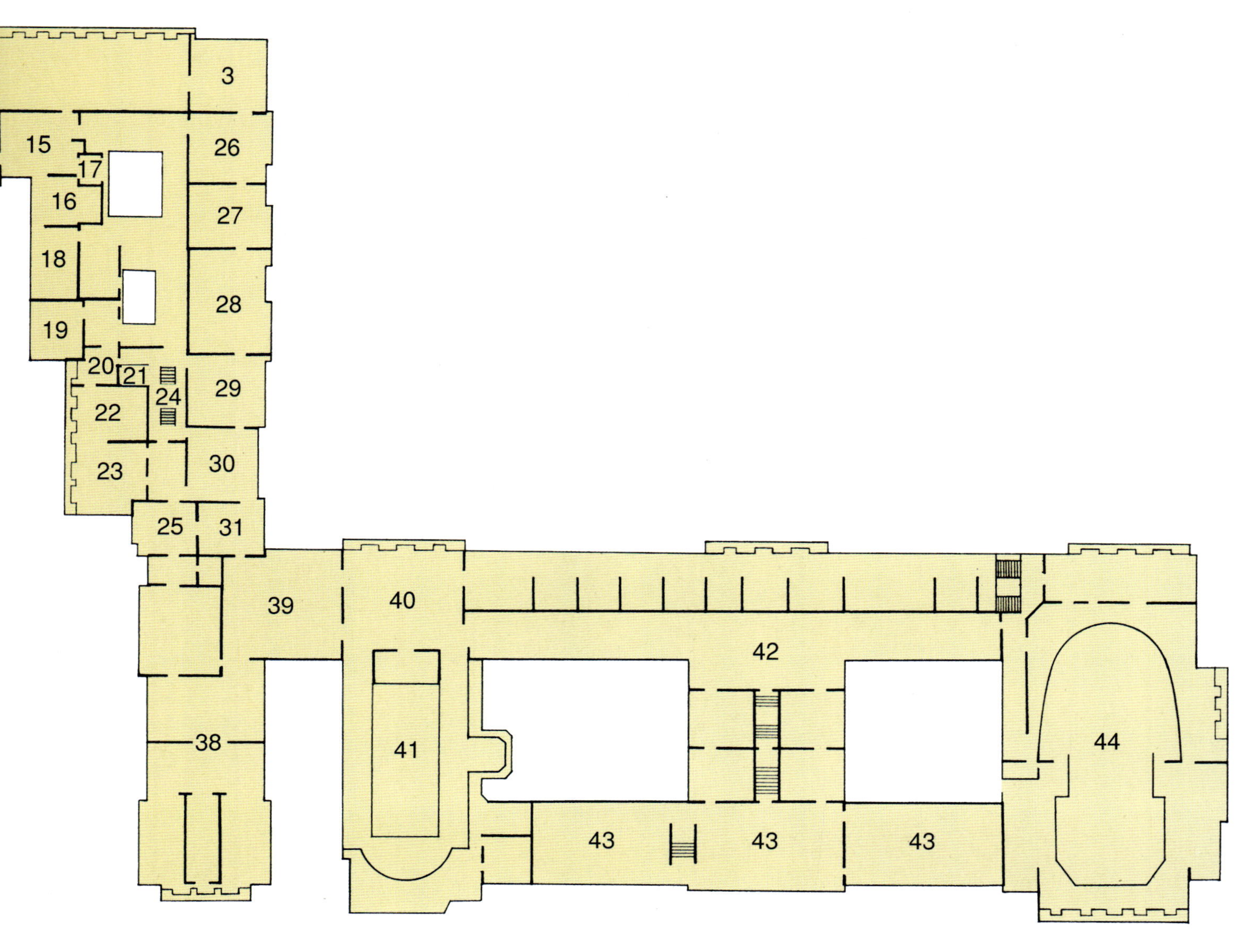
3
15
17
16
26
27
18
28
19
20
21
24
29
22
23
30
25
31
39
40
42
38
41
44
43
43
43

A TOUTES LES GLOIRES DE LA FRANCE

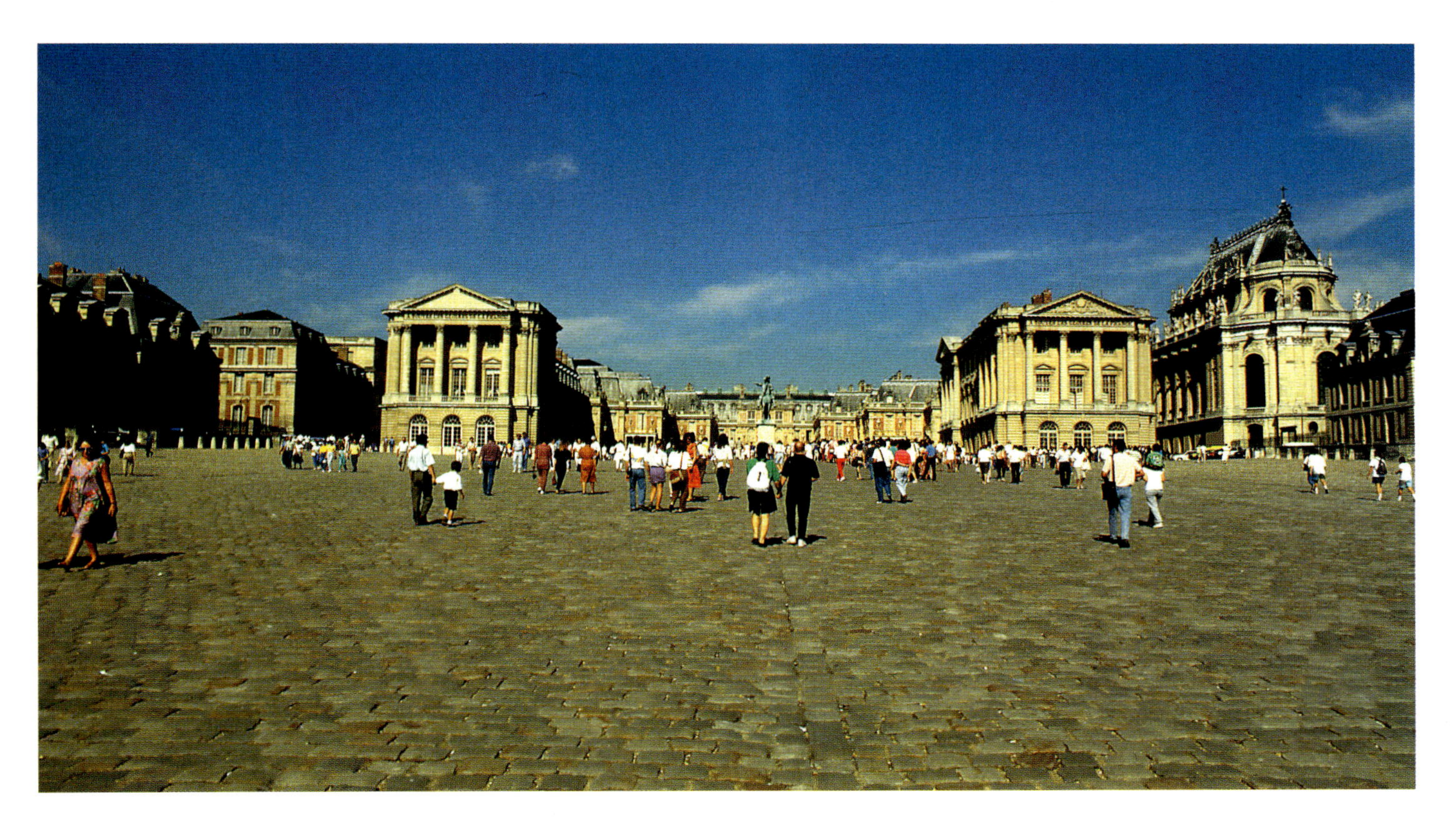

左页：

图 3-517 凡尔赛 宫殿。东面院落区俯视景色

本页：

（上及中）图 3-518 凡尔赛 宫殿。东面全景

（下）图 3-519 凡尔赛 宫殿。铁栅门处景色

（上下两幅）图 3-520 凡尔赛 宫殿。铁栅门及象征太阳的细部

（上）图 3-521 凡尔赛 宫殿。宫前广场及路易十四骑像

（下）图 3-522 凡尔赛 宫殿。路易十四骑像近景

本页：

（上）图 3-523 凡尔赛 宫殿。广场北翼及礼拜堂

（下）图 3-524 凡尔赛 宫殿。自国王院望大臣院及大理石院

右页：

图 3-525 凡尔赛 宫殿。大理石院及大臣院建筑细部

在该期工程第一阶段，阿杜安-芒萨尔封闭了朝向花园的立面，在勒沃的平台上建了一道长长的廊厅（即所谓“镜厅”，图3-478~3-483）。位于东西主轴线上的这个宫内的主要厅堂完成于1687年，其宏伟和壮观都超过了弗朗索瓦一世时期枫丹白露宫的同类廊厅。厅长73米，高13米，宽约10米，实为一长廊。其内部装饰

负责人为勒布朗。朝向花园一面有 17 个拱形巨窗，内墙上有同样数目形式相同的镜窗与之对应。镜片总数达 578 面，幅面为当时能制造的最大尺寸。窗间墙上出壁柱，柱身由绿色大理石制作。科林斯柱头铜制镀金，并按柯尔贝尔的要求，于古典母题内加进了雄鸡和百合花的题材（分别象征法国及其王室），成为所谓“法兰西柱式”(ordre français)。檐壁之上饰以盾牌等兵器图案。天棚拱顶上，分格满绘壁画，画面暖色为主，歌颂路易十四亲政后头 17 年（1661~1678 年）的业绩。寓意组画表现到奈梅亨和约为止的法国历史场景。

镜厅两端分别为战争厅和和平厅。各厅装饰均为早期路易十四风格，以彩色大理石、青铜作为主要装饰材料。厅内绘画表现从比利牛斯条约到奈梅亨和约期间的国王生平。北侧战争厅为从各接待厅到中央镜厅的过渡厅堂（图 3-484、3-485)。墙上椭圆形的巨型浮雕为安托万·柯塞沃克的作品，表现路易十四战胜强敌的场景。南面与战争厅对称的和平厅则颂扬在国王统治下获得的和平（图 3-486、3-487)。

镜厅和相邻的这两个厅构成一系列朝向花园的豪华厅堂，为宫内最重要的公共活动场所。宫廷盛典、重大仪式、接见外国使节及贵宾等，均在此举行。通过它们的窗口，可远眺建筑东西主轴，即所谓“太阳轴”上

本页及左页：

（上）图 3-526 凡尔赛 宫殿。西北面俯视全景

（左下）图 3-527 凡尔赛 宫殿。中央形体及南翼西面俯视景色

（中下及右下）图 3-528 凡尔赛宫殿。西立面（花园立面，中央部分）及跨间立面（立面图取自 Wilhelm Lübke 及 Carl von Lützow：《Denkmäler der Kunst》，1884 年；跨间立面据 A.Choisy）

本页及右页：

(上) 图 3-529 凡尔赛 宫殿。西立面中央部分全景

(下) 图 3-530 凡尔赛 宫殿。西立面中央部分及北翼全景

的壮丽景色，欣赏倒映在大运河中的落日余晖。无数镜子反射的阳光或烛光更成为镜厅室内最富魅力的景观。室内的奢华装饰和为提高照明和光影效果而安装的这批镜子，已经预示了洛可可风格的作风。

原来宫殿中央的凹进部分在用镜厅及两端的厅堂补齐后，勒沃原设计的建筑外观及其尺度已不复存在。沿最初内院（大理石院）周围布置的路易十三的老宫于1684~1701年经阿杜安-芒萨尔改造后，成为国王的专用套房。路易十四的卧室位于象征太阳运行路线的东西中轴线上，朝向太阳升起的方向，似乎是以此暗示国王每日的活动进程和太阳的运行遥相呼应（图3-488~3-490）。这位“太阳王”，当时欧洲的中心人物，战争与和平的主宰，正是在这里，像阿波罗神在自己的领地一样，度过自己的日日夜夜；从早上在东面的卧室里起床，直到傍晚在西面的台地上散步（他自1701年在此定居，直至1715年病逝）。

从1701年开始直至1789年法国大革命爆发，国王早晚接见仪式大都在这里进行。除国王套房外，其他专用房间还有十余个，包括内室、图书馆等（图3-491）。王后玛丽-泰蕾莎的套房（包括卧室、卫队室、贵族沙

本页：

（上下两幅）图 3-531 凡尔赛 宫殿。西立面中央部分近景及宫前平台瓶饰

右页：

图 3-532 凡尔赛 宫殿。西立面中央部分细部

龙等，图 3-492~3-497）位于南面和平厅以东勒沃时扩建的区段内（这位王后在那里一直住到去世，以后许多王公夫人也住在这里，法国国王路易十五及西班牙国王菲利浦五世均诞生于此）。北翼布置公共活动的房间(即所谓“大厅堂”，图 3-498~3-502)，这部分以“使节梯”和赫丘利厅作为结束，亦为举行官方仪式和接待的场所。“使节梯”为法国巴洛克时期第一个也是最重要的一个用于典礼仪式的这类建筑，可惜现已无存。

本页：
图 3-533 凡尔赛 宫殿。西立面边廊近景（顶层窗仅开向镜厅及其他厅堂的屋顶部分）

右页：
（上）图 3-534 凡尔赛 宫殿。西立面北端与北翼景色

（下）图 3-535 凡尔赛 宫殿。西立面南端与南翼景色

由三翼组成的这个中央形体形成一个三合院式的建筑，围成三个宽度向外逐渐扩大的院落。周围布置国王用房的大理石院为三个广场最顶端的一个（图 3-503~3-509），前面依次为大臣院和国王院。位于中心深处的大理石院因铺地用黑白大理石得名，在路易十三时期即为建筑中心（当时建筑师为菲利贝尔·勒鲁瓦，1980 年经修复）。其地面比大臣院和国王院高五步台阶。朝大理石院的立面在路易十四时期由路易·勒沃和阿杜安-芒萨尔主持重修。为了满足豪华的需求，增添了栏杆、雕像、胸像及瓶饰。主立面带镀金栏杆的阳台由四对柱子支撑。

阿杜安-芒萨尔接着在"国王院"两侧，沿南北横向轴线增建了南翼（1678~1681 年，君王梯：图 3-510、3-511）和北翼（1684~1689 年），以满足数量不断膨胀的廷臣的需要。就这样将宫殿扩大了两倍，勒沃最初的"完整"体量现被改造成新建筑的一个巨大的中央凸出形体。新立面总长逾 400 米，延展长度达到 580 米（图 3-512~3-515）。如此形成的建筑群，不再是一个单一的宏伟形体，而是一个群组，从东部入口面开始，形成不断变幻的舞台场景（图 3-516~3-525）。

朝向花园的西立面保留了原来立面的分划体系，高度划一，一式平顶到头，意大利作风显著（在这样的构图中，平屋顶显然具有特殊的意义），与入口一面格调相异（图 3-526~3-540）。一、二层圆券窗比例狭长，顶楼层矩形窗高度骤减，整体形成稳定的造型。立面划分依古典规章：基座层粗面石墙，突出条带的水平分缝；

本页及右页：

（下四幅）图 3-536 凡尔赛 宫殿。西立面底层拱心石细部（表现从青年到老年的各个阶段）

（上）图 3-537 凡尔赛 宫殿。中央形体南侧立面及南翼西立面

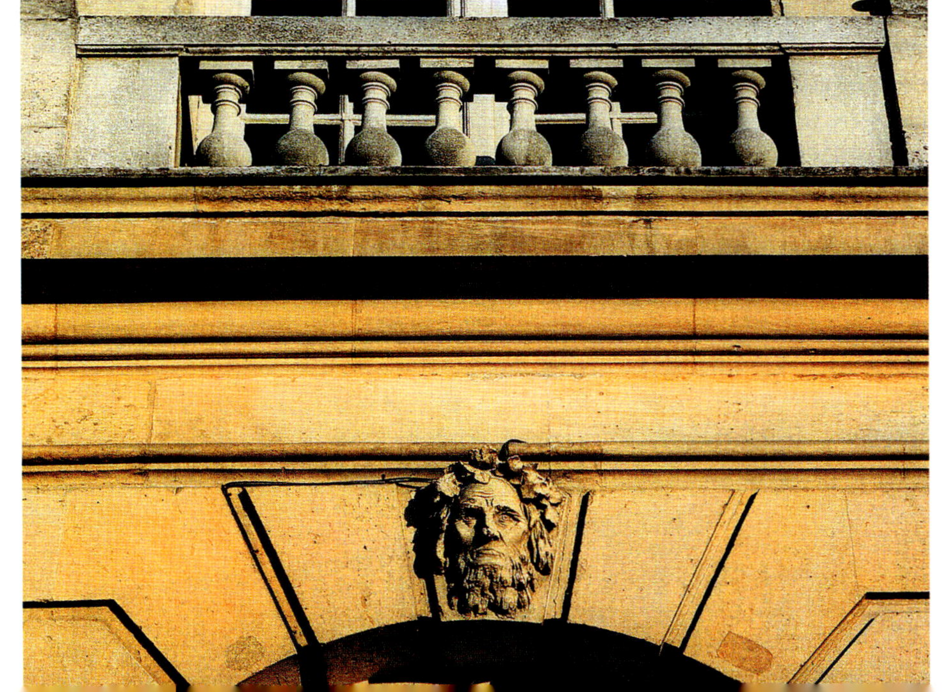

(上) 图 3-538 凡尔赛 宫殿。中央形体南侧立面细部

(下) 图 3-539 凡尔赛 宫殿。自西面望南翼景色

(上) 图 3-540 凡尔赛 宫殿。自西北方向望南翼

(下) 图 3-541 凡尔赛 宫殿。北翼宫廷礼拜堂(1699~1710年，建筑师阿杜安-芒萨尔及罗贝尔·德科特)，平面(图版作者P.Lepautre)

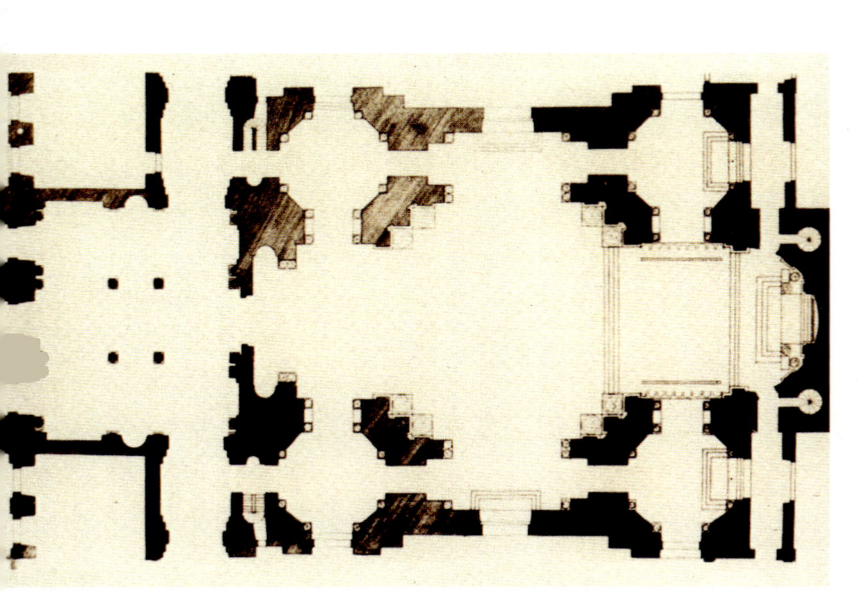

(左上）图 3-542 凡尔赛 宫殿。北翼宫廷礼拜堂，阿杜安 - 芒萨尔方案设计（约 1684 年，原稿现存巴黎国家图书馆）

（下）图 3-543 凡尔赛 宫殿。北翼宫廷礼拜堂，剖面（图版作者 P.Lepautre）

（右上）图 3-544 凡尔赛 宫殿。北翼宫廷礼拜堂，东北侧外景（近景为宫殿北翼）

（上）图 3-545 凡尔赛 宫殿。北翼宫廷礼拜堂，自北翼院落望去的景色

（下）图 3-546 凡尔赛 宫殿。北翼宫廷礼拜堂，屋顶细部（哥特式的飞扶壁被赋予古典建筑的造型）

本页：
图 3-547 凡尔赛 宫殿。北翼宫廷礼拜堂，上层廊道内景

右页：
图 3-548 凡尔赛 宫殿。北翼宫廷礼拜堂，自上层廊道望祭坛景色

上层门窗间饰爱奥尼壁柱。檐壁及女儿墙贯通立面全长，总体水平线条特征明显。但因中央主体部分向前凸出，将整个立面分成三段；每段之内，下两层每隔一段距离布置小的体量凸出，因而立面并不显得呆板单调。其凸出部分二层均设立爱奥尼柱，成一狭窄柱廊，顶部相对立柱位置设雕像，因而在平直的立面上创造了一

图 3-549 凡尔赛 宫殿。北翼宫廷礼拜堂，拱廊及柱廊近景

定的光影变化。平顶女儿墙柱墩上，作为战利品的兵器饰与瓶饰按一定的韵律和节奏相间配置，在一定程度上也起到了丰富天际线的作用。

这种构图形制可上溯到布拉曼特的宫殿设计（1500 年后）。但由于壁柱之间全辟作高大的圆券洞口，形成法国特有的“门连窗”，整面墙几乎可看作是一个镶玻璃的拱廊（勒沃最初采用矩形窗，但芒萨尔显然希望进一步扩大装玻璃的面积改用了圆券头）。从外墙窗户透进来的光线和内侧墙面镜子的反光融汇在一起，使大厅显得十分敞亮、轻快。意大利人则很少采用这种做法。如此形成的整个立面犹如“框架”。凡尔赛就这样，作为一个“玻璃建筑”（maison de verre），成为采用通透结构的哥特教堂和 19 世纪大型铸铁和玻璃建筑之间的联系环节。

图 3-550 凡尔赛 宫殿。北翼宫廷礼拜堂，底层回廊内景

凡尔赛的这个立面至今仍保持着蔚为壮观的景象。同样的分划及门窗布置方式在立面上不断重复，使整个建筑成为一个韵律单一的简单体系，突出了这种统一但不免显得有些单调的特色。这种延伸具有“不确定”的性质，但它同样是某些近代建筑的特性。可以说，正是这种延伸本身构成了它的主要母题；在这里，显然不能用通常所谓比例良好的“完整”形体的概念来进行评价。

1699 年及以后

位于北翼的宫殿礼拜堂（平面、剖面及设计方案：图 3-541~3-543；外景：图 3-544~3-546；内景：图 3-547~3-554）是法国后期巴洛克建筑最引人注目的实例之一。这是阿杜安 - 芒萨尔主持建造的最后一个教堂。建筑始建于 1699 年，1710 年由罗贝尔 · 德科特完成。它和埃尔埃斯科里亚尔教堂一样，均为宫廷礼拜堂，

但和埃尔埃斯科里亚尔的布局相反，只是位于偏僻的一角：既没有布置在中心，也没有强调对称或具有任何凸出的垂直部件（尤为意味深长的是，芒萨尔曾打算为宫殿配置穹顶以歌颂具有“神权”的专制王朝）。

在这个教堂里，阿杜安-芒萨尔的才智得到了充分的发挥，其风格的明晰和确定在这个设计上表现得格

本页：

图 3-551 凡尔赛 宫殿。北翼宫廷礼拜堂，仰视内景

右页：

图 3-552 凡尔赛 宫殿。北翼宫廷礼拜堂，拱顶仰视全景（拱顶画作者 Antoine Coypel，1709 年）

（上）图 3-553 凡尔赛 宫殿。北翼宫廷礼拜堂，主祭坛（青铜镀金装饰作者 Corneille Van Cleve，1708~1709 年）

（下）图 3-554 凡尔赛 宫殿。北翼宫廷礼拜堂，沙龙内景（由此通向国王廊台）

外明显。设计任务要求有两层：底层供廷臣和公众使用，门厅朝向院落；上层廊台供国王使用，和他的套房直接相通。礼拜堂主体部分平面长方形并带半圆形后殿，多边形回廊下层拱廊由柱墩支撑，上层科林斯柱（为法国这类柱子中最美的范例）上承楣梁及筒拱顶。柱墩、柱子和墙面色彩素净，与镀金装饰、拱顶彩绘（作者夸佩尔）及地面镶拼图案相结合，形成了庄重典雅的室内氛围。外部则保留了一些哥特建筑的特色。

以巴黎小圣堂为范本的这个礼拜堂，汇集了古代、中世纪及巴洛克各种风格的部件。在这里，芒萨尔解决问题的方式有些类似卢浮宫的立面：不仅构图明确，实体基座和“通透”上层的关系也都相似。整个空间具有“哥

（上）图 3-555 凡尔赛 宫殿。剧院（1742 年，雅克 - 安热 · 加布里埃尔设计），内景（版画，取自 Charles Gavard：《Versailles，Galeries Historiques...》，1838 年）

（下）图 3-556 凡尔赛 宫殿。剧院，朝舞台望去的景色

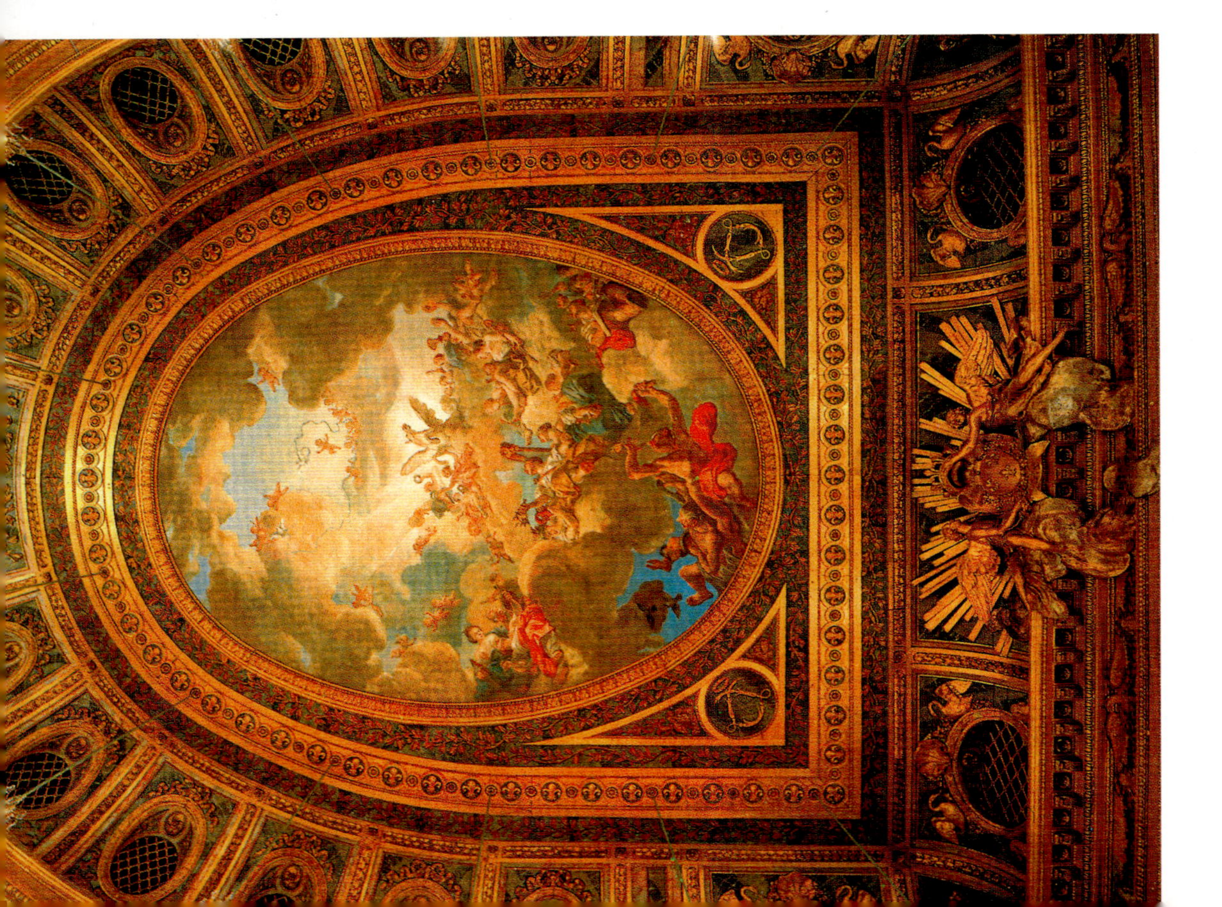

本页：

（上）图 3-557 凡尔赛 宫殿。剧院，朝观众席及包厢望去的景色

（下）图 3-558 凡尔赛 宫殿。剧院，仰视全景

右页：

（左上）图 3-559 凡尔赛 宫殿。宫内表现太阳王（路易十四）徽章的装饰细部

（下）图 3-560 凡尔赛 宫殿。花园内表现太阳王的瓶饰（带太阳光芒的阿波罗神像，为路易十四的象征）

（右上）图 3-562 扮演阿波罗的路易十四（取自 Henri Gissey：《Le Ballet de la Nuit》，1653 年，原作现存巴黎国家图书馆，路易十四时年 15 岁）

特式”的比例，表明其主人是凌驾于臣民之上的真正君主。这个礼拜堂和宫殿本身一样,以后曾被大量效法(如吕内维尔)，特别是室内装饰，对接下来几十年的这类建筑均有影响。随着卢浮宫立面和凡尔赛宫礼拜堂的建造，法国的古典建筑也达到了自己的顶峰。这两个作

（上）图 3-561 凡尔赛 宫殿。中央形体屋顶上带王冠及太阳王徽章的顶饰

（下)图 3-564 凡尔赛 园林。中轴线俯视全景(自东向西望去的景色：依次为中央平台及其水池、拉托恩台地、“绿地毯”、阿波罗水池和大运河）

图 3-563 凡尔赛 克拉涅水池。17 世纪景色（版画，作者 Israël Silvestre，1674 年，在路易十四统治初期，这里是凡尔赛的主要水源地，画面远方自右至左可依次看到宫殿、勒沃于 1663 年建造的水泵站及城镇的宅邸）

图 3-565 凡尔赛 园林。中轴线俯视景色（自东向西，自阿波罗水池至大运河）

(上)图 3-566 凡尔赛 园林。中央平台（水台地，自宫前台地中轴线上向西望去的景色）

(下) 图 3-567 凡尔赛 园林。中央平台（水台地，自西面望去的景色）

品可说是完美地体现了 17 世纪法国理性和先验的体系精神。

1742 年，雅克 - 安热 · 加布里埃尔再次为路易十五制定了全面改建宫殿的计划，但它并没有导致实际的成果，其改造仅限于“剧院”（图 3-555~3-558）和“小特里阿农”。

对凡尔赛宫，人们的认识和评价从未统一，一方面是游人对它魅力的赞赏，另一方面是评论家从尊重“古典规章”的角度对它的负面评价。尽管在某些方面，凡尔赛并不完全符合传统建筑的评价标准，但应该承认，这组宫殿体现了巴洛克时代的基本意图，代表了欧洲宫堡建筑的最高成就，不仅因为它的规模、豪华和排场，

(上)图 3-568 凡尔赛 园林。中央平台（水台地），水池边青铜塑像：塞纳河（作者 Étienne Le Hongre）

(下)图 3-569 凡尔赛 园林。中央平台（水台地），水池边青铜塑像：卢瓦尔河（作者 Thomas Regnaudin）

（上）图 3-570 凡尔赛 园林。中央平台（水台地），水池边青铜塑像：加龙河（作者 Coysevox）

（下）图 3-571 凡尔赛 园林。中央平台（水台地），水池边青铜塑像：罗讷河（作者 Tuby）

以及其设计观念的先进，更主要的是因它充分体现了绝对君权的理想（和欧洲其他地方相比，法国在这方面表现得格外突出）。它并不是一个谦卑的凡人宫廷，如西班牙腓力二世的埃尔埃斯科里亚尔那样（后者既是宫邸也是修道院），而是永恒权力的象征，是“太阳王”的宫邸（图 3-559~3-561）。路易十四虽然也像腓力二世

（上下两幅）图 3-572 凡尔赛 园林。中央平台（水台地），水池边象征支流的青铜塑像

那样，希望远离城市，可他并不想把宫廷变成修道院，相反，他要建造一座堪称国王宫邸的别墅。在加洛林时期，别墅不过是一些位于乡间的房产；而凡尔赛则成为由花园环绕着的真正宫殿，一个完美的艺术品，其奢华不亚于任何东方君主的殿堂。事实上，这组宏伟的建筑群的终极中心，就是最高统治者的那张床。凡尔赛就这样，成为 17 世纪法国那种绝对权力和“开放”相结合的国家体制的真正象征。

凡尔赛是几代艺术家合作的成果。早期曾参与建造沃 - 勒维孔特府邸的建筑师，如勒沃、勒布朗和勒诺特，正是以这个府邸为榜样，在更大的范围内施展他们的抱负和才干，改造自然，创造理想中的象征世界。以

（上）图 3-573 凡尔赛园林。中央平台（水台地），水池边青铜塑像：宁芙（作者 Magnier）

（下）图 3-574 凡尔赛园林。中央平台（水台地），西侧狄安娜雕像及水池

(上)图 3-575 凡尔赛园林。中央平台（水台地），西侧水池边野兽群雕：狮子和狐狸（作者 Jean Raon，1687 年，四组类似群雕对称布置在“拂晓”和“黄昏”池边）

(中) 图 3-576 凡尔赛园林。中央平台前通向拉托恩台地的大台阶

(下) 图 3-577 凡尔赛园林。拉托恩台地及其喷水池（版画，取自《The French Millennium》，2001 年）

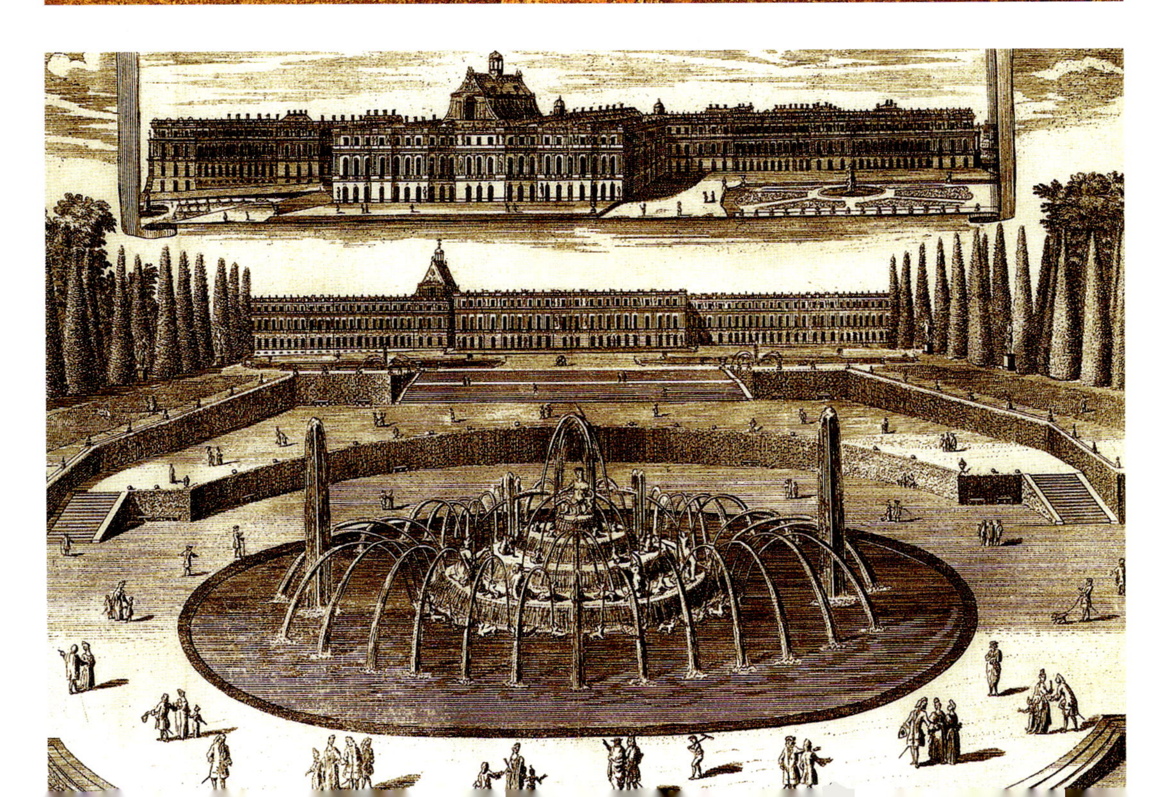

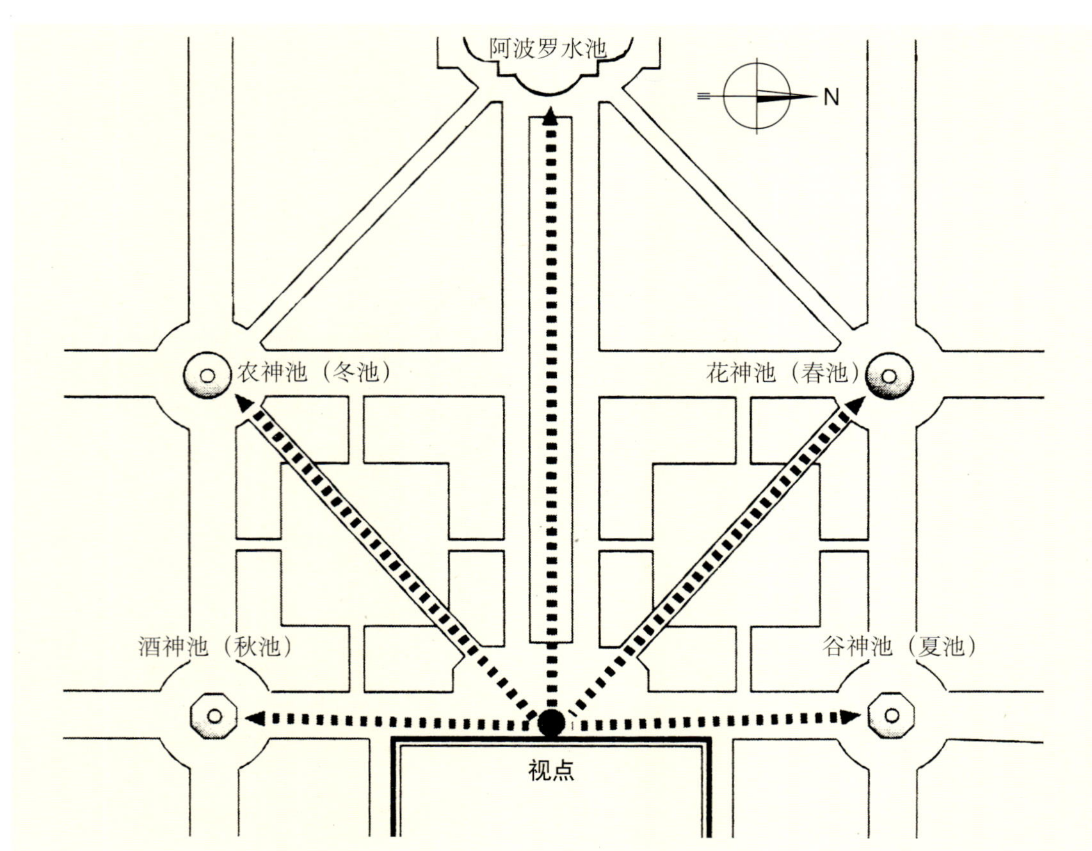

本页：

（上）图 3-578 凡尔赛 园林。拉托恩台地，喷水池（1666 年，勒诺特设计，版画作者 P.Lepautre，表现其最初状态，1686 年经阿杜安 - 芒萨尔改造，现场雕刻现已为复制品取代）

（中）图 3-579 凡尔赛 园林。拉托恩台地，视线分析图（以台地喷水池为视点，取自 Laurie Schneider Adams：《Key Monuments of the Baroque》，2000 年）

（下）图 3-580 凡尔赛 园林。拉托恩台地，现状全景（向西面大运河望去的景色）

右页：

图 3-581 凡尔赛 园林。拉托恩台地，喷水池近景（自中轴线西望景色，原雕像面对宫殿，经阿杜安 - 芒萨尔改造转了 180° 朝向大运河）

后长时期对工程负全责的阿杜安 - 芒萨尔的贡献尤为突出。事实上，他所有世俗建筑作品，都基于同一个形式原则，体现了巴洛克空间的某些基本观念。为了达到这些目标，他使所有的要素都回归其“本质”状态，仅采用简单的古典部件作为建筑的分划手段。芒萨尔的开放机制和瓜里尼的有所不同。他并不是重复空间“单元”，而是由单一的“结构”体系组成。这也是芒萨尔经常被人们看作是“古典”派的缘由。实际上，其总体形制和

图 3-582 凡尔赛 园林。拉托恩台地，喷水池，西南侧景观

图 3-583 凡尔赛 园林。拉托恩台地，喷水池，自西面望去的景色

（上）图 3-584 凡尔赛园林。拉托恩台地，喷水池，细部

（下）图 3-585 凡尔赛园林。“绿地毯”，向大运河方向望去的景色

完美形式的古典理想可说是相去甚远。然而，芒萨尔的作品和 20 世纪人们关于“开放”和不确定性的理想，还是相近的。从这里也可看出，巴洛克建筑在许多方面，都预示了近代建筑的诞生。

[园林及附属建筑]

地位、作用及象征意义

对于宫殿的外部环境来说，建筑和花园之间的联

左页：

(上)图 3-586 凡尔赛 园林。“绿地毯”，向东面宫殿方向望去的景色

(下) 图 3-587 凡尔赛 园林。阿波罗水池及大运河（版画，作者 Pérelle）

本页：

(上) 图 3-588 凡尔赛 园林。阿波罗水池，18 世纪早期景色（油画，作者 P.-D. Martin，原作现存凡尔赛博物馆，表现路易十四在园中游览的情景，背景为大运河）

(下) 图 3-589 凡尔赛 园林。阿波罗水池，现状（朝东面宫殿方向望去的景色）

系自然是设计中首先要考虑的问题。和宫殿一样，花园的布置要符合礼仪的要求，还要纳入许多寓意的内容。它要在礼仪规章允许的范围内，尽可能为消遣娱乐服务，同时要为大量的宫廷节庆活动提供优美的自然环境和背景。

在这些活动中，将太阳王视为阿波罗的化身一直是重要的主题。它并不仅仅是自神话演绎出的一场游戏，而是出自某种政治上的考量：作为缪斯诸神[25]的引导者和宇宙和谐的创建者，阿波罗正好体现了企望成为新的基督教世界统治者的路易十四的目标和理想。在塑

左页：

（上）图 3-590 凡尔赛 园林。阿波罗水池，朝西面运河方向望去的景色

（下）图 3-591 凡尔赛 园林。阿波罗水池，东侧近景

本页：

（上）图 3-592 凡尔赛 园林。阿波罗水池，南侧景色

（中及下）图 3-593 凡尔赛 园林。阿波罗水池，北侧近景

图 3-594 凡尔赛 园林。阿波罗水池，喷水时全景

图 3-595 凡尔赛 园林。阿波罗水池，近景

造太阳王的形象上，花园所起的作用实际上并不亚于宫殿本身。那些充满激情的小品建筑、供休闲消遣的亭阁、各式各样的喷泉、棚架及雕刻，都在贯彻这一主导思想并成为举行盛大节庆活动的理想场所。早在1664年，老基址扩大之前，这里就举行过一次名为“狂欢岛娱乐”(Plaisirs de l'île enchantée)的活动，搭建了无数临时建筑，其中尤以木构凯旋门居多。为了向王后——或更准确地

（上）图3-596 凡尔赛 园林。大运河（版画，作者Jean Lepautre，1676年，原作现存凡尔赛国家博物馆，表现1674年8月18日运河区放焰火时的场景）

（中）图3-597 凡尔赛 园林。大运河，俯视全景（自东面望去的情景，前景依次为拉托恩台地喷水池雕像、“绿地毯”和阿波罗水池）

（下）图3-598 凡尔赛 园林。大运河，边上的林中步道

左页：
图 3-599 凡尔赛 园林。北副轴，俯视全景（自北面望去的情景，前景为海神池，后面依次为龙池、泉水林荫道、金字塔喷泉和北花坛）

本页：
(上) 图 3-600 凡尔赛 园林。北副轴，北花坛入口（北望全景）

(下) 图 3-601 凡尔赛 园林。北副轴，北花坛，向东面宫殿北翼望去的景色

说，是向路易十四的情人拉瓦利埃小姐[26]——表示敬意，盛大的演出持续了数日。第三天节庆活动达到高潮，举行了盛大的焰火晚会。国王本人亦参加了这次演出并扮演骑士罗杰。事实上，路易十四年轻时（1651~1659 年）曾多次登台表演：在《宫廷芭蕾》里跳舞，扮演阿波罗等（图 3-562）。

（左上）图 3-602 凡尔赛 园林。北副轴，北花坛，冬季向西南方向望去的景色

（右上及下）图 3-603 凡尔赛 园林。北副轴，金字塔喷泉（1668~1670年，作者 François Girardon），上为 Le Brun 最初的设计图

(上) 图 3-604 凡尔赛 园林。北副轴，泉水林荫道（前景为龙池雕刻，背景可看到金字塔喷泉及北花坛）

(下) 图 3-605 凡尔赛 园林。北副轴，海神池（1678~1682年，设计人勒诺特，但未完成，后期工程直至 1740 年），全景

（上下三幅）图 3-606 凡尔赛 园林。北副轴，海神池，雕刻及瓶饰细部

凡尔赛并不仅仅是用作王室所在地或休闲娱乐的场所，它同样展现了一种新的空间布局方式，以此作为国家乃至世界新秩序的象征。花园中心区的规划就是为了象征性地表现这种世界的新秩序。在路易十四晚年，他设想了一个通向其花园各主要"站点"的行程。在穿过镜厅之后，人们从宫殿出发到达台地，在它前面，是勒诺特设计并于 1683~1685 年由阿杜安 - 芒萨尔完成的两个矩形水池（见图 3-566）。从这里，人们可以远望整个中轴线：从阿波罗水池、大运河直到远方的地平线；世界就这样表现为一个有序的空间，在阳光照耀下，天空浮映在水面上；镜厅的镜面将这些光影变化引进到室内，使内外融汇成一个整体。离阿波罗铜像（为一古

(上及中）图 3-607 凡尔赛 园林。南副轴，俯视全景（上下两幅分别为自南向和东北向望去的景色）

(下）图 3-608 凡尔赛 园林。南副轴，花坛（自东北方向望去的景色，远处可看到通向橘园的百步梯）

（上）图 3-609 凡尔赛 园林。南副轴，橘园，自南偏西方向望去的景色（路易十四时期的油画，作者佚名，凡尔赛博物馆藏品，左侧为百步梯）

（下）图 3-610 凡尔赛 园林。南副轴，橘园，自南花坛平台南望景色（远方水面为瑞士卫队湖）

代造像的复制品）和橘园（为阿杜安-芒萨尔的杰作，1684~1686年）不远处，是1666年勒诺特设计的迷宫区。其内小径错综复杂，喷泉皆取动物造型。据当时的文献记述，迷失在其中倒也乐趣无穷。参观者就这样，要经过25个诸如此类的站点，欣赏相关的神话场景、园林和植物景观。

整治及扩建

作为法国古典园林的代表作品，凡尔赛花园（主要设计人勒·诺特）主要建于17世纪。它可认为是此前一百多年相关设计演进的最终成果。文艺复兴初期的花园尚保持着中世纪“封闭式园林”（拉丁文：hortus conclusus）的特色，但为了表现所谓“理想的自然”，已开始引进了几何规划的要素，和当时的“理想城市”互相呼应。在16世纪，这种静态完美的观念已开始被更富有想象力更具有神秘色彩的境界取代。

1668年，皮埃尔·帕特尔绘制了一幅油画，表现当时自空中俯瞰凡尔赛宫殿及园林的景色（图3-453）。图示自东向西望去的情形，远方可看到群山的剪影，南北

（上）图3-611 凡尔赛 园林。南副轴，橘园，自西南向望去的现状景色

（下）图3-612 凡尔赛 园林。南副轴，橘园，百步梯

（本页上）图 3-613 凡尔赛园林。南副轴，橘园，内景

（本页下及右页）图 3-614 凡尔赛 园林。北林区：右页示“花神池”（春池，1672~1679 年，雕刻作者 Jean-Baptiste Tuby）；本页下为“谷神池”（夏池，1672~1679 年，雕刻作者 Régnaudin）

两面为起伏的山坡封闭。不过，这幅“全景图”实际上并没有包括花园所伸展的全部地域：它还要延伸到群山后面地平线以外的地方。前景可看到形成建筑群枢纽的宫殿，从这里如太阳光芒般辐射出几条大道（以后通过几次规划，引进了新的分划体系）。整个构图分成三个部分。第一部分即现在所谓“小公园”，是“太阳王”的父亲路易十三委托雅克·布瓦索按1661年平面（所谓“Plan de Bus”，是目前所知有关凡尔赛的最早平面）完成的区域，为一面积93公顷周围绕以树丛的大花坛，西面以一条穿过阿波罗水池的横向大道为界。第二部分由现在的“大公园”组成，面积要比第一部分大10倍。从皮埃尔·帕特尔的画上看，它应该延伸到大运河以外

的地平线处。最大的第三部分面积 6500 公顷，即作为狩猎区的所谓“老大公园”。

花园整治和扩建的第一阶段——也是最重要的阶段——自 1661 年持续到 1680 年（图 3-441）。人们以道路为界，安排了 15 个各具特色的园区。在 1679 年勒诺特规划的“源头区”，曲折的小径沿着无数的溪流蜿蜒前行，和严格遵循几何图形的总平面迥然异趣。1684 年接任的芒萨尔，将这部分废弃，改建成了一圈柱廊（图 3-617~3-620）。

同年，国王任命芒萨尔担任工程的艺术指导。芒萨

（上下两幅）图 3-615 凡尔赛 园林。南林区：上、“酒神池”（秋池，雕刻作者 Gaspard 和 Balthasar Marsy）；下、“农神池”（冬池，1672~1677 年，雕刻作者 François Girardon）

（上）图 3-616 凡尔赛 园林。南林区，“舞厅林”

（下）图 3-617 凡尔赛 园林。“柱廊”（1684 年，阿杜安 - 芒萨尔设计，版画取自 J.Mariette：《Architecture Françoise》）

尔当即把设计的方向转向古典造型。他不再采用石头的承重墙，而是代之以铺种草皮的堤面。

水的供应是当时的一大问题。从 1664 年开始，人们通过马拉水泵把克拉涅湖（图 3-563）的水引进凡尔赛花园（以后，人们还利用了勒沃的蓄水池）。但由于宫殿和花园的需求量甚大，水量很快便显不足。人们立即寻找新的水源，并在 1680 年代，利用风车作为水泵。甚至在水池边建造水塔，为喷泉供水和灌溉各个园区。在 1678~1685 年，人们又开凿了许多排水渠，为凡尔赛周围的大量池塘及沼泽地排水。这些水被送到各个水池里，然后通过运河汇集到几个为宫殿和园区供水的水库内。

（上）图 3-618 凡尔赛 园林。“柱廊”，现状场地全景

（下）图 3-619 凡尔赛 园林。“柱廊”，廊道及喷水盆

图 3-620 凡尔赛 园林。“柱廊”，廊道内景

图 3-621 凡尔赛 园林。各类神像柱（自左至右：农牧神，花神，畜牧神，作者 Nicolas Poussin）

右页：

（左）图 3-622 凡尔赛 园林。雕刻：该尼墨得斯（宙斯的酒童，美少年的象征，作者 Laviron，1682 年）

（右两幅）图 3-623 凡尔赛 园林。寓意雕刻：上、忧郁（作者 La Perdrix，1680 年）；下、轻风（作者 Étienne Le Hongre，1685 年）

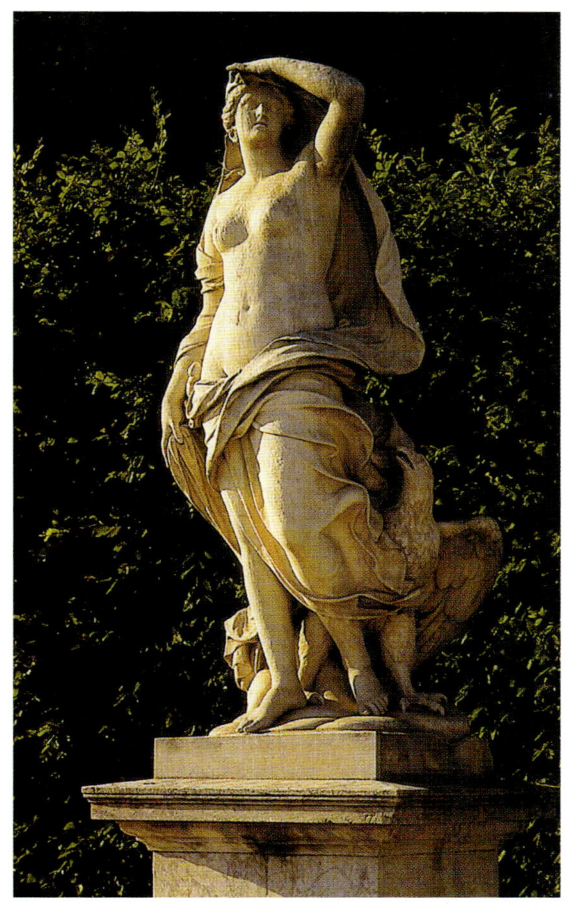

路易十四1715年去世后，路易十五继续对花园进行维护。在几十年期间，园林有了很大的变化：随着树木的成长，有的已不可能再进行水平方向的修剪。对路易十五来说，特里阿农是个理想的避静处所，他在那里安置了一个家养动物园。

有关花园建造各阶段的详细情况，可参阅后面的

本页：

（上）图 3-624 凡尔赛 园林。寓意雕刻：太阳马（作者 Gaspard 和 Balthasar Marsy，1668~1675 年）

（下）图 3-625 凡尔赛 园林。雕刻小品：小天使

右页：

图 3-626 凡尔赛 园林。四季雕刻：1、春（1675~1681 年，作者 Philippe Magnier），2、夏（1675~1679 年，作者 Pierre Hutinot），3、秋（1680~1699 年，作者 Thomas Regnaudin），4、冬（1675~1686 年，作者 François Girardon）

图 3-627 凡尔赛 园林。各类瓶饰（1665~1669 年）

右页：图 3-628 凡尔赛 园林。群雕：阿波罗和宁芙（作者 François Girardon 和 Thomas Regnaudin）

大事年表。

现存园林概况及特点

现存花园规模极大：宫后小花园部分面积100公顷，包括运河和特里阿农宫区在内，外围墙所围总面积约600公顷。历史上宫区面积还要更大：第二帝国时期最大达到1700公顷，外部还有供帝王狩猎用的大公园（所谓“老大公园”），包括圣西尔、雷内穆兰或马利这样一些村落在内，面积6500公顷；该区由一道长43公里的城墙围护，墙上开22个城门。

花园主体部分布置以东西向大轴线——“太阳轴”为中心，两边布局大致取均衡态势。主轴线上依次布置中央平台（水台地）、拉托恩台地、“绿地毯”、阿波罗水池、大运河等（鸟瞰全景：图3-564、3-565）。

中央平台紧靠宫后，为轴线上最高部分（图3-566、3-567）。平台上布置大水池两个（成于1684~1685年），池边16个青铜塑像为克莱兄弟铸造（1685~1694年）。两端群雕象征法国各主要河流及其支流（四组男像代表法国主要河流，四组女像代表相应的支流）；中间的表现孩童及山林水泽仙女。雕像与水面宫殿倒影相互衬映，使宫区场面更显壮阔（图3-568~3-573）。台地西侧两端，另设两组喷泉水池。南面一组名“拂晓”，主题雕刻作者为马尔西，另外两座分别名“水”和“春”；北面一组名“黄昏”（女猎神狄安娜，图3-574），主题雕刻出自德雅丹之手，另两座名“风”和“维纳斯”。主要雕刻之外，池边还散置若干姿态生动的动物雕象（图3-575）。

从中央平台向下，通过一个宽大的台阶和两边平缓的坡道即可到达拉托恩台地（图3-576）；台地中央设一大型喷水池（图3-577~3-584）。水池中以拉托恩[27]为题材的雕刻完成于1670年，为宫中最早雕刻群组之一。它和两侧坡道紫杉树前散置的古代雕刻一起，使台地成为轴线上的另一个构图重点。

本页及左页：

（左上）图 3-629 凡尔赛 园林。直接复制古代范本的雕刻群组

（左下）图 3-630 凡尔赛 园林。三泉林图（油画，作者 Jean Cotelle，凡尔赛国家博物馆藏品）

（中及右三幅）图 3-631 凡尔赛 园林。各类喷泉景色

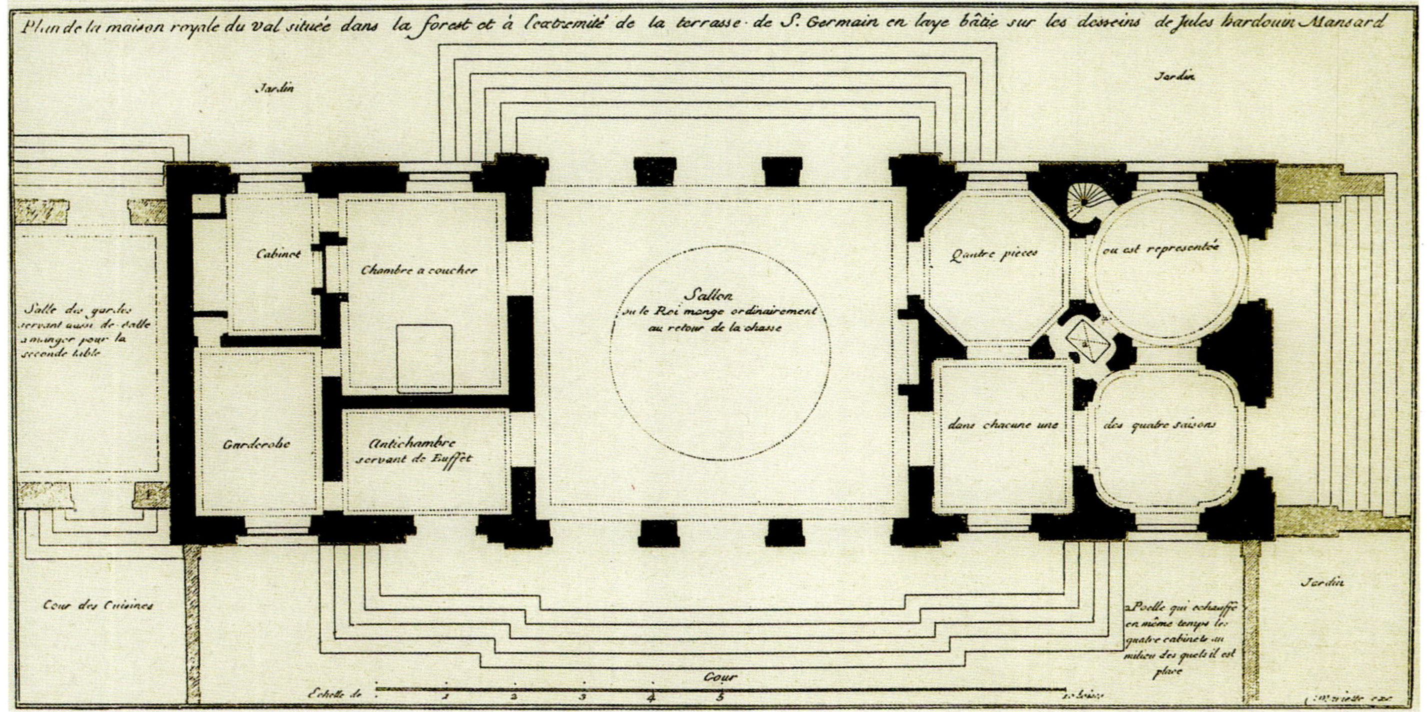

台地以西，一条林荫大道以缓坡向下延伸。坡道中央草地名“绿地毯”（图 3-585、3-586）。道两边成排布置雕像及瓶饰。南侧中央有所谓“黎塞留的维纳斯”，为雕刻家勒格罗斯根据这位主教收藏品中一个古代无头半身像的启示作成。

阿波罗水池位于道路尽端一个半圆形场地中央（图 3-587~3-595）。水池中央喷泉及镀金群像雕刻表现太阳神阿波罗驾着战车自水中跃出的场面，构图动态强烈，气势磅礴，为凡尔赛最精彩雕刻群组之一。特别当喷水的时候，是中轴线上最吸引人的一个场面。水池之后，即 1670 年完成的运河（图 3-596~3-598）。所谓运河，实际上是一个十字形的水池。通过主轴的长臂称大运河，长 1650 米，宽 62 米；与主轴垂直的横臂称小运河，长 1070 米，宽 80 米。十字相交处及长臂两端平面按一定几何形式扩大，构图因此显得更为丰富。

从宫后中央平台开始，中轴线布局层层跌落。中央平台比拉托恩台地和阿波罗水池分别高 10.5 米和 30 米，比大运河水面高 32 米。站在凡尔赛镜厅和前面的平台上，太阳轴上的各种壮丽景色——平台水池、“绿地毯”和大运河——尽收眼底，被轴线从中央一分为二的大森林及远处的地平线一览无遗。

中央平台北侧，与主轴垂直的一条副轴上，依次安排了北花坛、金字塔喷泉、泉水林荫道、龙池及海神池等内容（图 3-599~3-606）。北花坛比中央台地稍低，相

左页：
图 3-632 圣日耳曼昂莱 瓦尔府邸（1674 年，阿杜安 - 芒萨尔设计，已毁）。平面及立面（取自 J.Mariette：《Architecture Française》，1727 年）

本页：
（上）图 3-633 凡尔赛 克拉涅府邸（1676 年，建筑师阿杜安 - 芒萨尔，花园设计勒诺特，已毁）。总平面

（下）图 3-634 凡尔赛 克拉涅府邸。外景（版画，作者 Pierre Pérelle）

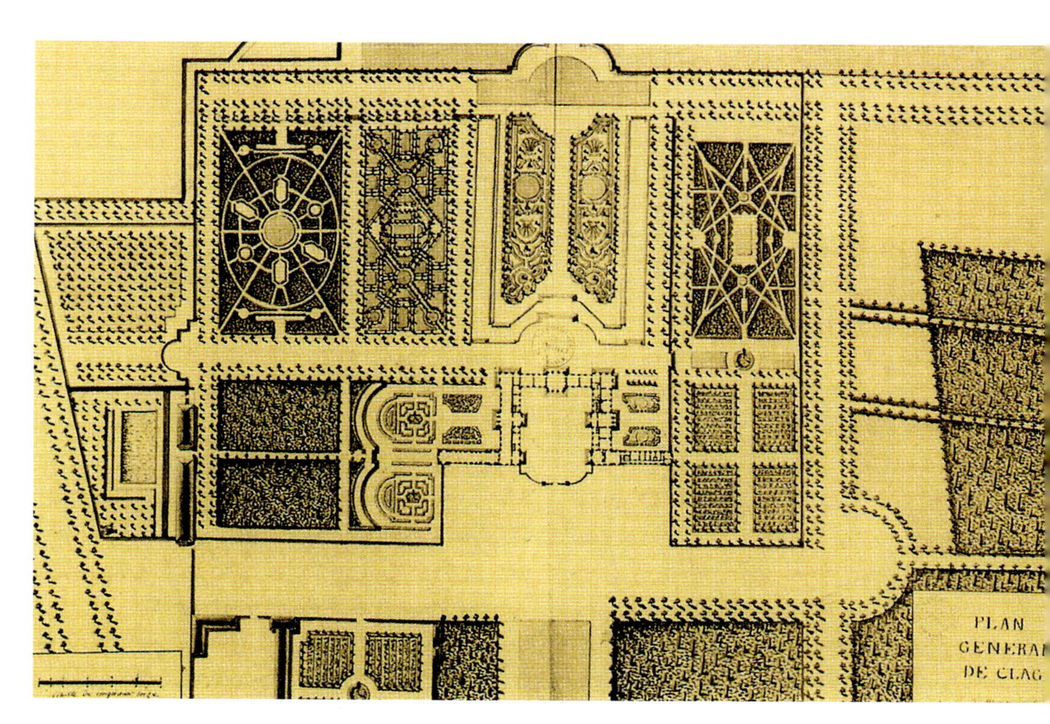

对于宫殿北翼部分。台上满布几何形式的草地花圃，与上部台地通过一段台阶相连。台阶两边青铜雕刻，一名“害羞的维纳斯”，系根据柯塞沃克一个作品模制；一名“磨刀人”，按一古代雕刻铸成。台地西、北两面，有柯尔贝尔于 1674 年向艺术家们定做的几组寓意雕刻，每组皆由 4 座组成。北侧中央有水池两个，主题雕刻均与“海”和“水”有关。圆池名“金字塔喷泉”，海生动物雕刻造型抚媚生动；矩形池称“狄安娜的山林水泽仙

图 3-635 凡尔赛 马利府邸（1676~1686 年，建筑师阿杜安 - 芒萨尔）。全景图（油画，作者 Pierre-Denis Martin，原作现存凡尔赛国家博物馆）

女池”，因池边浮雕而得名。泉水林荫道为一坡道，两边密林夹峙。22 个白色大理石水池沿林边成两行排列。每个池中均出一组青铜雕刻：3 个孩童承托一个玫瑰色大理石水盘。道端龙池系一圆形喷泉水池。中央寓意雕刻除龙体外，均于 1889 年翻修过。轴线最后以海神池作为结束。这是宫区内最大的喷泉水池，平面形式近于半圆，设计人勒诺特。池中以海神及海后为主体的大型群雕建成时代较晚，成于路易十五时期。

中央台地以南为南花坛，与北花坛大体对称。草地花圃亦为几何式构图，惟具体形式有别（图 3-607、3-608）。至于周围环境，则相去甚远。北面为防冷风，四处森林密布；南面则较开敞，自平台上可直望远处萨托里山。花坛下部为温室及橘园，可通过两边“百步梯”到达（图 3-609~3-613）。其室外场地比中央平台约低 17 米。

右页：

（上）图 3-636 凡尔赛 马利府邸。全景（版画，作者 Pierre Pérelle，1680 年）

（下）图 3-637 凡尔赛 马利府邸。国王阁，平面（据 A.A.Guillaumot）

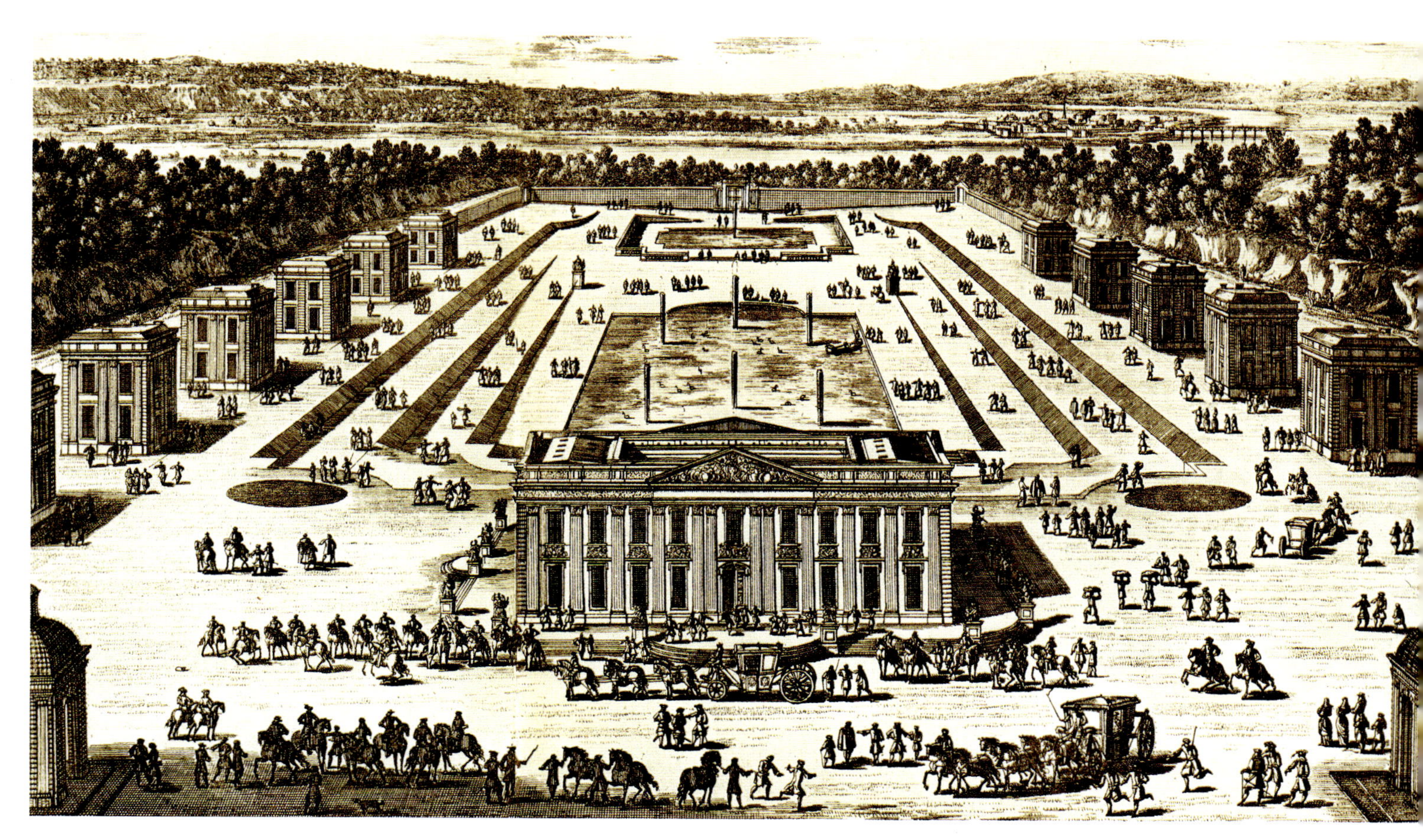

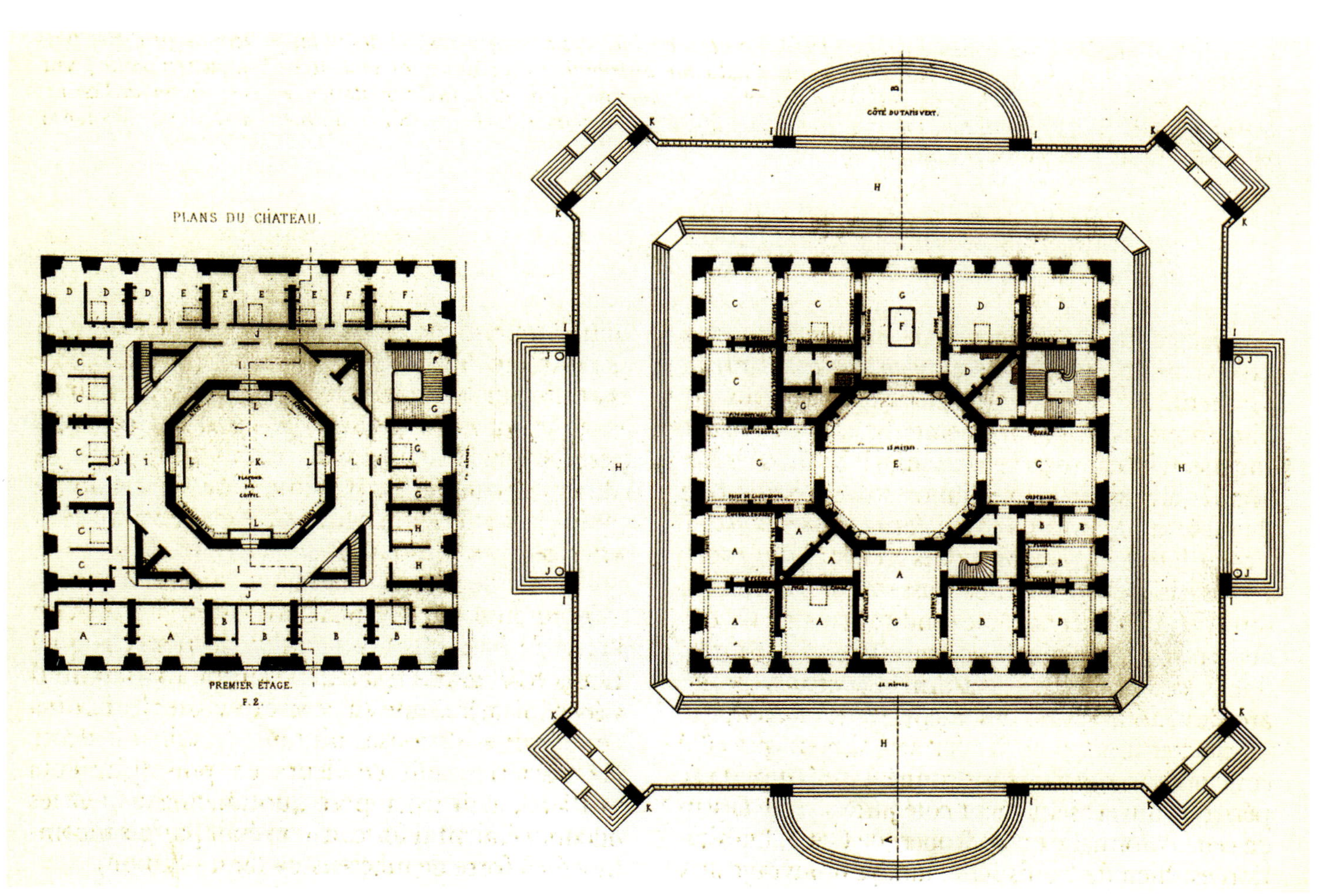
PLANS DU CHATEAU.
PREMIER ÉTAGE.
F. 2.
CÔTÉ DU TAPIS VERT.

中央轴线拉托恩台地及“绿地毯”两侧均为成片树林，分别称为“北林区”及“南林区”。各区中部设平行主轴道路一条，横向道路两条，将面积分成相近的6块。所得道路交叉口4处；按勒布朗设计置喷泉水池（1672~1674年），代表四季（图3-614、3-615）。位于北林区的为“花神池”（春池）、“谷神池”（夏池），位于南林区的为“酒神池”（秋池）、“农神池”（冬池）。池中央喷泉雕刻由四位作者分担。每区六个小块面积内，分别组织一到两个主题内容。北林区有“阿波罗的沐浴”，其群象雕刻设于林中湖边岩石下，构图别具一格，充满画意；“方尖碑池”，为孟莎设计的双层水池，因喷泉齐射时，形如流动的方尖碑而得名；“昂斯拉德池”，为马尔西所作巴洛克风格作品，表现巨人昂斯拉德叠石登天被巨石埋没的故事。巨人奋力挣扎，仅头及臂部尚露在外，构图大胆，充满力度，与园中其他装饰雕刻迥然

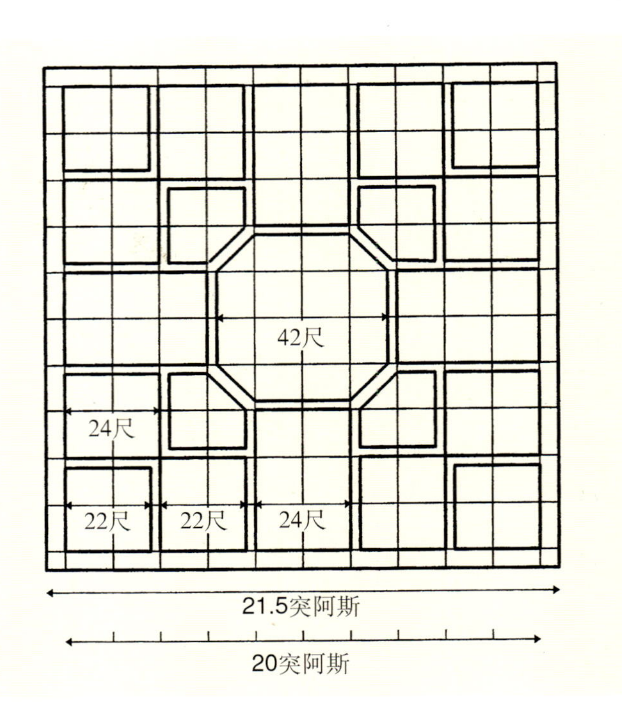

（上）图3-638 凡尔赛 马利府邸。国王阁，平面几何分析（据Krause），单位突阿斯（toise，法国旧长度单位，相当于旧尺6尺，合1.949米）

（中）图3-639 凡尔赛 马利府邸。国王阁，立面（据A.A.Guillaumot）

（下）图3-640 凡尔赛 马利府邸。国王阁，剖面（据A.A.Guillaumot）

(上）图 3-641 凡尔赛 马利府邸。壁炉设计（作者 Pierre Lepautre，1699 年）

(下）图 3-642 凡尔赛 马利府邸。农神阁，立面方案（Charles Le Brun 设计）

(中）图 3-643 凡尔赛 马利府邸。湖边遗址现状

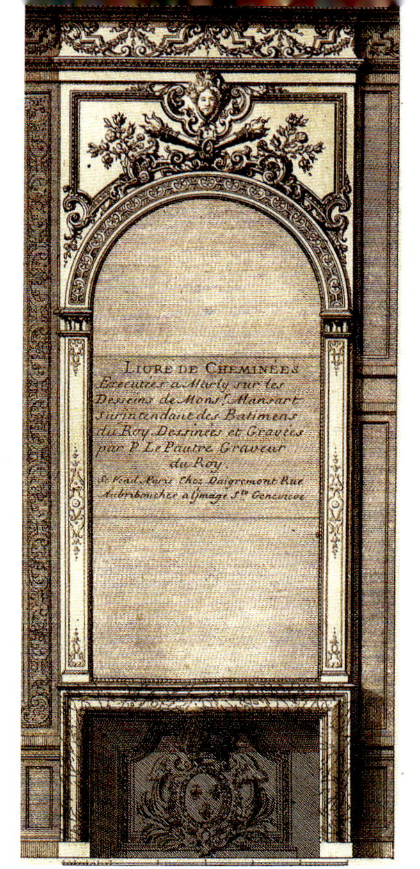

异趣。南部林区内配有“舞厅林”（图 3-616），林中布置一小型露天剧场；“柱廊”，平面圆形，以各种彩色大理石的协调搭配而著称（图 3-617~3-620）；此外还有以水面取胜的“水镜池”，以草地林木和雕刻小品配置见长的“御园”和“王后林”等。

勒诺特是法国古典园林艺术的主要代表人物。从凡尔赛花园的设计中，可以看到这一学派的主要特点和构图原则。首先是规模宏大。在路易十四之前，花园只是宫殿府邸的一部分，最大不过几公顷。现在均

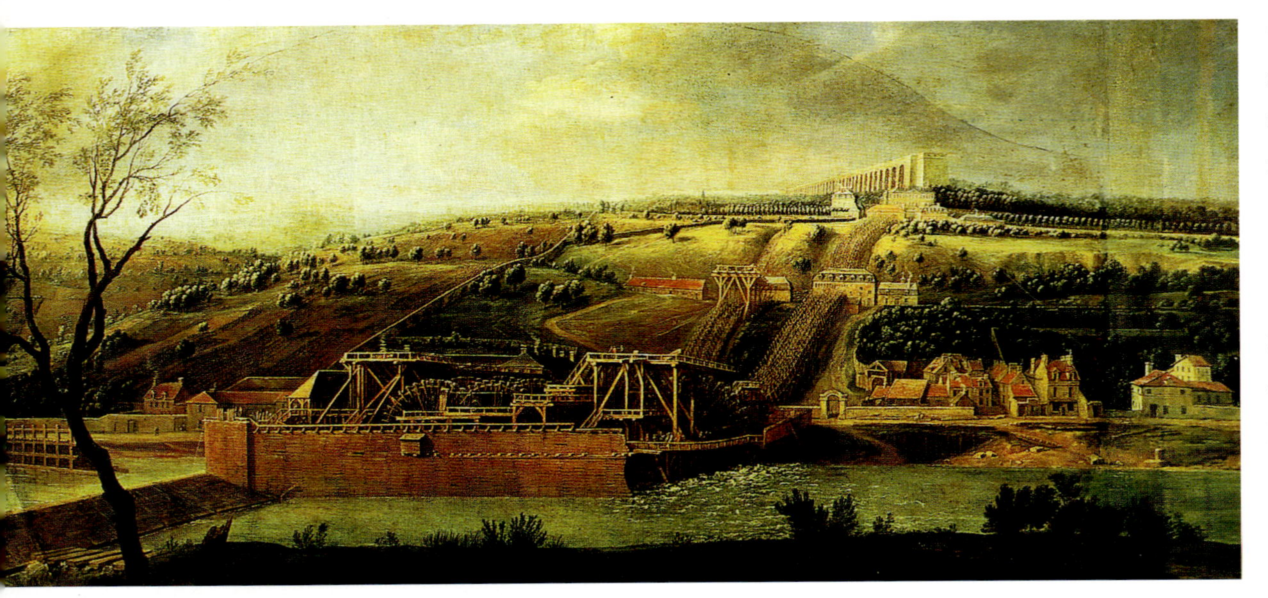

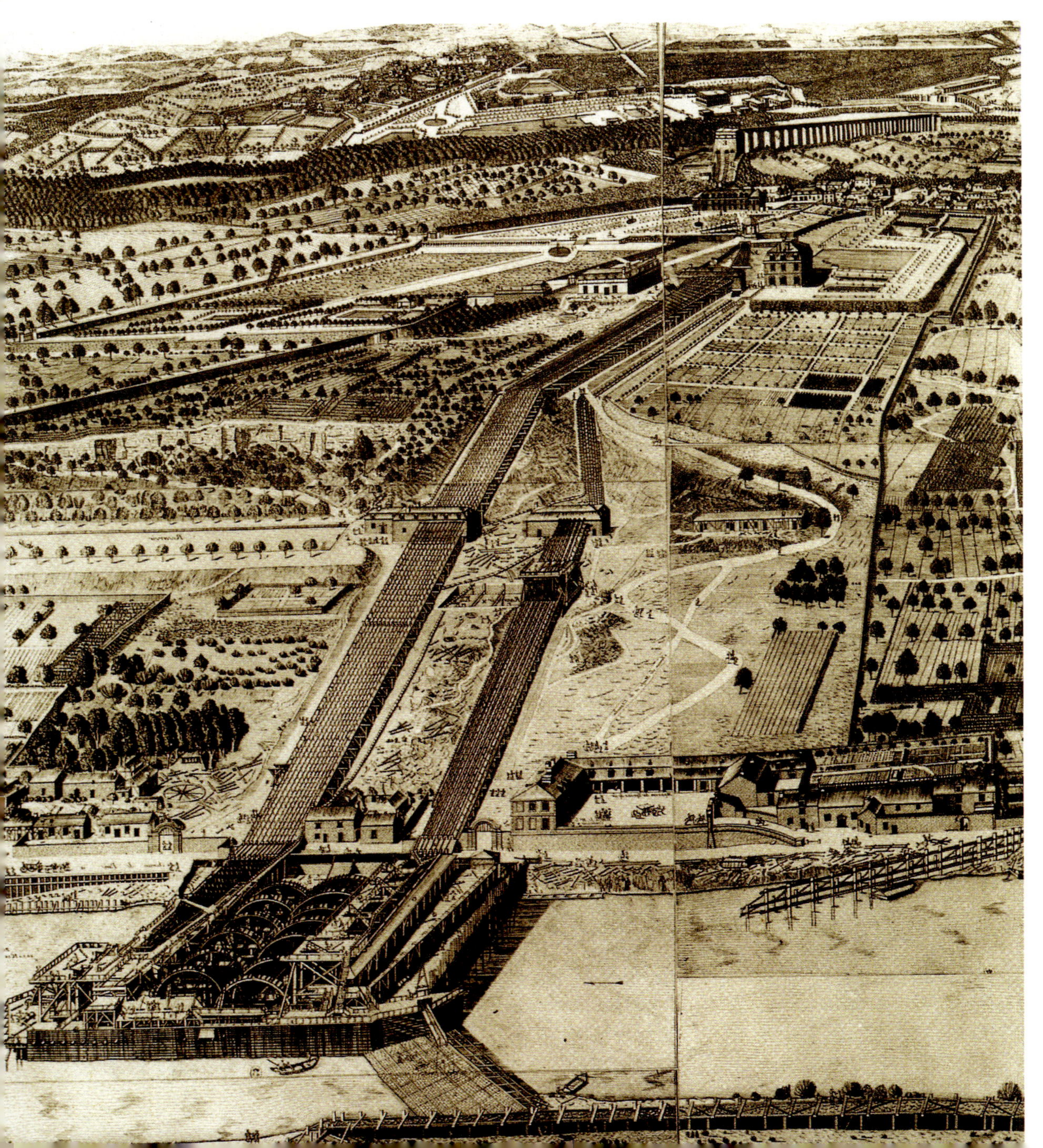

（本页上）图3-644 凡尔赛 马利村。水道及输水机械（油画，作者Pierre-Denis Martin，1724年）

（本页下及右页上）图3-645 凡尔赛 马利村。表现当年扬水站及其设施的两幅版画（作者佚名，输水机械大部为木构，将水输往凡尔赛和马利府邸，工程设计人Antoine Deville，1681年）

（右页下）图3-646 凡尔赛“陶瓷特里阿农”（1670年，勒沃设计，已毁）。全景（版画，作者Claude Aveline，1687年前）

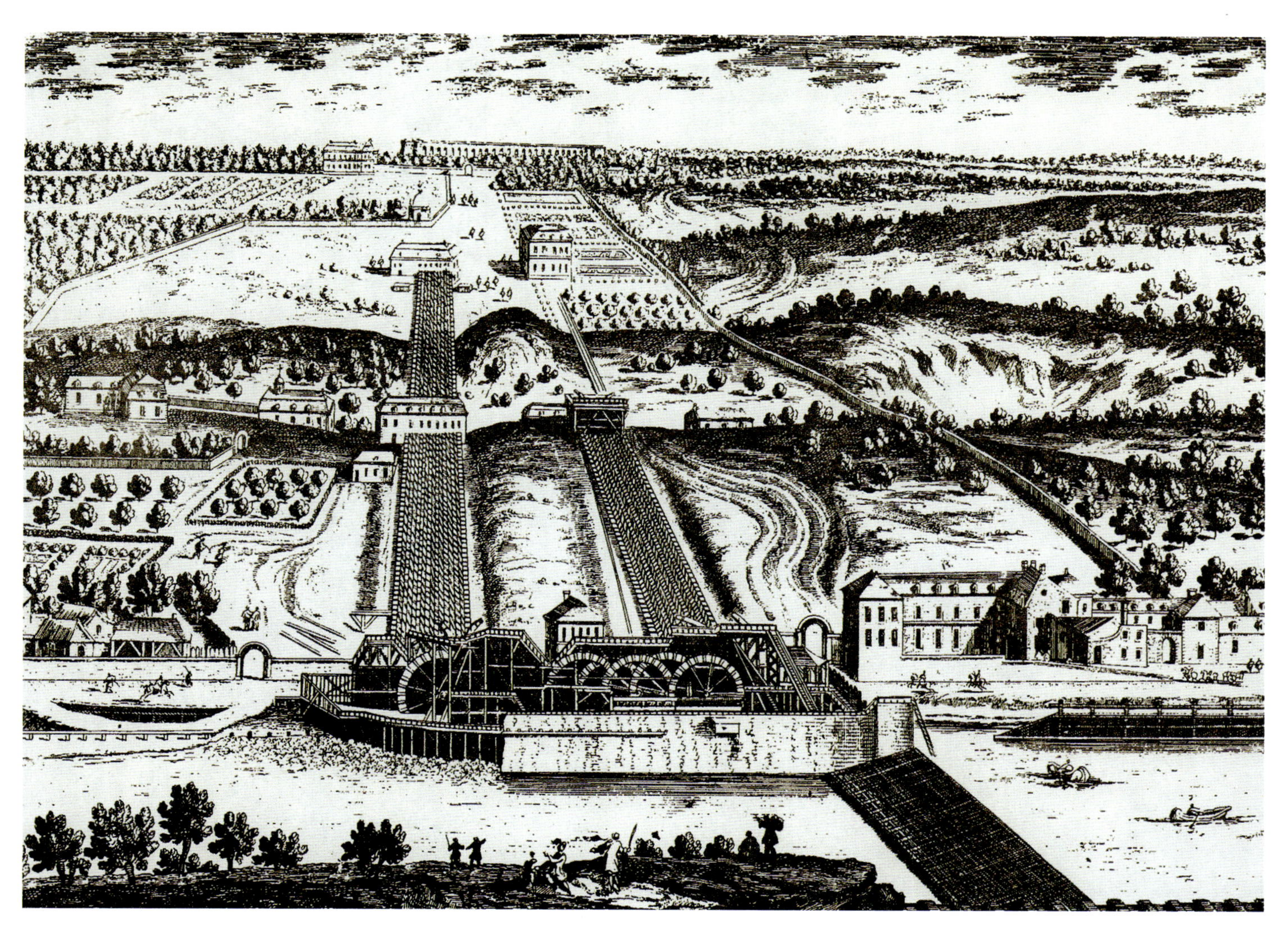

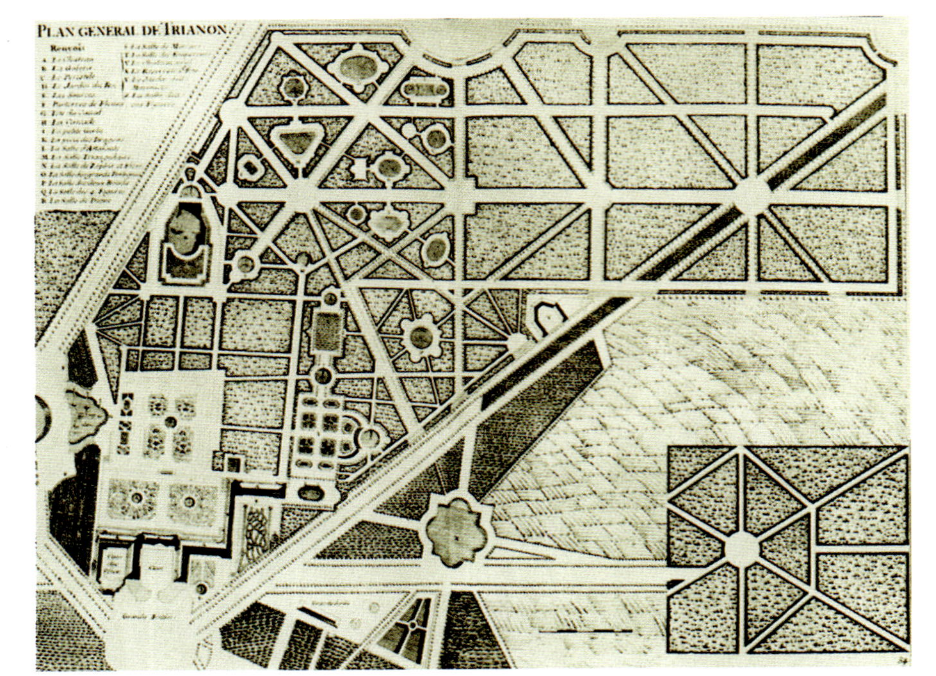

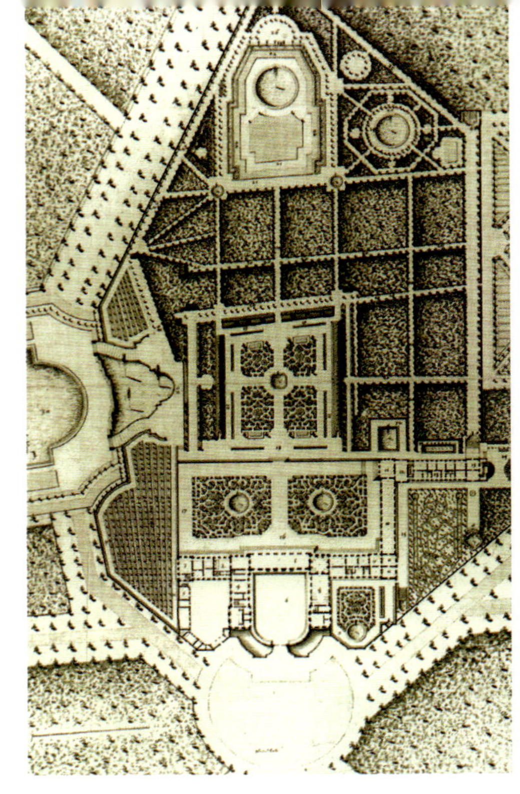

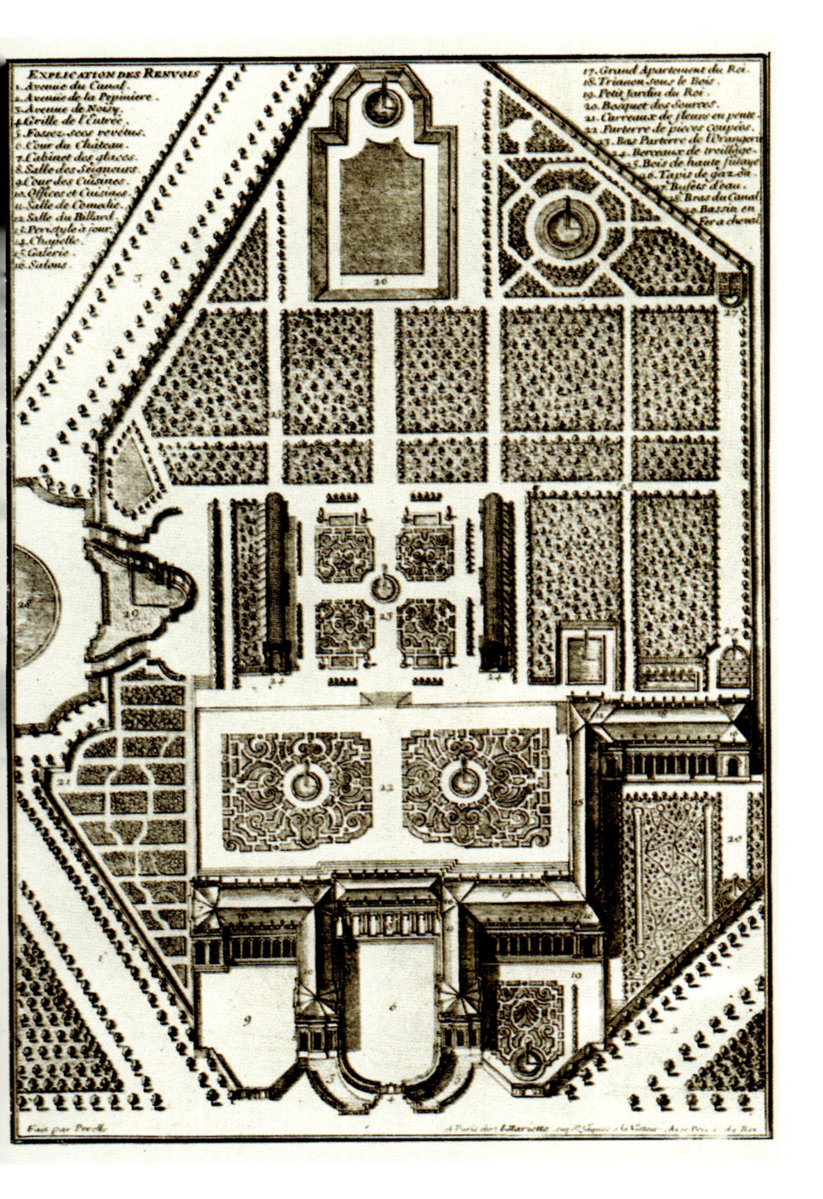

本页：

（左上）图 3-647 凡尔赛 大特里阿农宫（1687~1688 年，建筑师阿杜安－芒萨尔）。总平面（图版制作 Le Pautre）

（右上）图 3-648 凡尔赛 大特里阿农宫。总平面（据勒诺特，1694 年，原稿现存斯德哥尔摩国家博物馆）

（左下）图 3-649 凡尔赛 大特里阿农宫。总平面（据 Pierre Pérelle）

（右下）图 3-650 凡尔赛 大特里阿农宫。主体建筑平面

右页：

（上）图 3-651 凡尔赛 大特里阿农宫。立面及剖面（据 J.Mariette，18 世纪初）

（中）图 3-652 凡尔赛 大特里阿农宫。国王套房，内部装修设计（作者 Pierre Lepautre，1703 年）

（下）图 3-653 凡尔赛 大特里阿农宫。全景图（版画，作者 Claude Aveline，1687/1688 年）

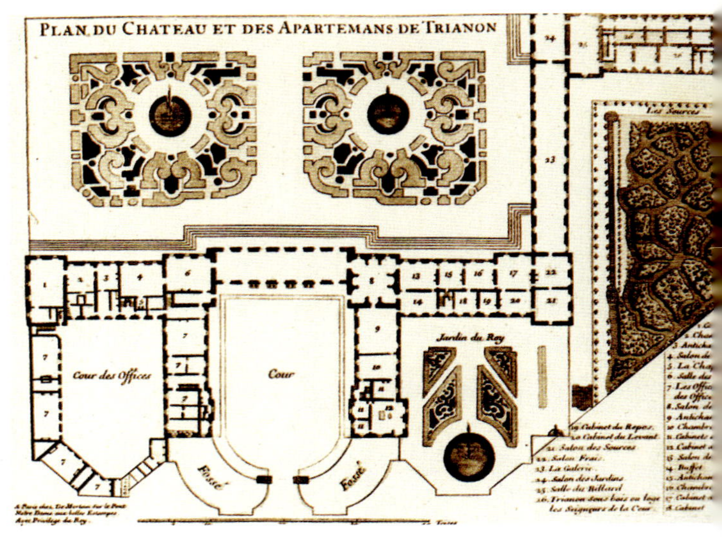

glace

左页：
图 3-654 凡尔赛 大特里阿农宫。全景图（油画，作者 Pierre-Denis Martin，1724 年，凡尔赛国家博物馆藏品）

本页：
（上）图 3-655 凡尔赛 大特里阿农宫。现状俯视全景（自西侧花园方向望去的景色）
（下）图 3-656 凡尔赛 大特里阿农宫。东侧入口院落区全景

以百公顷为计量单位，被称为“骑马者的花园”，充分反映了集权君主对庄严气势和豪华享乐的追求。其次是以中轴线为核心的总体布局概念突出。中轴线是整个构图的骨架，在上面集中了最主要的内容。与之平行或相交又有若干次要轴线和次要空间，总体分工明确，主次关系分明。再次是对直线和各种几何形式的追求。地面或平或坡均取直线，道路方向千变万化，全都直来直去。这样既突出了路边树木，雕像的透视效果，又最大限度发挥了交叉口喷泉雕刻的对景和借景作用。广场、水池外廓均为严格的几何形状，就是

(上) 图 3-657 凡尔赛 大特里阿农宫。自西南方向望去的花园及宫殿景色

(下) 图 3-658 凡尔赛 大特里阿农宫。自西北角台阶处望花园面景色（目前花园是玛丽 - 安托瓦内特时整治的样式）

图 3-659 凡尔赛 大特里阿农宫。自中央廊道望北翼及花园景色

花坛草地、植物配置亦不例外：修剪整齐的树篱高度可达 7~8 米，或成墙状，或成拱状，或成球形。最后是雕刻、水池和喷泉的大量运用（图 3-621~3-629）。仅凡尔赛花园中轴线及其附近地区，各种雕像、瓶饰就有 200 多座，整个花园犹如一座雕刻的露天博物馆。各种喷泉、飞瀑和流水，层层跌落，更给幽深恬静的环境增加了若干生气和活力（图 3-630、3-631）。

附属建筑

该部分位于凡尔赛花园运河之北，包括大、小特里阿农宫，其附属建筑和花园，是帝王及王后喜爱的居所，可谓“宫中之宫”和“园中之园”。

为了更好地了解特里阿农宫区主要建筑的设计理念，有必要先追溯阿杜安 - 芒萨尔一些相关的作品。

在 1678 年为凡尔赛拟订其宏伟的设计之前，阿杜安 - 芒萨尔已经建造了一些规模较小的宫殿，其中已可看到他特有的思路和表现手法。1647 年，即他到凡尔赛牛刀小试仅一年以后，便为路易十四设计了圣日耳曼昂莱的瓦尔府邸（图 3-632）。这是个不大的单层建筑，平面有些类似巴黎的马德里府邸。中央沙龙（为国王狩猎后的就餐处）边上布置两套房间。其中一套有形式不同的四个房间（每个房间代表一个季节），通过同一个火炉取暖，成为热尔曼 · 博夫朗那种灵巧布局的先声。狭长的建筑通过一系列拱廊式的“门连窗”，向周围的环境完全敞开。单层立面主要强调水平方向的延伸，这也是 18 世纪早期的典型做法。

1675 年建造的当皮埃尔府邸，平面更加符合传统模式，但除了中央凸出形体外，其他部分基本上只是不断重复形式单一的窗洞。建筑因此表现出某种不确定的延伸特点，仅靠体量庞大的所谓“芒萨尔式屋顶”（Toiture à la Mansart）进行统合。更典型的是为蒙特斯庞夫人建造的凡尔赛克拉涅府邸（1676 年，府邸在法国大革命期间被毁，图 3-633、3-634）。建筑各翼既窄且长，按日后凡尔赛宫所采用的方式组合在一起。在这个重复延伸的形体中，配置了穹顶的大沙龙构成了明确的中心。可以认为，如果芒萨尔没有受到各种限制的话，克拉涅府邸正是在较小的尺度上，表现了他设想的凡尔赛的设计。

1676~1686 年，芒萨尔为路易十四建造了位于凡尔赛附近的马利府邸，作为这位国王的休闲别墅和“幽居之所”（ermitage，图 3-635~3-643）。建筑于法国大革命期间被毁，现仅存园林部分。在这类规模较小的别墅中，马利府邸可说具有特殊的魅力；芒萨尔规划的花园亦为这时期园林中最优美的一组。在这里，芒萨尔可能是受到下面即将提到的勒沃设计的“陶瓷特里阿农”的启示，也有可能是模仿东方建筑或是仿效搭建帐篷的营地。被花园围绕的主体建筑——国王阁为一个采用集中式平面的两层楼房，由它确定了明确的主轴线。轴线两

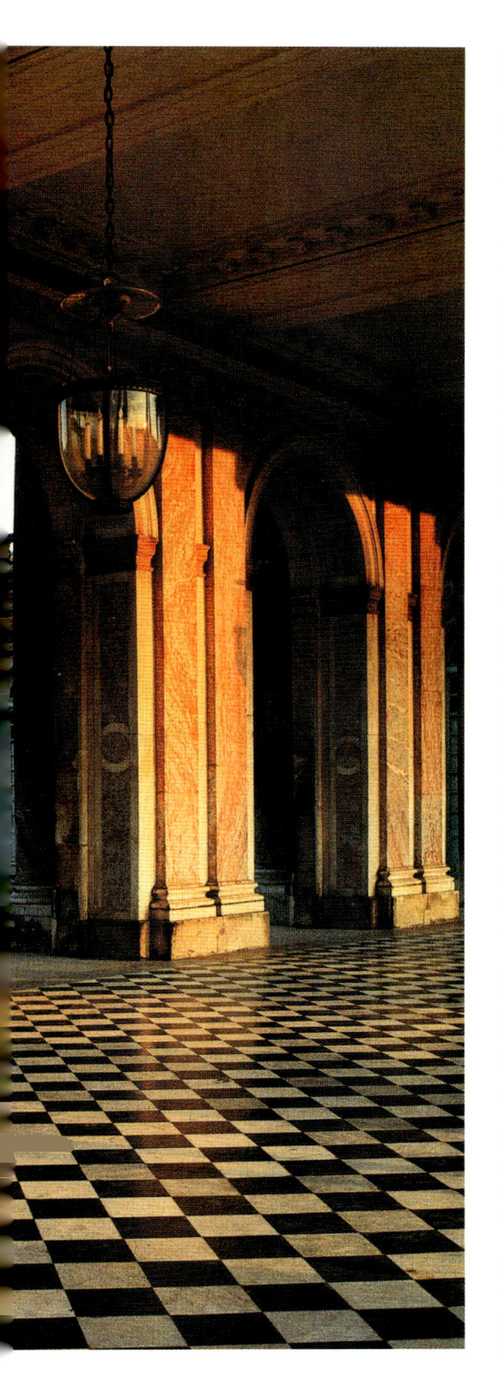

边通过两列（每列六个）供廷臣及随员使用的小楼阁向前延伸，以此创造连续的节律。每个楼阁均饰同样的壁柱体系。花园亦仿凡尔赛的形式，沿轴线布置，只是尺度要小得多。和凡尔赛相比，水在这里起着更重要的作用。为此安置了一个由257个水泵组成的供水系统(图3-644、3-645)，将位于山另一侧的塞纳河水拦截后通过水道输送过来。由于整组建筑均布置在谷地内，因而有足够的压力为喷泉和各类水法供水。

在将宫廷迁到凡尔赛后，路易十四很想给自己找一个安静舒适的隐蔽处所。除了马利村外，他选中的另一个地方即凡尔赛边上的特里阿农村（以后该区即以这

本页及左页：

(左) 图3-660 凡尔赛 大特里阿农宫。朝花园一面柱廊近景

(中) 图3-661 凡尔赛 大特里阿农宫。自中央廊道内望院落景色

(右) 图3-662 凡尔赛 大特里阿农宫。院落一侧柱廊近景

（上）图 3-663 凡尔赛 大特里阿农宫。北翼外景，与其他部分同期（1687~1688年），但用石砌，且风格上要更为超前

（下）图 3-664 凡尔赛 大特里阿农宫。花园景色

(上) 图 3-665 凡尔赛 大特里阿农宫。花园小品(所谓“飞瀑”,Buffet d’Eau, 1700~1701 年, 阿杜安 - 芒萨尔设计)

(下两幅) 图 3-666 凡尔赛 大特里阿农宫。帝王卧室

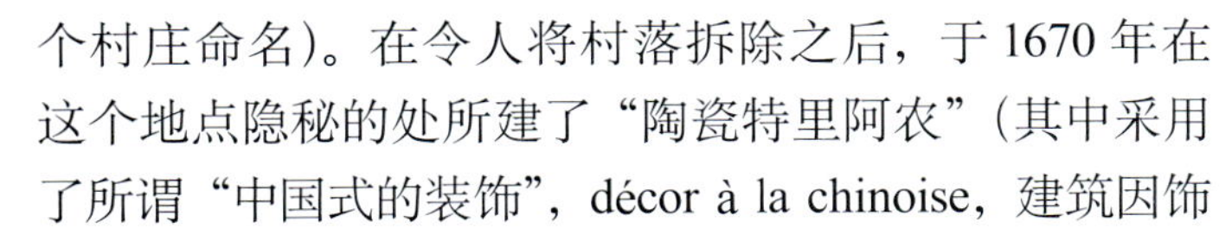

个村庄命名)。在令人将村落拆除之后，于 1670 年在这个地点隐秘的处所建了“陶瓷特里阿农”(其中采用了所谓“中国式的装饰”, décor à la chinoise，建筑因饰有代尔夫特釉砖[28]而名，图 3-646)，作为他和情人蒙特斯庞侯爵夫人[29]的约会处。由勒沃设计的这个供消遣娱乐的建筑为欧洲这类工程的首例。不过，这个建

图 3-667 凡尔赛 大特里阿农宫。镜厅

筑虽然装修极其奢华，但并不舒适（特别是无法取暖）。至 1687~1688 年，随着一位新情人的到来，陶瓷特里阿农旋即为新的“大理石特里阿农”（因柱子及壁柱等部件采用以玫瑰色调为主的彩色大理石砌筑而得名）取代，即今所谓大特里阿农宫。

阿杜安 - 芒萨尔在前面几个建筑里所表现出来的设计观念在凡尔赛这个大特里阿农宫（总平面及建筑平立剖面：图 3-647~3-652；历史景象：图 3-653、3-654；现状外景：图 3-655~3-665；内景：图 3-666~3-668）里得到了最极致的表现。他仅用了六个月的时间，就建成了这个由几翼组成并带柱廊的单层建筑（这种处于同一平面的建筑通常都用作休闲娱乐处所）。其轻快的构图显然是承袭了意大利的范本，室内设计则完全围绕着舒适作文章，预示了一种以创造优雅和亲切的环境为主要宗旨的建筑风格。

和马利府邸的命运相反，这组建筑目前还完好地

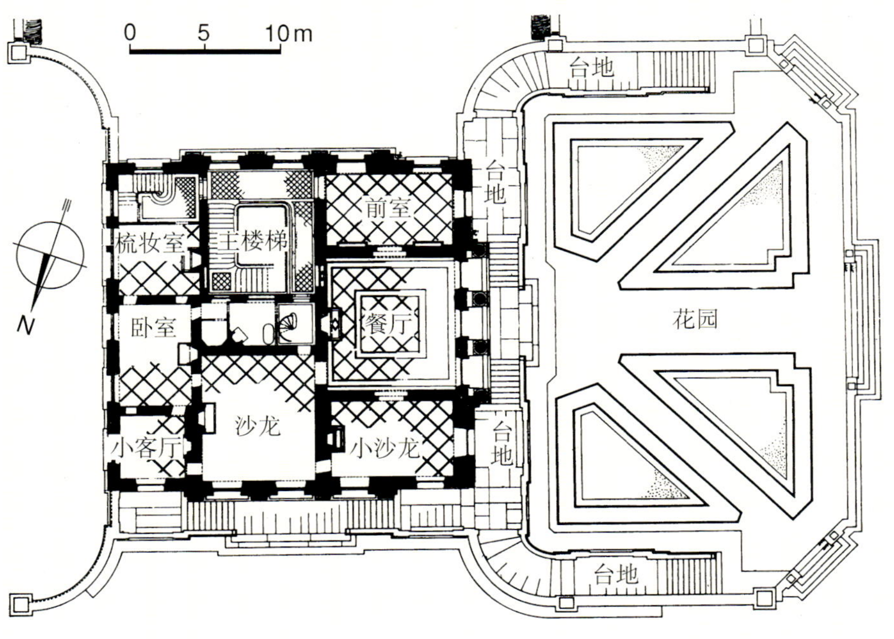

(上) 图 3-668 凡尔赛 大特里阿农宫。通向北翼的廊厅，墙上有 24 幅表现凡尔赛宫和特里阿农区花园风景的油画

(下) 图 3-669 凡尔赛 小特里阿农宫 (1762~1768 年，雅克 - 安热 · 加布里埃尔设计)。平面

（上两幅）图 3-670 凡尔赛 小特里阿农宫。立面(图版示第一个设计方案，作者雅克 - 安热 · 加布里埃尔，1761 年；右上小图为最后完成的样式)

（中及下）图 3-671 凡尔赛 小特里阿农宫。西侧花园立面远景

保存下来。它由狭长的曲尺形两翼组成，分别供国王及曼特农夫人使用。两者之间用爱奥尼双柱柱廊相连，入口门设于柱廊两端。建筑主体部分就这样通过简单的组合形成造型单一的体系。柱子和壁柱上承直线柱顶盘。节奏的连续通过圆券门连窗得到强调，采用平屋顶也促使了这种不确定的延续效果。开敞式柱廊一面朝向头部半圆形的内院，一面朝向花园。花园平面略低，雕刻不多，以草地花圃取胜。花坛里满种鲜花，以此象征植物王国。南部挡土墙临小运河北端，可居高临下一览运河风光，并有带水池的马蹄状阶梯通往运河区。花园西北为林区，当年帝王狩猎道路即从中穿过。内小

(上) 图 3-672 凡尔赛 小特里阿农宫。西立面全景

(下) 图 3-673 凡尔赛 小特里阿农宫。西北侧全景

飞瀑一个，建于 1703 年，有海神及海后雕刻，是这里唯一有神话题材雕刻的地方。建筑北翼部分另有一个曲尺形侧翼接出，是路易十四及曼特农夫人晚年喜爱的住处。其旁小院为国王专用御院。除路易十四外，以后拿破仑、路易 · 菲利浦等也在此住过。

当人们开始向往浪漫主义前期 [30] 那种“田园牧歌”的生活方式时，花园亦开始逐渐向自然风景靠拢。和大特里阿农宫相对应，大约 80 年以后（从 1762 年开始至 1768 年），路易十五委托阿杜安 - 芒萨尔的门徒、建筑师雅克 - 安热 · 加布里埃尔为他的情人蓬巴杜侯爵夫人（1721~1764 年）设计建造小特里阿农宫（图 3-669~3-680）。这是个具有帕拉第奥古典主义造型的建筑，其立面为标准的法国晚期文艺复兴式样：粗面石底层上部施以科林斯式壁柱，形制简朴。朝向花园一

本页：

（上）图 3-674 凡尔赛 小特里阿农宫。西北侧近景

（下）图 3-675 凡尔赛 小特里阿农宫。西南侧近景

右页：

图 3-676 凡尔赛 小特里阿农宫。西面中央柱廊细部

左页：

(上) 图 3-677 凡尔赛 小特里阿农宫。南立面（院落面）远景

(下) 图 3-679 凡尔赛 小特里阿农宫。东南侧外景

本页：

(上下两幅) 图 3-678 凡尔赛 小特里阿农宫。南立面全景

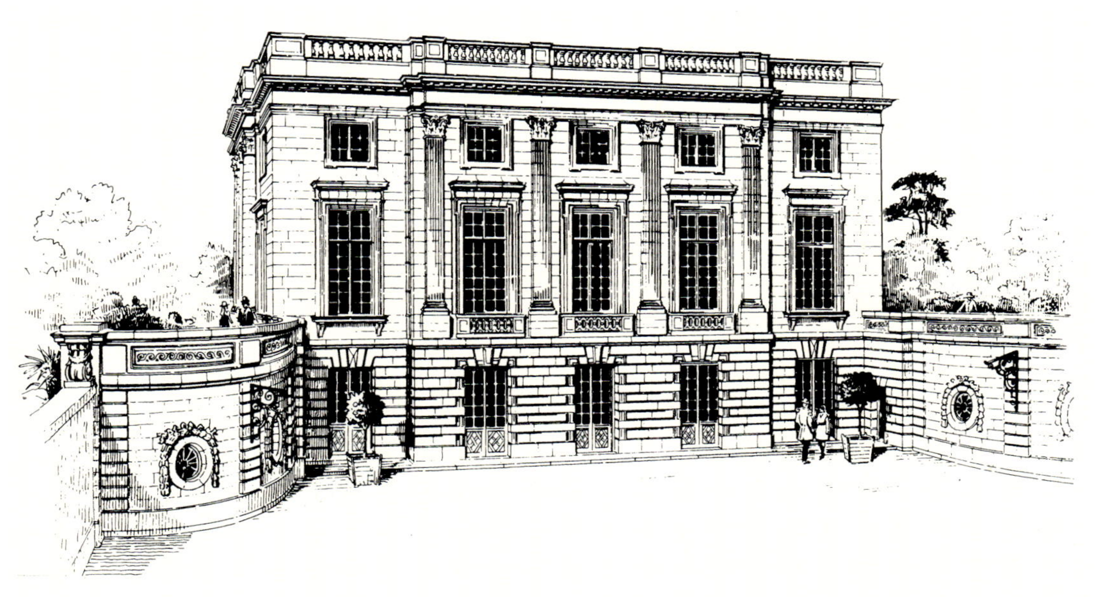

面中央四根柱子稍稍凸出，上部冠戴以轻快的女儿墙栏杆，下部平台以两边梯道通向花园。整体比例优雅协调，为这一时期法国建筑史上的杰作。内部装修为典型的路易十五风格。

小特里阿农宫西侧和大特里阿农宫之间的几何式花园中，尚有加布里埃尔设计的法国亭(图 3-681~3-684)。东侧花园地面起伏，道路弯曲，其间散布着一些精彩的建筑小品。完成于 1778 年的爱神亭（图 3-685~3-688）体现了和小特里阿农宫同样的古代理想。这个不大的建筑是路易十六的王后玛丽 - 安托瓦内特所喜爱的建筑师里夏尔 · 米克的作品。

在路易十五 1774 年去世后，其继承人路易十六

将这座建筑送给他的妻子、王后玛丽-安托瓦内特(1755~1793年)。这位王后在这个她最喜爱的住所里度过了一段无忧无虑的乡间生活，直到法国大革命爆发(1793年10月14日她被交付革命法庭审判，两天后就上了断头台)。

到18世纪末，随着巴洛克园林的衰退，在欧洲大陆，

左页：
图 3-680 凡尔赛 小特里阿农宫。楼梯内景

本页：
(上) 图 3-681 凡尔赛 园林区。法国亭（1794 年，雅克 - 安热 · 加布里埃尔设计），西侧远景

(中)图 3-682 凡尔赛 园林区。法国亭，立面全景

(下)图 3-683 凡尔赛 园林区。法国亭，侧面景色

受中国和英国古典园林的影响，人们的兴趣开始转向自然风光和富有乡间野趣的小品（悬岩、瀑布及长满野草的池岸）。在凡尔赛，为了突出花园的田野特色，宫区东北角一个湖边，搞了一个人造的村落，即所谓“特里阿农村”（图 3-689~3-692），由 11 栋按尚蒂利 [31] 民居样式建成的房舍组成。房屋墙面涂抹紫泥，屋顶或铺草或施平瓦，其间布置风车等物，别有一番乡土风味。

在法国大革命之后，花园一度荒弃。直到拿破仑时期，特里阿农花园才重新得到照料。

本页及右页：

（左）图 3-684 凡尔赛 园林区。法国亭，内景

（中上）图 3-685 凡尔赛 园林区。爱神亭（1777~1778 年，建筑师里夏尔 · 米克），西侧远景

（右下）图 3-686 凡尔赛 园林区。爱神亭，东侧景观

（右上）图 3-688 凡尔赛 园林区。爱神亭，近景

左页：
图3-687 凡尔赛 园林区。爱神亭，西侧秋日景色

本页：
（上）图3-689 凡尔赛"特里阿农村"（1783~1785年，建筑师里夏尔·米克）。大门（为该区唯一采用传统古典造型的建筑）

（下）图3-690 凡尔赛"特里阿农村"，王后宅舍

附：凡尔赛花园建设大事年表

1623年 建造猎庄；

1638年 雅克·布瓦索开始修建第一个花园；

1661年 修建花园及建造宫殿；

1662年 勒诺特开始整治花坛及园区；

1666年 落成仪式，莫里哀喜剧《伪君子》(Tartuffe)首演，修建迷宫；

1668年 勒沃主持扩建宫殿，拆除特里阿农村；

图 3-691 凡尔赛“特里阿农村”，塔楼

图 3-692 凡尔赛“特里阿农村”，磨坊

1670 年 建造陶瓷特里阿农（1687 年拆除）；

1671 年 勒诺特创建水剧场园区；

1674 年 宫廷迁往凡尔赛；

1675 年 迷宫被王后园区取代；

1676 年 阿杜安 - 芒萨尔在马利村建造“幽居之所”（1686 年完成），建造马利输水工程及配套器械；

1678 年 阿杜安 - 芒萨尔主持宫殿扩建工程，投入宫殿和花园建设的工匠计 3.6 万人；

1679 年 修建位于橘园南面的瑞士水池；

1680 年 完成始建于 1667 年的大运河；

1681 年 修建假山园区和圆剧场；

1683 年 阿杜安 - 芒萨尔建造宫殿西面的矩形水池；

1684 年 阿杜安 - 芒萨尔建造橘园；

1685 年 阿杜安 - 芒萨尔建造围柱廊，建造自马利至凡尔赛的输水道；

1687 年 建造大理石特里阿农（以后的大特里阿农宫）；

1699 年 按阿杜安 - 芒萨尔的设计建造礼拜堂；

1700 年 勒诺特去世；

1708 年 阿杜安 - 芒萨尔去世；

1715 年 路易十四去世；

1722 年 路易十五照管花园；

1750 年 修建特里阿农家养动物园；

1761 年 修建豪华园及特里阿农菜圃；

1762 年 雅克 - 安热 · 加布里埃尔在花园主轴线上建小特里阿农，菜圃撤消；

1774 年 伐树丛，栽树（至 1776 年）；

1775 年 建造法国花园剧场；

1779 年 修建植物园及英国天然风景园；

1783 年 法国大革命，所有工程均停止；

1793 年 路易十六被处决，花园部分荒废；

1795 年 中央学院（l’école centrale）成立，凡尔赛向公众开放；

1798 年 栽种自由树（l’Arbre de la Liberté）；

1805 年 拿破仑将特里阿农区作为私人宫邸，修复小特里阿农及村落区；

1860 年 伐路易十六时期树丛，栽树；

1870 年 公园遭普鲁士军队破坏；

1883 年 种植树丛；

1889 年 举行 1789 年百年庆典。

第四节 摄政风格及洛可可风格

一、概况

18 世纪初已露端倪的政治动荡，以及王权的衰落，都对建筑产生了直接或间接的影响。直接的影响表现在：大量的王室设计项目或进展缓慢，或干脆放弃；间接的后果是：项目的主要委托人已不再是王室成员，而是贵族，建筑的重点也因此由中央逐渐转移到地方。宏伟的宫堡让位给构图亲切的府邸，后者遂成为建筑设计的

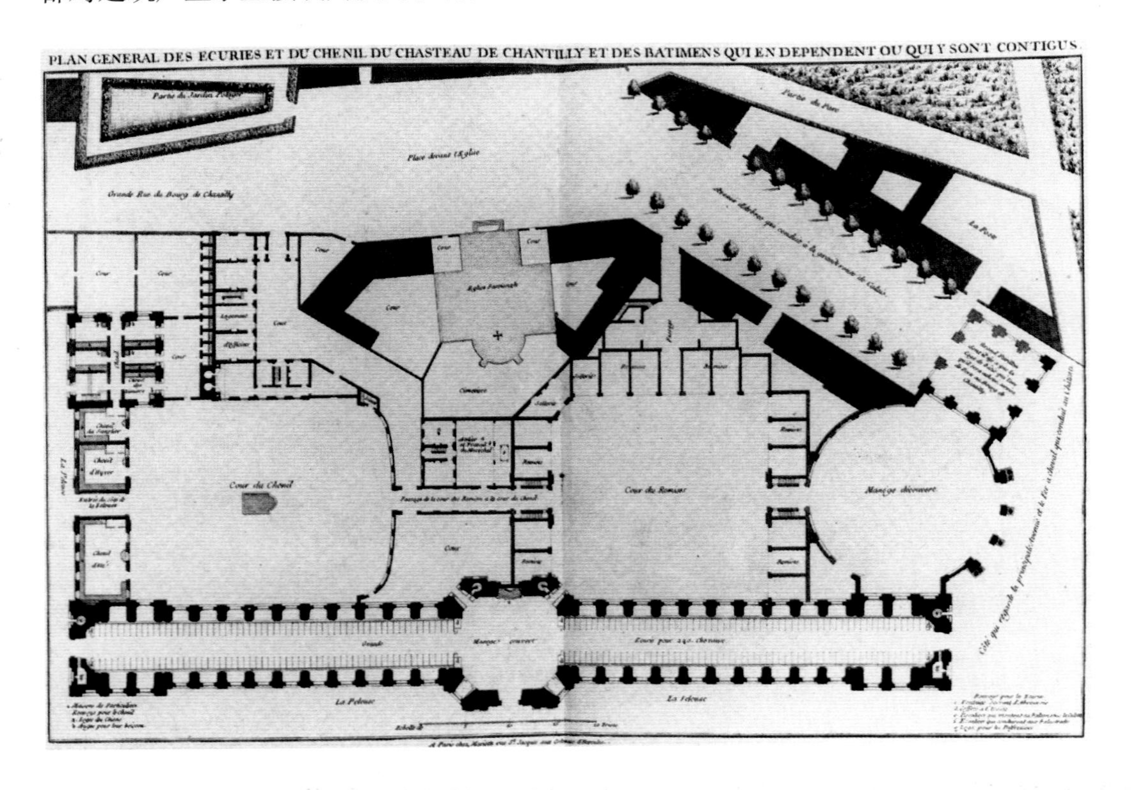

(上) 图 3-693 尚蒂伊 府邸。马厩（1719/1721~1735 年，建筑师让·奥贝尔），平面（图版，取自 J.Mariette：《Architecture Française》）

(下) 图 3-694 尚蒂伊 府邸。马厩，立面（图版现存尚蒂伊 Musée Condé）

重点。立面不再像前些年那样，力求给人们留下深刻印象或打动他们的心弦；而是致力于创造更舒适和私密的居住环境，追求更精练和豪华的室内装修。

这时期建造的大量宅邸可作为这方面的证明。当宫廷迁到凡尔赛的时候，贵族们只能作壁上观；如今，太阳王的光辉式微，人们遂开始重回巴黎，并在那里建造新的宅邸。在城内各处建起的这类府邸虽然仍按 17

（上及中）图 3-695 尚蒂伊府邸。马厩，立面全景

（下）图 3-696 巴黎 拉赛府邸（约 1728 年，让·奥贝尔设计）。大沙龙内景

本页：

图 3-697 吉勒斯 - 马里 · 奥佩诺德：著作扉页（《Grand Oppenord》，约 1710 年）

右页：

（左上）图 3-698 吉勒斯 - 马里 · 奥佩诺德：奥尔良公爵马厩立面（设计方案，取自《Grand Oppenord》，约 1720 年）

（左下）图 3-699 吉勒斯 - 马里 · 奥佩诺德：巴黎王宫角上沙龙设计（1719~1720 年）

（右上）图 3-700 朱尔 · 奥雷勒 · 梅索尼耶：作品集（《Oeuvres》）扉页（约 1735 年）

（右下）图 3-701 朱尔 · 奥雷勒 · 梅索尼耶：装饰设计（取自其著作《Livre d'Ornaments》）

世纪的做法由三翼或四翼组成，但在空间布置和装饰上变化之丰富和差异之大则不可同日而语。

到 18 世纪 20 年代，兴起了一种后来被称为“洛可可”的风格。这种风格原取材于贝壳及假石（其名称就是来自“rocaille”一词，原意为贝壳），以及穿插在早期装饰体系中的各种“S”形线条；通过这样一些手法，

LIVRE
de differents Fragments
D'ARCHITECTURE
Par
G. M. Oppenord
Architecte
&c
Gravé par Huquier

de
Peintre Sculpteur Architecte
Dessinateur
de la chambre et Cabinet
DU ROY

LIVRE D'ORNEMENS
Inventés & Dessinés
PAR J.O. MEISSONNIER
ARCHITECTE, DESSINATEUR
de la Chambre & Cabinet
DU ROI.

创造一种虚幻神奇的景象。实际上，用嵌板、镜子和门罩分划的墙面，拱形天棚，各种框饰（涡券饰、椭圆饰、布边饰），乃至假山凯旋门式入口的贝壳饰，都是自巴洛克时代开始人们用过的部件，有的甚至在文艺复兴和手法主义时期已经出现。预示新风格的这些形式中，某些在凡尔赛宫都可以找到（如大特里阿农的装饰）。但到摄政时期（即奥尔良公爵统治期间），这些部件开始

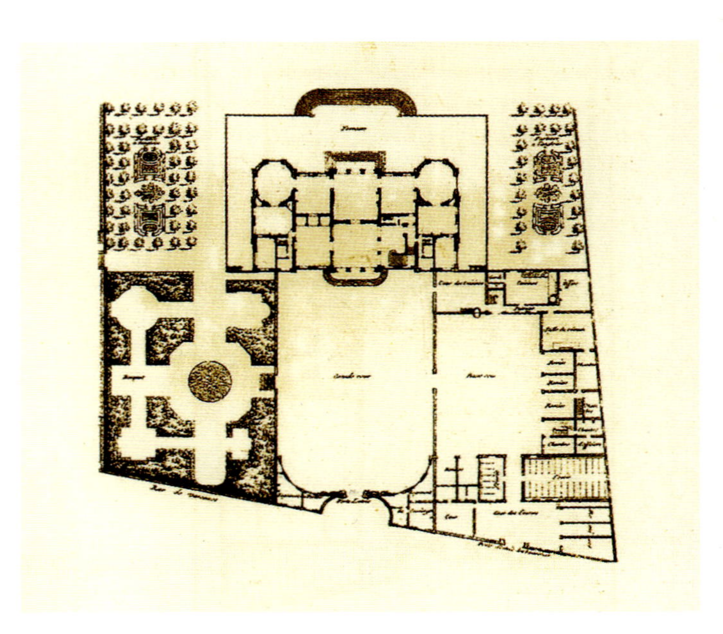

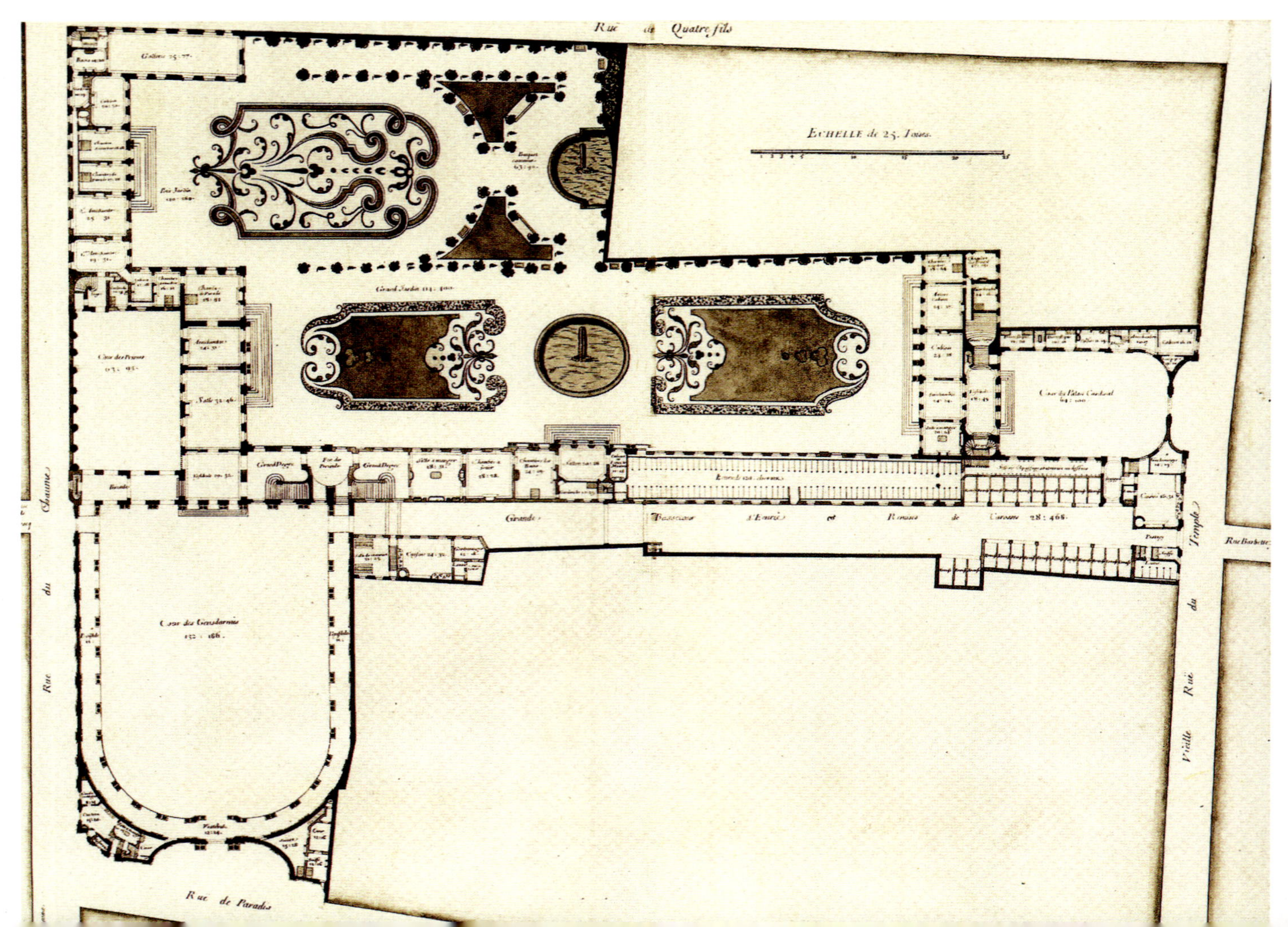

左页：

(右上) 图 3-702 巴黎 比龙府邸。平面（取自 Jean-Marie Pérouse de Montclos：《Paris, Kunstmetropole und Kulturstadt》，2000 年）

(左上) 图 3-703 巴黎 比龙府邸。楼梯间内景

(下) 图 3-704 巴黎 苏比斯府邸（1704~1709 年，建筑师皮埃尔 - 亚历克西 · 德拉迈尔、热尔曼 · 博夫朗）。总平面（连同相邻的罗昂府邸，约 1705 年，原稿现存慕尼黑 Staatsbibliothek）

本页：

(上) 图 3-705 巴黎 苏比斯府邸。俯视全景（版画，作者 J.Rigaud）

(中及下) 图 3-706 巴黎 苏比斯府邸。俯视全景（中图取自 Stephan Hoppe：《Was ist Barock？ Architektur und Städtebau Europas 1580-1770》，2003 年；下图作者 G.Scotin）

图 3-707 巴黎 苏比斯府邸。现状俯视景色

图 3-708 巴黎 苏比斯府邸。向东北方向望去的院落景色

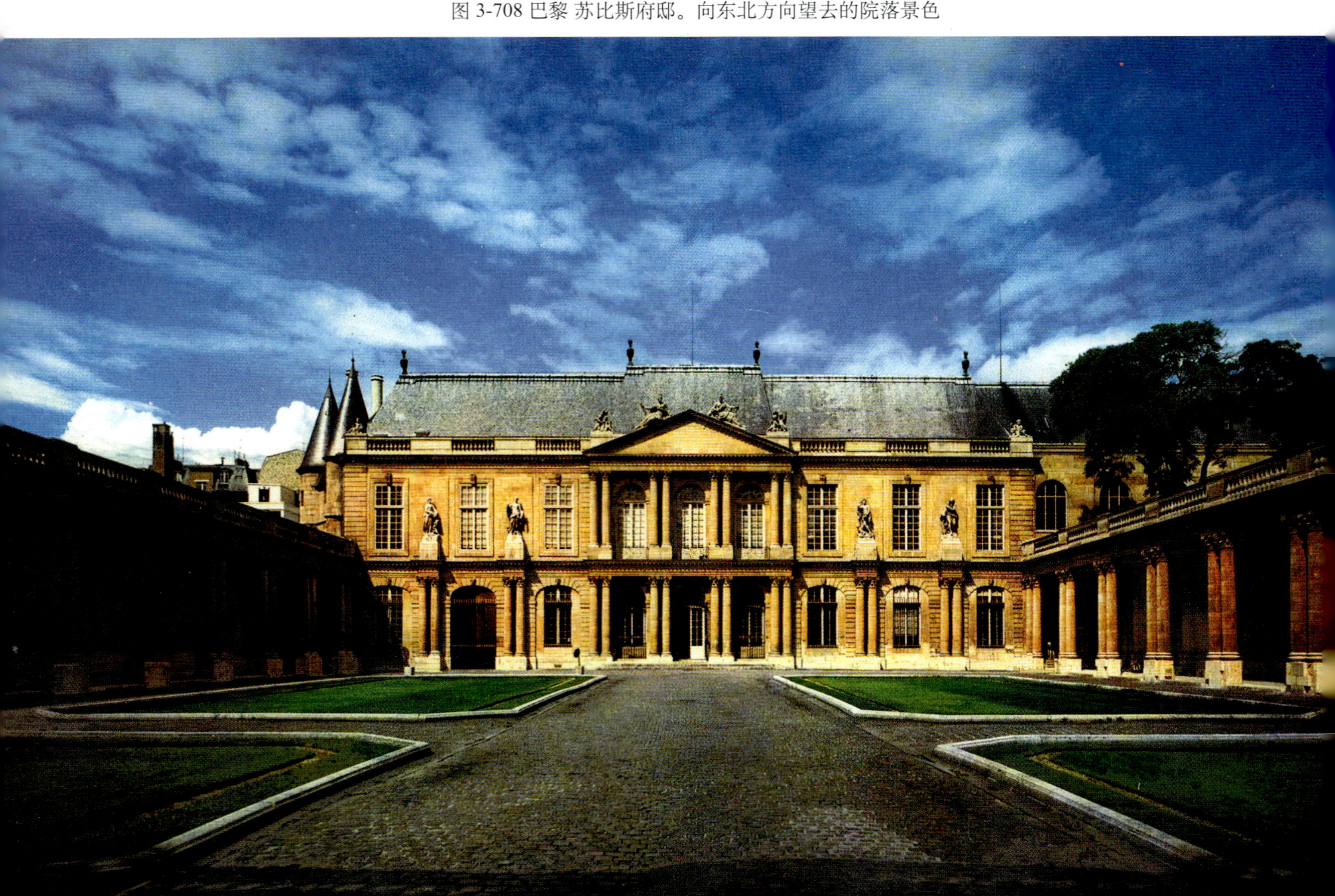

图 3-709 巴黎 苏比斯府邸。向北面望去的院景

图 3-710 巴黎 苏比斯府邸。立面全景

左页：

图 3-711 巴黎 苏比斯府邸。门廊近景

本页：

（上）图 3-712 巴黎 苏比斯府邸。东侧外景

（下）图 3-713 巴黎 苏比斯府邸。公主礼堂，内景

本页：

（上）图 3-714 巴黎 苏比斯府邸。公主礼堂，墙檐细部

（下）图 3-715 巴黎 苏比斯府邸。王子沙龙，装饰细部

右页：

（上及中）图 3-716 巴黎 苏比斯府邸。公主沙龙（1735年，建筑师热尔曼·博夫朗，灰泥塑造师查理-约瑟夫·纳图瓦尔），内立面设计（取自热尔曼·博夫朗：《Livre d'Architecture》，1745 年）

（下）图 3-717 巴黎 苏比斯府邸。公主沙龙，内景（窗间墙上部为表现普绪喀及爱神的系列绘画，作者查理-约瑟夫·纳图瓦尔，1737 年）

盖过了建筑结构本身，最初还保持对称，但很快就为非对称图案全面取代。室内墙面分划成嵌板的形式，色彩喜用白色底面饰金，或粉蓝、浅绿及浅黄。拐角或棱角均抹圆，甚至顶棚也不是安置在檐口上，而是形成复杂的边框，和墙面之间没有明显的分界。镜子则创造出一种虚幻的氛围，特别是面对面安装时，通过相互反射，室内空间遂显得无限深远。到 18 世纪 30 年代，这种装饰风格已在欧洲大部分中心城市流行，和发源地法国不同的是，它们甚至被用到了外墙部分。

在法国，这种“秀丽式样”（人们最初对洛可可风格的称呼）曾引起激烈的争论，特别是在学院内部，在某些学院派人士眼里，只有打上古典印记的官方认可

图 3-719 巴黎 苏比斯府邸。公主沙龙，墙面近景

左页：图 3-718 巴黎 苏比斯府邸。公主沙龙，墙面近景

本页及右页：

（左）图 3-720 巴黎 苏比斯府邸。公主沙龙，墙面细部

（右上）图 3-721 巴黎 苏比斯府邸。公主沙龙，墙檐及顶棚装修细部

（中上）图 3-722 罗贝尔·德科特（1656~1735 年）雕像（作者 Antoine Coysevox，1707 年，巴黎 Bibliothèque Ste Geneviève 藏品）

（右下）图 3-724 里昂 贝勒库尔广场。立面最初设计（作者罗贝尔·德科特，1714 年，原件现存巴黎国家图书馆）

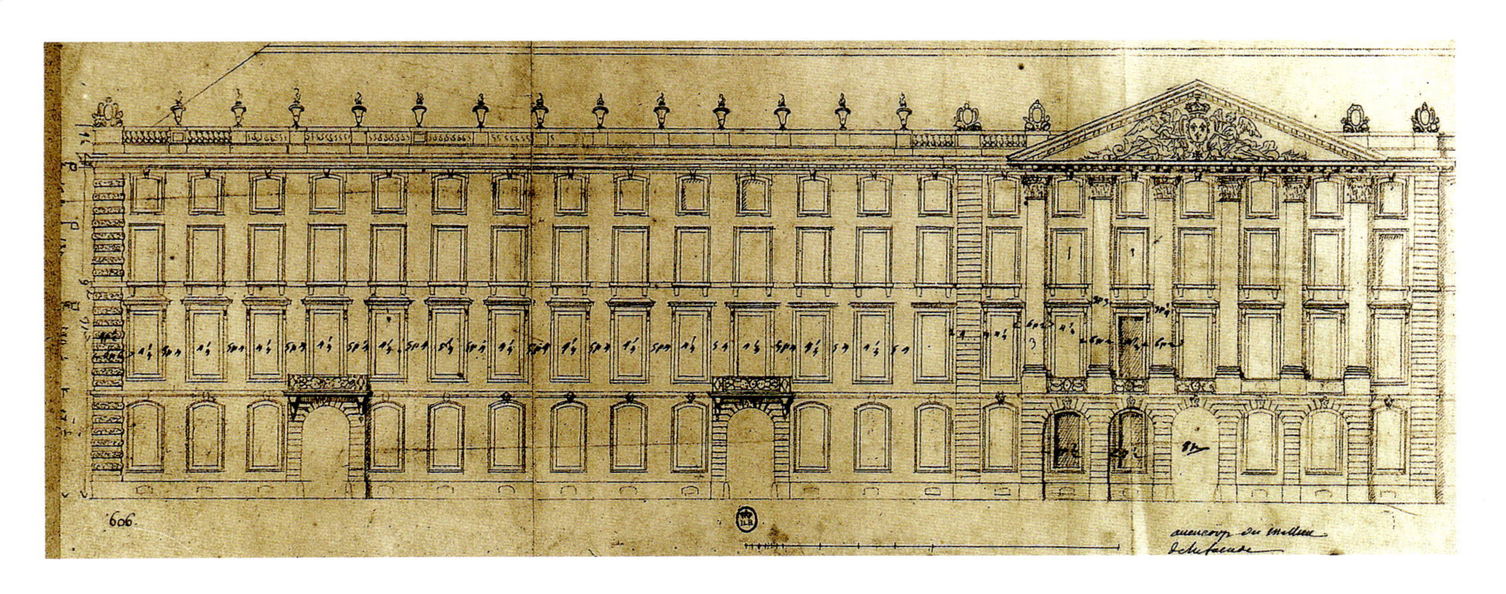

的美学观念，才具有一定的价值。在当时一些著名文艺界人士（如伏尔泰）的眼中，这种新风格被视为最野蛮粗俗的品类；在他们看来，只有路易十四时期，才是文化的“黄金世纪”(Siècle d'or)。实际上，这两种风格潮流本是同时并行或相辅相成，特别是，大多数室内装饰师都曾受学院派教育或师从阿杜安 - 芒萨尔。尚蒂伊

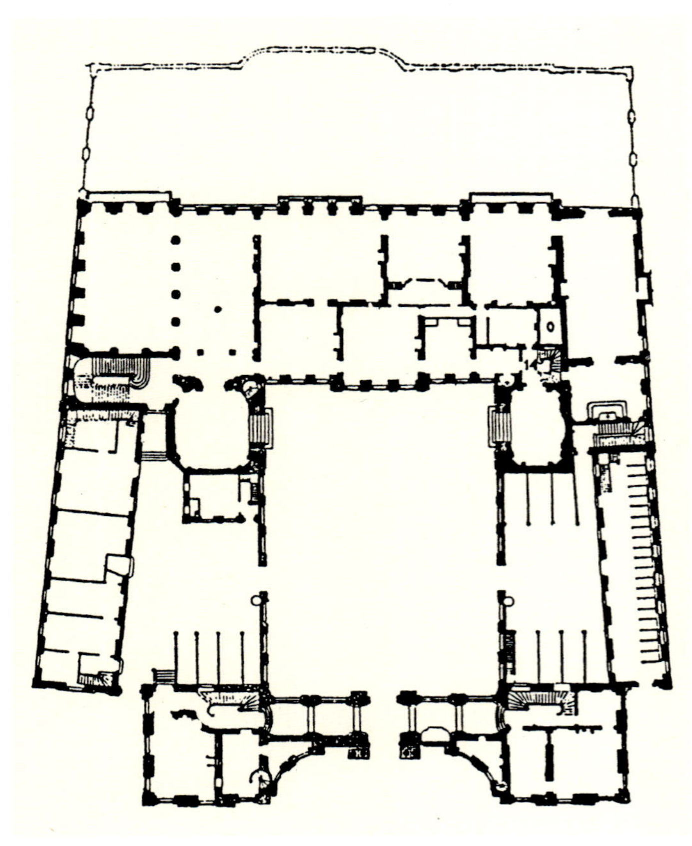

左页：

（上）图 3-723 巴黎 弗里利埃尔府邸（图卢兹府邸）。金廊，内景

（左下）图 3-725 斯特拉斯堡 罗昂宫邸（1727~1742 年，建筑师罗贝尔·德科特）。底层平面

（右下）图 3-727 斯特拉斯堡 罗昂宫邸。立面近景

本页：

（上）图 3-726 斯特拉斯堡 罗昂宫邸。朝河一面外景

（中）图 3-728 斯特拉斯堡 罗昂宫邸。院落入口处景观

（下）图 3-729 斯特拉斯堡 罗昂宫邸。国王卧室，内景

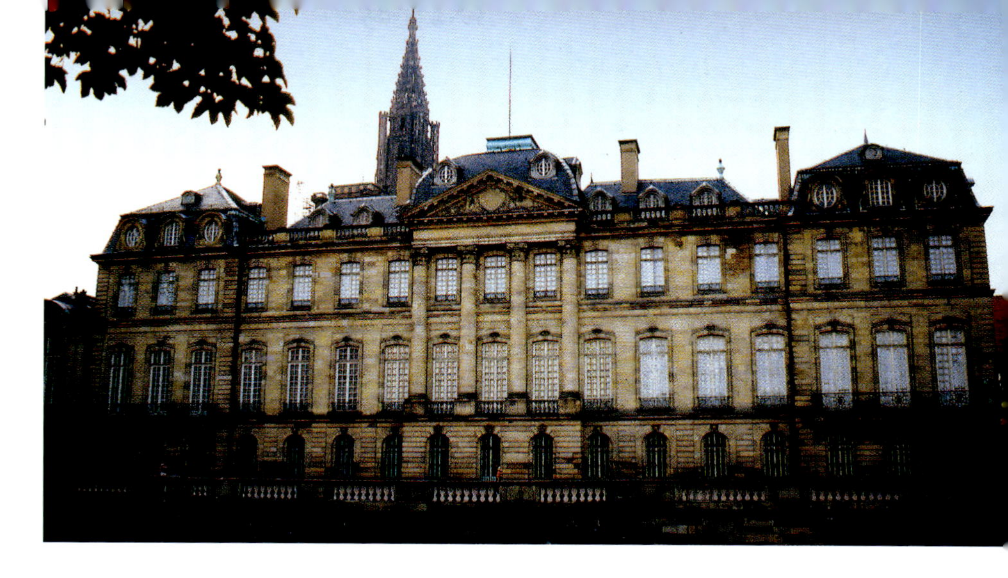

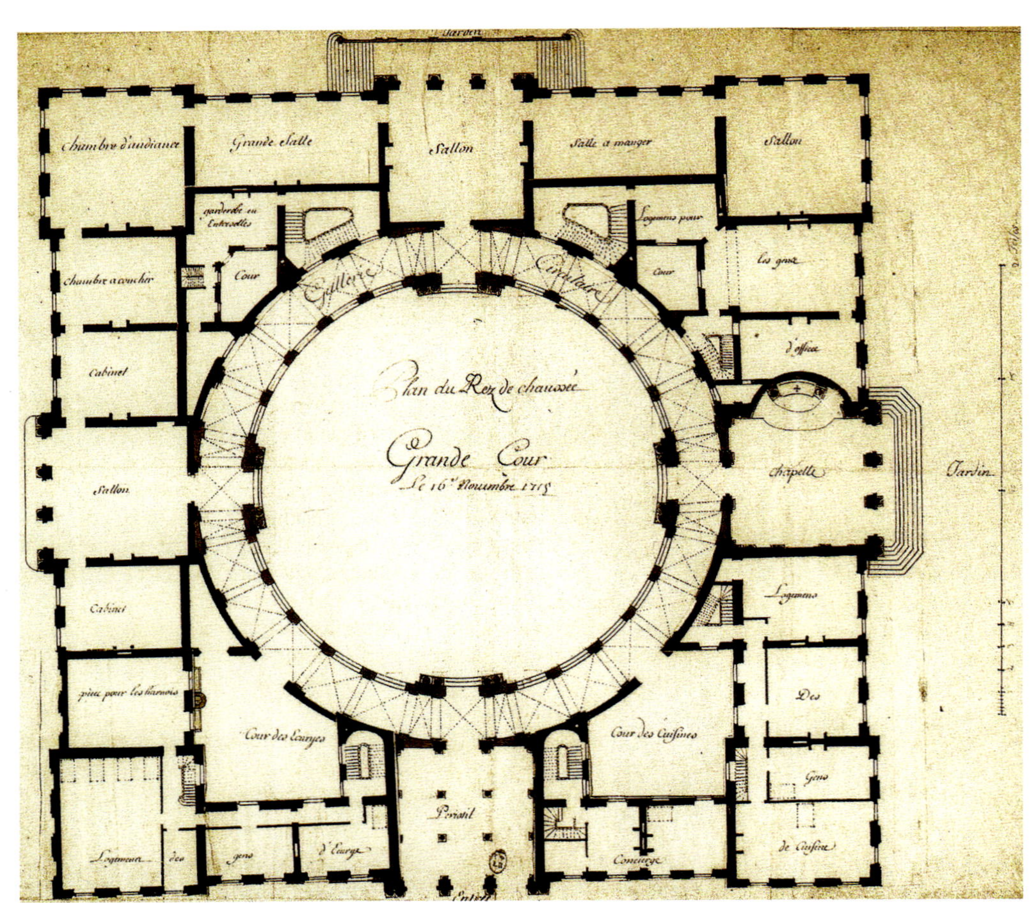

(上) 图 3-730 波恩 波珀尔斯多夫宫堡（罗贝尔·德科特设计）。底层平面（1715 年图版）

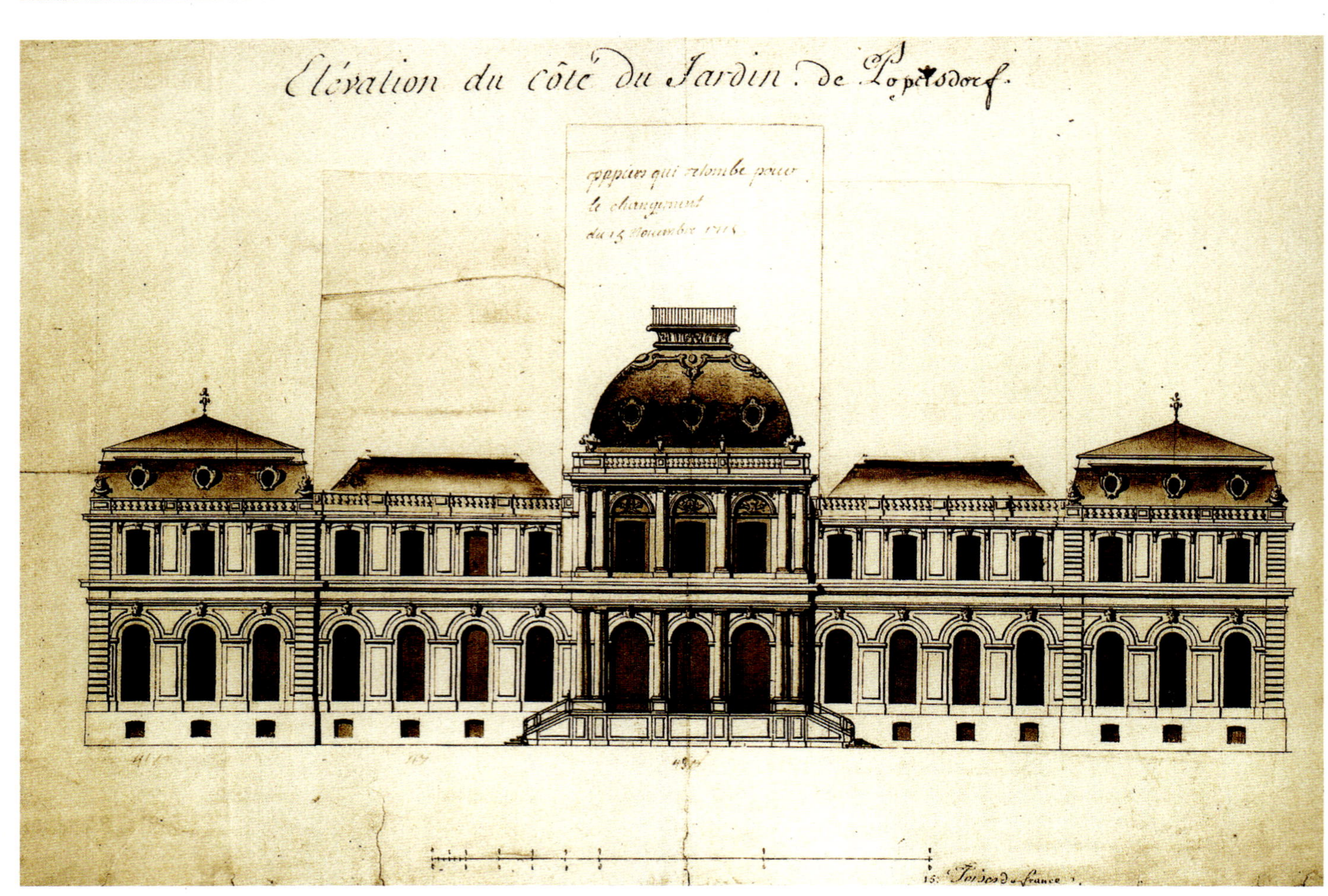

(下) 图 3-731 波恩 波珀尔斯多夫宫堡。立面设计（1715 年，图版现存波恩 Landeskonservator Rheinland）

(上)图 3-732 波恩 波珀尔斯多夫宫堡。俯视全景(档案照片,1944 年前)

(中及下)图 3-733 里沃利 国王宫堡(1715 年)。模型(全景及细部,作者 Filippo Juvarra 和 Carlo Maria Ugliengo,现存都灵 Museo Civico di Arte Antica)

（上）图 3-734 里沃利 国王宫堡。自南面望去的宫堡景色（油画，作者 Giovanni Paolo Pannini，都灵 Castello di Racconigi 藏品）

（下）图 3-735 里沃利 国王宫堡。中央大厅内景(Filippo Juvarra 绘，原稿现存都灵 Museo Civico di Arte Antica)

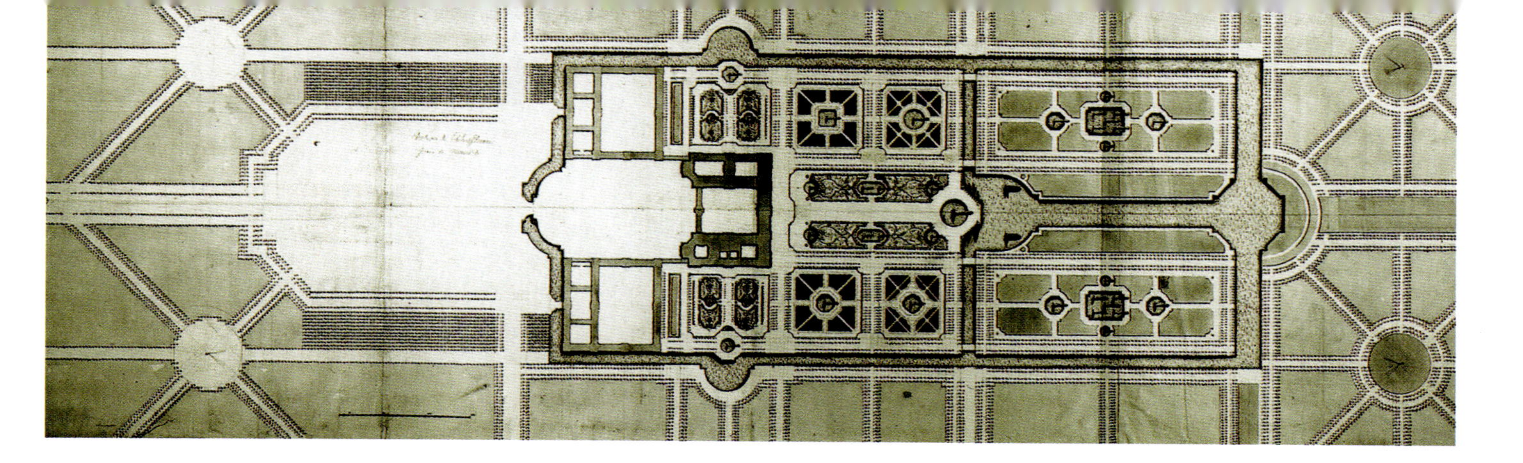

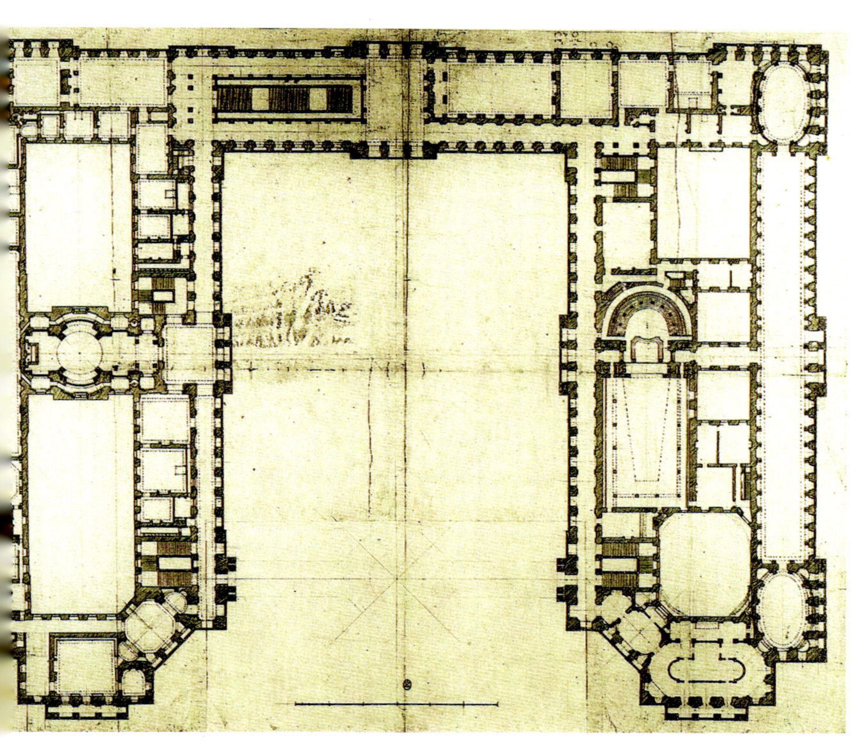

(上) 图 3-736 施莱斯海姆 宫邸。总平面，第一个方案（作者罗贝尔·德科特，1714 年，原稿现存巴黎国家图书馆）

(左中) 图 3-737 施莱斯海姆 宫邸。二层平面，第一个方案（作者罗贝尔·德科特）

(左下) 图 3-738 波恩 选帝侯宫邸。二层平面，第二个方案（作者罗贝尔·德科特，1714 年）

(右) 图 3-739 雷恩 城市广场。总平面

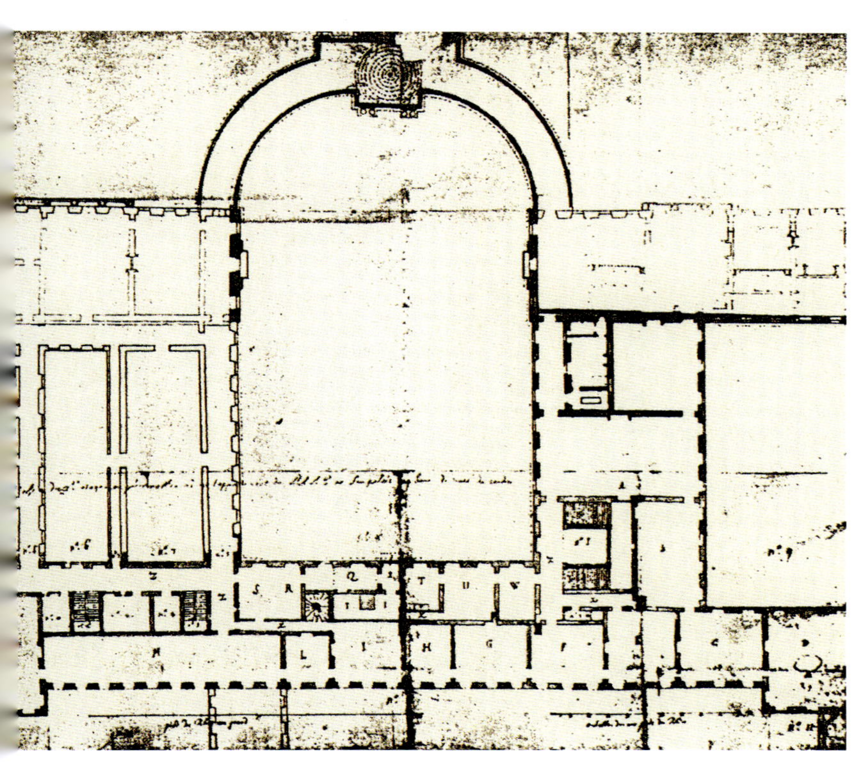

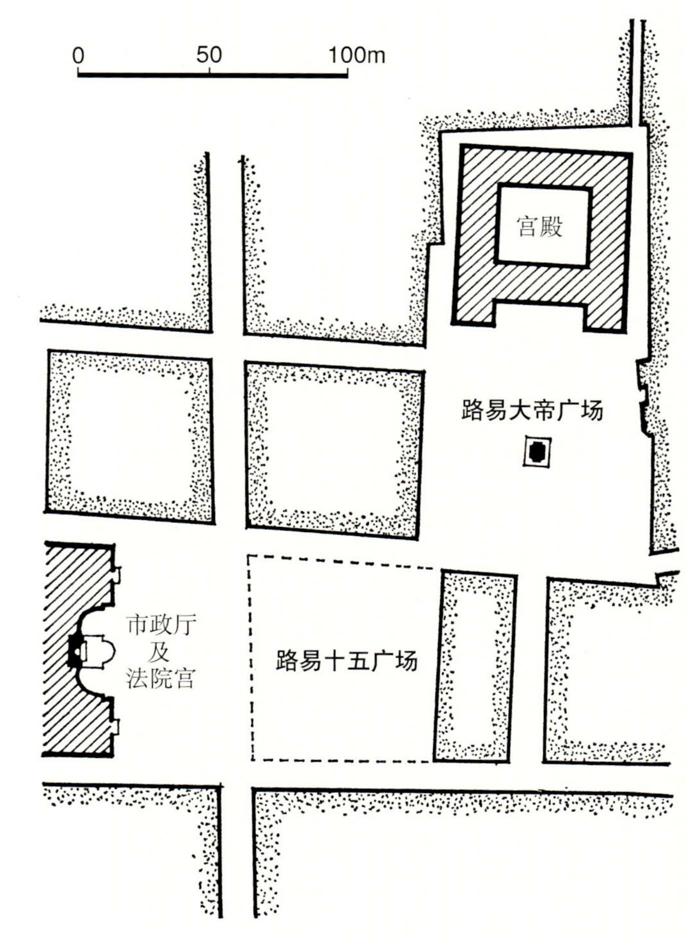

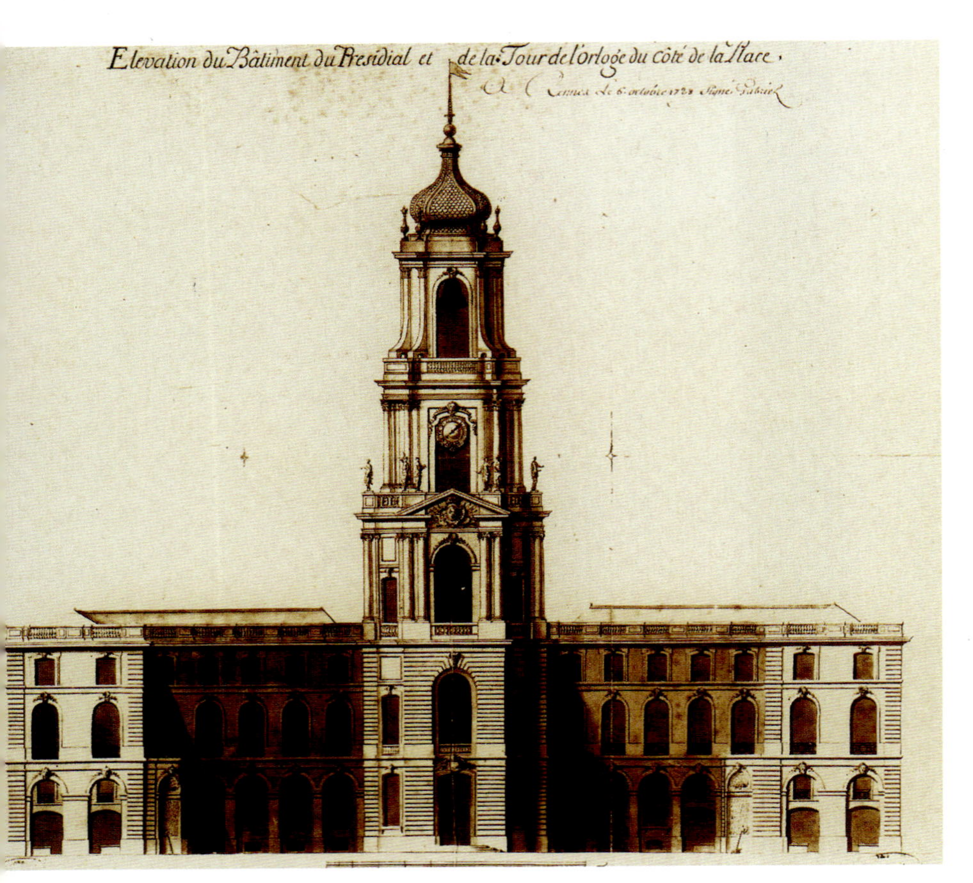

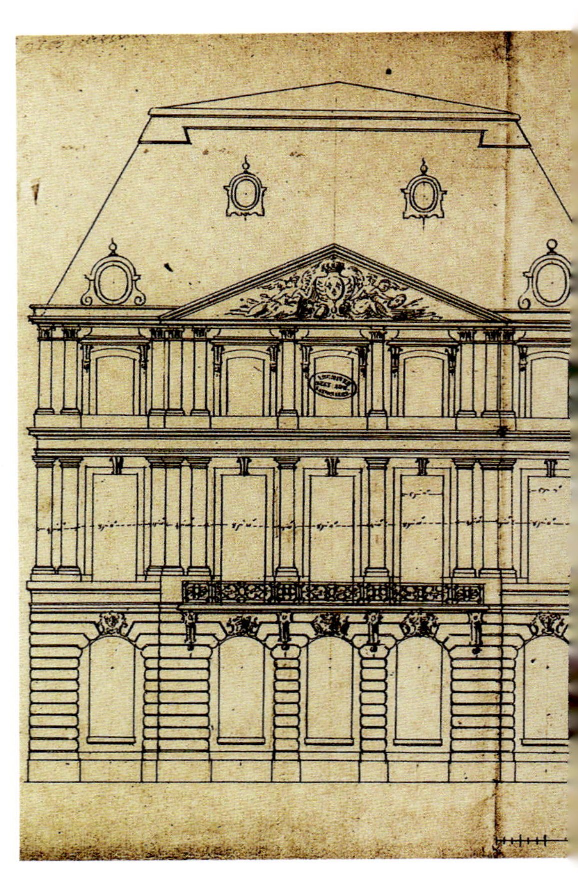

(左上) 图 3-740 雷恩 市政厅及法院宫（1736~1744 年）。1728 年最初设计（作者雅克 - 安热 · 加布里埃尔）

(下) 图 3-741 雷恩 市政厅及法院宫。1730 年方案（作者雅克 - 安热·加布里埃尔，建筑位于路易十五广场尽端，左为市政厅，右为法院宫，塔楼下部为路易十五雕像，图版取自 P.Patte ：《Monuments érigés en France...》，1765 年）

(右上) 图 3-742 枫丹白露“大阁”（1750~1754 年，建筑师雅克 - 安热 · 加布里埃尔）。立面设计（1740 年，法国国家档案资料）

图 3-743 枫丹白露“大阁”，外景

的马厩（图 3-693~3-695），就是出自芒萨尔所喜爱的设计师让·奥贝尔（约 1680~1741 年）之手（巴黎的拉赛府邸也是他的作品，图 3-696）。它表明，在想象力上，人们可达到怎样的程度。这个“马的宫殿”（palais pour chevaux）实际上是再次采纳了凡尔赛的理想，自由配置法国巴洛克建筑的传统部件并对之进行修饰。

法国洛可可风格的艺术家很多都是来自外国，如奥佩诺德（1672~1742 年，图 3-697~3-699）和梅索尼耶（1693~1750 年，图 3-700、3-701）。实际上，和摄政风格相比，这种装饰对整体性的要求更为严格，构造之间的交接往往融汇在一起。但在法国，这种做法仅限于室内，即使在最豪华的装修中，也不会突破某些底线，不会像德国的洛可可风格那样，奢华得令人眼花缭乱。

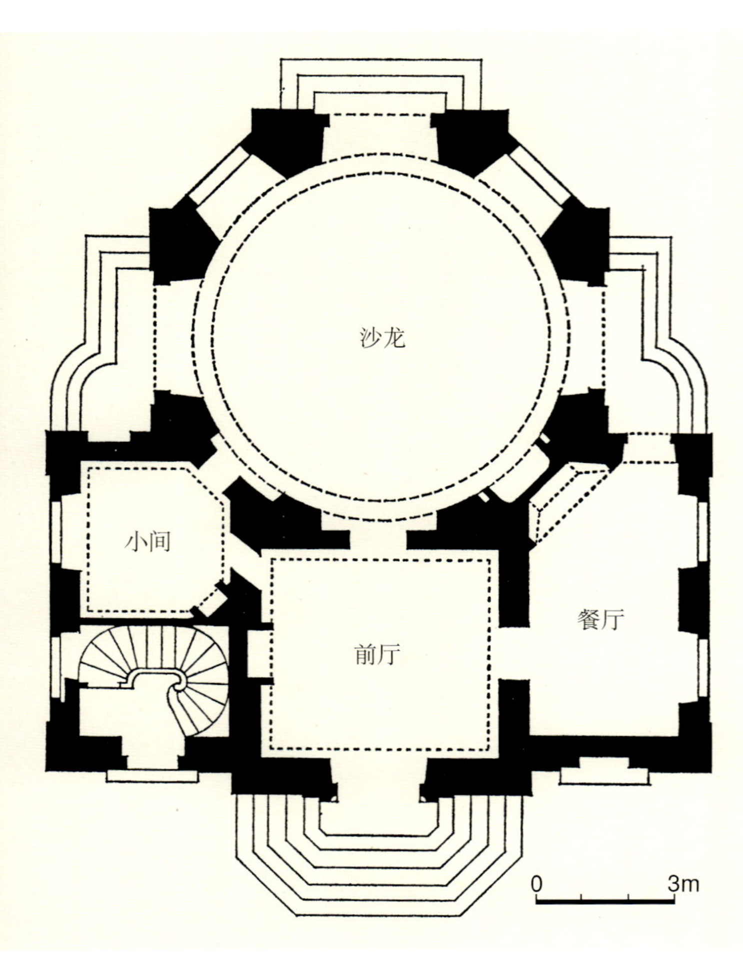

（上）图 3-744 法兰西岛区 比塔尔亭阁（1750~1751 年，建筑师雅克 - 安热·加布里埃尔）。平面

（下）图 3-745 法兰西岛区 比塔尔亭阁。外景

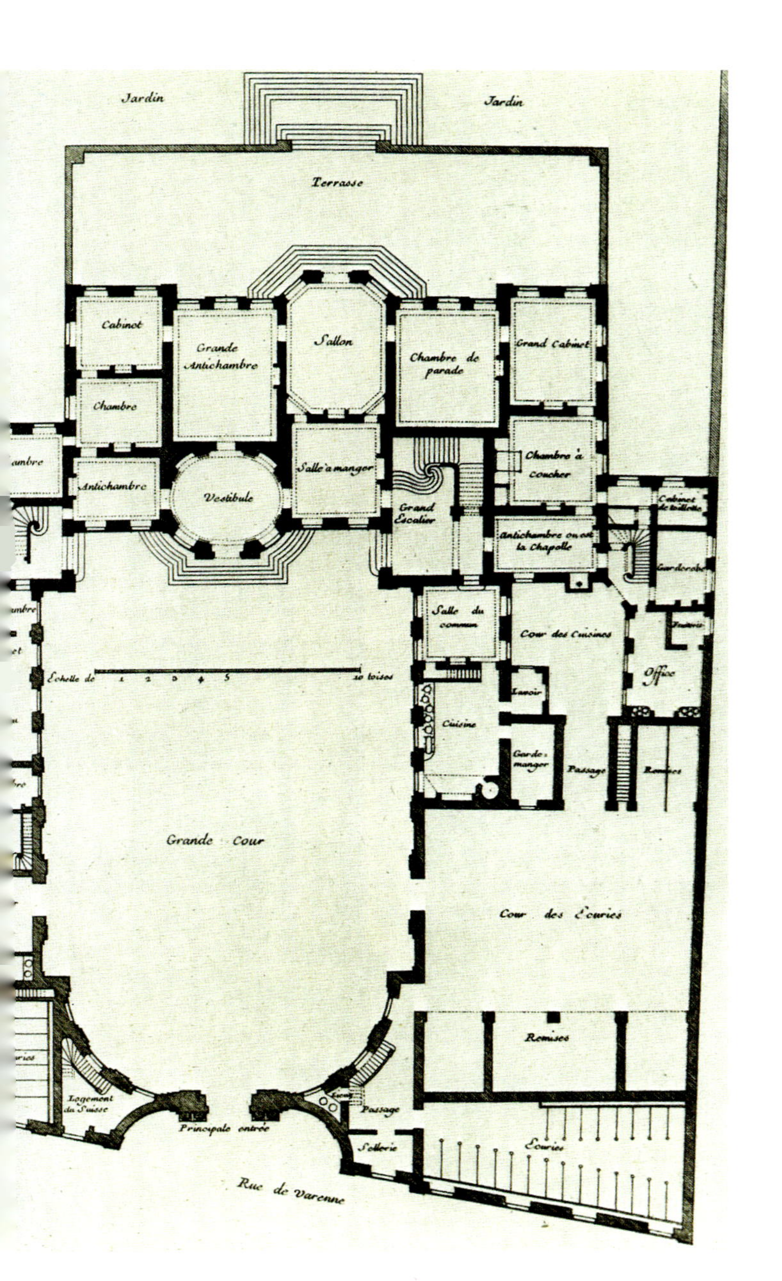

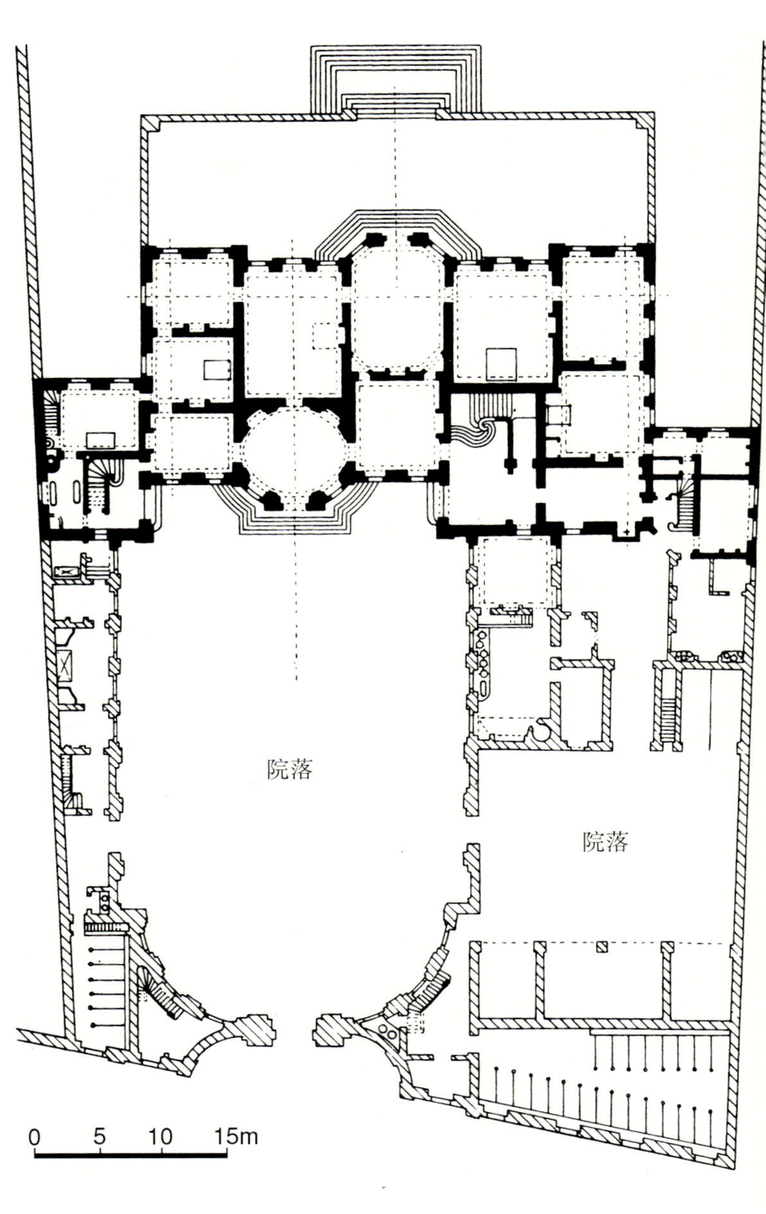

（上两幅）图 3-746 巴黎 马提翁府邸（1720~1724 年，让·库尔托纳设计）。底层平面（图版据 J.Mariette）

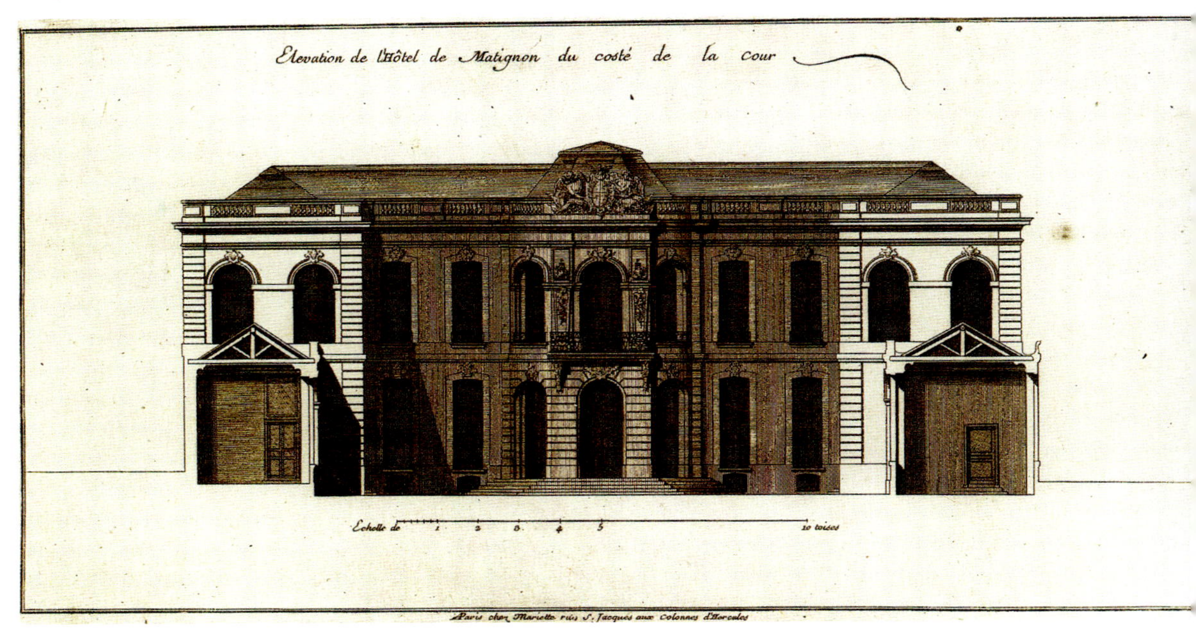

（下）图 3-747 巴黎 马提翁府邸。院落立面（图版取自 J.Mariette：《Architecture Française》）

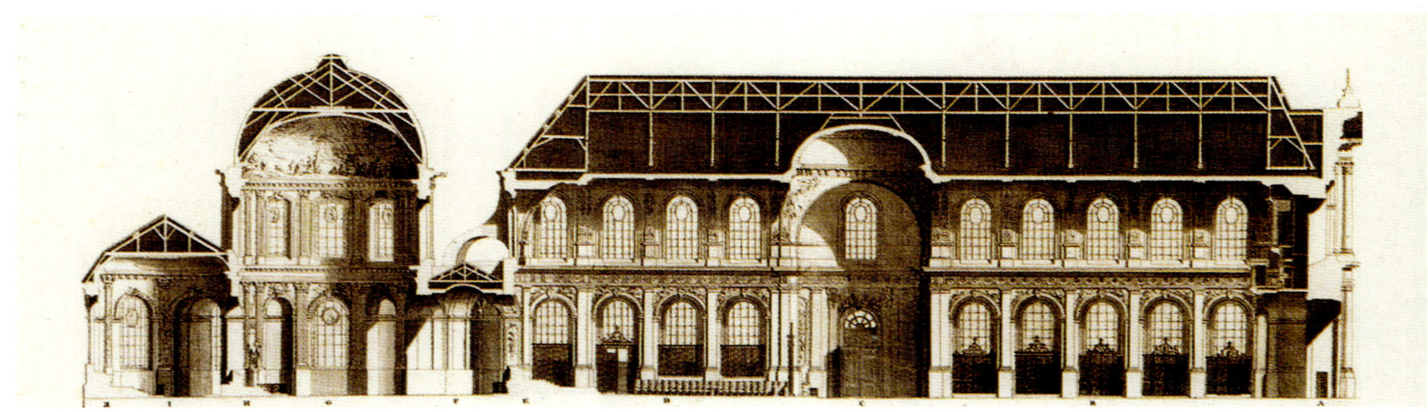

左页：

（上）图 3-748 巴黎 马提翁府邸。花园立面现状

（左下）图 3-749 巴黎 圣罗克教堂（1719~1736 年，主持人勒梅西耶、罗贝尔·德科特）。立面设计（作者 Jean-Baptiste Bullet，约 1730 年，原稿现存斯德哥尔摩国家博物馆）

（中）图 3-750 巴黎 圣罗克教堂。剖面（取自 Jean-Marie Pérouse de Montclos：《Paris，Kunstmetropole und Kulturstadt》，2000 年）

（右下）图 3-751 巴黎 圣罗克教堂。外景（立面设计人罗贝尔·德科特，完成于 1736 或 1738 年）

本页：

图 3-752 巴黎 圣罗克教堂。礼拜堂内景

二、主要建筑师及实例

［世俗建筑］

18 世纪的住宅建筑已相当考究，府邸在平面设计上更需要满足人们日益增长的需求（如图 3-269 所示阿杜安 - 芒萨尔的宫邸设计）。过去建筑师只是成排并列各种不同需求的房间，现在客厅（沙龙）开始和餐厅及卧室分开，房间成组布置，其间以通道相连。阿杜安已将前厅向楼梯间敞开，两个空间合为一体（图 3-702、3-703）。楼梯间位于右侧，因为“入门后，人们会本能地向右转”。院落纵深要大于宽度，端头做成圆形以便于车辆转弯。由于正院边上通常都有附属建筑的院落，因而其轴线和花园往往并不对应，但通过内部房间的巧妙安排一般很难觉察。

在装饰上，这时期先后经历了两个阶段，即摄政风格和洛可可风格。此前在手法主义时期，装饰占据了首要地位，之后古典柱式又再领潮流。在室内，除了表面装饰外，人们更重视墙体的节奏和分划，这也是博罗米尼的构思方式。壁炉上方的镜子从这时起亦成为法国式套房的一个特点。这一演化过程在摄政时期之前已

Projet du Portail de l'Eglise de S.t Sulpice de Paris
Présenté a M.r le Curé de S.t Sulpice en 1726

Liv. III N.o V. Plan. 2
ELEVATION GEOMETRALE DU PRINCIPAL PORTAIL DE L'EGLISE PARROISSIALE DE SAINT SULPICE.
168

左页：

(左上) 图 3-753 巴黎 圣叙尔皮斯教堂。立面设计方案（作者 Juste-Aurèle Meissonnier，1726 年，原稿现存巴黎国家图书馆）

(下两幅) 图 3-754 巴黎 圣叙尔皮斯教堂。立面设计（作者乔瓦尼·尼科洛·塞尔万多尼）：第一方案（1732 年）和第二方案（1736 年）

(右上) 图 3-755 巴黎 圣叙尔皮斯教堂。立面设计方案（作者乔瓦尼·尼科洛·塞尔万多尼，取自 J.F.Blondel：《Architecture Française》，1752 年）

本页：

(右上) 图 3-756 巴黎 圣叙尔皮斯教堂。上图方案全景

(右下) 图 3-757 巴黎 圣叙尔皮斯教堂。剖面（取自 J.F.Blondel：《Architecture Française》，1752 年）

(左) 图 3-758 巴黎 圣叙尔皮斯教堂。现状外景

经开始。在凡尔赛大特里阿农及其他一些内部装饰经过阿杜安翻修和改造的房间里，墙面已开始被分成带精美框饰的嵌板；在战争期间珍贵材料难求的时候，人们还用过加工更为便捷的细木护墙板或灰泥制品。在明亮的背景下布置网状叶饰使这些嵌板充满生气，像贝兰（1640~1711 年）及其门徒奥德朗（1658~1734 年）这

样一些匠师，还提供了一批版画图样，包括动物和植物交织组成的阿拉伯或怪异风格的图案，具有异国情调的花样或喜剧场景。安托万·华托和朗克雷也都画过这类嵌板。在图案的想象力和精巧细致等方面，摄政时期的装饰可说是达到了难以超越的水平。

内部尽管如此丰富，但立面看上去大都比较严谨、节制。巴黎建筑学院院长（同时也是一本流传很广的教科书的作者）小布隆代尔（1705~1775 年）曾说过："仅靠简单的手段处理好一个建筑并非易事。"法国建筑正是在这方面进行了不懈的探索并逐渐臻于成熟。立面大都由同样的楼层组成，开高大的窗户，但很少配置柱式，仅用简单的条带或腰线进行分划。装饰仅用于突出少数关键部位，如挑腿及拱心石，但栏杆及栅栏等铁构件则制作异常精美。

始建于 1704 年的巴黎苏比斯府邸（图 3-704~3-715）清楚表明，此时人们的兴趣如何从立面转向内部装饰：朝花园的立面仍以凡尔赛为范本，但居住房间的布置完全不同。投资者是两家名门望族的后代，其儿子怂恿父母辞退原设计人皮埃尔 - 亚历克西·德拉迈尔改聘已显露天才的热尔曼·博夫朗为室内建筑师。后者主持装修了几组套房，其间以椭圆形房间相连。被视为这时期最美房间之一的公主沙龙（1735 年），就是他和画家

（上）图 3-759 巴黎 圣叙尔皮斯教堂。内景（建筑师 Christophe Gamard 和 Daniel Gittard）

（下）图 3-761 凡尔赛 圣路易教堂（1743~1754 年，建筑师雅克·阿杜安 - 芒萨尔·德萨贡内）。外景

图 3-760 乔瓦尼·尼科洛·塞尔万多尼：罗马古迹（油画，原作现存里昂 Musée des Beaux-Aarts）

及灰泥塑造师查理 - 约瑟夫·纳图瓦尔合作的成果（图 3-716~3-721）。位于二层的大厅平面椭圆形，上置圆顶。新的装饰风格在这里得到了充分的展现：墙面和顶棚覆以镀金的灰泥花饰，窗间饰周边带精细线脚的镜子或嵌板，顶端做成圆券的板面与高大的镜子交替布置，后者不仅使人感觉房间更大同时也使精美装饰的视觉效应倍增。窗券上部设椭圆形装饰框，在它们之间，辐射状的花饰向中央的玫瑰图案会聚。镂空的图案如围绕着藤

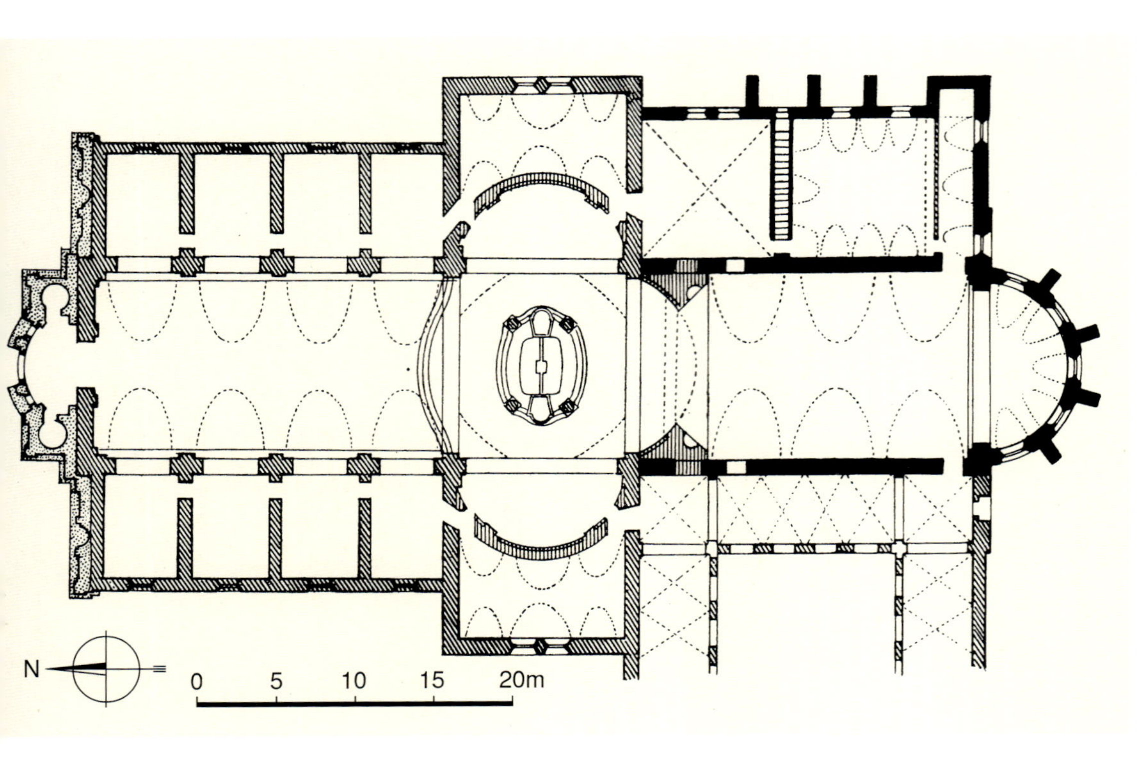

（上）图 3-762 里昂 圣布鲁诺教堂（1734~1738 年，建筑师费迪南德·德拉蒙策）。平面

（下）图 3-763 里昂 圣布鲁诺教堂。内景

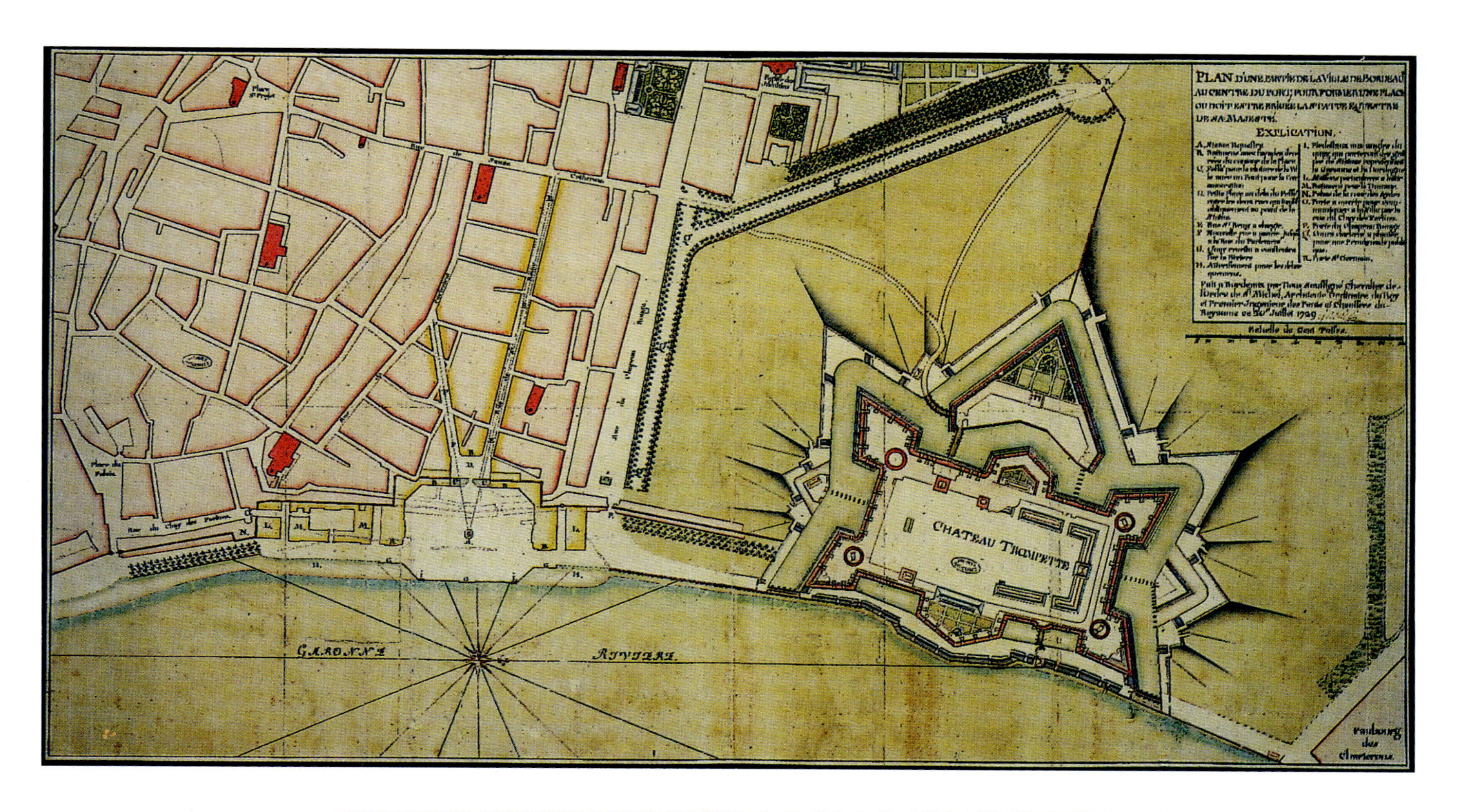

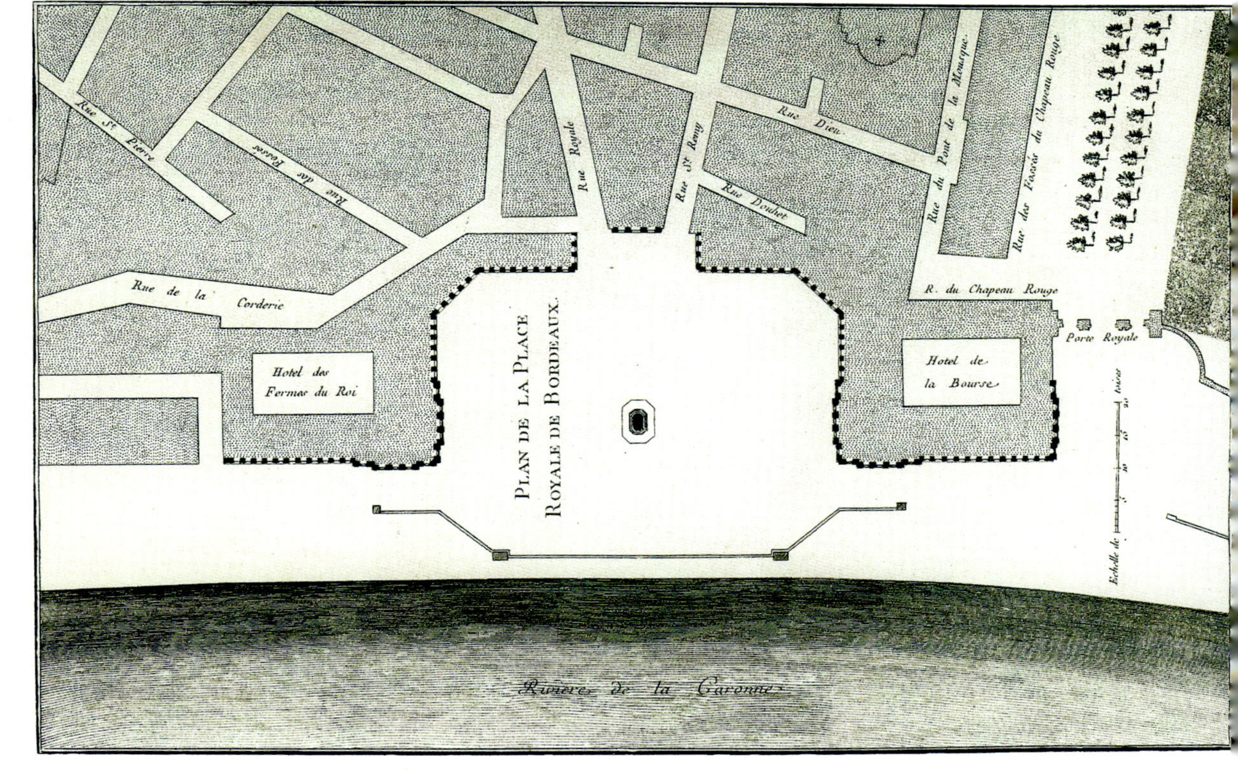

（上）图 3-764 波尔多 国王广场（现交易所广场，1731~1755 年，设计人雅克 - 安热 · 加布里埃尔，施工主持安德烈 · 波尔捷）。总平面位置（右侧为特龙佩特城堡，图据雅克 - 安热 · 加布里埃尔，巴黎国家档案材料）

（下）图 3-765 波尔多 国王广场。平面（前为加龙河）

架布置的树枝或鹿角，同时保持着精巧的对称格局；墙面和天棚之间没有明确的分划痕迹，主要檐口为装饰掩盖。白色、浅灰绿色和青绿色，使沙龙具有一种珍贵和自然的氛围。整个设计体现出一种庄重、优美和简朴的精神。镜子和天棚之间是纳图瓦尔绘制的组画："爱神和普绪喀"[32]。这是另一个迹象，表明往昔那种浮夸的装饰已被一种更精练的生活方式和对情感的需求取代。

在 18 世纪上半叶的建筑师中，罗贝尔 · 德科特（1656~1735 年，图 3-722）是最杰出和影响最大的一位。他同样是阿杜安 - 芒萨尔的门徒和合作者，也是热尔曼 · 博夫朗的同代人。1689 年，他在雅克 - 安热 · 加布里埃尔的陪同下前往意大利；同年，他被任命为法兰西

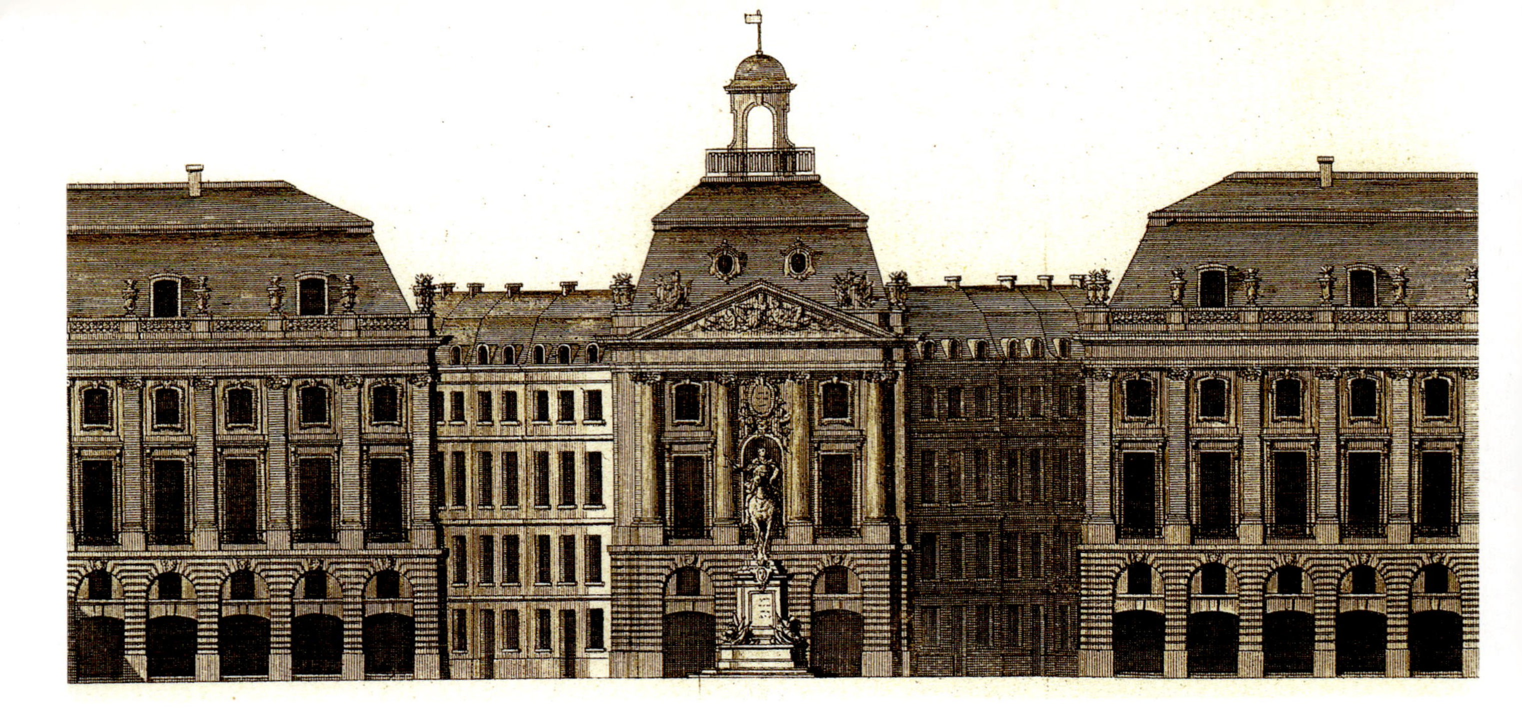

（上及中）图 3-766 波尔多 国王广场。立面及中央部分大样（取自 P.Patte：《Monuments érigés en France...》，1765 年）

（下）图 3-767 波尔多 国王广场。现状景色

建筑学院院长，接着又在芒萨尔去世后接任国王的首席建筑师。这一职务使他能像前任那样，掌管官方建筑。罗贝尔·德科特主要是为贵族阶层服务，尤其擅长府邸设计。他建造了一系列巴黎宅邸，并改造了原由芒萨尔设计的弗里利埃尔府邸（图卢兹府邸），使它具有当代的形式。1710 年，他在府邸的金廊里，按巴洛克的情

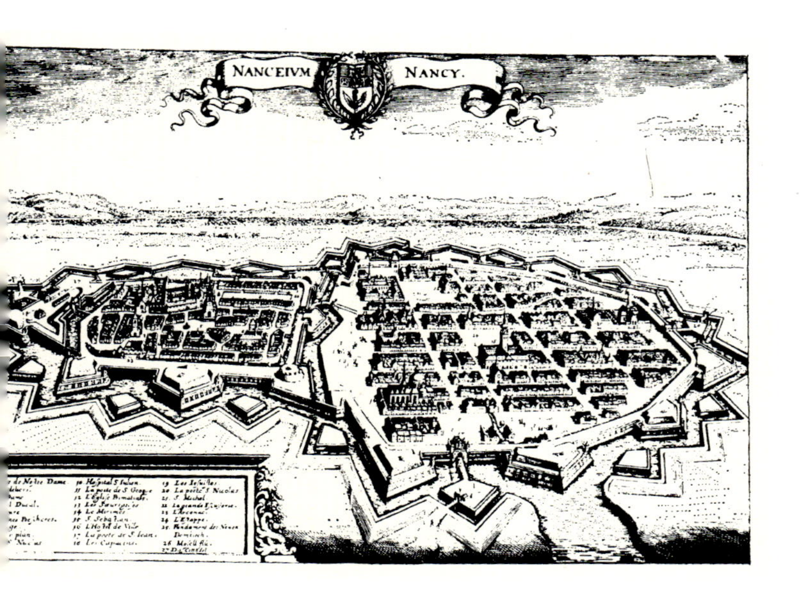

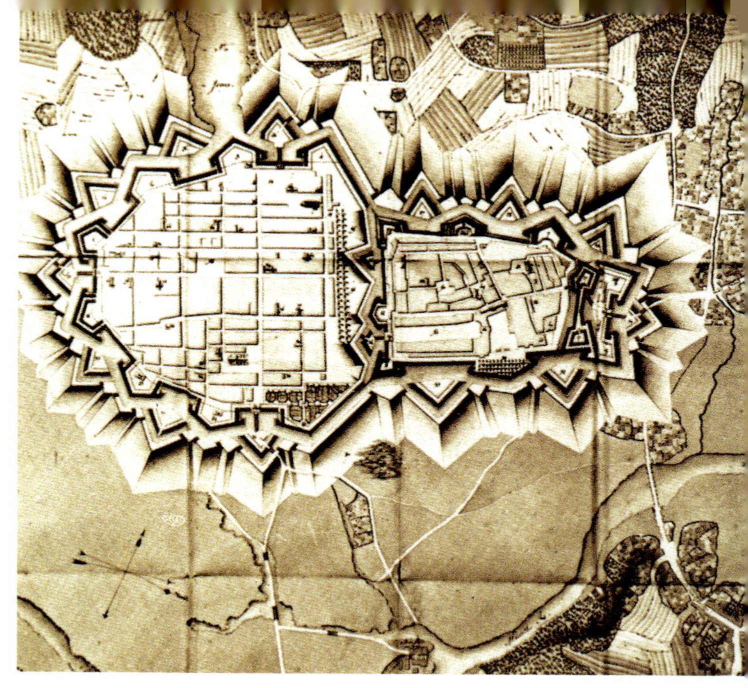

(左上）图 3-768 南锡 1645 年城市俯视全景（自西面望去的景色，左侧为中世纪时形成的老城，右为 1588 年后根据军事工程师 Girolamo Citoni 的规划扩展的新城）

(右上）图 3-769 南锡 18 世纪城市平面（右为老城，左为新城）

(下）图 3-770 南锡 城市总平面（图上标明 18 世纪建设项目与城市其他部分的关系，16 世纪末文艺复兴时形成的新城位于新的东西轴线左侧，中世纪城市居右侧）。图中：1、中世纪老城，2、17 世纪新城，3、后期公共花园；X-X 为新的横向轴线；A、国王广场，B、卡里埃广场，C、半圆形广场（戴高乐广场）

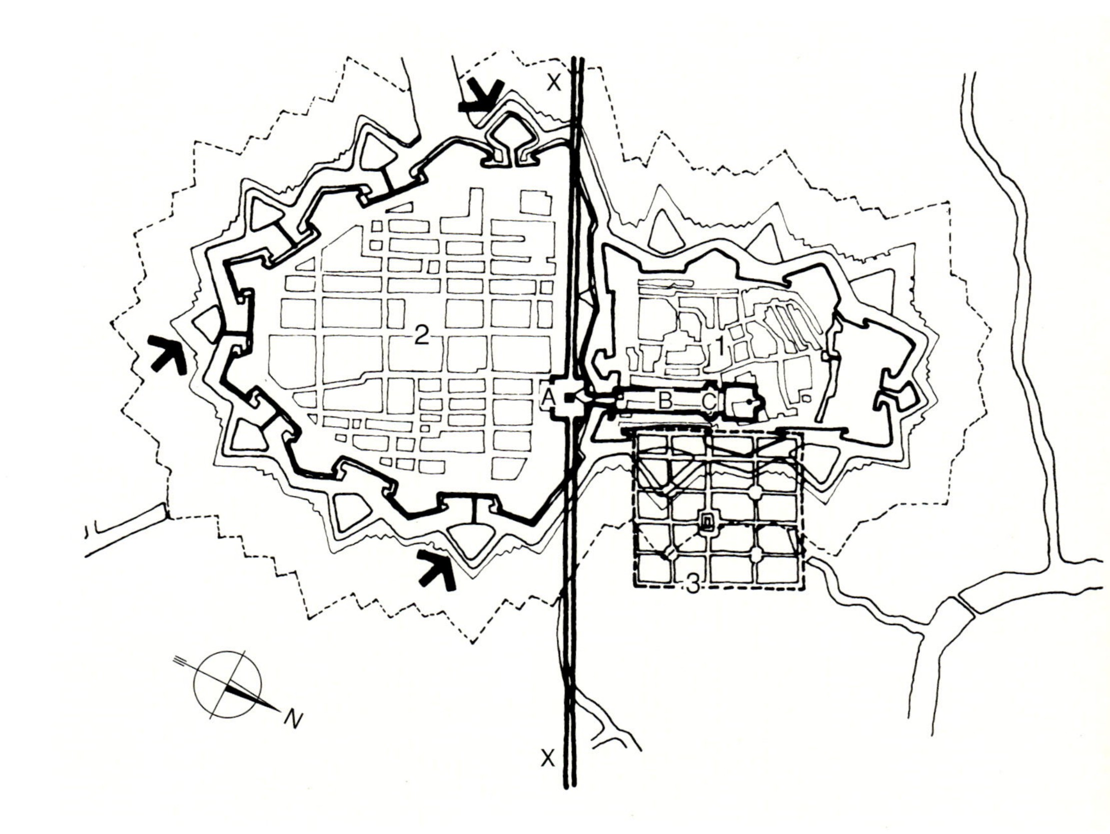

趣，在扁平的顶棚上，通过彩绘表现优雅的曲线造型（图 3-723）。1720 年，他在凡尔赛房间的装修里采用了花边装饰（位于明亮的基底上，现仅顶棚保持原状），还参与为神职人员（由于掌握大量资金，他们在法国建筑中起着举足轻重的作用）建造的宫邸。

除巴黎外，罗贝尔·德科特同时在里昂、斯特拉斯堡和波尔多等城市开展业务活动，设计了一些公共广场 [如里昂的贝勒库尔广场（图 3-724）、波尔多的国王广场等]。在斯特拉斯堡，他为城市君主兼主教设计的罗昂宫邸（1727~1742 年，图 3-725~3-729）位于伊尔河边，为这个阿尔萨斯城市主教府驻地。建筑按传统方式由配柱式的入口屏墙、院落及后部的居住形体组成。高耸在岛上面向花园的宏伟立面是这个建筑最亮丽的风光。立面 17 道窗户轴线，中央三开间以贯穿上两层的粗壮巨大的柱子加以强调。其影响直达莱茵兰地区和马德里。

作为一个组织良好的建筑工作室的领军人物，罗

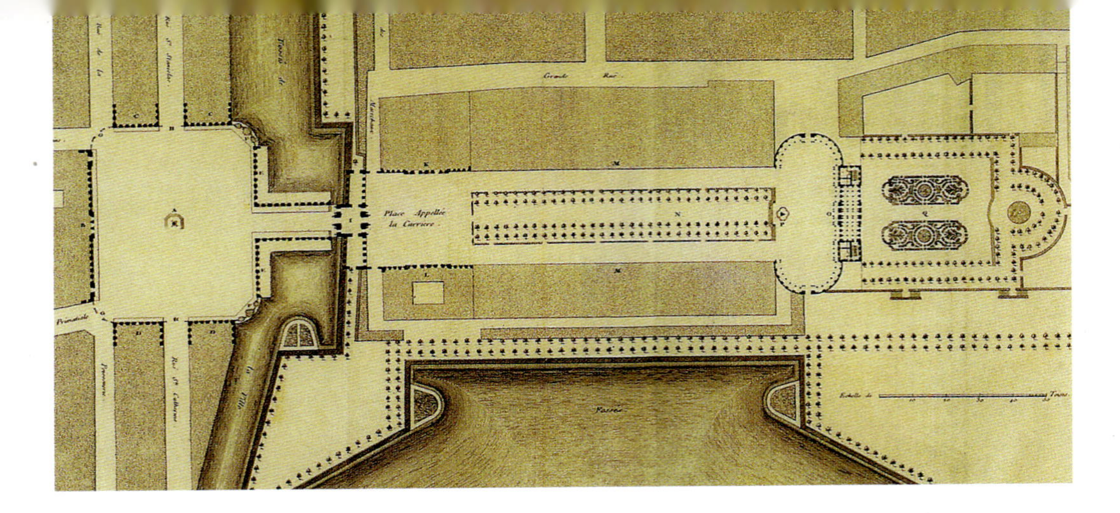

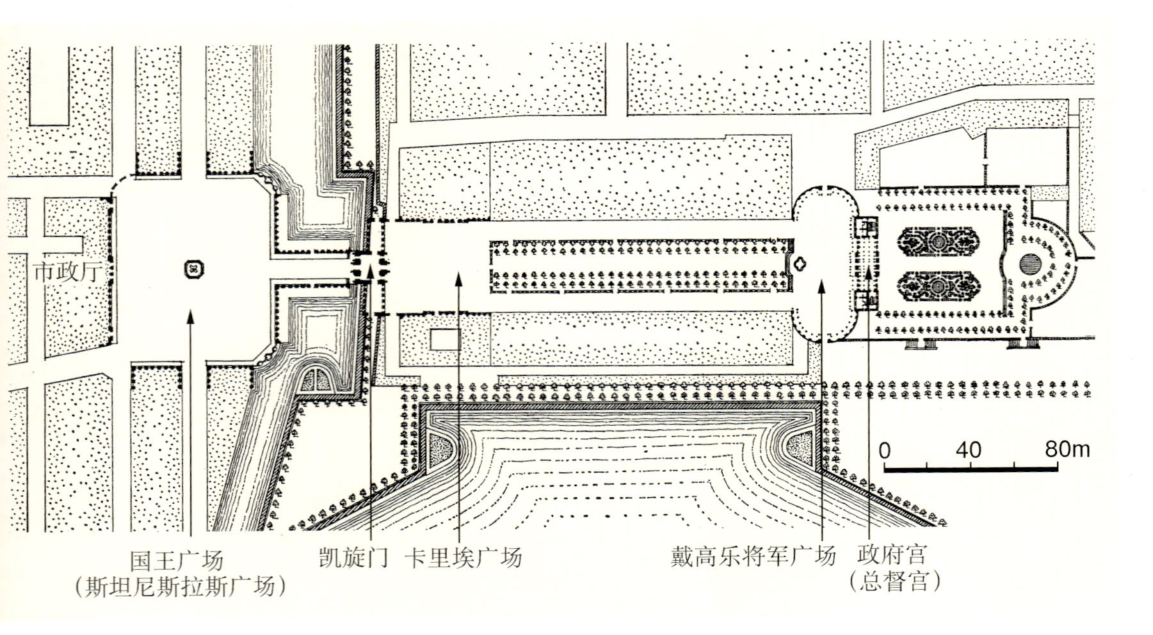

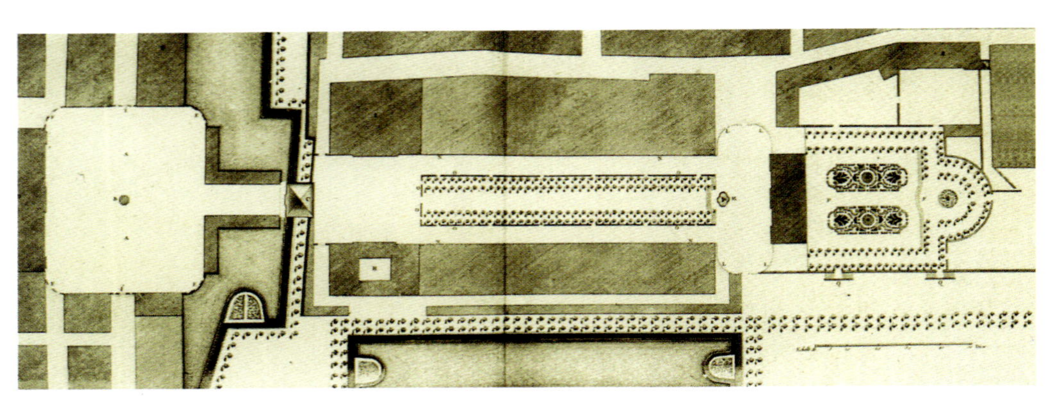

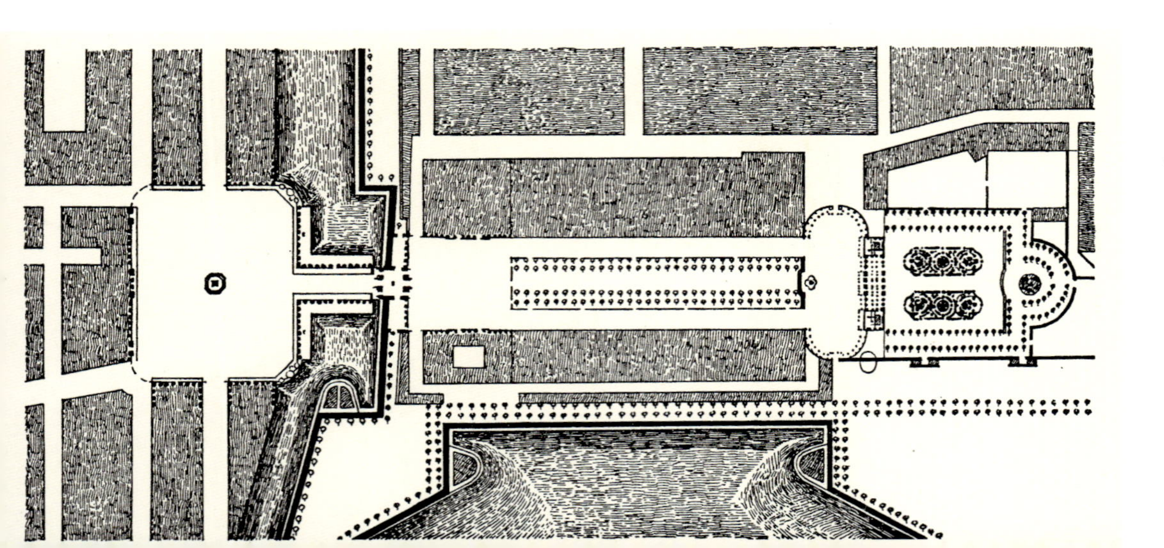

本页：

（上及中上）图3-771 南锡 市中心建筑群（1752~1755年，设计人伊曼纽·埃瑞）。总平面（图版据P.Patte，1765年）

（下及中下）图3-772 南锡 市中心建筑群。总平面（图版取自伊曼纽·埃瑞：《Plans et Elevations de la Place Royale de Nancy》，1793年；线条图据Platte）

右页：

（上）图3-773 南锡 市中心建筑群。俯视全景图（据Stephan Hoppe，2003年）

（下）图3-774 南锡 国王广场（现斯坦尼斯拉斯广场，1752年，设计人伊曼纽·埃瑞）。平面及立面（图版取自P.Patte：《Monuments érigés en France...》，1765年）

贝尔·德科特还在国外的许多建筑设计中发挥了重要作用。虽然他从没有离开法国，但其工作室承揽的项目远至葡萄牙和土耳其。在这些项目中，比较重要的有维尔茨堡府邸，布吕尔和施莱斯海姆各地的府邸，波恩附近的波珀尔斯多夫宫堡（图 3-730~3-732），马德里王宫和都灵附近里沃利的国王宫堡（1715 年，图 3-733~3-735；他还为马德里的布恩 - 雷蒂罗宫堡提供了两个方案设计，见图 4-50、4-51）。只是他的一些最大工程，如为巴伐利亚和科隆选帝侯设计的施莱斯海姆和波恩宫邸，均没有最后完成（图 3-736~3-738）。在布局上他最重要的贡献是创造了一种更轻快的建筑，通过大量使用廊道改善了内部交通联系，提高了房间的私密性。在大多数情况下，罗贝尔·德科特除了作为一名设计人员外同时也是工程承包人：他的设计大都交给所在地的建筑师具体实施。如他最杰出的设计之一罗昂宫邸，就是由斯特拉斯堡建筑师马索尔负责施工。

雅克 - 安热·加布里埃尔为罗贝尔·德科特的同事并继他之后出任建筑总监。他主持了被大火毁坏的波尔多和雷恩的重建工作。其最令人感兴趣的设计是雷恩的市政厅和法院宫（1736~1744 年，图 3-739~3-741）。两个五开间的角楼阁围着一个呈凹面的前院，壮美的钟塔处布置了一个喷泉。其布局类似勒沃的巴黎四国学院和万维泰利的那波利但丁广场。同时，他还在枫丹白露主持建造了位于湖边的“大阁”(1750~1754 年,图 3-742、3-743)，在法兰西岛区的森林里为路易十五建了大量的猎庄（如 1750~1751 年建造的比塔尔亭阁，为一个小型的矩形建筑，后部凸出的多边形体内安置了一个圆形的沙龙，图 3-744、3-745)。

让·库尔托纳（1671~1739 年）主要是一位理论家和学院教授，在设计上他的主要作品是巴黎的马提翁府邸（1720~1724 年，图 3-746~3-748)。除了前院外还安排了一个次级的马厩院，布局上没有追求完全对称，而是采用了在 17 世纪的布勒东维利耶府邸或雅尔府邸里已经用过的轴线位移的做法。

[宗教建筑]

这时期的法国学派能够驾驭各种规模的建筑，从大的修院建筑群直到优雅的花园亭阁。但在教堂建设上却没有多少新意，东部行省的一些厅堂式建筑使人想起德国的模式。其他则依罗马形制，以凸出的柱廊作为立面

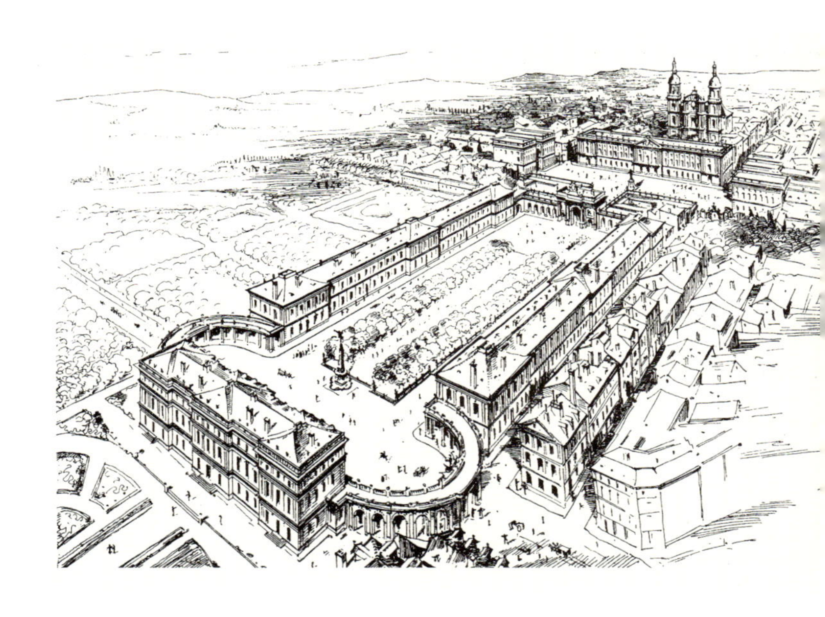

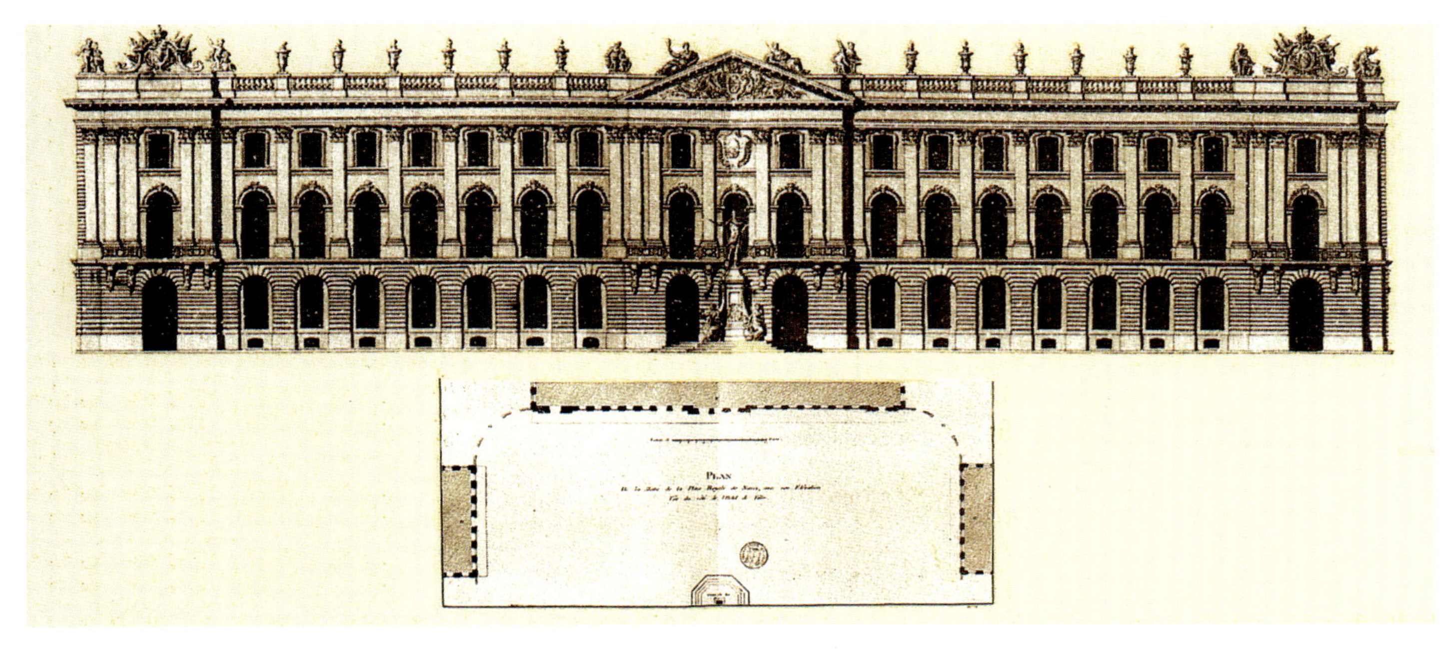

（上）图 3-775 南锡 国王广场（现斯坦尼斯拉斯广场）。现状，向北面望去的景色

（下）图 3-776 南锡 国王广场（现斯坦尼斯拉斯广场）。西望广场景色（广场中央斯坦尼斯拉斯雕像立于 1831 年）

的装饰，如巴黎的圣罗克教堂；或更为华丽并带侧面双塔，如凡尔赛城区内的圣路易教堂和南锡大教堂。但总的来看，在法国，洛可可并没有成为一种宗教建筑风格。

巴黎圣罗克教堂（1719~1736 年，图 3-749~3-752）始建 17 世纪，最初主持人为勒梅西耶，后由罗贝尔·德科特接手完成（立面系他的儿子朱尔·罗贝尔按其设计

(上) 图 3-777 南锡 国王广场 (现斯坦尼斯拉斯广场)。广场镀金铁栅围栏 (设计人 Jean Lamour，约 1755 年)

(下) 图 3-778 南锡 国王广场 (现斯坦尼斯拉斯广场)。喷泉及铁栅围栏，现状

增添)。尽管立面形制类似罗马的圣苏珊娜教堂和巴黎的瓦尔 - 德 - 格拉斯，但和这些原型相比，要更为严肃朴实，表面几乎没有什么装饰。

巴黎圣叙尔皮斯教堂立面(1736 年,图 3-753~3-759)的设计人为乔瓦尼·尼科洛·塞尔万多尼 (1695~1766 年)，这位知名的建筑师原本是画家和舞台设计师(图 3-760)。建筑尽管以后大部经改造，但和吕内维尔的圣雅克教堂一样，保留了双塔立面。外部开间形成钟楼，五个中央开间两层均敞开构成凉廊。最后的效果有些类似雷恩设计的伦敦圣保罗大教堂的立面。

由雅克·阿杜安 - 芒萨尔·德萨贡内主持建造的凡尔赛圣路易教堂 (1743~1754 年，图 3-761)，是成熟的

(上)图3-779 南锡 国王广场(现斯坦尼斯拉斯广场)。西南角铁栅围栏

(中)图3-780 南锡 凯旋门(1752年)。外景

(下)图3-781 南锡 卡里埃广场。向北望去的景色

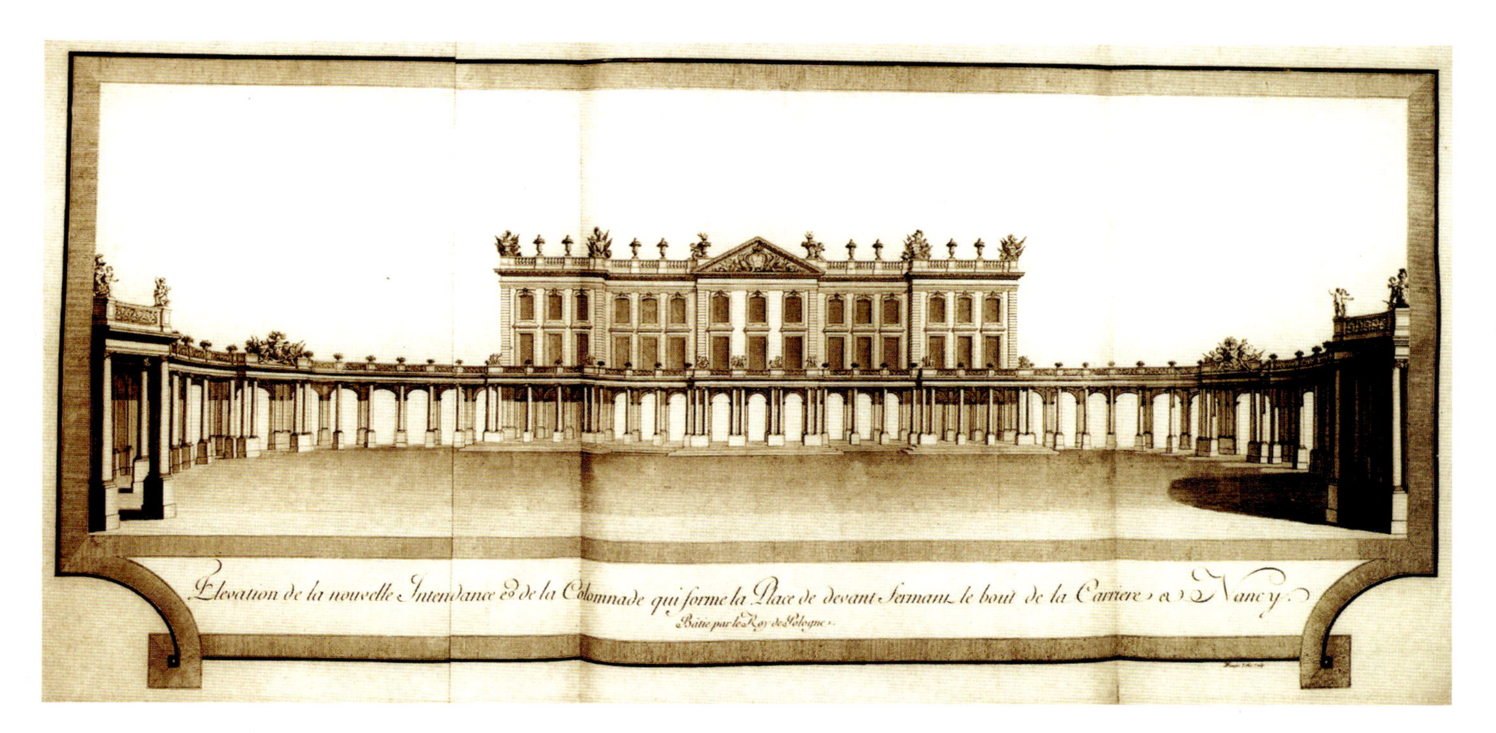

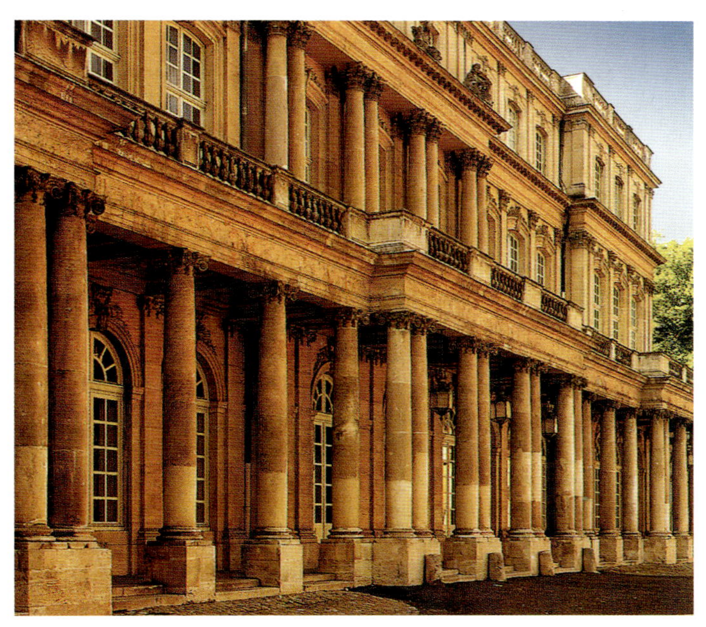

(上) 图 3-782 南锡 政府宫 (总督宫,1715 年)。立面及广场设计 (据伊曼纽 · 埃瑞)

(左下) 图 3-783 南锡 政府宫 (总督宫)。立面近景

(右下) 图 3-784 南锡 戴高乐将军广场。俯视全景

法国巴洛克建筑的后期实例。带有珍贵雕刻和独立柱子的立面综合了意大利式的两层构图和法国的双塔立面。

在法国南方，这时期最重要的宗教建筑是里昂的圣布鲁诺教堂 (图 3-762、3-763)。其建筑师是出生于慕尼黑的费迪南德 · 德拉蒙策 (1678~1753 年)。他早年曾随巴伐利亚选帝侯到巴黎从业，直到路易十四去世后离开。在意大利逗留了 13 年后德拉蒙策再次回到法国 (1728 年)，并从 1733 年起定居里昂。圣布鲁诺教堂是他在这个城市最重要的作品。教堂始建于 17 世纪，但在 1733 年德拉蒙策接手时只建到歌坛和交叉处的一部分。德拉蒙策保留了已建成的歌坛，但将耳堂交叉处改成一个三叶形的结构 (朝向歌坛方向的一叶仅在两角上做成弧形)，最后形成一个折中的方案。在这里，他显然是借鉴了巴黎荣军院教堂的做法；在穹顶设计上也有相似之处，尽管没有采用双壳结构。

[城市规划]

在这时期的法国，城市规划领域取得了丰硕的成果。自亨利四世以来，法国人一直坚信：对一个城市来说，并不是几个漂亮的建筑决定它的美，更重要的是整体的配合和协调。在台地上进行规划时，砌筑工程的质量往往达到很高的水平，如蒙彼利埃的勒佩鲁或尼

（上）图 3-785 南锡 戴高乐将军广场。朝东北方向望去的景色

（下）图 3-786 巴黎 奥蒙府邸（1649 年）。外景

姆的喷泉花园。从河流或桥上望城市或广场景观同样是设计关注的焦点，如波尔多的国王广场和巴黎的路易十五广场（今协和广场）。

波尔多的国王广场（1731~1755 年，图 3-764~3-767）系由雅克 - 安热 · 加布里埃尔设计，但组织实施的是地方建筑师安德烈 · 波尔捷。广场中间立国王雕像，属最早一批颂扬法国君主政体的大型广场；由于它面对邻近的加龙河（矩形平面以宽边对河道），因而为雅克 - 安热 · 加布里埃尔设计巴黎的国王广场（协和广场）提供了样板。在波尔多，两条街道会聚在广场内侧中心处，广场后部两角对角斜切，从而更加突出了靠近广场另一侧俯瞰河水的雕像。

由于行省获得了越来越多的发展契机，城市建设也开始变得更为活跃。当时洛林地区的统治者、法国国王路易十五的岳父、波兰国王斯坦尼斯拉斯一世（1677~1766 年）的领地南锡可作为这方面的一个突出例证。城市原由两个设防城镇组成，即中世纪时形成的老城和 16 世纪末建成的新城（图 3-768~3-770）。1750 年，斯坦尼斯拉斯下令拆除了两镇之间的城墙，在新老城之间按规划建了一个新的市中心 [设计人为这位国王的宫廷建筑师、热尔曼 · 博夫朗的弟子伊曼纽 · 埃瑞（1705~1763 年），图 3-771~3-773]。建筑群依轴线完全对称布置，以长 124 米，宽 106 米的中央广场为主体。位于组群南端的这个矩形广场初称国王广场，中央立路易十五雕像，边上由整齐的建筑及带大门的精美铸铁栅栏精确界定（图 3-774~3-779）。法国大革命时期雕像被毁。至复辟时期，广场改称斯坦尼斯拉斯广场，中央斯坦尼斯拉斯的雕像立于 1831 年。广场北面通过一个凯旋门和另一个类似宽阔步行大道的纵长广场（卡里埃广场，图 3-780、3-781）相连，整个建筑群最后以政府宫（1715 年，图 3-782、3-783）和两端如罗马广场那样以半圆形柱廊围括起来的戴高乐将军广场作为结束（图 3-784、3-785）。在这里，广场之间的联系并不是像意大利广场那样合为一体，而是通过更灵活的方式形成均衡，宛如一个天平两边的盘子。整治后的南锡遂成为 18 世纪欧洲最漂亮的城市之一。埃瑞设计的政府宫不仅是洛可可城市建筑上最重要的作品之一，从城市规划角度来看更是极富魅力。

18 世纪法国的城市规划，对整个欧洲乃至俄罗斯，都具有深远的影响 [33]。

第三章注释：

[1] 胡格诺派教徒，为 16~18 世纪法国天主教徒对加尔文派教徒的称呼。

[2]Académie française，通常译为法兰西学院，实为语文学院，为法兰西研究院（l'Institut de France）中成立最早的一个（1635 年），主要编写词典和语法，共有院士 40 名。

[3] 发生于 1648~1653 年的法国高等法院及贵族反抗专制制度的政治运动，其失败为路易十四亲政后的专制独裁铺平了道路。

[4] 笛卡儿（Descartes，René，1596~1650 年），法国著名哲学家、数学家、物理学家和生理学家。

[5] 帕斯卡（Pascal，Blaise，1623~1662 年），法国数学家、物理学家，笃信宗教的哲学家、散文大师，近代概率论奠基者。

[6] 高乃依（Corneille，Pierre，1606~1684 年），法国著名古典悲剧作家。

[7] 拉辛（Racine，Jean，1639~1699 年），诗人、剧作家，法国古典悲剧代表作家之一。

[8] 拉封丹（La Fontaine，Jean de，1621~1695 年），法国 17 世纪著名寓言诗人，法兰西学院院士。

[9] 莫里哀（Molière，1622~1673 年），法国 17 世纪伟大喜剧作家。

[10] 路易十六（Louis XVI，1754~1793 年），法国大革命前最后一代君主（1774~1792 年在位，1793 年 1 月 21 日在巴黎被送上断头台）。

[11] 尚博尔府邸的设计人一般认为是意大利建筑师多梅尼科 · 达 · 科尔托纳。但建筑类型完全是法国的，仅从叠置古典柱式的分划上可感觉到是出自意大利人之手。这也是法国这类建筑的普遍特征。

[12] 曼特农夫人（Maintenon，Françoise d'Aubigné，Marquise de，1635~1719 年），路易十四的第二个妻子。

[13] 实际上，1648 年，弗朗索瓦 · 芒萨尔在巴黎的雅尔府邸已经引进了这类双居住形体。

[14] 在揭发富凯账目不清和进行金融投机活动中，柯尔贝尔起到了很大的作用。1661 年 9 月富凯被捕，经过 3 年审讯被判处流放，路易十四将其"减刑"为无期徒刑，后被押送至皮尼内罗尔要塞并在那里去世。

[15] 院落的构图体制可能是来自萨洛蒙 · 德布罗斯设计的老布永府邸（现利昂库尔府邸，1613 年），朝向花园的立面是勒梅西耶在他 1623 年对建筑进行扩建时设计的。

[16] 可能为勒沃设计建于 1634 年以后的博特鲁府邸，同样为老的装饰倾向的代表作。勒沃可能还于 17 世纪 30 年代设计了巴黎奥蒙府邸（图 3-786），该工程完成于 1649 年，代表了向唐邦诺府邸那种宏伟简朴的风格迈进的一个阶段。

[17] 复折式屋顶同样见于巴黎奥蒙府邸、兰西府邸和沃 - 勒维孔特府邸，在后者，角楼阁具有陡坡屋顶，形如塔楼。

[18] 关于 Antoine Le Pautre 的去世年代，有多种记载，除 1691 年外，还有 1681 及 1694 年之说。

[19] 见 Blunt：《Art and Architecture in France》，130 页。

[20] 柯尔贝尔（Jean-Baptiste Colbert，1619~1683 年），为路易十四的御前秘书和当时最得力的权臣。

[21] 查理 · 佩罗（Charles Perrault，1628~1703 年），为法国医生、物理学家和建筑师克洛德 · 佩罗（Claude Perrault，1613~1688 年）之弟。

[22] 该方案的基本设想也可能是受到安托万 · 勒波特 1652 年出版的《Dessins de Plusieurs Palais》的影响（特别是其中发表的理想府邸设计）。其顶楼层曾被柯尔贝尔理解为法国王冠的一个拙

劣的象征物。

[23] 雷尼（Reni，Guido，1575~1642 年），意大利博洛尼亚画派油画家和版画家，新古典主义的先驱。

[24] 见 A.Laprade：《François d'Orbay》，Paris，1960 年。

[25] 缪斯诸神（Muses），希腊神话中掌管文艺、音乐、历史、天文等的九位女神。

[26] 即拉瓦利埃女公爵（La Vallière，Louise de La Baume Le Blanc，duchesse de，1644~1710 年）。

[27] 拉托恩(Latone)，神话中太阳神阿波罗和猎神狄安娜之母。

[28] 代尔夫特（Delft），荷兰西部城市，16~17 世纪时为著名的荷兰白釉蓝彩陶器贸易中心。

[29] 蒙特斯庞侯爵夫人（Montespan，Françoise Athénaïs de Rochechouart，marquise de，1640~1707 年），法国国王路易十四的情妇。

[30] 浪漫主义前期（préromantisme），为 1770~1830 年法国文艺界的一种思潮，又称前浪漫主义。

[31] 尚蒂伊（Chantilly），巴黎北部一城镇名。

[32] 普绪喀（Psyché），希腊神话中人类灵魂的化身。

[33] 在圣彼得堡。宫殿广场、海军部和参议院的设计，是 18 世纪最重要的城市规划举措。1763 年召开的"圣彼得堡和莫斯科建筑委员会"通过了 A. E. 克瓦索夫的方案，其中设计了一个宏伟的城市入口并纳入了已有的建筑。作为一个宏大的城市规划设计的重要组成部分，巴尔托洛梅奥 · 弗朗切斯科 · 拉斯特雷利伯爵于 1754~1762 年间设计和建造的冬宫是最关键的。这个建筑可说是采用了最纯粹的法国后期巴洛克风格。其立面高耸在涅瓦河畔，和海军部一起，形成城市最重要的建筑实体。原籍意大利的拉斯特雷利是这时期圣彼得堡最主要的建筑师。他在巴黎受教育，女皇伊丽莎白将他从那里召来并于 1741 年任命他为宫廷建筑师（著名的彼得大帝骑像是其父雕刻师卡洛 · 巴尔托洛梅奥 · 拉斯特雷利于 1716 年完成的作品）。在城市的另一边，拉斯特雷利布置了上冠雄伟穹顶并配有四个塔楼的斯莫尔尼修道院。市中心还建有斯特罗加诺夫宫，位于莫伊卡运河边上，过桥和涅夫斯基大街相连。

第四章
西班牙和葡萄牙

伊比利亚半岛和欧洲中心地区通过比利牛斯山相隔，但在地中海、大西洋和非洲方向则完全敞开。多少个世纪以来，这里一直是伊斯兰教和基督教角逐的战场。即使在基督徒得胜之后，在艺术和建筑上，仍然可看出阿拉伯的明显印记。这里的人们发现了新大陆，赢得了一个帝国，但随后又失去了它。虽说国势已不可同日而语，但其影响仍然存在且持续了很长一段时间。

和其他国家一样，在伊比利亚半岛，17 世纪和 18 世纪上半叶相当于巴洛克艺术的繁荣期。然而，并不是很容易确定它和前一阶段（文艺复兴和手法主义）及后一阶段（启蒙运动时代，即所谓“光明世纪”，Siècle des Lumières）的年代界线。在文化领域，许多表现（特别是哈布斯堡王朝对艺术事业的资助及稍后学术团体的活动），实际上都是穿越各个时代，具有持久的特点。因而，我们需要在更广阔的范围内考察其历史背景，以便尽可能清晰地了解促使西班牙和葡萄牙巴洛克艺术快速发展的前提和条件。

随着 1492 年格拉纳达被基督徒攻占，伊比利亚半岛的复地运动（La Reconquête）终告结束。同年，克里斯托夫·哥伦布为西班牙王室发现了美洲。葡萄牙人则在若干年前确立了在非洲海岸的统治地位，他们的航海家，在寻找通往印度的新路径时到达了巴西。1494 年的托德西利亚斯条约[1]进一步确定了两国在新大陆的势力范围。这两个伊比利亚半岛的王国，俨然已成了这片广阔土地的主人。

在这里，16 世纪人们的首要任务，是利用这种地位和形势，强行推行一种意识形态和从中获取物质利益。无论在首府还是在殖民地，天主教会——西班牙王室的许多行动，都是以它的名义进行的——都能给这种野心和抱负提供合法的地位和组织的保证。在哈布斯堡家族西班牙支系的支持下，各宗教团体——方济各会、多明我会，特别是耶稣会——的教士们，将天主教的信仰传播到世界各地。腓力二世于 1563~1584 年建造的埃尔埃斯科里亚尔宫堡，成为这个受上帝保佑的君主制度的象征。

1561 年，腓力二世选择了一个位于半岛中心，直到当时为止实际上还不太为人所知的地方——马德里，建造他的宫邸和未来的都城。从 1560~1640 年，这位君主不但吞并了葡萄牙（1580 年），成为整个伊比利亚半岛的主人，还占有了中美洲和南美洲的全部殖民地，并在亚洲和非洲拥有大量的商行。这个比利牛斯山以外的帝国在他的任上达到权势和繁荣的顶峰。然而，如何使庞大的政府机构有效地运转，开发殖民地的矿产资源，在“异教徒”中进行福音传教，以及和所有外国人进行贸易活动等，这些几乎是难以解决的理论和实践问题，通通摆在这个新都城的统治者面前。很快爆发的内部政治冲突，更是火上加油，使这个黄金世纪同时变成矛盾重重、危机四伏的年代。至腓力三世任内（1598~1621 年），国家开始衰落并面临着军事和经济崩溃的威胁。社会的不稳定和经济的动荡，时时威胁着他们的统治。从殖民地涌入的大量财富并不能确保国家的繁荣，大量的钱财要用于战争，镇压不满西班牙统治起来造反的葡萄牙和加泰罗尼亚地区的居民，还要在比利牛斯山对抗法国人，在巴西和荷兰人开仗。此时的帝国，行政系统效率低下，商业凋零（在 17 世纪，曾四次因无力履行债务条款宣布国家信用破产），居民数量也大幅度下降。维护所谓信仰纯洁的宗教裁判所和维护所谓血统纯洁的贵族阶层，进一步使国家丧失了活力。驱逐摩里斯科人[2]仅是这种自杀政策的一例而已（这一短视行为导致一门手工艺全面衰落）。

伊比利亚半岛的这些不幸都在塞万提斯的《唐吉诃德》(Don Quichotte，1605 年）里找到了反映。尽管作为腓力二世的继承人，腓力三世、特别是腓力四世，在建造宫堡，全面支持和资助科学、文学和艺术事业上，还是相当慷慨，像委拉斯开兹和鲁本斯这样一些著名画家，都被这些君主召进宫廷。但整个国家的形势和外部条件显然不利于真正的巴洛克建筑的发展。曾因腓力二世的埃尔埃斯科里亚尔宫堡而享有盛誉的一些伟大设计，此时不得不放弃，西班牙建筑也随之降为二流。

直到临近 18 世纪，这个国家才开始重新获得稳定，自 1659 年起，比利牛斯条约确立了法国和西班牙之间的和平；1700 年，波旁家族的腓力五世登上西班牙王位。贵族和教士的影响力开始下降，中产阶级的快速增长大大促进了商业和手工业的发展。设备的改进和地下资源的开发促使了新型商业交易的形成和首批工业的出现。与此同时，具有地方特色的新的艺术中心开始形成并得到发展，而宫廷则力求从法国人那里获取样板。在艺术方面，1760 年标志着一个转折点：科学院的创立和古典美学观念的兴起促使了巴洛克时代的终结。

第一节 西班牙

16 世纪末及 17 世纪可说是西班牙的黄金世纪。委拉斯开兹[3]或苏巴朗[4]的绘画、洛佩·德·维加[5]或卡尔德隆·德拉巴尔卡[6]的戏剧作品，皆为享誉世界的欧洲巴洛克艺术奇葩。然而，同一时期的建筑则不然。有些只是通过旅游小册子以印版的形式间接为人所知。从宏伟的埃尔埃斯科里亚尔宫堡及修道院建筑群开始，直到 20 世纪之交出现安东尼奥·高迪那种所谓"天才"的建筑作品为止，中间是一段漫长的沉默期。甚至可以说，在这期间，西班牙——葡萄牙尤甚——没有出现任何一个可名副其实称之为建筑艺术的作品。

这种矛盾表现的原因很多。在这里，艺术上阿拉伯的影响一直存在，特别是在装饰方面（拒绝人体形象，模仿有机体及自然造型)。这类题材被用于各处，可说是超越了空间和时间。在建筑上，形体和空间往往形成网状结构。在西班牙的造型艺术中，这种倾向表现得如此顽强和持久，以致所有引进的外国风格至少在开始阶段几乎全都受到排斥或被改造（包括文艺复兴风格，人们往往是在其结构主体上调换形式）。另外，后期哥特和手法主义风格在这里流行时期较长，盖因人们对文艺复兴和巴洛克风格既不熟悉也不理解。在西班牙，开展建筑活动的主体是教会，贵族的项目很少，根本无法和法国的府邸相比。只是到哈布斯堡王室后期，人们才开始整治花园，投资建造剧场和筹办宫廷节庆活动，在布景和装饰上催生出不少新奇的想法；这个国家固有的风格滞后的表现，也因意大利艺术家的到来在一定程度上得到克服（他们一直和罗马、热那亚及皮埃蒙特地区保持着联系）。

伊比利亚半岛的巴洛克建筑最后演变成一种出口产品，它在整个拉丁美洲直到非洲和亚洲的某些偏远地区都得到应用；在这些国家和地区，它已成为一种富有生气的灵感源泉。作为一种文化产业，建筑的最好输出地是拉丁美洲，看来绝非偶然。作为一种意识形态载体，这类建筑事实上构成了宗主国和新殖民地之间的理想联系纽带，其使命不但在民用建筑上有所表现（如市政厅、行政建筑)，也同样体现在宗教建筑里（传教士驻地与活动场所、修道院和教堂)。建筑类型、装饰母题及风格形式的"转换"，在今天的世界上是如此普遍，以致这些建筑之间的相似，甚至要超过相邻地区（如西班牙和葡萄牙）的表现。

另外，也有不少人认为，这两个伊比利亚半岛国家的巴洛克建筑带有"地区特色"，是"民间艺术"，或是对外国模式的一种含混的理解。特别是西班牙的后期巴洛克建筑，更经受了激烈的批评。一些如今已得到公正评价的建筑，如圣地亚哥－德孔波斯特拉大教堂的立面或托莱多大教堂的的祭坛饰屏，在当年（1829年）艺术评论家欧亨尼奥·利亚古纳－阿米罗拉的眼里，只是捡拾起一种毫无价值的艺术。对这种艺术，他把它具体比作“一张揉皱的纸片”。这种比喻,在当时的语境下，可说是既意味深长又颇具杀伤力：说是纸片，意味它既不牢固又不稳定；说是揉皱，说明它不具备任何艺术造型。也就是说，巴洛克艺术忘记了自维特鲁威以来，人们公认的建筑应满足的两个基本要求。批评家们还谴责过多的装饰，说它们好像是脱离了自己的支撑；受到点名批评的，除了前面提到的几例外，还包括丘里格拉兄弟[7]、彼得罗·德里韦拉和弗朗切斯科·德乌尔塔多的作品。出自捍卫古典美学观念的这种严厉的评论，实际上，直到今日，也没有完全消失。

人们之所以至今仍对伊比利亚半岛及其殖民地建筑持保留意见，可能还有另外一个理由，即这些作品很难纳入基于原始巴洛克、后期巴洛克及洛可可等风格范畴的现行分类体系中。实际上，在15世纪末和16世纪初的艺术中，已经出现过这样的问题：人们往往用一些让局外人摸不清头脑的词汇来为各个时期命名，如“火焰式哥特风格”（Gothique Flamboyant）、“伊莎贝拉风格”（Isabélin）、“银匠式风格”（Plateresque）。而“文艺复兴”（Renaissance）、“手法主义”（Maniérisme）、“埃雷拉风格”（Style Herrera）或“裸露风格”[8]，则是针对查理五世和腓力二世时期建筑采用的名称。17世纪被称为“仿埃雷拉风格”（Imitateurs de Herrera，意为“埃雷拉的模仿者”）或“原始巴洛克风格”（Baroque Primitif），18世纪是“丘里格拉风格”（Style Churrigueresque）和“西班牙洛可可风格”（Rococo Espagnol），如指宫廷建筑，则为“波旁风格”（Style Bourbon）。所有这些名称和定义，实际上都带有一种权宜和变通的性质，取决于全然不同的视角或准则（时代、主角、社会和政治背景、艺术造型等），准确程度自然也不尽相同。

然而，说起来似乎是不合常情，当一种风格以一位艺术家或建筑师的名字命名时，后者未必能从中得到

图4-1 埃尔埃斯科里亚尔 圣劳伦佐宫殿－修道院建筑群（1562~1584年，建筑师胡安·包蒂斯塔和胡安·德·埃雷拉）。俯视全景

(上) 图 4-2 埃尔埃斯科里亚尔 圣劳伦佐宫殿 - 修道院建筑群。正面俯视全景

(左下) 图 4-3 埃尔埃斯科里亚尔 圣劳伦佐宫殿 - 修道院建筑群。主入口立面

(右下) 图 4-4 巴利亚多利德 大教堂（1585 年改造，主持人胡安·德·埃雷拉）。平面

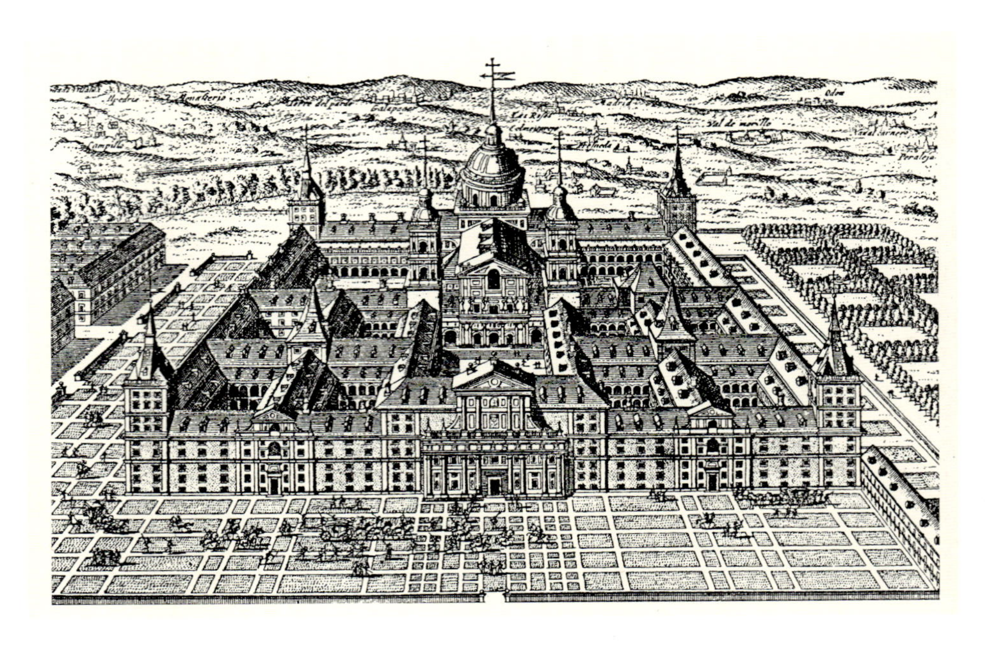

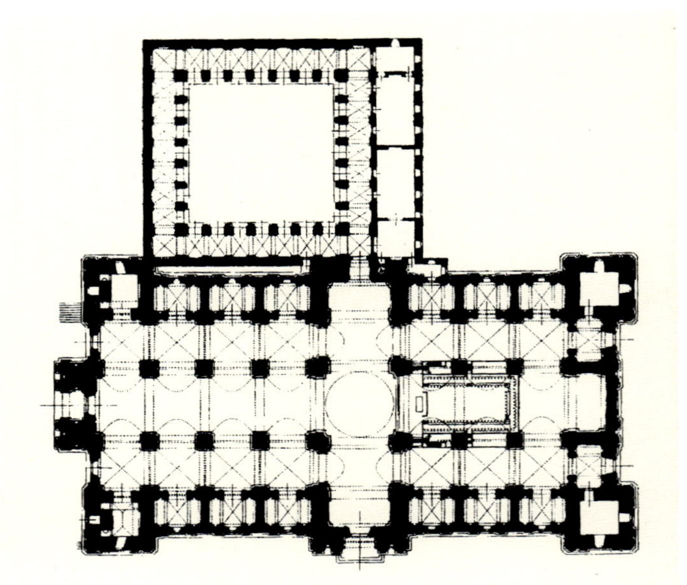

多少好处，倒往往是适得其反。越是把一个时代的建筑和埃雷拉或丘里格拉们的大名相联系，他们的功绩就越难得到公认。这使我们想起了另一个事实，即当年的西班牙建筑师几乎没有什么声誉，或许这也是人们对西班牙巴洛克建筑了解甚少的原因之一。无论他们的生平还是他们的作品，都未能成为人们深入研究的对象或如米开朗琪罗和贝尔尼尼那样，成为传奇故事的主角。西班牙没有能够促使人们创造个人神话及评价个人作品的修史传统，这点也和意大利不同。

一、腓力三世和腓力四世时期

西班牙用了将近半个世纪的时间摆脱手法主义的束缚并发展出自己固有的巴洛克建筑风格。这一阶段大致相当腓力三世（1598~1621 年）和腓力四世（1621~1665 年）时期。如果说原始巴洛克建筑的第一批表现是在巴利亚多利德出现的话（约 1600 年），那么，新风格的确立则可说是以胡安·戈麦斯·德莫拉的作品为标志，其立面的自由构图方式，宣布了和埃雷拉后继者那种严肃古典主义的决裂。只有埃尔埃斯科里亚尔宫堡，直到 18 世纪中期，仍然成为人们模仿的样板。

[埃尔埃斯科里亚尔宫堡及其影响]

在西班牙，装饰艺术一直受到阿拉伯的影响；只是在经历了一段时间之后，新的空间观念才和具有西班牙特色的后期哥特风格相融汇，并促成了一种效果强烈

的宗教建筑的诞生（哥特装饰主要用于立方形体外部）；和英国的都铎风格（Style Tudor）类似，这种式样一直持续到 16 世纪末；其最杰出的代表即翁塔农（1510~1577 年）的作品。托莱多的胡安 · 包蒂斯塔（卒于 1567 年）和埃雷拉（卒于 1597 年）的所谓“裸露风格”（Estilo Desnudo）则是对这种建筑方式和由文艺复兴母题组成的所谓“银器装饰风格”的一种反动。

腓力二世于 1562~1584 年在山腰上建造他的永久宫邸——埃尔埃斯科里亚尔圣劳伦佐宫殿 - 修道院建筑群（图 4-1~4-3；另见《世界建筑史 · 文艺复兴卷》相关图版）时，采用的就是这种严格朴实的形式。1562 年由托莱多的胡安 · 包蒂斯塔设计的这个建筑的主要工程最后在胡安·德·埃雷拉的主持下完成（1572~1584 年）。由于它既是腓力二世朝廷的宫殿，又是供隐居的修道院，大教堂和王室陵寝，构成了各类建筑的综合体，因而无论从外在形式还是从内在的精神层面上，这个宫堡都被认为是西班牙的象征，体现了这个国家的建筑理想。

这个平面尺寸达 208 米 ×162 米、对称布局的大型建筑群组有众多先例，其历史渊源至少可追溯到两个方面：一是带四个角塔的西班牙摩尔人的宫堡（alcázar）传统，二是古罗马时期斯普利特（斯帕拉托）的戴克利先宫及由此派生的文艺复兴时期的理想方案。带穹顶的教堂类似罗马的圣彼得大教堂，两个塔楼、高两层的门廊及前面矩形的小广场，似乎又预示了马代尔诺的方案。

在当时的君主政体下，国家和教会已合为一体。宫殿 - 修道院建筑群的建设，标志着这个专制政体的发轫，神权和中央集权的专制制度的合一。通过把王宫、哈布斯堡王室的陵寝、修道院及圣热罗姆修会建在一起，腓力二世最后实现了世俗权力和教权的统一。建筑群科学、高效的配置方式保证了整体的正常运转，创造了一个自成一体的“国中之国”，反映了一种至高无上的秩序。教堂和国王私人使用的房间象征性地布置在平面的轴线上，这种模式在以后路易十四的凡尔赛宫里得到了更完美的表现。同样意味深长的是，1563 年埃尔埃斯科里亚尔宫堡开工之时，也是特伦托会议结束之际，正是在这次会议期间，国王被视为天主教会的捍卫者和统一者。这个宫殿 - 修道院建筑群所在的特殊地理位置，特别是其平面的象征意义，很快便获得理解并得到赞赏。如果说有人把埃尔埃斯科里亚尔看作是《旧约》里描述的耶路撒冷所罗门圣殿，是上帝认可的一种建筑的象征，那么，另外的人亦可把它的平面形式看作是圣洛伦佐殉难时的火刑具（烤架）的象征。

图 4-5 巴利亚多利德大教堂。外景（1585 年，复原图作者 Otto Schubert）

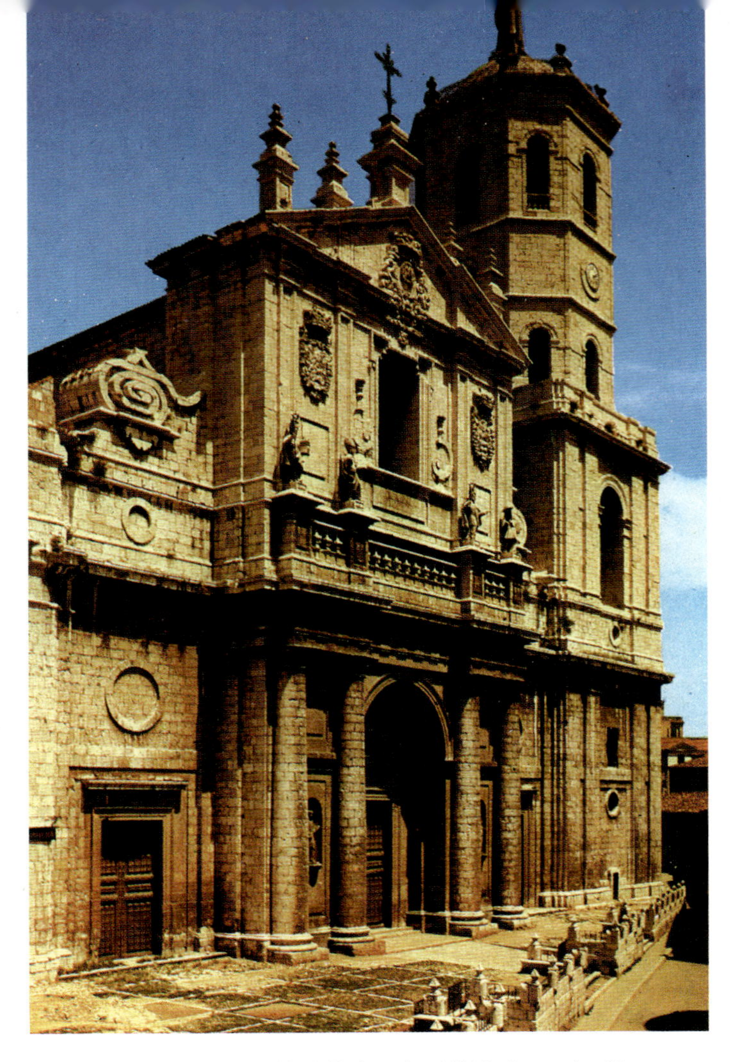

对这个新建筑的接受和对其隐喻的理解密不可分。腓力二世确信，一个按古罗马方式（a lo romano）建造的建筑是新时代的标志，显然，从一开始，这就是设计的主导思想。这位自愿充任业余建筑师的君王，力求寻找一种新的形式语言，以摆脱中世纪的传统约束，表现西班牙在世界上的威权。还有什么比复活奥古斯都黄金时代的想法更诱人呢？为此，这位君王把出生于意大利或在意大利受过教育的建筑师们召进自己的宫廷，用最重要的著述充实其图书馆并组织翻译。当时已译成西班牙文的维特鲁威的著作[《论建筑》(De Architectura),特别是其中涉及神庙及建筑柱式的第3和第4章]和用图版进一步阐述维特鲁威文本的塞利奥的论述，为西班牙建筑师们了解古罗马艺术打开了大门。

埃尔埃斯科里亚尔宫堡的建设，预示了建筑上一个新世纪的到来。尽管人们总体上似乎是选用了一种符合维特鲁威法则的所谓"古罗马"建筑类型，但同样可看到许多和这种原则相违的、取自火焰哥特式和直到16世纪还在西班牙占统治地位的银匠式风格的造型。自15世纪20~30年代起在意大利已开始的古典类型及形式的"复兴"，此时尚没有到达西班牙。甚至是查理五世在格拉纳达的阿尔罕布拉宫边上按古代样式建造的宫殿，也没有引起人们的效法。埃尔埃斯科里亚尔的情况则完全不同：理性的平面布局，舍弃了所有表面细部的古典立面，内部空间的庄严朴素及纪念性特色，以及采用当地开采的灰色花岗岩等，一直影响到19世纪初期的西班牙宫廷建筑，并进一步成为佛朗哥[9]独裁时期的样板。其主要构图特色，如矩形平面，中央穹顶等，更是一直

（上）图4-6 巴利亚多利德 大教堂。立面外景（1595年后）

（左下）图4-7 巴利亚多利德 大教堂。内景（1585年后）

（中下）图4-8 里奥塞科城 圣十字教堂（立面1573年后，设计胡安·德纳特斯）。立面外景

（右下）图4-9 巴利亚多利德 努埃斯特拉教堂（1598~1604年，建筑师胡安·德纳特斯）。立面外景

（左）图 4-10 塞维利亚 大教堂附属教堂（圣坛教堂，1617 年，建筑师米格尔·德苏马拉加）。内景

（右）图 4-11 马德里 恩卡纳西翁修道院（1611 年，阿尔韦托·德拉马德雷兄弟设计）。立面外景

影响到国外，不仅成为巴黎的丢勒里宫和伦敦白厅宫殿的样板，以后又进一步推广到像巴黎荣军院这样一些建筑中。由一位意大利人建造的大楼梯（位于高拱顶下，由中央一跑上去再分成两肢回返），也具有同样的示范作用。其形式和内涵，进一步在德国和中欧的大型修道院里（如 18 世纪的格特韦格修道院，图 5-579~5-582），作为帝国的象征得到延续。

这个宫堡和根据腓力二世的提议建造的其他项目一起，在成为整个西班牙帝国建筑范本的同时，进一步衍生出各种变体形式。贵族阶层和宫廷的紧密联系、反新教改革的宗教背景以及西班牙君主制度的中央集权政策，在把埃尔埃斯科里亚尔宫堡作为一种美学样板强行推广上都起到了一定的作用。宫廷艺术的观念、其组织和筹划，不仅刺激了贵族阶层的建筑活动，其影响也更为持久。一心效法宫廷、敌视新教改革的贵族阶层，事实上已把他们的注意力完全转向灵魂的拯救，把所有的钱财都投入宗教事业。在意大利和法国，为建筑提供了新动力的民用建筑，在西班牙的影响几乎可以忽略。除了一些短暂的建筑形式外（如凯旋门、灵柩台、圣周的装饰），在世俗建筑中，较突出的几乎只有中央广场。在西班牙，原始巴洛克建筑仅限于宗教领域，这点和法国及意大利不同。除了宫廷外，主教辖区、修会团体和无数的兄弟会，也都是重要的投资者。

[胡安·德·埃雷拉的遗产及对新表现模式的各种探求]

胡安·德·埃雷拉（1530~1597 年），是一位和中世纪匠师们的手工艺传统彻底决裂的新型建筑师的代表人物，作为国王的心腹和顾问，这位宫廷建筑师几乎包揽了国内所有的大型工程项目。建筑师的地位也随之大为提高。在整个巴洛克时期，作为脑力劳动者（travailleur intellectuel）的项目负责人（trazador、tracista）不但要进行设计和与投资人商讨方案及计划，还要监管（aparejadores）特定工程的实施（具体管理工地的人为

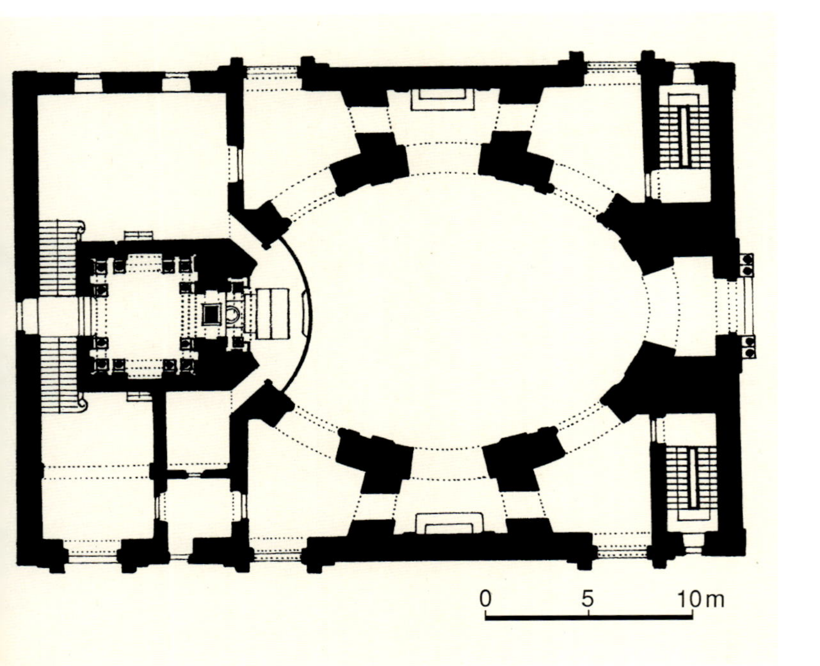

（左上）图 4-12 埃纳雷斯堡 贝尔纳丁斯教堂（1617 年，塞瓦斯蒂安 · 德拉普拉萨设计）。平面及剖面（据 Otto Schubert）

（右）图 4-13 埃纳雷斯堡 贝尔纳丁斯教堂。内景

（左下）图 4-14 巴伦西亚 德萨姆帕拉多斯教堂（1652~1667 年，平面设计迭戈 · 马丁内斯 · 庞塞 · 德乌拉纳）。礼拜堂，平面（据 Christian Norberg-Schulz，1979 年）

工头，obrero mayor)。负责设计的建筑师位于这个等级制度的最顶端。作为艺术顾问和学者，他和投资人是合作的关系。正如在宗教经典里,上帝被认为是宇宙的“伟大建筑师”一样，在人世间，建筑师亦享有同样的声誉。他们在宫廷里有固定的工作岗位，不仅享有与医生及教授们同样的年俸，还可在每个项目上获得一笔可观的报酬。建筑师这种新的地位，在很大程度上来自他们对维特鲁威和阿尔贝蒂论著的熟悉和掌握，这不仅要求他们跟随年长的师傅获取手艺技能，同样还要受过扎实的知识教育。通常,只有贵族和教士才有可能进入这一行列。像胡安 · 德 · 埃雷拉和胡安 · 包蒂斯塔 · 德莫内格罗这样的建筑师，都有大量的著述留存下来（目前图书馆内保存的这两位大师的论著和手册,分别有 750 和 610 件）

自中世纪起就是卡斯蒂利亚地区富足重镇的巴利亚多利德，在西班牙巴洛克建筑的发展中起到了重要的作用。1561 年 9 月 21 日的火灾使市中心化为灰烬，但同时也给新的发展创造了契机。出生于巴利亚多利德的腓力二世在城市的重建上给予了慷慨的支持，并趁此机会对其规划进行干预。一心希望在保持古典理想的同时彻底更新宫廷建筑的这位君主，同样打算从建筑角度建一个和谐的城市。维特鲁威的论述，以及由此衍生的意大利技术著作，确定了其主要路线。这些城市化的经验和探索在巴利亚多利德——而不是在不久前选作

王室驻地的马德里——找到了它的用武之地。产生于一次竞赛的这个设计在西班牙可说是独一无二，其特色在于，它将城市作为一个由若干要素构成的整体，将不同的活动区段综合成一个功能上的有机体。市中心布置矩形的中央广场以及绕以拱廊的市政厅，之后许多其他类似的广场都从这里得到启示。

1585年，胡安·德·埃雷拉在受命改造巴利亚多利德大教堂（图4-4~4-7）时拟订了一个采用双轴平面的方案，在赋予建筑集中特色的同时又在一定程度上强调纵深方向的运动；在汲取古代建筑纪念品性的同时，通过新的空间概念，把这个始建于查理五世时期具有火焰哥特式风格的建筑改造成一个划时代的作品。为

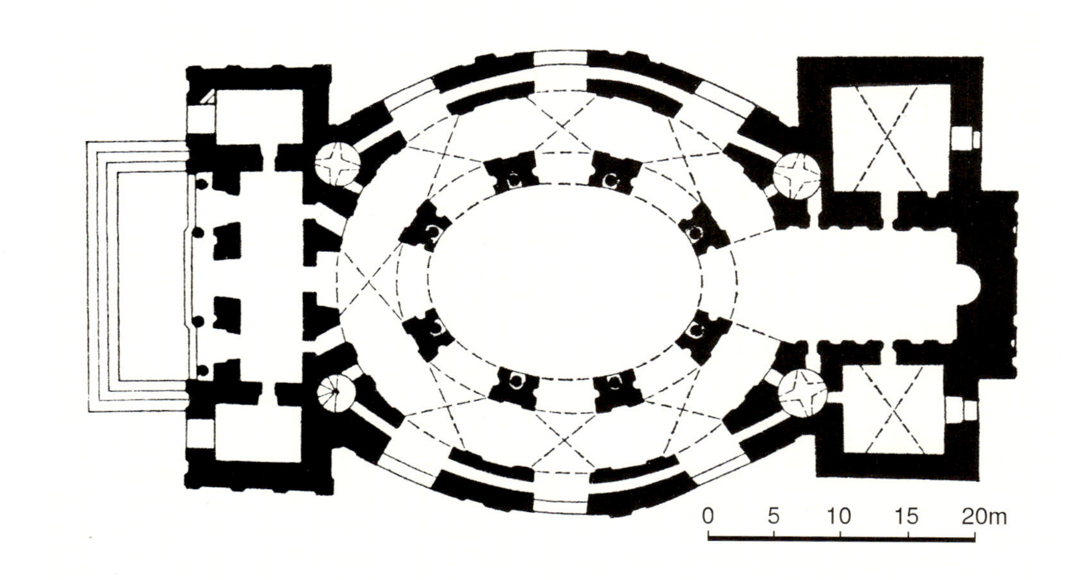

（上）图4-15 巴伦西亚 德萨姆帕拉多斯教堂。礼拜堂，平面（据Stephan Hoppe，2003年）

（下）图4-16 莱尔马 弗朗西斯科·桑托瓦尔-罗哈斯宫堡（居住城，1601~1617年，建筑师弗朗西斯科·德莫拉和胡安·戈麦斯·德莫拉）。外景

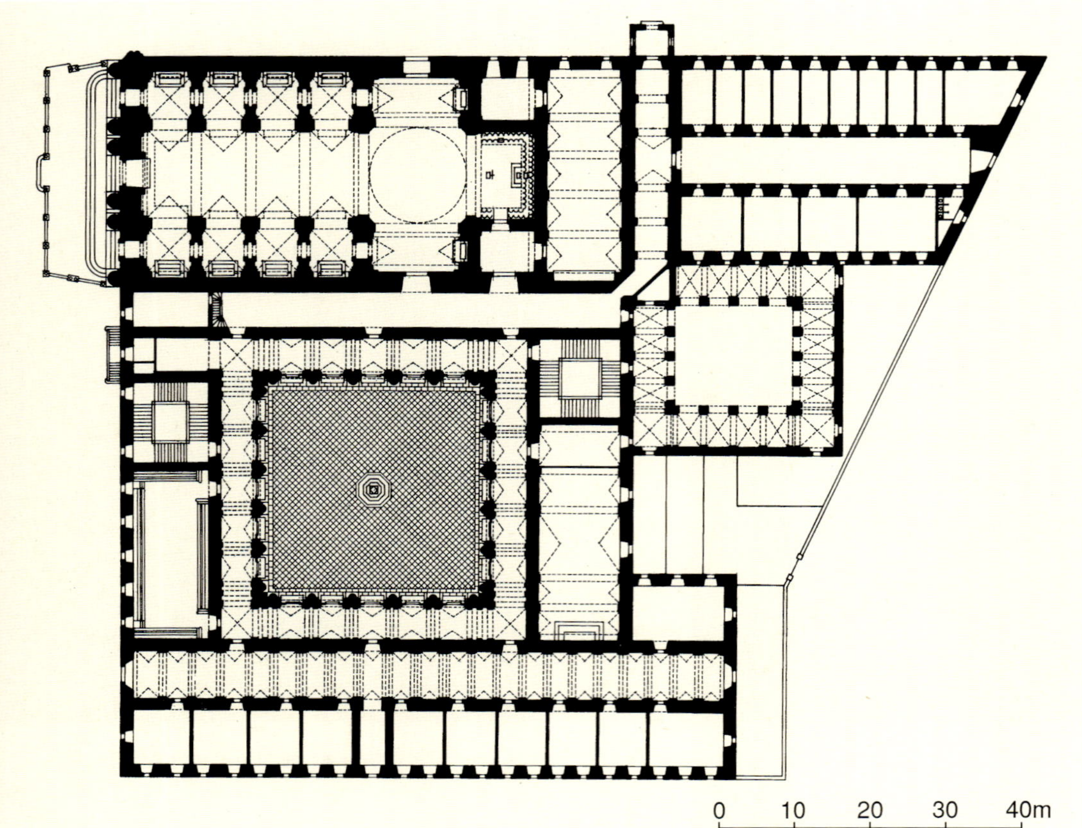

（上）图 4-17 莱尔马 弗朗西斯科·桑托瓦尔 - 罗哈斯宫堡(居住城)。中央广场（现“军队广场”）景观

（下）图 4-18 萨拉曼卡 耶稣会学院（主体工程 1617~1650 年，建筑师胡安·戈麦斯·德莫拉；钟楼及立面 1750~1755 年，建筑师安德烈·加西亚·德基尼奥内斯）。总平面（1 : 1000，取自 Henri Stierlin：《Comprendre l'Architecture Universelle》，经改绘）

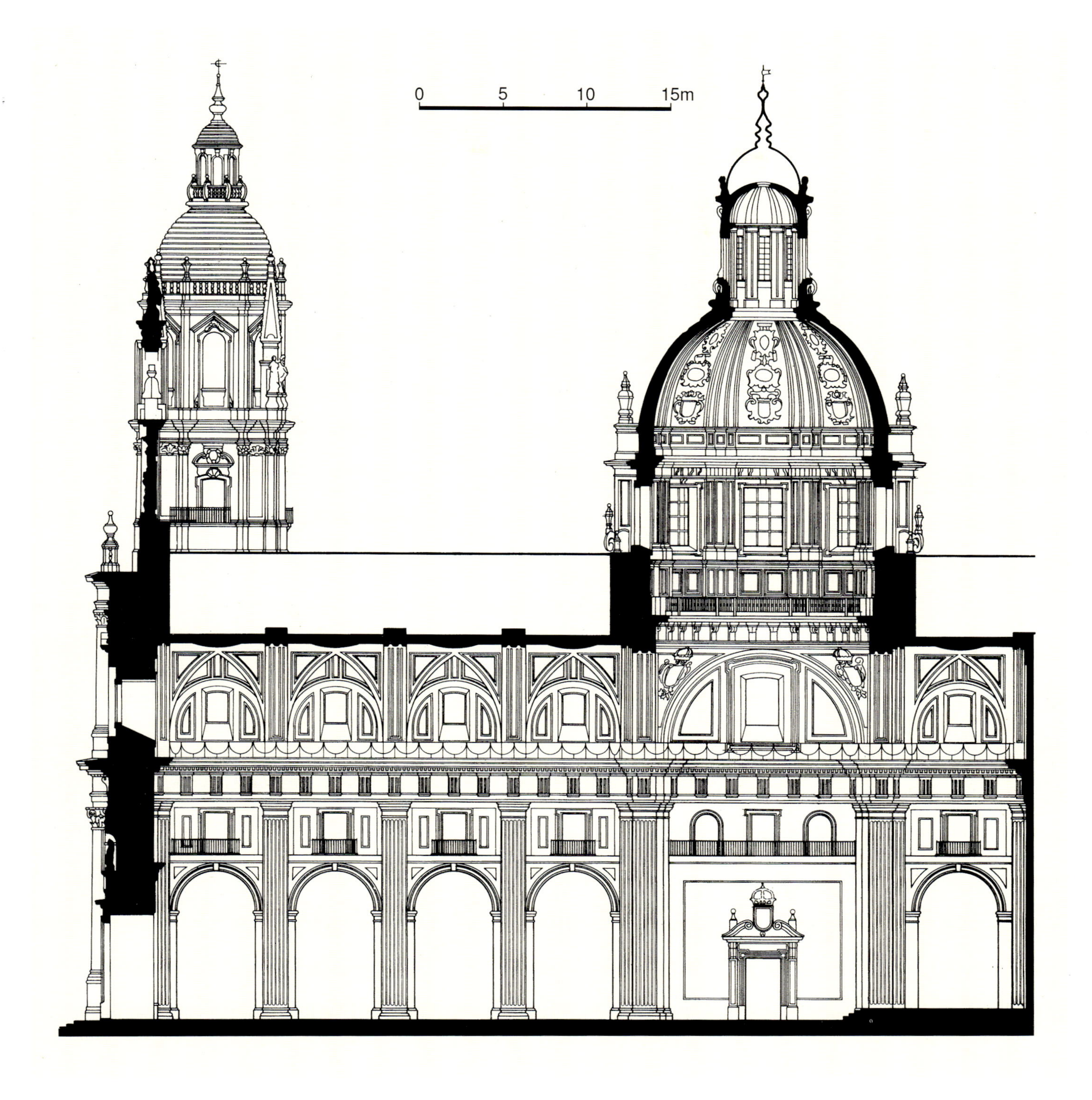

图 4-19 萨拉曼卡 耶稣会学院。教堂，剖面（1 ∶ 333，取自 Henri Stierlin ：《Comprendre l’Architecture Universelle》，经改绘）

了贯彻特伦托会议的精神，在“大众能及的范围内”（à la portée du peuple）举行圣体仪式，他将歌坛移向教堂东部（此前它和本堂之间通过壮观的屏栏隔开，后者阻断了世俗教徒观赏主祭坛的视线），因而在门廊和耳堂交叉处之间释放出一片用于布道的广阔空间。上部冠以穹顶的这块地段，遂成为无论在纵向还是横向都引人注目的建筑中心。从那里，向东望去的视线可直达祭坛。在矩形平面的四角，各立一个平面方形的塔楼，形成均衡和谐的构图。在尊重此时已过世的罗德里戈·希尔·德翁塔农设计的同时，埃雷拉在举行礼拜仪式的地段，对中世纪的布局进行了改造。在建筑上，最重要的表现是效法古代的造型，在摈弃火焰哥特式样的时候，引进了一种具有古代精神的新风格；室内宏伟的花岗岩柱墩上冠以科林斯柱头，上承中央本堂的壮美拱顶。拱廊和筒拱顶进一步加强了庄重朴实的氛围。在外部，正面高两层，两边布置方形塔楼（只有一个保留下来，并经过修改）；下部为多立克柱式的凯旋门式构图，上部檐壁似希腊神庙。整个建筑具有一种古典的严肃和朴实。尽管巴利亚多利德大教堂的施工拖的时间较长（直到 17 世纪末），但它在建筑上影响巨大，传播甚广，其效法埃尔埃斯科里亚尔的风格成为整个西班牙王国无数宗教建筑的样板，有些构思在殖民地还颇为盛行。这些做法形成了一个学派，其观念可在其他一些具有相当价值的建筑中看到，如墨西哥大教堂（1563 年）和萨拉戈萨的埃尔皮拉尔教堂（1680 年）。

这时期其他一些具有划时代意义的作品，多位于巴利亚多利德附近的里奥塞科城及比利亚加西亚 - 德坎波斯（属巴利亚多利德行省）。比利亚加西亚 - 德坎波斯的圣路易斯教堂为一耶稣会教堂，由埃雷拉的一位密切的合作者彼得罗 · 德托罗萨设计于 1575 年。这个建筑由于

（上）图 4-20 萨拉曼卡 耶稣会学院。屋顶外景

（下）图 4-21 萨拉曼卡 耶稣会学院。院落景色（约 1750~1755 年，建筑师安德烈 · 加西亚 · 德基尼奥内斯）

（左上）图 4-22 萨拉曼卡 耶稣会学院。院落立面细部

（右上）图 4-23 萨拉曼卡 耶稣会学院。教堂，内景

（下）图 4-24 萨拉曼卡 大学。门廊立面（约 1525~1530 年）

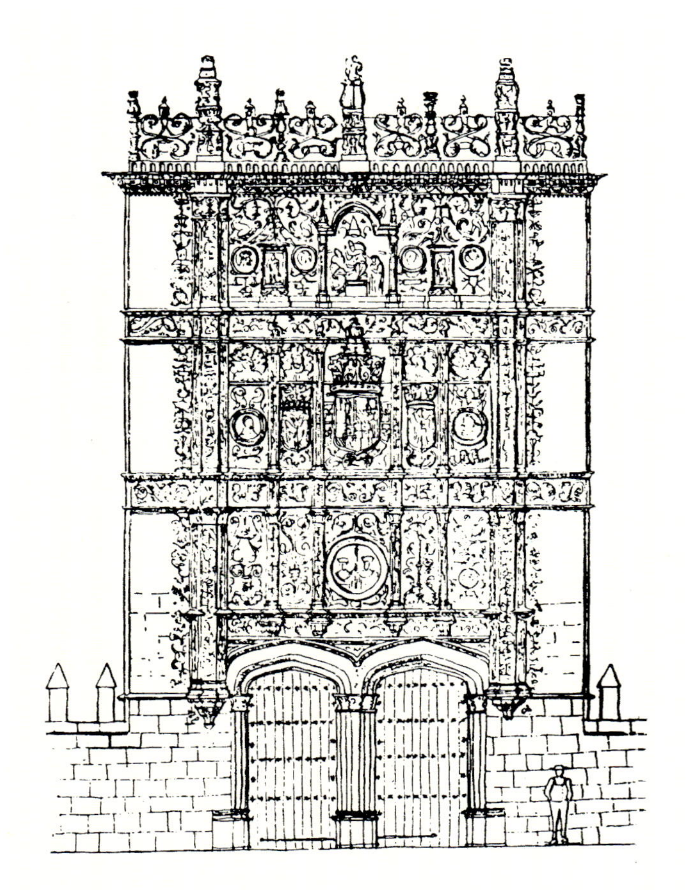

其简朴（中央本堂周围布置侧面礼拜堂、筒拱顶、两层立面及层间的联系涡卷），成为西班牙无数其他耶稣会教堂的榜样。而另一位建筑师胡安·德纳特斯，在设计里奥塞科城的圣十字教堂立面时，在直接——也是第一次——效法罗马样板（即一直未能实现的维尼奥拉的耶稣会堂立面设计，但可以肯定，这位建筑师当时看到的只是其图版）的同时，采用了另一种手法（图 4-8）。埃雷拉式的构图艺术在这里被打开了一个缺口，各部分均配独特的镶嵌部件并强调中央母题，进一步突出主要轴线的作用。手法主义的建筑形式遂为更轻快更优雅的造型取代。巴利亚多利德的努埃斯特拉教堂（1598~1604 年，图 4-9）同样是在胡安·德纳特斯的主持下完成。尽管从立面照片上看是效法埃雷拉教堂

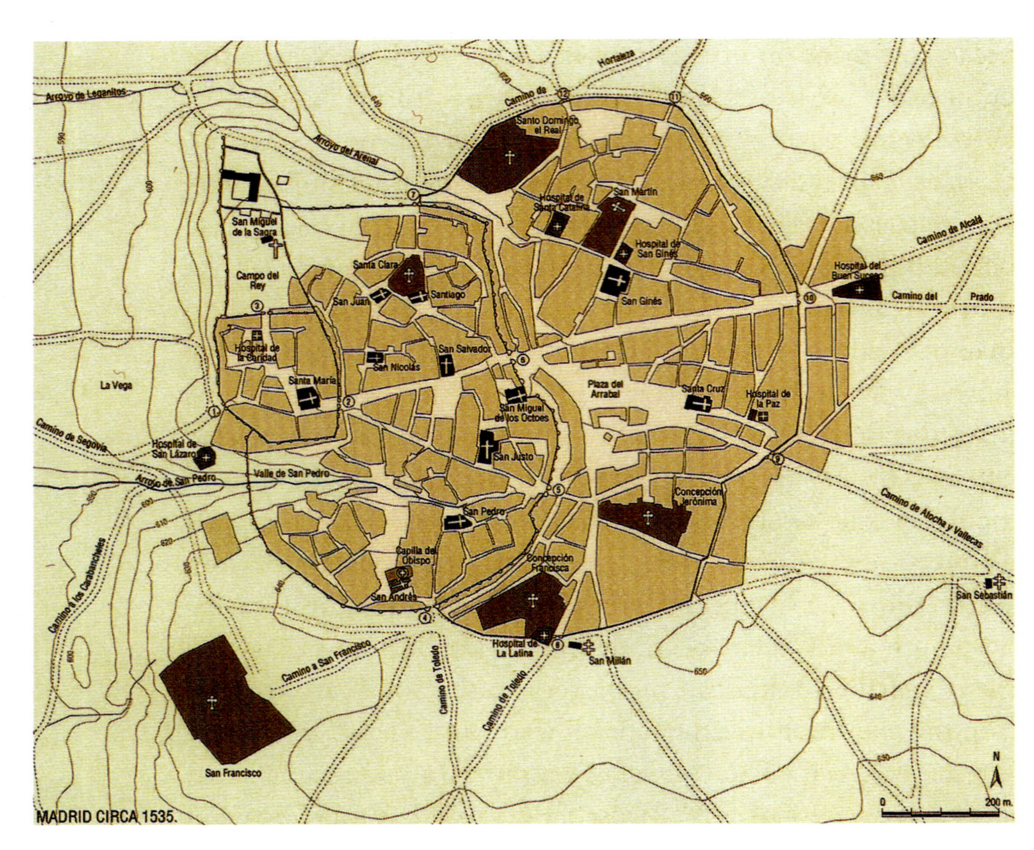

（上）图 4-25 马德里 约 1535 年城市平面图

（下）图 4-26 马德里 1535~1600 年城市扩展示意（市区三种色调分别示 1535、1561 和 1600 年城区边界）

的设计，但在这里，同时还表现出许多巴洛克风格的特色：为了强调各种部件的等级序列不惜牺牲了古典的均衡，底层显得特高，外部造型效果主要靠布置在整个立面宽度上的粗重柱式。

从巴利亚多利德开始，在西班牙中部的大多数城市里，新的造型和组织原则已为人们接受。根据腓力二世和莱尔马公爵（后者我们下面还要提到）的提议，巴利亚多利德于 1601~1606 年成为宫廷所在地。如果说，几

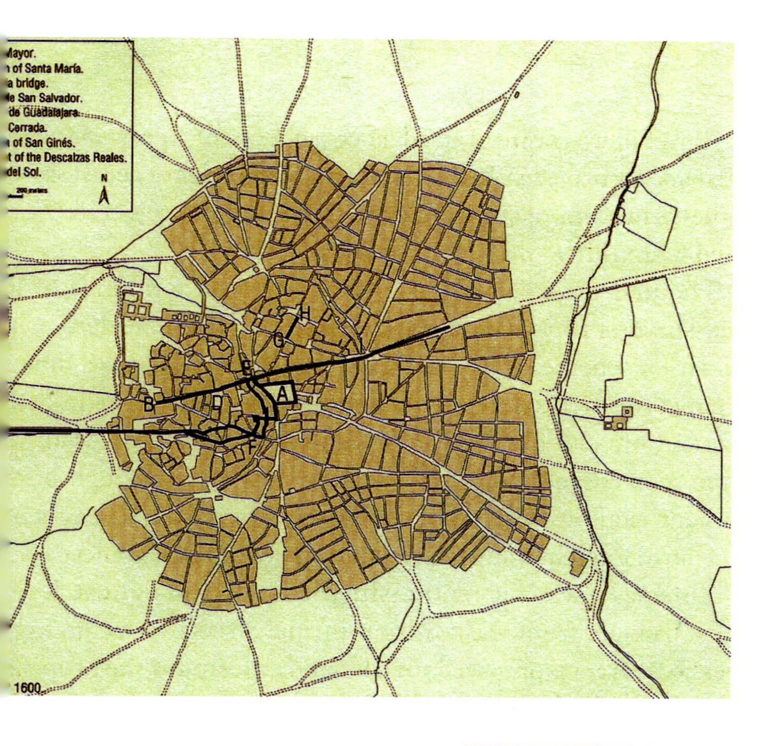

年前，建造一个火焰哥特风格的教堂尚有可能，那么，此时各处看到的，基本上是所谓“古罗马风格”（a lo romano）的建筑；当然，和真正的古代或意大利样板相比，实际上它们更接近胡安·德·埃雷拉和埃尔埃斯科里亚尔学派的作品。坎波城医院(建筑师胡安·德托罗萨，完成于 1597 年)、塞哥维亚大教堂圣弗鲁托门廊（设计人彼得罗·德布里苏埃拉，1607 年)、乌克莱斯的圣地亚哥修道院立面（建筑师弗朗西斯科·德莫拉，日期不明)、托莱多的户外医院礼拜堂（始建于 1582 年，设计人小尼古拉·德贝尔加拉)、罗德里戈城的塞拉尔沃礼拜堂（始建于 1585 年)，皆 为这时期最重要的例证。利比利亚半岛西北端的加利西亚地区，以拥有最优美的埃雷拉学派作品而著称，其中最重要的是建于 1592~1619 年的蒙福特 - 德莱莫斯的耶稣会社团（平面作者安德烈斯·鲁伊斯、胡安·德托罗萨及西蒙·德尔莫纳斯泰里

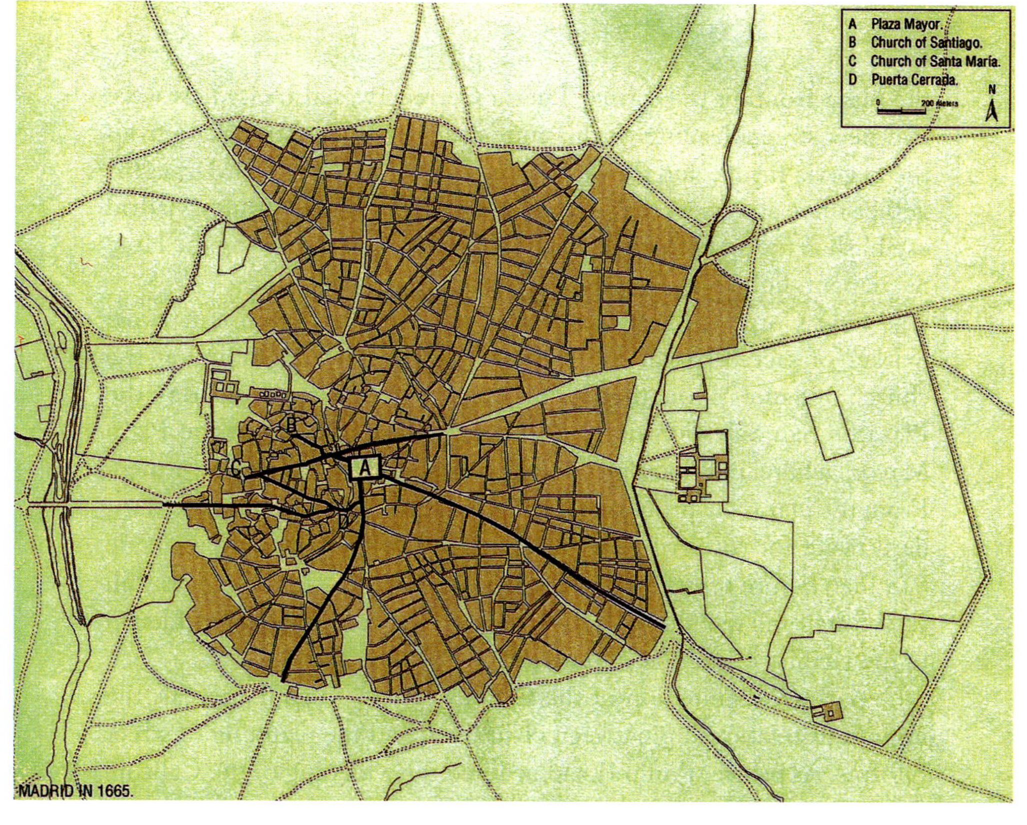

（上）图 4-27 马德里 1600 年城市平面图（图上标示出 1590 年 6 月市政当局提出的改造计划，其中 A 为中央广场）

（中）图 4-28 马德里 1665 年城市平面图（图上标示出 1620 年 9 月提出的道路改造计划）

（下）图 4-29 马德里 约 1562 年城市景观图（作者 Anton van den Wyngaerde）

奥等)。在安达卢西亚，同样是胡安·德·埃雷拉的作品为17世纪的建筑开辟了道路，如塞维利亚的交易所。在这个发达的港口城市，还可看到一种所谓“藻井教堂”(Iglesias de cajón)，如始建于1617年的大教堂的附属教堂（圣坛教堂，建筑师米格尔·德苏马拉加，图4-10)，其墙面被大量的装饰细部覆盖。在不久前刚被吞并的葡萄牙，哈布斯堡王朝的第一个纪念性建筑就

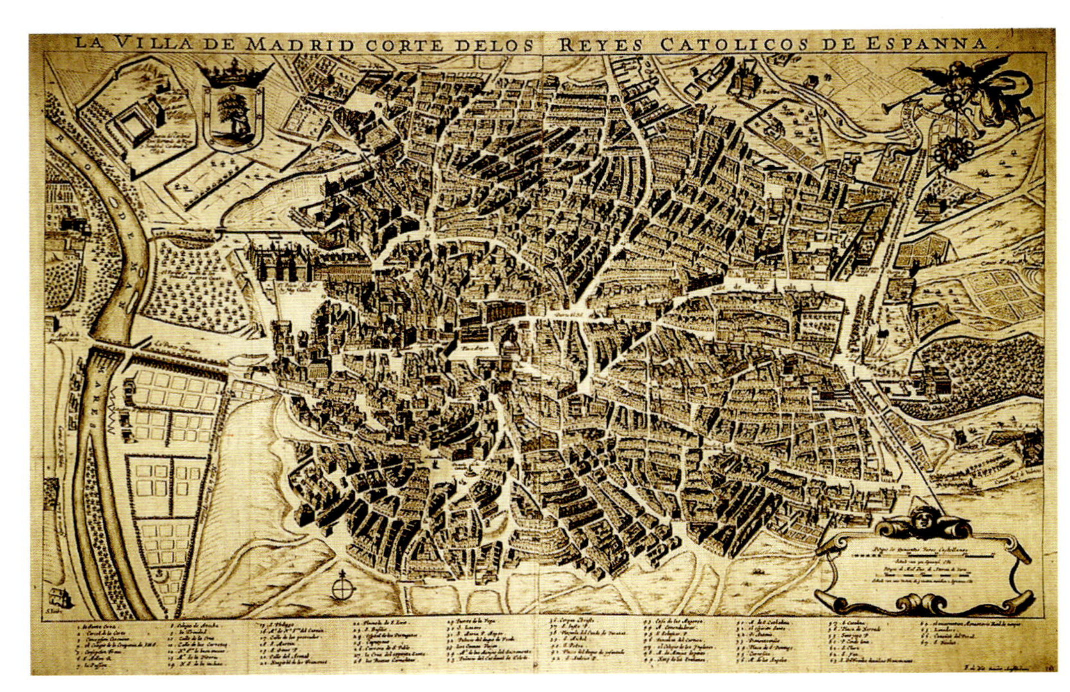

(上）图4-30 马德里 上图作者绘制的另一城市景观细部（表现南部城墙内的建筑景观）

(中）图4-31 马德里 约1650年代城市全景图（约1656年第一次发表，但主要表现1635年后的城市景观)

(下）图4-32 马德里 1656年城市全景图（作者Pedro Teixeira，范围扩大到包括城市周围的地形及别墅)

具有埃尔埃斯科里亚尔学派的特点，这点倒是颇值得注意。里斯本的圣比森特教堂，以其壮观的体量、两边配置双塔的高耸立面，跻身这时期半岛最引人注目的建筑之列；教堂建于1582~1629年间，建筑师为菲利波·特尔西或巴尔塔萨·阿尔瓦雷斯，不过，它同样未能摆脱“埃雷拉风格”的套路。

在这里，值得注意的还有弗朗西斯科·德莫拉（卒于1610年）设计的两个教堂的立面，即阿维拉的圣何塞教堂（1608年）和莱尔马的圣布拉斯修道院（1604年）。和埃尔埃斯科里亚尔的模式相比，它们标志着一种自由构图的发轫。线条的均衡突出了建筑的高度，底层配置的宽阔拱形门廊好似前廊。环绕着空间的墙体于古典连接部件之间安置椭圆形装饰框及小亭，窗洞和光洁的墙面形成悦目的对比，构图充满生气。阿维拉圣德肋撒教

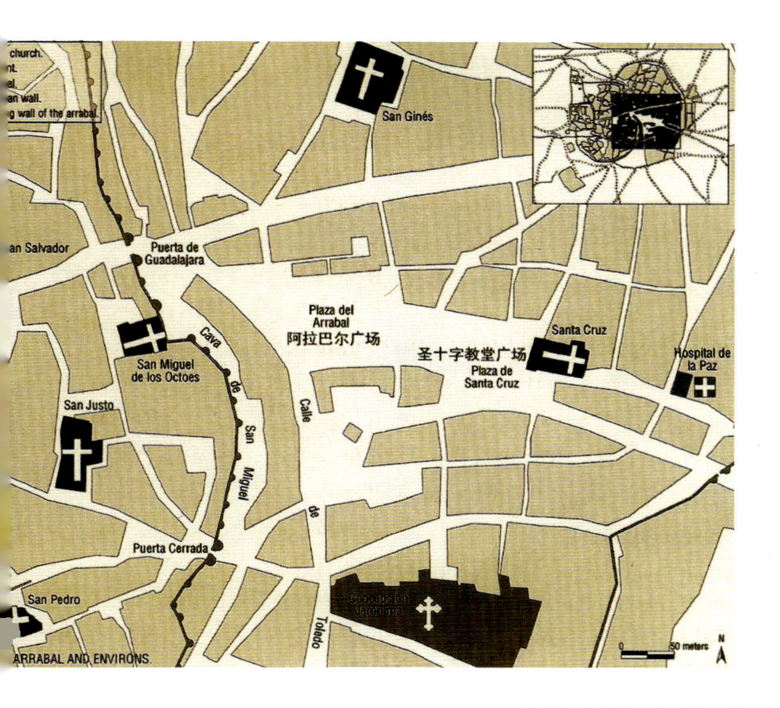

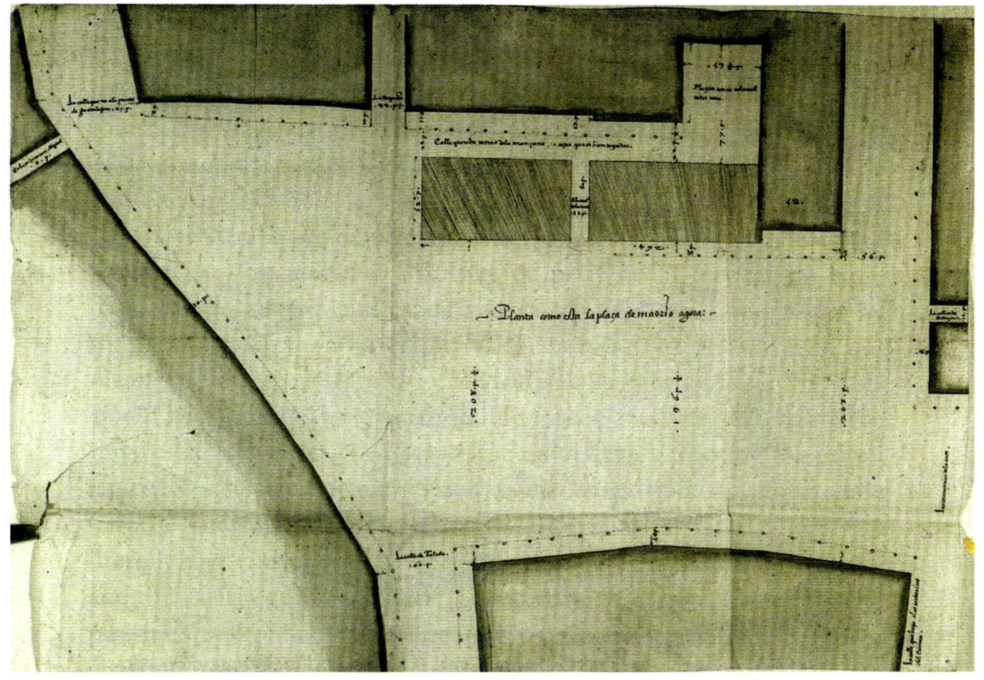

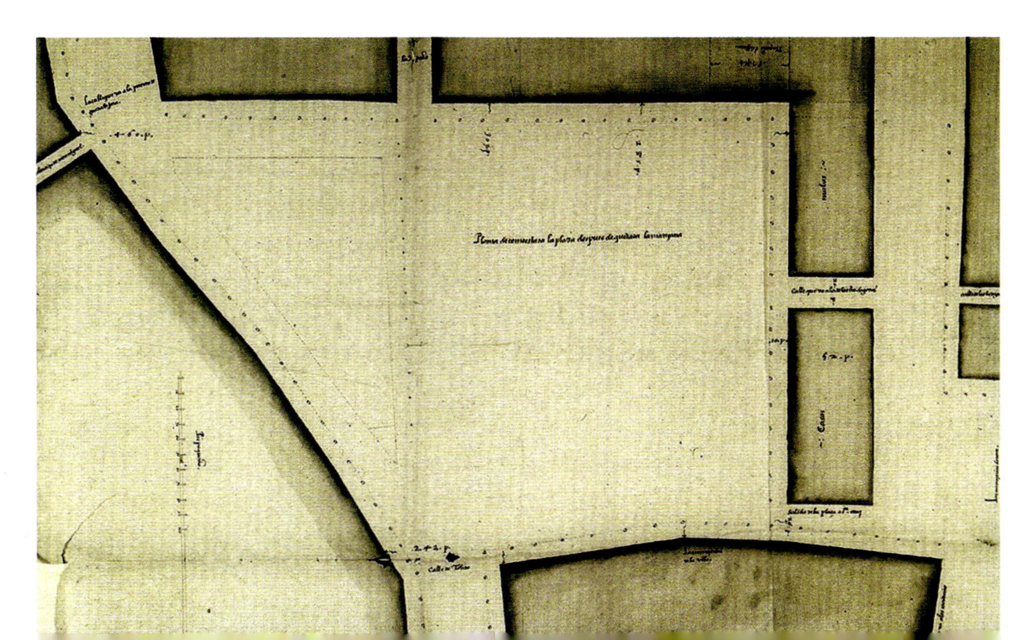

（上）图4-33 马德里 中央广场（1617~1620年，设计人胡安·戈麦斯·德莫拉；18世纪末改造主持人胡安·德比利亚努埃瓦）。改造前地段形势（由圣十字教堂广场和阿拉巴尔广场两部分组成）

（中及下）图4-34 马德里 中央广场。1581年阿拉巴尔广场平面及改造规划（图版作者 Juan de Valencia）

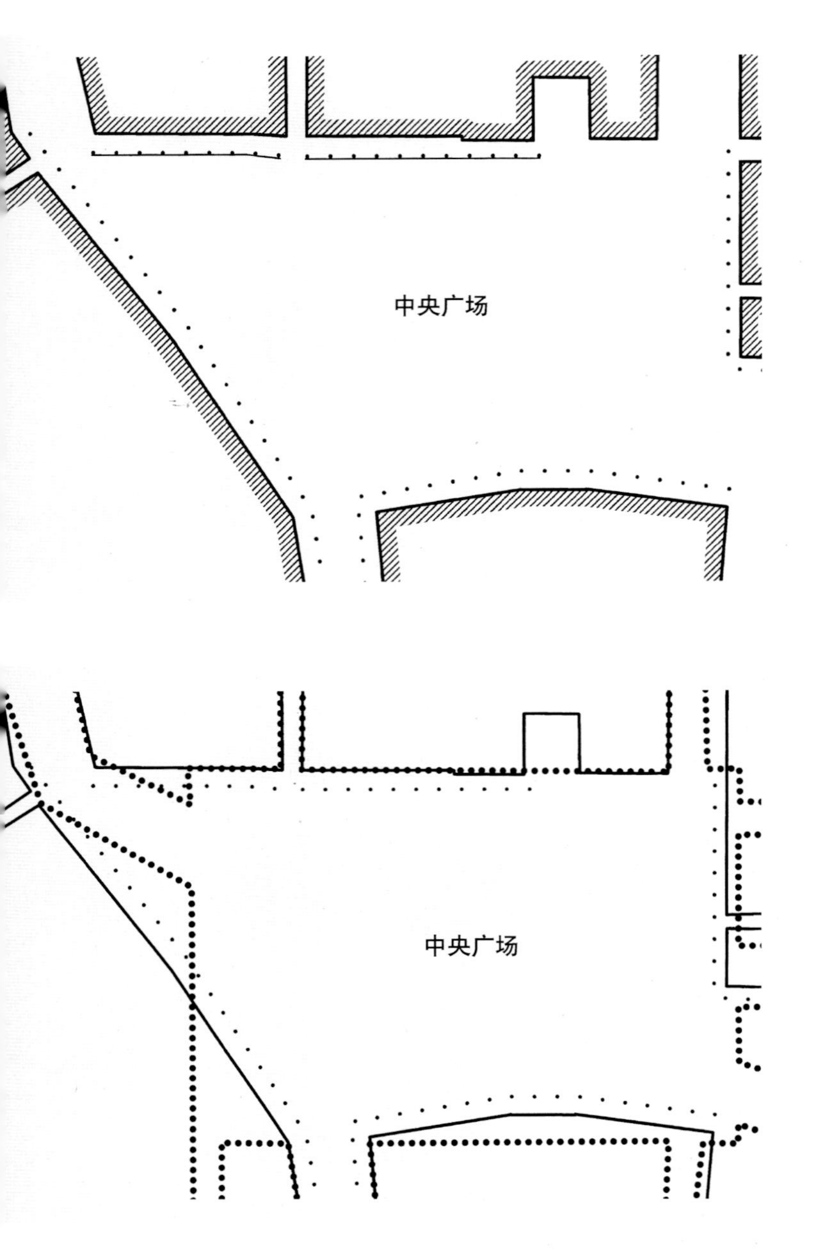

堂的主立面（设计人阿隆索·德圣何塞兄弟，始建于1515年），以当时的观念来看，显然是堆积了过多的装饰造型，因而引起了人们激烈的批评。在这些教堂中，最为均衡的作品当属皇后（奥地利的）玛格丽特和腓力三世期间（始建于1611年）建造的马德里的恩卡纳西翁修道院（图4-11），其设计者为阿尔韦托·德拉马德雷兄弟（他们的作品主要属17世纪头30年）。一些埃雷拉风格建筑里表现出来的沉重感觉，在这里让位给更优雅的表现（特别是立面部分）。在这里，另一个决定性的要素是贯穿整个立面高度、于两侧将立面围括在内的柱墩。

在西班牙，宫邸礼拜堂、还愿教堂或教务会堂，大都采用意大利那种集中式平面。埃纳雷斯堡的贝尔纳丁斯教堂[属圣贝尔纳教派（西多改革派本笃会），设计人为塞瓦斯蒂安·德拉普拉萨，图4-12、4-13]，早在1617年就用了类似维尼奥拉那种拉长的椭圆形式，上冠不带鼓座的穹顶，墙面仅有微弱的造型变化。这是个具有埃雷拉式严格古典作风的建筑。位于穹顶下的椭圆形空间属这时期西班牙留存下来的仅有实例，可能是受到罗马范本的启示，或通过研究相关论述，特别是塞利奥著作第5卷，或通过流传到西班牙的表现罗马椭圆形教堂——如圣安德烈、骑师圣安娜教堂——的版画。建于1652~1667年的巴伦西亚的德萨姆帕拉多斯教堂（平面设计迭戈·马丁内斯·庞塞·德乌拉纳，礼拜堂平面：图4-14、4-15），同样于矩形外墙内纳入一个纵向布置的椭圆形体，预示了18世纪特有的双界空间。类似的倾向一直维持到后期，配合上亦更为默契（如马德里的圣马科斯教堂，建筑师罗德里格斯，1749年）。瓜里尼在

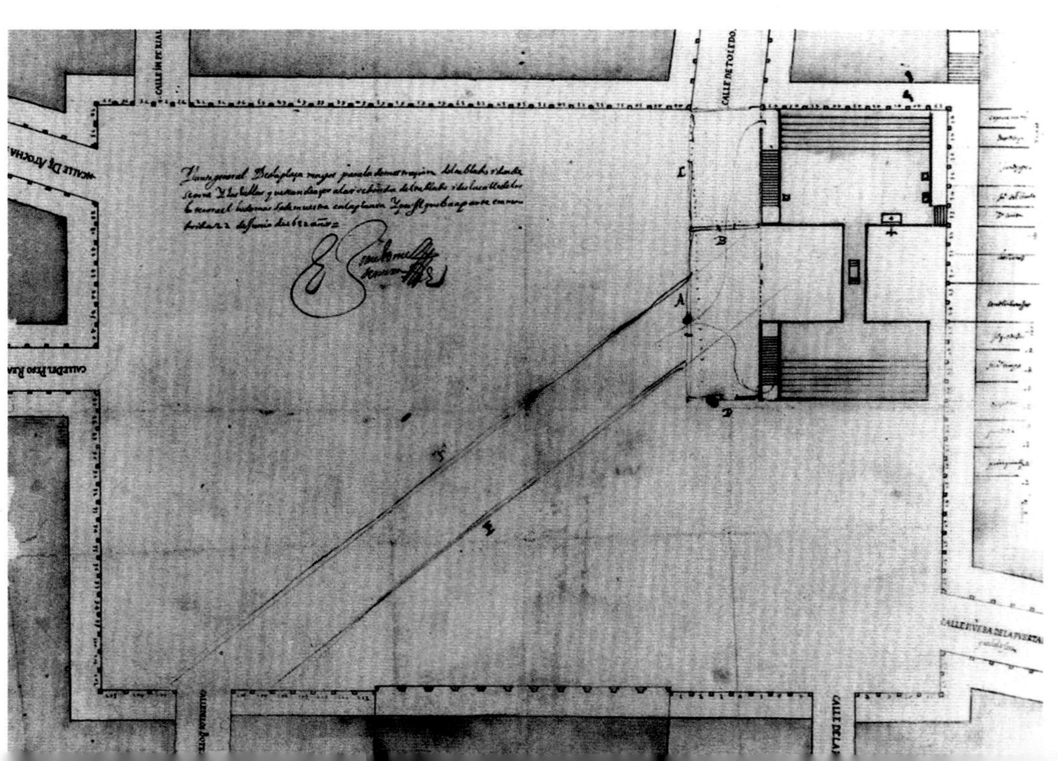

（上）图4-35 马德里 中央广场。1586年12月广场平面图（制图 Richard Pinto）

（中）图4-36 马德里 中央广场。1617年9月胡安·戈麦斯·德莫拉改造规划（制图 Richard Pinto）

（下）图4-37 马德里 中央广场。1632年胡安·戈麦斯·德莫拉工作室制订的广场平面（西南角布置舞台）

集中式会堂里引进的变化，1750 年被一位意大利建筑师用于马德里的圣胡斯托教堂。不过，舞台效果在西班牙似乎并不被看好，幻景画也用得很少。西班牙人不习惯欣赏大幕突然拉开后的场景，更喜欢透过纱帘看后面时隐时现的景色；也正是出自这样的缘由，他们希望把圣坛放到一个独立的房间内。约 1650 年发展起来的所谓“神龛”(camarin) 即为一例。这是个为圣体崇拜而精心制作并带各种镶嵌的小型祭台，布置在主祭坛后面高处，通过一扇窗户对着本堂，需要通过一个狭窄的楼梯上去。巴伦西亚的德萨姆帕拉多斯教堂最后就是以一个“神龛”作为整个空间的结束。

总的来看，在 17 世纪的西班牙建筑中，人们对装饰的兴趣可说越来越大；它代表了巴洛克主题的一种变体形式，并在为美洲传教士驻地建造的教堂中达到极致的表现。哪怕是文盲，或属其他文明的人，也都能“理解”这种繁复的装饰、色彩和图像的语言。

上面这些实例表明，在这时期的西班牙，建筑构造的创新，主要涉及宗教建筑；在巴洛克初期，世俗建筑的作用非常有限。仅有少数例外，莱尔马居住城便是其中之一。建于 1601~1617 年的这个宫堡系弗朗西斯科 · 德莫拉和胡安 · 戈麦斯 · 德莫拉受腓力三世的宠臣弗朗西斯科 · 桑托瓦尔 - 罗哈斯的委托设计。这位亲王打算按四边形平面建造自己的宫堡，每个角上立一四方塔楼（图 4-16）。整体形制如马德里摩尔人的国王宫堡，甚至连比例都一样！建筑遂成为 17 世纪西班牙一种刻意炫耀的建筑原型。除了入口门廊山面外，其他立面部分装饰甚少。但由于位于城市及原野之间，建筑仍然颇具情趣：位于高处的宫殿，俯瞰着肥沃的阿尔兰萨河谷；主立面则转向华美的“军队广场”(原为建在成排府邸边的城市主广场——中央广场，图 4-17)。莱尔马公爵为了表明自己的虔诚，在宫殿和中世纪的城市中心外围布置修道院，修道院之间和它们与宫殿之间，均通过拱廊联系。其花园和幽静的隐修处所最后导致马德里“隐

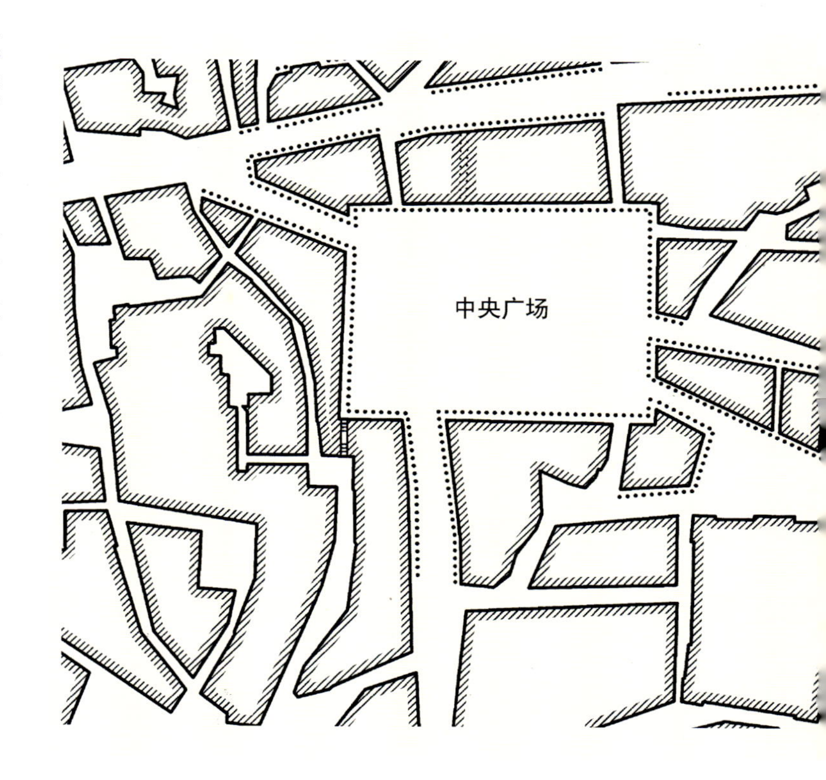

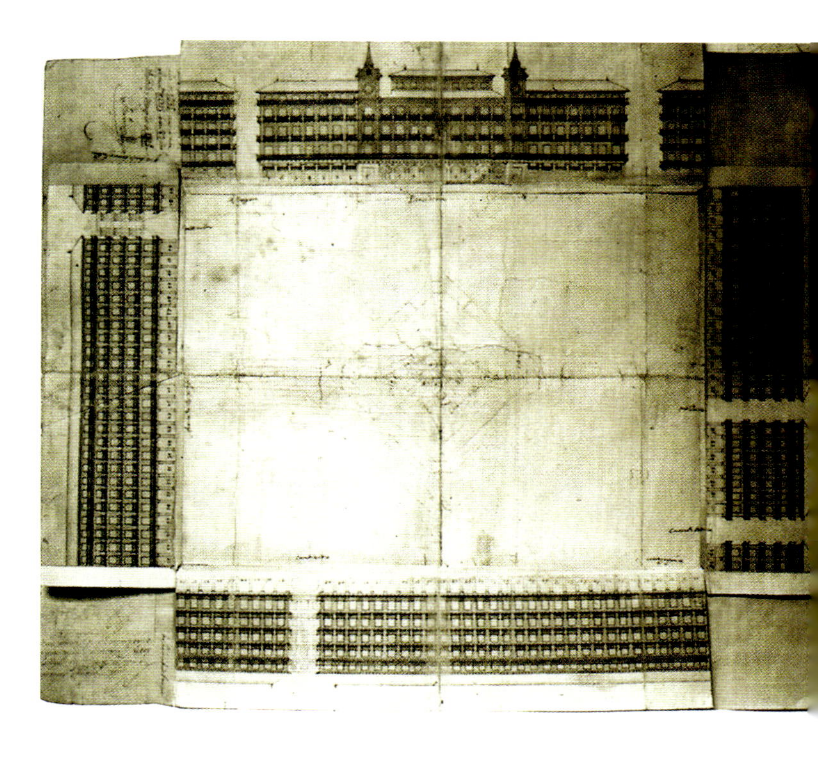

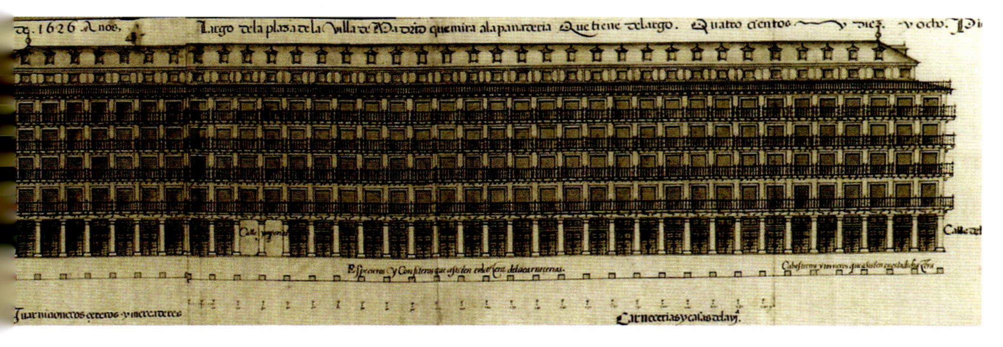

(上) 图 4-38 马德里 中央广场。1790 年广场形成后地段形势

(中及下) 图 4-39 马德里 中央广场。广场各向建筑立面图（胡安 · 戈麦斯 · 德莫拉设计，1636 年)；下图为 Miguel Gómez de Mora 设计的广场立面（1626 年)

（上）图 4-40 马德里 中央广场。约 1620 年景色（油画，作者佚名）

（下）图 4-41 马德里 中央广场。1623 年景色（版画，作者 Juan de la Corte）

（中）图 4-42 马德里 中央广场。1656 年俯视全景（Pedro Teixeira 城市全景图局部，原图广场东端为订口，因而该部分无法全面显示）

乐园”的创建。

[胡安 · 戈麦斯 · 德莫拉和马德里的整治]

从 1610 年起，在西班牙，以弗朗西斯科 · 德莫拉的作品为标志，开始了一个新的时代。从美学和历史的角度出发，可认为它是向更自由的巴洛克表现手法的转折，也可视为古典法则的“松绑”。它首先表现在建筑外部，对室内形体的平面或构造影响较小，这也是这时期西班牙建筑的特色。对新风格的产生起到主要推动作用的是弗朗西斯科的侄子胡安 · 戈麦斯 · 德莫拉

(上）图 4-43 马德里 中央广场。1790 年火灾后广场西侧破坏实况（版画，作者佚名）

(下）图 4-44 马德里 中央广场。俯视全景

图 4-45 马德里 中央广场。现状景色

图 4-46 马德里 中央广场。建筑及雕刻近景

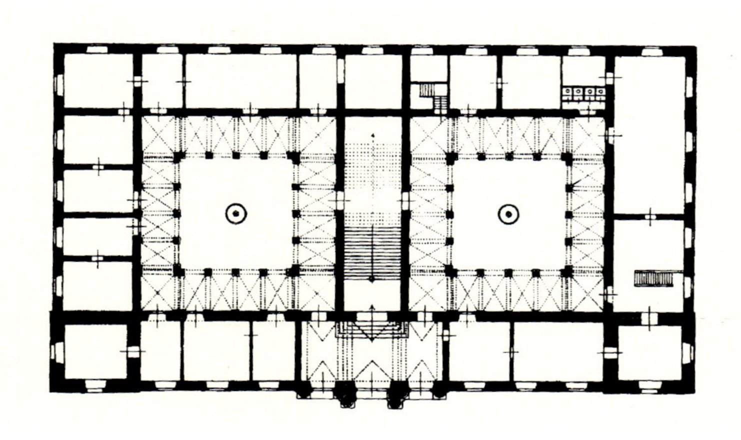

（左上）图 4-47 马德里 宫廷监狱（现外交部，1629~1634 年，建筑师胡安·戈麦斯·德莫拉）。平面

（右上）图 4-48 马德里 宫廷监狱（现外交部）。外景

（下）图 4-49 马德里 市政厅（1640 和 1670 年，建筑师胡安·戈麦斯·德莫拉，雕刻师特奥多罗·阿德曼斯）。立面外景

（1586~1648 年），在长达 40 余年的期间内，这个半岛的建筑都在他的影响之下。

胡安·戈麦斯·德莫拉同样是埃雷拉的继承人。他第一个比较重要的作品是由腓力三世和皇后（奥地利的）玛格丽特斥资建造的萨拉曼卡的耶稣会学院教堂（主体工程 1617~1650 年，图 4-18~4-23）。它高耸在城市之上，与大教堂、大学（图 4-24）和多明我修道院组成的宏伟

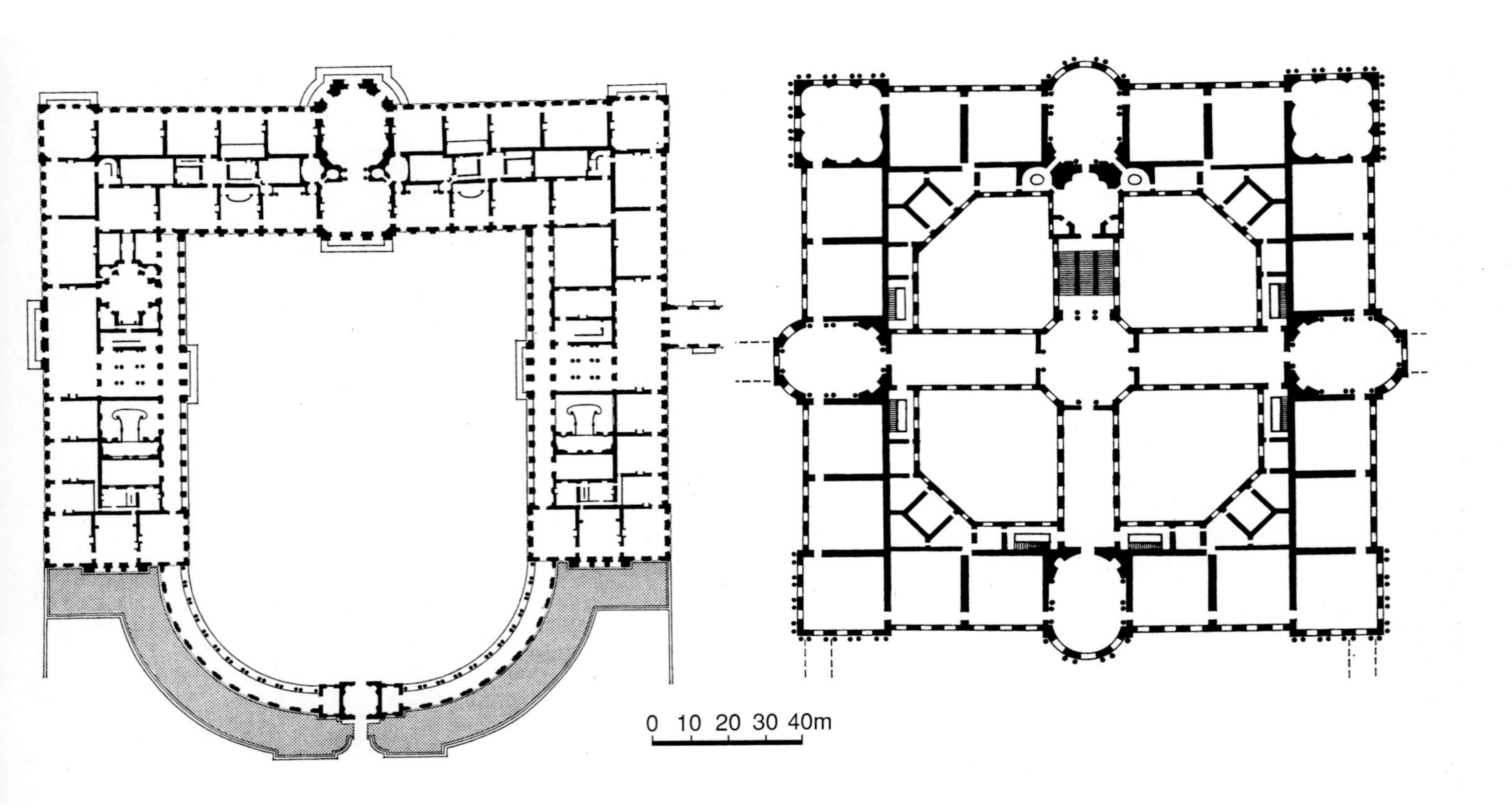

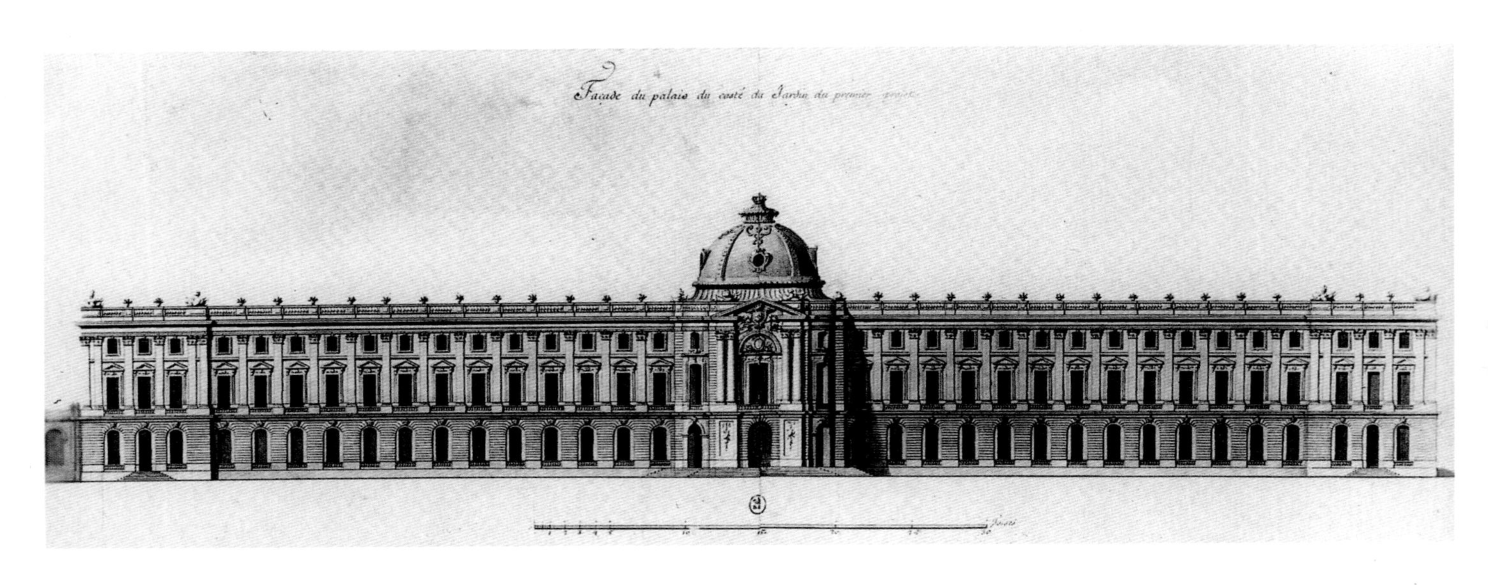

建筑群为邻。这个本身集教堂-教团-修道院为一体的庞大组群于1617年按胡安·戈麦斯·德莫拉的设计开工，但直到18世纪中叶才最后完成。其最后形式呈“U”形，长肢西北段布置教堂，垂直方向设圣器室及修道院，南面为院落厅堂。建筑群中央为一宽阔宏伟的露天内院，巨大的半柱和顶楼的横向线条交织配置；与街道相邻一面为宴会厅，内部一面为教士会堂。一条十字形道路将这组建筑与修道院连在一起。教堂复归更为传统的形制，基本照搬罗马耶稣会堂的设计，但缺乏维尼奥拉教堂那种丰富的节奏和空间的统一。本堂四开间配置壁柱，由庄重的塔司干柱式进行分划，其后为彼此互通的礼拜堂，耳堂端部凹进不大但相当宽阔，宏伟的穹顶位于交叉处上空，下方设祭台及栏杆。但古罗马建筑的直接影响并不是特别突出。和类似的意大利建筑相比，室内外分划体系要更为轻快。教团建筑立面取埃雷拉学派的原始巴洛克风格；教堂立面则满覆造型和装饰部件，表现要自由得多。后者由于建设周期较长，和最初设计相比，已有某些变动：位于三根轴线间的下面两部分，布置了6根柱子进行分划，立面节奏显得更为协调。

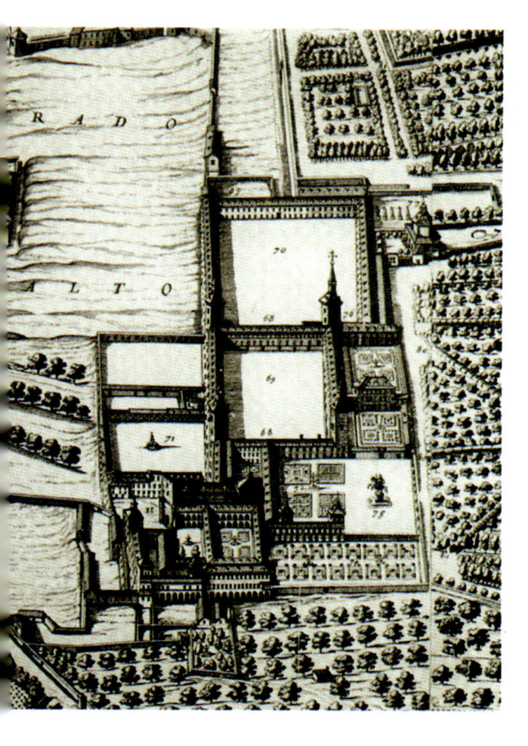

左页：

（上）图 4-50 马德里 布恩 - 雷蒂罗（逍遥居）。底层平面设计（第一和第二方案，作者罗贝尔·德科特，1715 年）

（下）图 4-51 马德里 布恩 - 雷蒂罗（逍遥居）。立面设计（第一方案，作者罗贝尔·德科特，1715 年）

本页：

（左上）图 4-52 马德里 布恩 - 雷蒂罗（逍遥居，建筑师乔瓦尼·巴蒂斯塔·克雷申齐、阿隆索·德卡沃内尔）。俯视全景（Pedro Teixeira 城市全景图局部，1656 年）

（右上）图 4-53 马德里 布恩 - 雷蒂罗（逍遥居）。花园立面

（下）图 4-54 马德里 布恩 - 雷蒂罗（逍遥居）。园林风景

西班牙拥有大量这种风格的代表作。例如蒙福特 - 德莱莫斯的耶稣会老教堂（始建于 1598 年，位于加利西亚地区），埃纳雷斯堡教堂（始建于 1602 年），托莱多的圣伊尔德尔方索教堂（始建于 1619 年，现为圣胡安·包蒂斯塔）及马德里的帝国学院（始建于 1622 年，以后为圣伊西德罗教堂）。

马德里的建设是这时期最重要的工程项目（图 4-25~4-32）。将马德里建造成哈布斯堡王朝西班牙分支的驻地是时代赋予胡安·戈麦斯·德莫拉的神圣使命。尽管自 1561 年起，已确定这里为王权所在地，但直到 17 世纪，它都不具备充当首府的条件。该地既无历史传统，甚至也没有城市立法。腓力二世拆除了中世纪留

本页：

（上下两幅）图 4-55 马德里 布恩 - 雷蒂罗（逍遥居）。园林喷泉

右页：

（左两幅）图 4-56 马德里 帝国学院（现圣伊西德罗大教堂，1626~1664年，主持人佩德罗·桑切斯、弗朗切斯科·包蒂斯塔）。平面及剖面（据 Schubert）

（右）图 4-57 马德里 帝国学院（现圣伊西德罗大教堂）。外景

存下来的摩尔人宫堡（为勃艮第宫廷举行仪式活动的处所），围绕着圣赫罗尼莫 - 埃尔 - 雷亚尔教堂建造布恩 - 雷蒂罗区作为王室宫邸和修道院，希望把它建成埃尔埃斯科里亚尔那样的宫堡。大规模的建设始于 1560 年，即腓力二世在当时的临时首府巴利亚多利德居留了 5 年后返回马德里宫廷之时。目标是创造一个和王室宫邸地位相称的总体环境。

胡安·戈麦斯·德莫拉是这场大规模建设的主要技术负责人。就在构思耶稣会教堂的同一年，他提交了中央广场的初步设计方案。这是位于马德里市中心的广场，用于举办宫廷和城市的节庆活动。这种布置方形广场的方式（阻断交通，周边布置拱廊和多层建筑，立面取统一高度）显然是来自法国和尼德兰的样板（如巴黎的孚日广场，布鲁塞尔的中央广场）。广场于 1619 年完成，用了差不多三年时间。在接下来的几年里，它随即成为各种重大事件的发生地，如为城市主保圣人伊西德罗封圣（1620 年）、宣布腓力四世为未来的王位继承人（1621 年），直到各种戏剧表演、斗牛，乃至恐怖

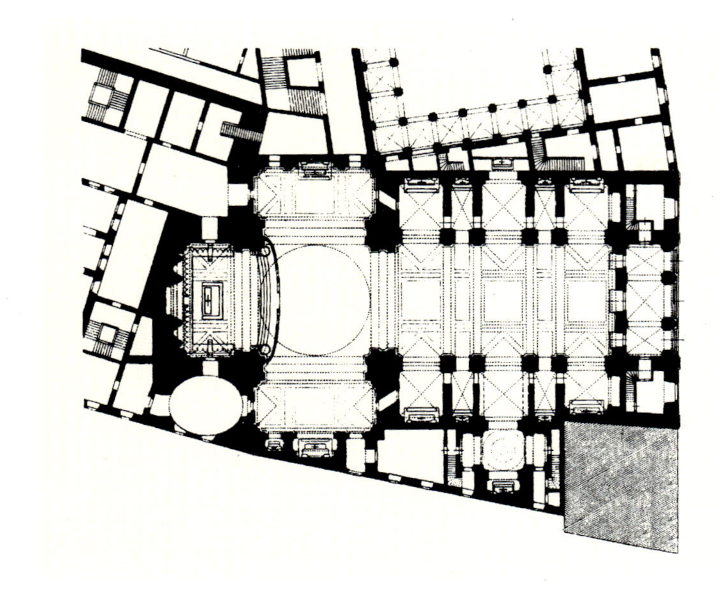

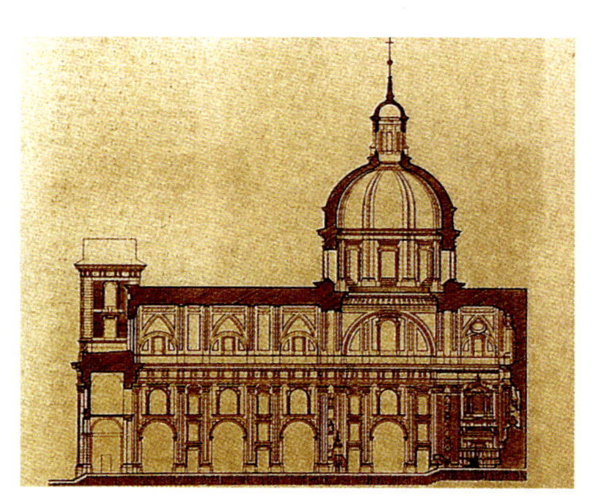

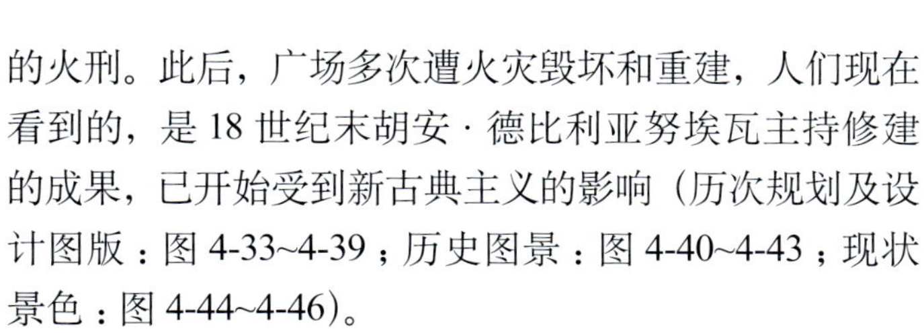

的火刑。此后，广场多次遭火灾毁坏和重建，人们现在看到的，是18世纪末胡安·德比利亚努埃瓦主持修建的成果，已开始受到新古典主义的影响（历次规划及设计图版：图4-33~4-39；历史图景：图4-40~4-43；现状景色：图4-44~4-46）。

从1619~1627年，胡安·戈麦斯·德莫拉受委托改造由于无数杂乱的建设已成一个烂摊子的老摩尔人宫堡，希望能按当时的样式把它凑合着变成一个宫邸。但这个建筑本身同样遭到几次火灾的破坏，并于1734年由菲利波·尤瓦拉和乔瓦尼·巴蒂斯塔·萨凯蒂重建。所幸的是，原设计的平面和一个木构模型还保留下来（可能是当年介绍方案时用的）。从模型上可知，胡安·戈麦斯·德莫拉希望保持立面三层的统一，于角上布置塔楼，中央部分通过壁凹加以强调。立面上一系列窗户布置在同一水平面上，上冠三角形山墙。在上两层高度，垂直线条仅通过壁柱加以强调。和其他地方的宫廷建筑不同，这个摩尔人宫堡仍保留了城堡的特色。腓力四世的珍稀绘画藏品亦保存在这个建筑的厅堂里。

宫廷监狱同样是个具有四个形体的建筑（如今为外交部，图4-47、4-48）。胡安·戈麦斯·德莫拉于1629年受托进行设计，所提方案中包含两个内院，可能是效法教团建筑的平面。上冠山墙的柱廊配了三重檐壁，尽管采用古典结构，但有别于传统模式。始建于1640年的市政厅属胡安·戈麦斯·德莫拉后期作品之一（图4-49）。它和宫廷监狱的设计大同小异，只是从造型角度上看立面上装饰更为丰富（大门部分为18世纪艺术家特奥多罗·阿德曼斯的作品）。还有一项大受西班牙国王、其王后（波旁家族的）伊莎贝拉和奥利瓦雷斯伯爵青睐，雄心勃勃但未能善终的设计，即在马德里建一个能和罗马圣彼得大教堂相媲美的大教堂。从保存在国家图书馆的胡安·戈麦斯·德莫拉的草图可知，他比较倾向罗马教堂模式，特别是圣加洛的设计。由于财政的原因，工程仅建到基础部分，直到1883年才重新上马，此时马德里已最后成为主教辖区驻地。

除马德里外，胡安·戈麦斯·德莫拉完成的设计项目中最重要的还有：埃尔埃斯科里亚尔宫堡的先王祠

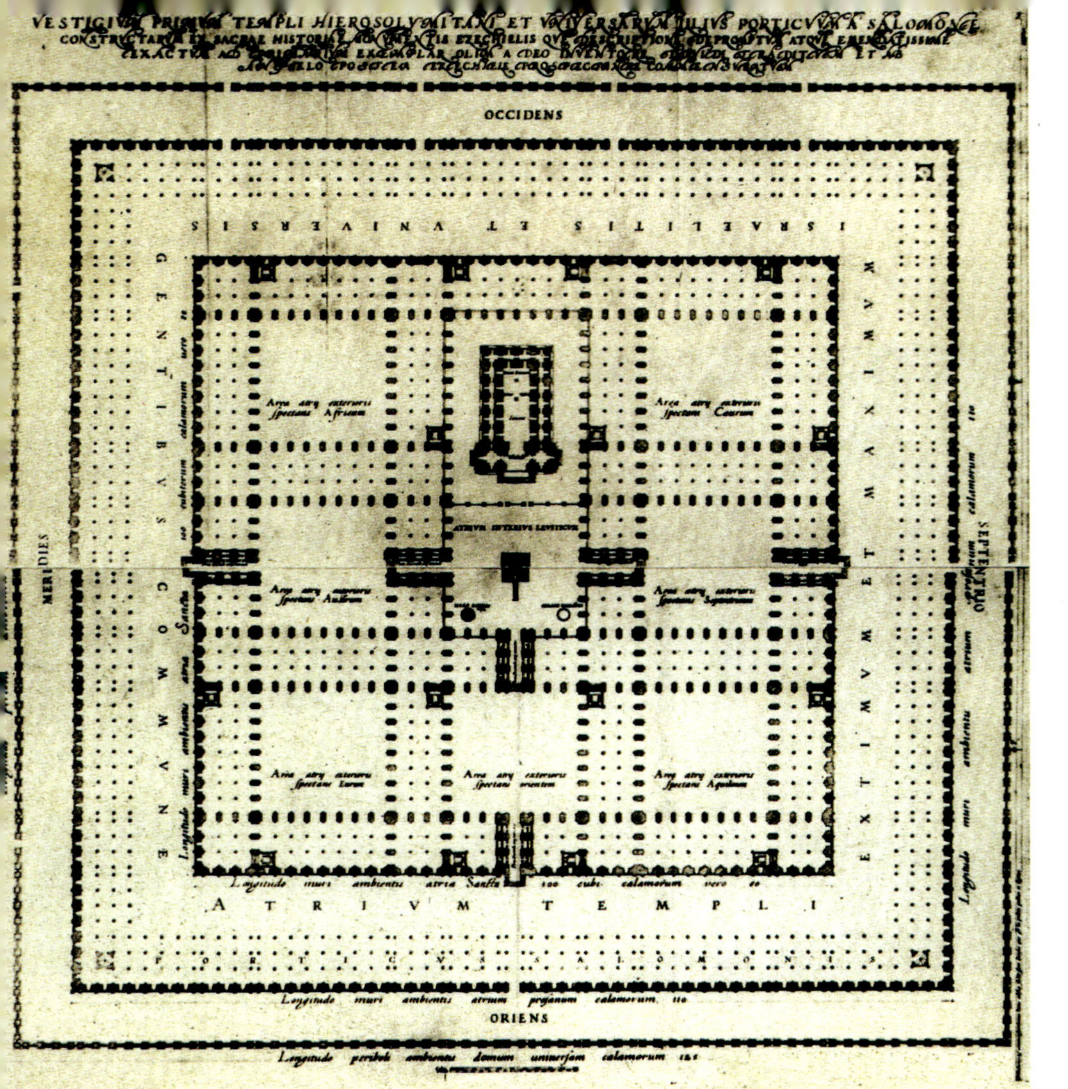

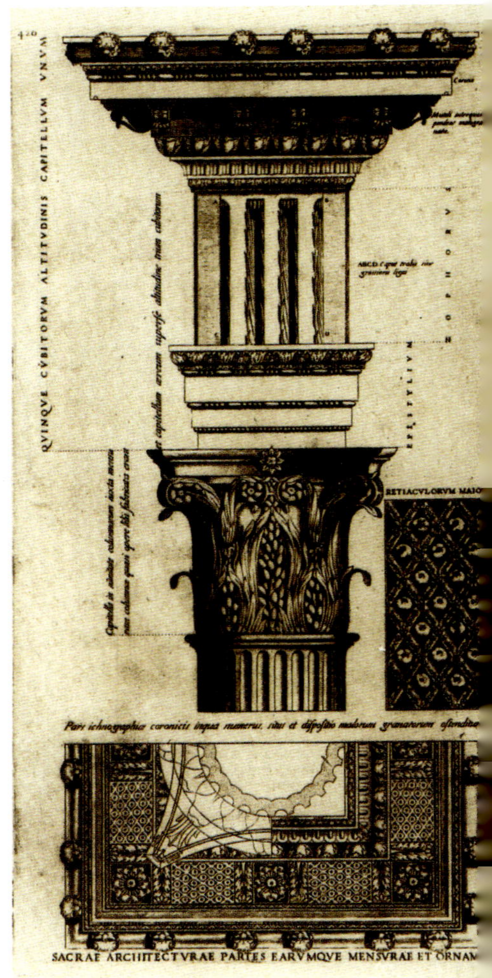

(1617~1654 年)，为一椭圆形建筑，最后由克雷申齐主持完成；瓜达卢佩修院教堂的祭坛饰屏（1614 年），为一古典设计，构成了西班牙祭坛屏栏建筑的真正样板。这个献给圣母（Vierge Marie）的庄严作品有 4 个层位和 7 条轴线，形成雕刻和绘画的框架。在少数由贵族委托的项目中，则可举出梅迪纳塞利公爵的宫殿（1623 年开始建造）。

胡安 · 戈麦斯 · 德莫拉作品的长处在于，它能把埃雷拉学派那种严密的古典规章，和垂直表面的装饰及优雅的面层协调地配合在一起。对建筑各个部位的强调（宫殿门廊、教堂立面、浮雕造型），对不同建筑材料（如石头和瓦）及其对比效果的应用，表明 17 世纪 20~40 年代的西班牙建筑如何力求摆脱埃尔埃斯科里亚尔风格的约束，即便他们还想象不出缺了这一样板会有怎样的结果。胡安 · 戈麦斯 · 德莫拉的功绩在于，他善于在兼收并蓄的同时，以贵族的语言表现宫廷建筑，既能考虑王室驻地和城市的关系及相互影响，也能尊重巴洛克时期宫廷礼仪的需求。和体现腓力二世意识形态的埃尔埃斯科里亚尔不同，腓力四世的宫邸好比舞台，在台上和台前，上演着巴洛克时代的剧本，民众则是旁观者。摩尔人宫堡和监狱，中央广场和宗教建筑，均为一种城市理想观念的组成部件；在维特鲁威的著作中，已经描述过这类部件，但正是在这里，它们找到了自己的绝对表现。

但国王并没有委托胡安 · 戈麦斯 · 德莫拉规划位于城外作为西班牙国王夏季行宫和隐休所的布恩 - 雷蒂罗（逍遥居）。1632 年，腓力四世的部长奥利瓦雷斯伯爵请人重新整治这组建筑（其中包括一个回廊院、一个简朴的宫殿和一个修道院），希望把它搞成一个现代化的宫殿，能满足当时来自意大利的各种时髦需求。花园由意大利专家设计，包括幽静的住所、假山及山洞、各种水法；和郊区别墅（villa suburbana）一样，人们打算把它变成一个巴洛克式的休闲娱乐场所。这种想法自然和宫廷的官方意图大相径庭，因此在实施过程中，在拘泥于严格礼仪程序的宫廷官员和一心只想享受世间欢乐的贵族之间，还爆发了一场论战。至 1633 年，人们终于决定

左页：

(左)图 4-58 胡安·包蒂斯塔·比利亚尔潘多：所罗门神庙平面复原图（1604 年）

(右)图 4-59 胡安·包蒂斯塔·比利亚尔潘多："所罗门柱式"设计图

本页：

(上两幅) 图 4-60 弗雷·胡安·里奇：所罗门柱式（《Tratado de la Pintura Sabia》插图，1662 年）

(下两幅) 图 4-61 胡安 · 卡拉穆埃尔 · 德洛布科维茨：椭圆形平面及圣彼得大教堂柱廊构造方案（《Arquitectura Civil Recta y Oblicua...》一书插图，1678 年）

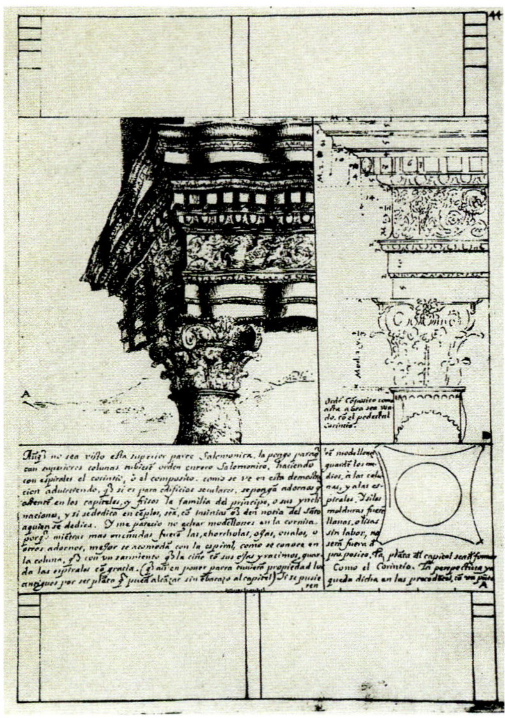

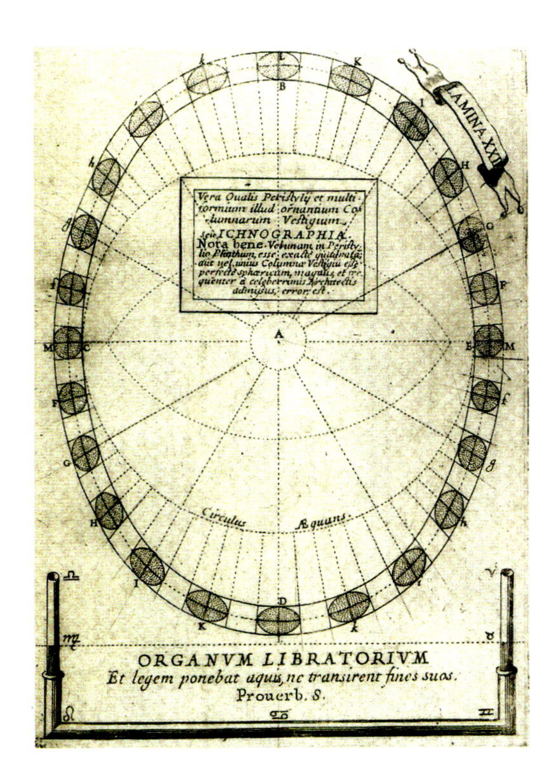

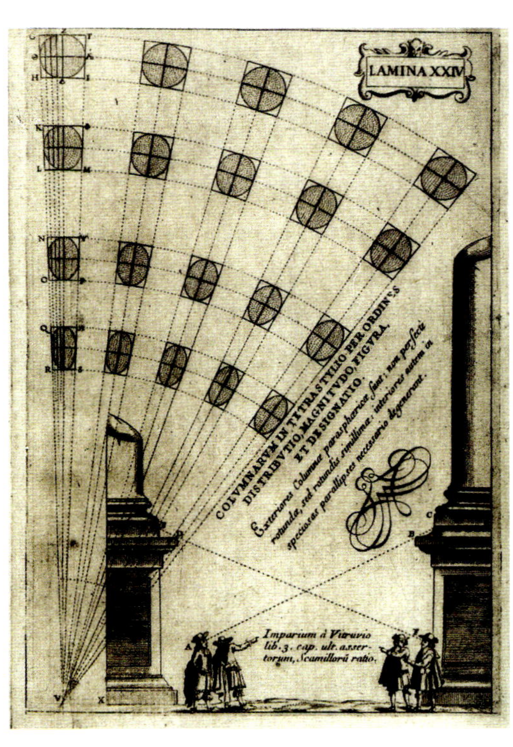

整治这个已废弃的破旧宫殿，负责人是为莱尔马公爵效劳的建筑师乔瓦尼·巴蒂斯塔·克雷申齐（1577~1660 年），他在设计中所体现的意愿标志着和腓力二世甚至是腓力三世那种带有苦行和禁欲色彩的严峻生活方式的决裂(1715 年,罗贝尔·德科特还提供了两个设计方案,图 4-50、4-51)。在克雷申齐和阿隆索 · 德卡沃内尔的这个作品里，没有多少豪华的大厅，而是布置了一连串类似走廊的厅堂;在西班牙的宫廷建筑中,这也算是一项创新(图 4-52)。时至今日,该组群只有舞厅和北翼等部分尚存(现状外景：图 4-53~4-55)。由于建筑比较简朴、材料选用也不太考究，长期以来，这个行宫和隐休所并不被人们看好，但内部空间的整治却不可否认打破了人们既往的观念。事实上，和摩尔人宫堡那种外在的装饰相反，在这里，人们强调的是回归自然，过田园生活和享受纯朴的快乐，不再受

本页：

（左）图 4-62 圣地亚哥 - 德孔波斯特拉 圣马丁教堂（始建于 1596 年，1626 年以后主持人费尔南多·莱丘加）。立面外景

（右）图 4-63 圣地亚哥 大教堂（立面 1738~1749 年，建筑师费尔南多·德卡萨斯 - 诺沃亚）。立面

右页：

图 4-64 圣地亚哥 大教堂。立面现状

君权时代强加于人的那些道德和责任的约束。委拉斯开兹、苏巴朗和普桑等艺术家均属这一潮流的代表。腓力四世在一次造访蒙特塞拉特岛（属拉丁美洲）时，对这种“田园生活”的魅力也颇为赞赏。就这样，形成了一种为节日和宫廷演出服务的模仿天然景色的艺术，它在 17 世纪的西班牙文学作品及洛佩·德维加或卡尔德隆的喜剧中也都有所体现。事实上，这些作品已不仅仅局限于对某种魅力的欣赏，而是涉及到人们自身的享乐观念。

[来自宗教界的建筑师及理论家]

宫廷以外的宗教建筑主要由教职人员负责兴建。（圣尼古拉斯的）劳伦佐（1595~1679 年）曾不无根据地指出，在 17 世纪，许多建筑师同时也是教士；事实上，他本人就是圣奥古斯丁修会的修士、建筑师和一部有关论著（De Arte y Uso de Arquitectura，首次发表于 1633 年）的作者。其实道理也很简单，因为这些人有充足的时间可用于钻研相关的科技知识。

在当时大多数欧洲国家，从事建筑设计这一行业的人有些类似工程师，有的还属军事领域，在教会内部培养宗教建筑师似为西班牙的一种新模式。产生这一现象的原因是多方面的。在 17 世纪，教会，特别是耶稣会和加尔默罗会教士，已经开始了紧张的建筑活动。而在这些活动中，教士们又起着极其重要的作用（特别是圣方济各会和多明我会的修士）。随着新大陆殖民活动的展开，建造教堂已成为一项重要的出口产业和表现西班牙及葡萄牙文明的有效手段，它使侵占异教徒的土地合法化并成为这种占领的明确标志。因而，毫不奇怪，来自宗教界的这些建筑师，总是马上跟随着殖民征服者而来，通过建造教堂完成其福音布道的使命。

在宗主国，最著名的建筑师大都来自耶稣会教士。正如阿方索·罗德里格斯·德塞瓦略斯在他的许多评论中所说，他们在传播埃雷拉那种样式的古典建筑上作出了很大的贡献。为传教而建的教堂（所谓“典型的耶稣会建筑”）也同时得到发展。这些教堂中最主要的部分是一个长长的单一本堂，侧面布置礼拜堂及廊道，耳堂交叉处上立穹顶（如萨拉曼卡的耶稣会教堂）。追求空间和谐的这种趋向也正是圣徒查理·博罗梅的理想，在反宗教改革精神的鼓舞下，他希望弥撒典礼靠近讲道处，即使是离祭坛最远的信徒，也能够参与圣礼。以罗马耶稣会堂为范本的这种新的宗教建筑风格在西班牙随着比利亚加西亚 - 德坎波斯教团的建设而确立，并最后扩展到整个拉丁美洲。修会总院对耶稣会教士建造的教堂及教团均加以严格控制，所有平面都必须获得罗马的许可；同时还设专门的督察（provedores）定期到教会所属外地机构进行巡查，对是否遵守规章和职责进行监督。其中最著名和最有威望的一位是 16 世纪的

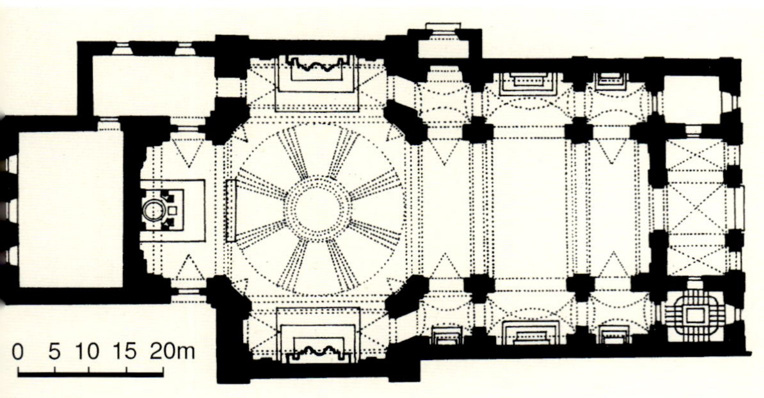

（上）图 4-65 格拉纳达 大教堂（立面 1667 年，建筑师阿隆索 · 卡诺）。立面外景

（下）图 4-66 格拉纳达 圣马利亚 - 玛格达莱娜教堂（建筑师胡安 · 路易斯 · 奥尔特加）。平面（据 Christian Norberg-Schulz，1979 年）

朱塞佩 · 瓦莱里亚尼，为了确保人们遵守总院颁布的规章，他跑遍了半个欧洲。不过，在这里要指出的是，这并不意味着人们总是盲目服从给定的解决方案，大多数

（上）图 4-67 哈恩 大教堂（立面 1667~1688 年，建筑师欧弗拉西奥·洛佩斯·德罗哈斯）。俯视全景

（下）图 4-68 哈恩 大教堂。立面外景

情况下，还是根据地方的传统变通地运用相应的规章。

在著名的耶稣会建筑师中，可举出安德烈斯·鲁伊斯（生卒年代不明）和胡安·德托罗萨（1548~1600 年），他们设计的蒙特福特 - 德莱莫斯教团（在加利西亚地区）基本沿袭埃雷拉那种严格的形式。这个教团成为西班牙西北地区许多其他古典建筑的范本，这些建筑大都具有极高的质量。最初在安达卢西亚地区以后又到马德里开展业务活动的建筑师佩德罗·桑切斯（1569~1633 年），则尝试在建筑中采用椭圆形式，如塞维利亚的圣埃梅内希尔多教堂和（葡萄牙人的）圣安东尼奥教堂。此外，马德里的耶稣会主教座（Chaire des Jésuites，一个传统风格的作品）和帝国学院（现为圣伊西德罗大教堂，1626 年以后，图 4-56、4-57）据信也是他的作品。后者由另一个耶稣会修士弗朗切斯科·包蒂斯塔（1594~1678 年）于 1664 年完成，基本沿袭罗马耶稣会堂的形制。其中最令人感兴趣的是本堂室内重新采用了 15 世纪建筑的布局手法，交替布置宽窄跨间，如阿尔贝蒂设计的曼图亚圣安德烈教堂（后者在当时是一个颇有创新精神的作品），耳堂尽端亦重复了这一母题。极其丰富的分划把墙面改造成连续的装饰表面，但墙面分划较为平坦，壁柱的配置形如格栅。这种观念可能是受到摩尔建筑的启示，在开始阶段，这也是西班牙巴洛克建筑的一个重要趋向。立面的宏伟柱式则使人想起罗马的圣彼得大教堂。还有一个从风格角度来看似乎并不是特有新意的技术细节，但以后却成了一个做法派别；按此法施工的穹顶因其实用价值，很快得

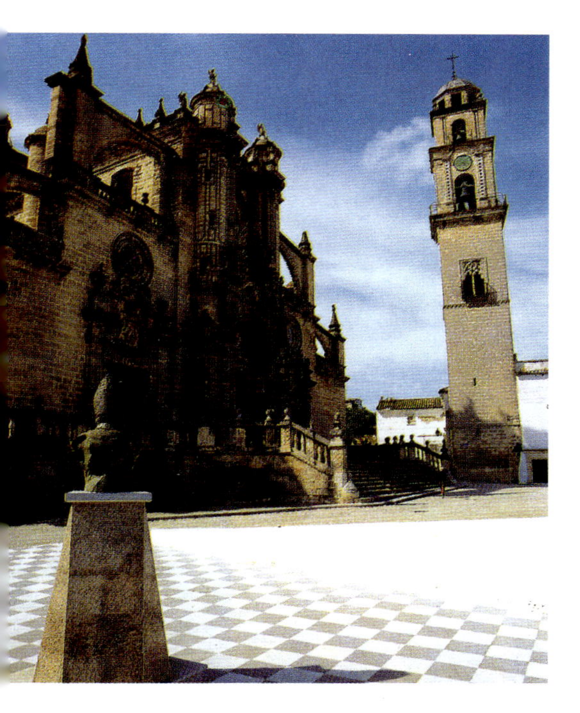

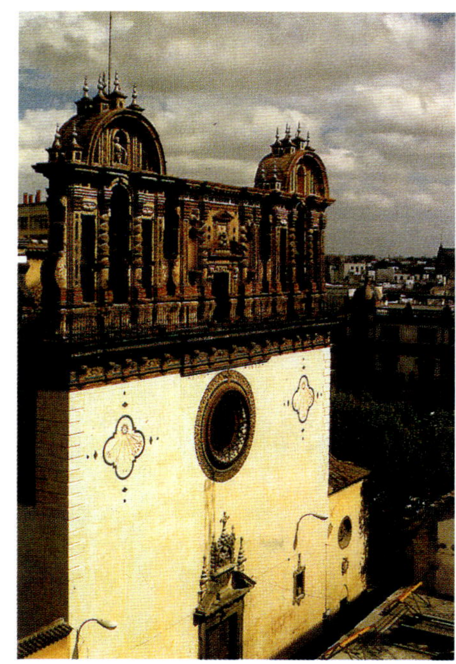

左页：

图 4-69 赫雷斯 - 德拉弗龙特拉 圣马利亚查尔特勒修道院（1667 年）。立面外景

到了普及，在建筑史上还得到了一个专有名称 [cupula encamonada，其相关材料头一次发表在（圣尼古拉斯的）劳伦佐修士的一篇论文中]。其具体做法是搞一个外部覆瓦的木构架，从而使穹顶显得更为厚重。这种结构的优点在于可覆盖直径更大的空间。这批杰出的建筑师不仅来自耶稣会，也同样来自加尔默罗会修道院。如阿尔韦托 · 德拉马德雷，他曾和弗朗西斯科 · 德莫拉一起，为莱尔马公爵服务，并作为官方成员（tracista）负责教会内部新建的所有机构。现人们已确认他是马德里恩卡纳西翁修道院立面的设计人，其风格位于手法主义和巴洛克之间。具有同样表现的还有阿维拉的圣德肋撒教堂，其建筑师阿隆索 · 德圣何塞同样为加尔默罗会成员。

在西班牙，大多数著名的建筑理论家同样来自教职人员；在这方面，格列柯只是一个例外（他对维特鲁威的研究论著只是在上世纪 70 年代才被发现）。耶稣会教士赫罗尼莫 · 德尔普拉多和胡安 · 包蒂斯塔 · 比利亚尔潘多就“重建”耶路撒冷圣殿的问题写了若干短评及争论文章，不过它们更接近注释而不是实用（图 4-58、4-59）。而（圣尼古拉斯的）劳伦佐修士（1595~1679 年）

本页：

（左上）图 4-70 赫雷斯 - 德拉弗龙特拉 救世主大教堂（1695 年，设计人迭戈 · 莫雷诺 · 梅伦德斯、托尔夸托 · 卡永 · 德拉维加）。外景

（下）图 4-71 塞维利亚 16 世纪下半叶城市风景（版画，作者 Georg Braun，取自《Civitates orbis Terrarum》，原稿现存热那亚 Museo Navale）

（中上）图 4-72 塞维利亚 圣玛丽 - 马德莱娜教堂（原构 1248 年，1691~1709 年改建，主持人莱奥纳多 · 德 · 菲圭罗阿）。外景

（右上）图 4-73 塞维利亚 圣玛丽 - 马德莱娜教堂。内景

的论著（《De Arte y Uso de la Arquitectura》，初版 1633 年）则完全是为刚入门的年轻人写的。这位圣奥古斯丁修会成员通过这部教科书式的著作，向他们全面介绍了从古代到当时最重要的著述，以及各个阶段应注意的事项。

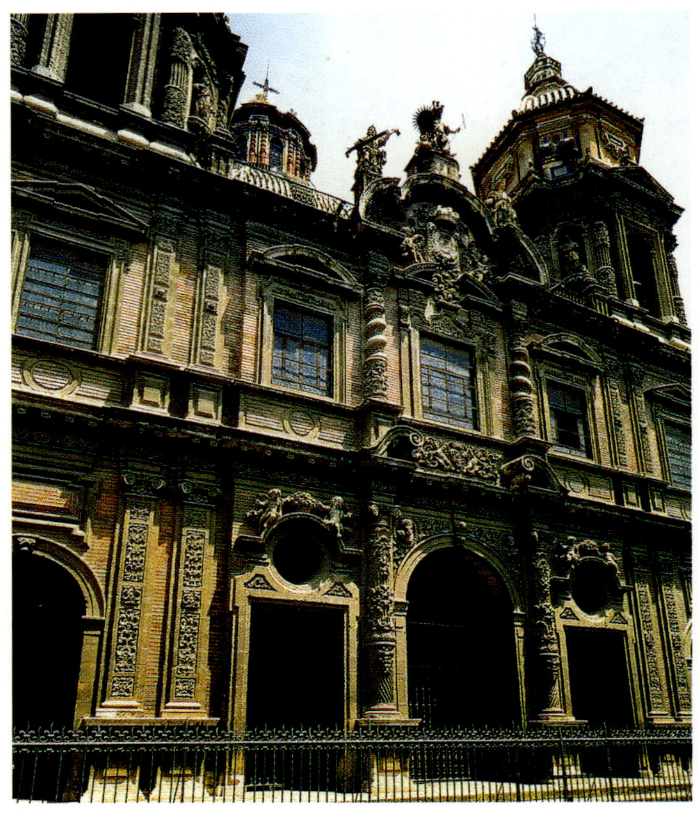

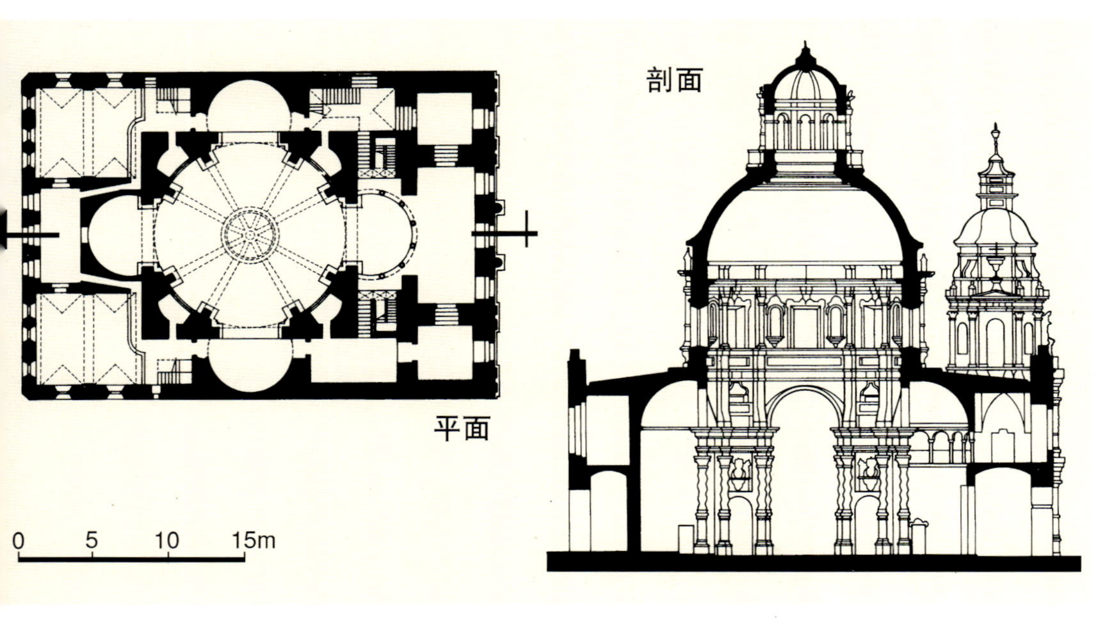

（左上）图 4-74 塞维利亚 圣萨尔瓦多和圣巴勃罗教堂（1674~1712 年，立面建筑师莱奥纳多·德·菲圭罗阿，穹顶马丁内斯·蒙塔涅斯）。外景

（下）图 4-75 塞维利亚 圣路易斯耶稣会教堂（1699~1731 年，建筑师莱奥纳多·德·菲圭罗阿）。平面及剖面（1 ： 500，据 Sancho Corbacho，经改绘）

（右上）图 4-76 塞维利亚 圣路易斯耶稣会教堂。外景

本笃会修士弗雷·胡安·里奇（1600~1681 年）是许多有关艺术理论著作的作者［其中最著名的有《Tratado de la Pintura Sabia》(1662 年,但直至 1930 年才正式刊行,图 4-60）和《Breve Tratado de Arquitectura Acerca del Orden Salomónico》（1663 年）］。他沿袭塞利奥等人的观念，对建筑柱式进行了一番探讨；按照他的理论，每个圣人都需对应一种特定的形式。在古典柱式(多立克、塔司干、爱奥尼、科林斯和复合式）的基础上，他参照所罗门圣殿的扭曲柱子增加了一个所谓“所罗门柱式”(l’Ordre Salomonique)；里奇还发明了一种包括柱础和挑檐在内的总体柱式。对所罗门柱式的这一“发现”引起了人们极大的兴趣，特别是在安达卢西亚地区。

1668 年，西多会修士胡安·卡拉穆埃尔·德洛布科维茨（1606~1682 年）在维杰瓦诺发表了一篇论文(Arquitectura Civil Recta y Oblicua..., 图 4-61)。在其中，他一方面引证了对耶路撒冷圣殿的叙述，但同时又加

（左上）图 4-77 塞维利亚 圣路易斯耶稣会教堂。内景

（下）图 4-78 塞维利亚 圣特尔莫学院（始建于 1671 年，1722~1735 年工程主持人为莱奥纳多·德·菲圭罗阿及其子马蒂亚斯）。外景

（右上）图 4-79 塞维利亚 圣特尔莫学院。北立面（12 个城市名人雕像为 Antonio Susillo 作品，1895 年）

了和维特鲁威及其著作的古典诠释相反的评论，从而否定了此前其他作者提出的观点。对卡拉穆埃尔来说，建筑并不是一个先验的绝对信条，而是与时俱进的自由规章。这倒是和法兰西学院关于古代和近代的争论颇为相似。卡拉穆埃尔还创造出一些全新的柱式，显然是为了满足不同投资者的愿望，其中属拟人造型的如“男像柱”(atlantes) 或“类仙女柱”(paranymphes)，乃至“哥特样式”(gothiques)，可认为是复兴自中世纪终结以来被人们废弃的古代柱式的第一批表现。和他对历史背景的自由诠释相比，这位作者在一本论透视的手册里的教诲要更具创意，在他看来，在透视场景中，最完美的实例是圣彼得大教堂广场上贝尔尼尼设计的柱廊。在这里，设计者根据观察者的视角，对结构部件进行了必要的视觉矫正。卡拉穆埃尔的论文长期以来被认为是纯理论的著述，但新近的研究揭示出大量的文献，表明他的一些建议已付诸实施。通过在科学研究和知识传承上的贡献，这位神职人员的杰出代表在创造一种

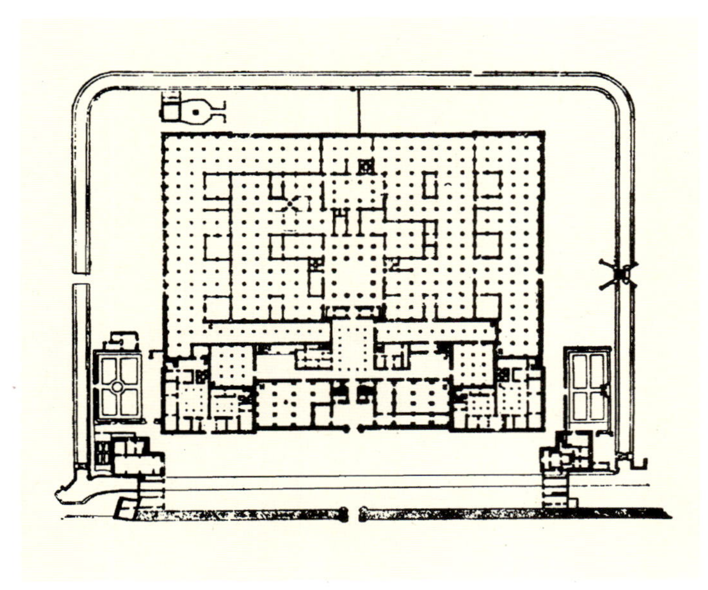

（左两幅）图 4-80 塞维利亚 王室烟草工厂（1728~1771 年，塞瓦斯蒂安 · 范德博基特设计）。平面及外景

（右两幅）图 4-81 塞维利亚 王室烟草工厂。南门廊及东门廊外景

为西班牙固有的建筑语言上，起到了重要的作用。

二、从 17 世纪末到 18 世纪初

对西班牙王朝来说，整个 17 世纪都是危机四伏、权力式微的年代，然而，说来奇怪的是，至少在开始阶段，它对腓力三世在文学和艺术事业上的投资并没有产生多少影响，对腓力四世的影响就更少。从作为王室驻地的马德里的整治到珍稀艺术品和绘画的收集，一切都在积极地进行，完全看不到即将到来的经济衰退的迹象。然而，整个国家的形势实际上已不容乐观：首当其冲受到影响的是宫廷建筑，特别到了该世纪后半叶，工程基本上已陷于停顿。尽管宗教团体所依赖的贵族阶层比较慷慨，但要完成已开工的工程已很困难，更别说开展新的项目了。胡安 · 戈麦斯 · 德莫拉设计的马德里大教堂就是一个很好的例子，这个原打算在壮美上和罗马圣彼得大教堂一比高低的建筑还没有出地面便被迫停工，生动地说明了这个往昔如此繁荣的世界强国今日的尴尬处境。到该世纪末，倒是在当时远离王室的某些城市里，一些重要的工程还得以继续。在这里，埃雷拉风格尚可觉察，但方向已开始转变，西班牙巴洛克建筑的复兴苗头已很明显（在下面按地区论述的段落里，为了

(上) 图 4-82 塞维利亚 爱德济贫院教堂。立面现状

(下) 图 4-83 格拉纳达 查尔特勒修道院 (16 世纪中叶至 1630 年，教堂装饰 1662 年，圣坛礼拜堂 1702~1720 年，圣器室 1750 年) 平面 (1：400，取自 Henri Stierlin：《Comprendre l'Architecture Universelle》)

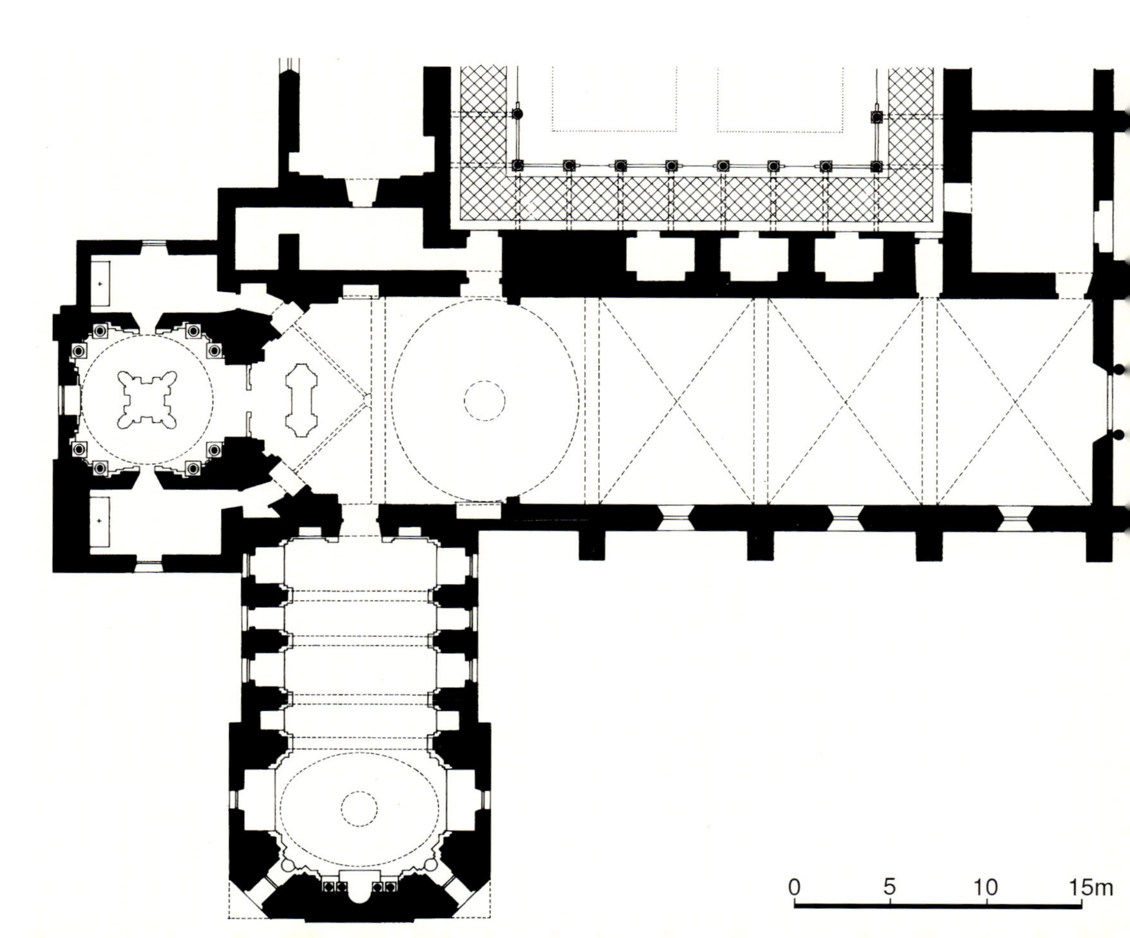

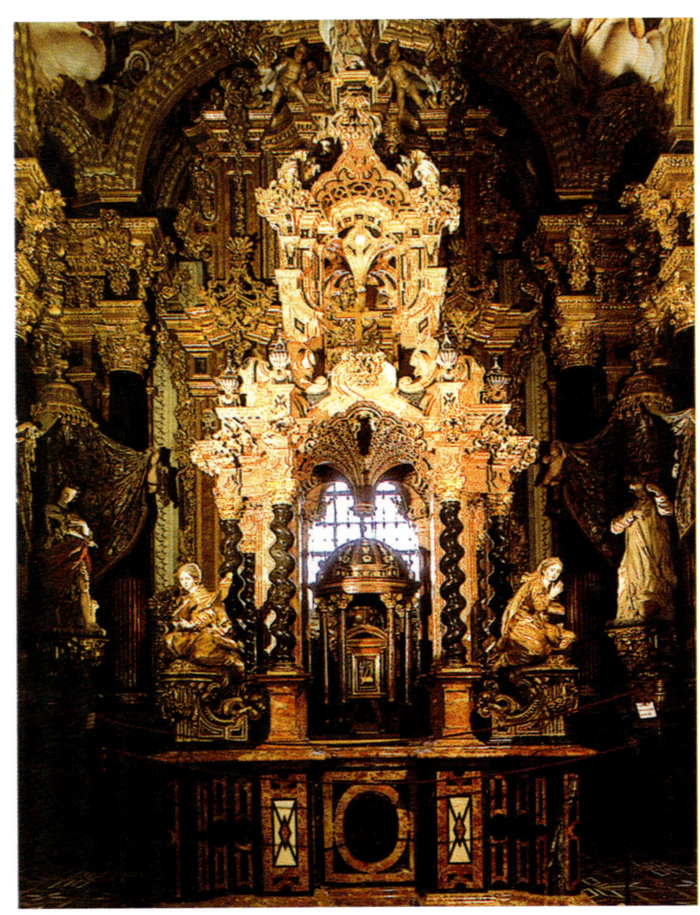

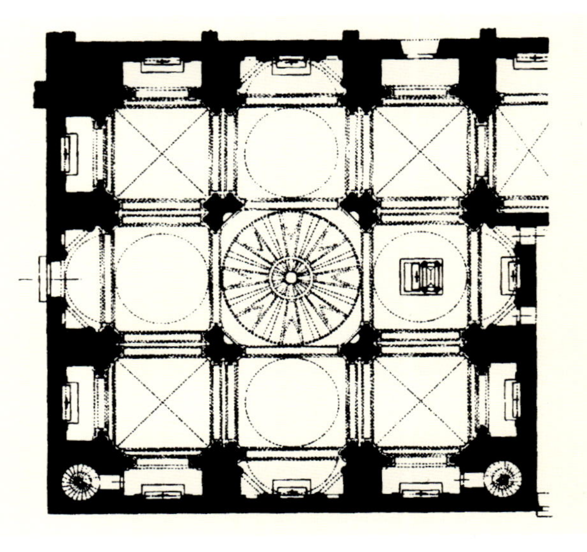

(左上) 图 4-84 格拉纳达 查尔特勒修道院。外景

(右上) 图 4-85 格拉纳达 查尔特勒修道院。内景

(左下) 图 4-86 格拉纳达 查尔特勒修道院。圣坛礼拜堂（改造工程 1702~1720 年，主持人弗朗西斯科·乌尔塔多·伊斯基耶多），内景

(右下) 图 4-87 格拉纳达 大教堂。圣坛礼拜堂（1706~1759 年，主持人弗朗西斯科·乌尔塔多·伊斯基耶多和何塞·德巴达），平面

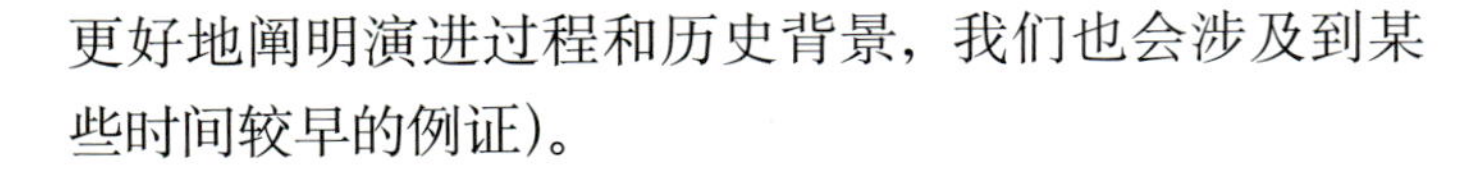

更好地阐明演进过程和历史背景，我们也会涉及到某些时间较早的例证）。

[加利西亚地区]

位于伊比利亚半岛西北的加利西亚地区即这种复兴的中心之一。从 17 世纪 20~40 年代起在别处已初露端倪的衰退景象，还没有波及到这里。促成这种有利的社会和经济形势的因素中，最主要的是因为当地教职人员的岁入主要靠农业资产，尽管年头有好有坏，但毕竟比较稳定，因而有能力建造众多的修道院和教堂。加上这

(右上）图 4-88 格拉纳达 大教堂。圣坛礼拜堂，内景

(左上)图 4-89 埃尔保拉尔 查尔特勒修道院。圣坛礼拜堂(1718 年，建筑师弗朗西斯科 · 乌尔塔多 · 伊斯基耶多，施工主持人特奥多西奥 · 桑切斯 · 德鲁埃达)，平面（据 G.Kubler）

(下两幅）图 4-90 埃尔保拉尔 查尔特勒修道院。圣坛礼拜堂，内景

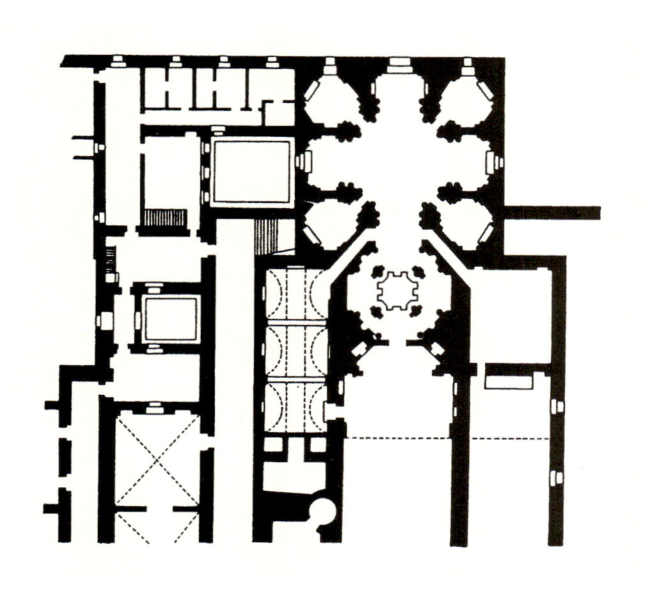

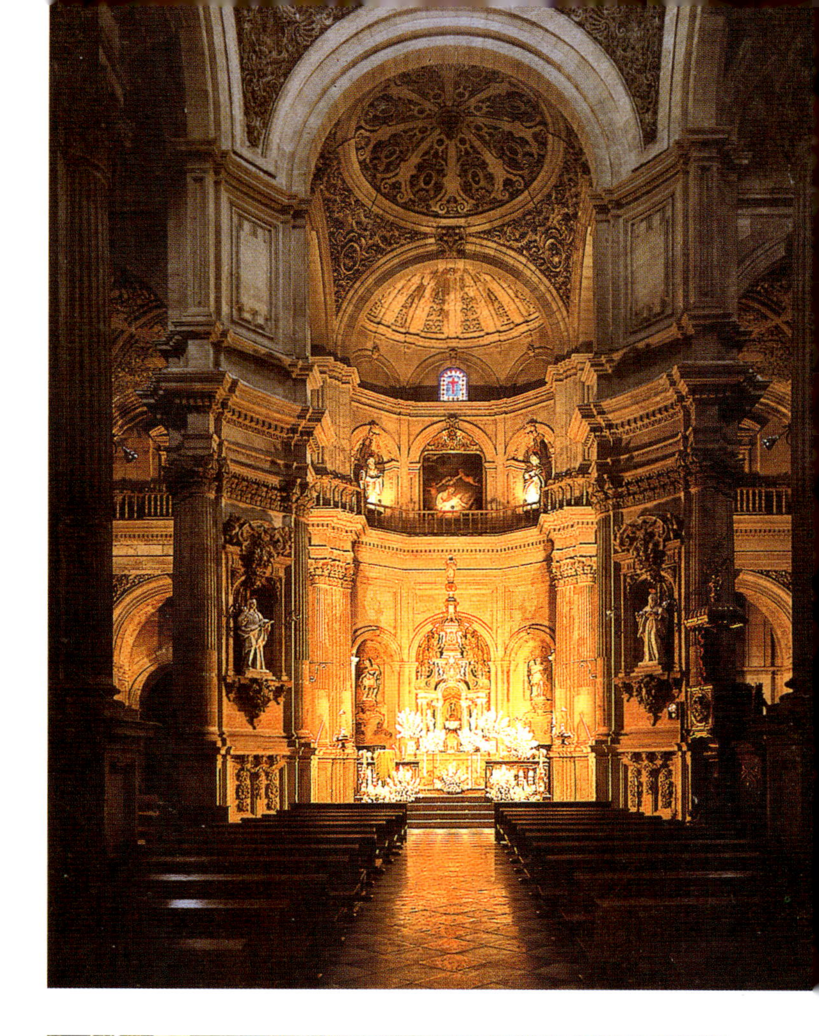

图 4-91 埃尔保拉尔 查尔特勒修道院。圣坛礼拜堂，雕刻细部（作者 Pedro Duque Cornejo）

一地区在石料加工上具有悠久的传统，拥有大量优秀的石匠，特别擅长加工当地坚硬的灰色花岗岩。除了已经提到的蒙福特 - 德莱莫斯修道院外，大体属同一类型的还有圣地亚哥 - 德孔波斯特拉的圣马丁教堂（始建于 1596 年，自 1626 年以后主持人为费尔南多 · 莱丘加，图 4-62），莫费罗修院教堂（1620~1624 年，主持人西蒙·德尔莫纳斯泰里奥）和奥伦塞大教堂简朴的古典式回廊（建于 1620~1624 年）。立面构图上可明显看到加利西亚地区建筑的特点：宏伟的边侧，严格的古典造型，没有过多的装饰。在加利西亚发展起来的这种极富创意的建筑中，最优秀的实例即索夫拉多 - 德洛斯蒙赫斯的本笃会教堂，其立面将古典部件和完全不合常规的其他要素交织在一起（设计人佩德罗·德蒙塔古多，1666 年）。长长的本堂具有截然不同的比例：宽大的中央空间上冠筒状拱顶，侧面部分相对狭窄。这些表现不知是否受到中世纪理念的启示。

不过，在这时期，最别出心裁的样式还是来自圣地亚哥 - 德孔波斯特拉大教堂。随着何塞 · 德维加 - 贝尔杜戈被任命为大教堂的议事司铎，自 1649 年起，开始了一个独特的创作阶段。这位伯爵所受的人文主义教育及在国外多次游历期间进行的深入钻研，促使他下决心资助这个供奉圣雅克的教堂，使它具有一个与其地位相称的新外观。为了保持朝圣的香火不断，他拟订了一个雄心勃勃的计划，决定对整个圣区进行更新改造。不过，只有其中的部分最后得以实现。其中最重要的一个决定是在这位圣徒的祭坛上建一个圣堂华盖。其宏伟的构图，建筑、雕刻及装饰效果，完全可和贝尔尼尼设计的圣彼得大教堂华盖媲美，区别只是在这里，柱头不是由扭曲的柱子，而是四个天使支撑（原来设想的穹顶仅停留在设计阶段）。其他的改造工程则涉及到建筑外部。1658~1670 年，何塞 · 德拉培尼亚 · 德尔托罗（卒于 1676 年，自 1650 年起即主持这项工程）开始应何塞 · 德维加 - 贝尔杜戈的要求整修金塔纳门廊、耳堂交叉处穹顶和建造独立的钟楼。何塞 · 德拉培尼亚对待传统结构模式的自由态度，在改造甚至是大量采用古典建筑部件上的才干，都表现出一种新的美学观念，正是在圣地亚哥 - 德孔波斯特拉，人们看到了它的初次显露。继何塞 · 德拉培尼亚之后的多明戈 · 德安德拉德（1639~1711 年）完美地接续了前任的工作，并按火焰哥特式风格于 1680 年完成了钟楼的建设。成螺旋形向下的涡券不但突出了上部的方形体量，同时也构成了在各个塔楼重复使用的母题；它们似乎是取自文德尔 · 迪特

右页：

图 4-92 格拉纳达 查尔特勒修道院。圣器室（1732 年开工，装修 1742~1747 年，设计人可能为弗朗西斯科·乌尔塔多·伊斯基耶多），内景（朝祭坛方向）

本页：
图 4-93 格拉纳达 查尔特勒修道院。圣器室，穹顶仰视

右页：
图 4-95 萨拉曼卡 圣埃斯特万修院教堂。祭坛装饰屏（1693~1696 年，设计人何塞·贝尼多·丘里格拉），内景（木雕彩绘和镀金）

林或弗雷德曼·德弗里斯这类理论家的手法主义图录；这似乎表明，这些作者的建筑论著曾传播到大西洋沿岸。1672 年，何塞·德维加 - 贝尔杜戈被迫离开了圣地亚哥 - 德孔波斯特拉，但他在这期间建筑繁荣上所起的作用却不容否认；半个世纪之后，随着大教堂新立面的建成，他的理想也最终得到了实现。

建造新立面的任务最后落到费尔南多·德卡萨斯 - 诺沃亚肩上（约 1680~1749 年）。卢戈大教堂内的耶稣受难组画据称也是他的作品。1711 年，他被任命为圣地亚哥大教堂总建筑师（maestro de obras）后，第一项工

作即按何塞·德拉培尼亚设计的南塔楼式样建造尚缺的北塔楼。但新立面的建设直到1738年才开始(图4-63、4-64)。与此同时，他还需要协调一些很难互相兼容的要求：既要掩饰和保护“光荣廊”，又要使它获得一定的光线；还需考虑这个朝圣地段的城市规划要求，特别是要纳入已就位的巴洛克楼梯和坡道，在广场周围按规划布置宗教及世俗建筑。最后，无论从技术还是艺术的角度来看，费尔南多·德卡萨斯-诺沃亚都完美地解决了这些棘手问题；统一用灰色石头砌筑及装饰的罗曼时期的门廊和边上立两个宏伟塔楼的巴洛克时期的立面完全融为一体，使这个圣城具有想象中的中世纪外貌。立面沿三根轴线展开，上下由巨大的窗户分为两层；在这里，窗户并不是镶玻璃的简单平面，而是由不同部件的凸出和凹进组成，并类似哥特风格的立面，处于被遮掩的状态（整合如此巨大的窗户本身就是值得一提的技术成就）。中央部分上冠高几层的山墙;塔楼下部设假拱廊。

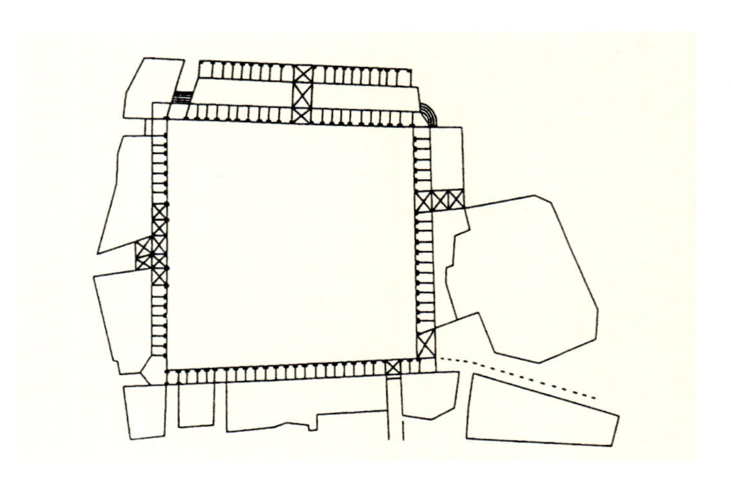

（左上）图4-94 格拉纳达查尔特勒修道院。圣器室，内景（朝入口方向）

（右上）图4-96 萨拉曼卡城市主广场（中央广场，1728~1755年，阿尔韦托·丘里格拉和安德烈·加西亚·德基尼奥内斯设计）。平面（据F.Lopez）

（下）图4-97 萨拉曼卡 城市主广场（中央广场）。向东北方向望去的景色（左侧为市政厅）

（上）图 4-98 萨拉曼卡 城市主广场（中央广场）。向西北方向望去的景色（右侧为市政厅）

（下）图 4-99 萨拉曼卡 城市主广场（中央广场）。向东南方向望去的景色（右侧为国王阁）

(上) 图 4-100 萨拉曼卡 市政厅 (1755 年完成，设计人安德烈·加西亚·德基尼奥内斯)。立面

(下) 图 4-101 萨拉曼卡 市政厅。外景

立面制作之精细宛如金银匠师的作品(所谓“Obradoiro”立面)。这个宏伟华丽的巨大形体在城市背景下得到了充分的展示,光影效果显得特别突出。不过,费尔南多·德卡萨斯-诺沃亚当初却受到他同时代人的严厉抨击，因为他竟想把一个古典形式的结构和中世纪的构造相配合，在 18 世纪的人们看来，这简直是匪夷所思。然而，他却不折不扣地在这里完成了一个真正的杰作，解决了一个难题，把罗曼时期的建筑成功地纳入到巴洛克时代的城市背景中去，从而实现了“古代”和“当代”形式的结合，并预示了下一个世纪折中主义的出现。

[安达卢西亚地区]

安达卢西亚是另一个很少受到宫廷影响并具有自己固有巴洛克风格表现的地区。在这里，既往的历史发展进程和加利西亚地区完全不同。由于得到了查理五世的支持，16 世纪的格拉纳达已有了理想城市的风貌；在阿尔罕布拉宫边上插建的一座基督教宫殿,大教堂的建设,大学及最高法院等机构的设立，都可以作为这方面的证

（上）图 4-102 萨拉曼卡 大教堂。歌坛围屏（1724 年，阿尔韦托 · 丘里格拉制作）

（下）图 4-103 托莱多 大教堂。祭坛饰屏（1721~1732 年，设计人纳西索 · 德托梅），剖面

明。到腓力二世时期，宫廷的中央集权政策，迫使大量摩尔人外逃，城市逐渐丧失了活力。不过，艺术天才们此时尚能继续发挥他们的作用。其中最主要的代表是素有西班牙米开朗琪罗之称的阿隆索 · 卡诺（1601~1667 年），其突出的个性、旺盛的创造力及崇高的威望，仅次于和他出自同一名校（塞维利亚的弗朗西斯科 · 帕切科学校）的委拉斯开兹。他是西班牙当时独一无二的"全才艺术家"，兼画家、雕刻家与建筑师于一身。当然，他的主要作品还是属绘画方面（时任腓力四世的宫廷画师，同时是年轻的太子巴尔塔萨 · 卡洛斯的绘画教师）。在建筑方面，他最重要的作品是格拉纳达大教堂的立面（设计于 1664/1665 年，即他去世前不久）。从这个立面设计可看出他处理问题的灵活机敏和创造性的思维方式（图 4-65；另见《世界建筑史 · 文艺复兴卷》相关图版）。始建于 1523 年的大教堂由一个文艺复兴风格的巨大厅堂组成，在抬高的中央本堂里，安置了一个带穹式拱顶的圆堂式歌坛，但保持了细长的壁柱、回廊和辐射状的礼拜堂。在这里，阿隆索 · 卡诺必须首先考虑早先由西洛埃建造的这个中央本堂，但他仍提出了一个颇具个性的设计，没有沿袭当时人们对这类问题的处理模式。他选用了一个凯旋门式的框架体系，在它后面布置缩进去的门廊和隔墙。尽管自中世纪以来，在西班牙和葡萄牙，人们对这种手法已经有所了解（称"漏斗

图 4-104 托莱多 大教堂。祭坛饰屏，自北侧望去的景色

右页：图 4-105 托莱多 大教堂。祭坛饰屏，自东南侧望去的景色

本页：
图 4-106 托莱多 大教堂。祭坛饰屏，正面仰视景色

右页：
图 4-107 托莱多 大教堂。祭坛饰屏，北侧仰视景色

式门廊”，porche en entonnoir)，但在这里，它却赋予立面以一种全新的节律、动态和活力（在立面的节律分划上，这种风格颇似博罗米尼的做法，和波旁王室引进的那种宫廷风格迥异）。立面中轴部分上冠筒状拱券，有些类似阿尔贝蒂设计的曼图亚圣安德烈教堂。卡诺这种不拘成规的态度还体现在立面细部的处理上，他取消了壁

柱柱头，代之以好似“悬挂”在高处的圆雕饰。于1667~1684 年得到实施的这种构图“理念”，在安达卢西亚和地中海东岸地区产生了很大的影响，成为人们争相效法的样板。

随着格拉纳达圣马利亚 - 玛格达莱娜教堂（图 4-66）的建设，纵向教堂的发展也达到了它的顶峰。教堂为胡

（左）图 4-108 托莱多 大教堂。祭坛饰屏，东南侧仰视景色

（右）图 4-109 马德里 圣费尔南多养老院（1722~1729 年，彼得罗 · 德里韦拉设计，现为城市博物馆和图书馆）。门廊立面

安 · 路易斯 · 奥尔特加（1628~1677 年）的作品，但在他去世后才开始建造。本堂按双轴线布置，如当时罗马教堂那样，配置了一个占主导地位的高穹顶。

哈恩城同样对安达卢西亚地区的巴洛克建筑作出了很大的贡献；在这里，欧弗拉西奥 · 洛佩斯 · 德罗哈斯（卒于 1684 年）早先设计的一个城市大教堂的立面方案于 1667 年开始付诸实施（图 4-67、4-68）。五开间带科林斯巨柱和顶楼的宏伟立面使人想起马代尔诺的圣彼得大教堂。同一时期建造的圣马利亚查尔特勒修道院（位于赫雷斯 - 德拉弗龙特拉附近），则是对一个哥特建筑按巴洛克样式进行改造和诠释的结果（图 4-69）。赫雷斯 - 德拉弗龙特拉救世主大教堂原系 13 世纪在清真寺基址上建造（按意大利方式和主体分开的钟楼使人想起清真寺的尖塔），现存教堂建于 1695 年，开始阶段设计人为迭戈 · 莫雷诺 · 梅伦德斯，最后由托尔夸托 · 卡永 · 德拉维加按巴洛克后期风格完成了整个建筑（图 4-70）。

图 4-110 马德里 圣费尔南多养老院。门廊外景

作为通往新大陆的门户，在 16 世纪即将结束之际，塞维利亚成为西班牙帝国最富足的城市（图 4-71）；但 1649 年黑死病的蔓延和王国普遍的衰退形势使城市人口锐减 1/3。不过，塞维利亚的巴洛克艺术，特别是在绘画和雕刻领域（前者如苏巴朗、穆里略和巴尔德斯·莱亚尔，后者如马丁内斯·蒙塔涅斯和梅纳的作品）仍属西班牙艺术中最重要的组成部分。在建筑领域，人们最初仍是沿袭 16 世纪的做法（特别是所谓“藻井教堂”，

图 4-111 巴伦西亚 多斯阿瓜斯侯爵宫邸（1740~1744 年，设计人伊波利托 · 罗维拉，施工主持人 Ignacio de Vergara）。外景

iglesias de cajón)，但很快，他们就开始用大量的装饰部件来打扮那些“难看”的结构。在这方面，最早的实例之一即前述城市的堂区教堂 [圣坛教堂，属 1617~1662 年按米格尔 · 德苏马拉加（1651 年去世）设计建造的城市大教堂建筑群的组成部分]。在这个宏伟建筑的内部，所有的表面，无论是隔墙还是拱顶，都被各种装饰覆盖，原有的空间节律已不很清晰。在 1659 年佩德罗和米格尔 · 德博尔哈兄弟设计的圣马利亚教堂（一个老的 13 世纪犹太教堂）里，拱顶上同样装饰着大量的灰泥线脚及来自植物或其他造型的装修部件。

莱奥纳多 · 德 · 菲圭罗阿（约 1650~1730 年）是一位出生于昆卡地区的建筑师，正是他在 17 世纪的最后几年里使塞维利亚的建筑产生了决定性的变化。在漫长和硕果累累的职业生涯里，他在促使人们采用一种极具装饰性和美感的手法处理立面上作出了巨大的贡献。通过砖墙激活色彩浅淡的墙面，这既是他美学观念的特色，也是具体操作的方式。原建于 1248 年的圣玛丽 - 马德莱娜教堂于 1691~1709 年间进行了大规模的改建，在保留哥特时期基础平面的同时，莱奥纳多·德·菲圭罗阿将教堂改造成配有三开间本堂、五个礼拜堂和

图 4-112 巴伦西亚 多斯阿瓜斯侯爵宫邸。门廊近景

一个耳堂的优美建筑（图 4-72、4-73）。为此他增加了本堂墙体高度，通过一个八角形穹顶为内部空间提供采光。室外下部光洁的墙面和上部丰富的雕饰形成强烈的对比。在整个安达卢西亚地区，像这样利用色彩的对比创造动人的效果已成为典型做法。在这个缺乏自然石材的地区，这种做法还可以大大降低建筑造价。如果说，在他的头一批作品里（如塞维利亚的养老院，1687~1697 年），在使用这种“新的”（实际上是种相当古老的）建筑材料及其可能性上还表现得相当保守，在某些作品——如塞维利亚圣萨尔瓦多和圣巴勃罗教堂（图 4-74）、赫雷斯 - 德拉弗龙特拉学院——的实施过程中仍然因袭传统的话，那么，在塞维利亚的圣路易斯耶稣会教堂（建于 1699~1731 年，已确认为他的作品，图 4-75~4-77），他已开始把来自意大利的影响和安达卢西亚地区特有的装饰情趣结合到一起。因此，人们有理由相信，其砖构立面可能反映了博罗米尼圣阿涅塞教堂的影响，室内平面则使人想起拉伊纳尔迪的纳沃纳广场建筑方案。8 根巨大的所罗门柱构成了中央形体最主要的构图部件（柱子下面 1/3 开槽），它们从两侧护卫着上冠穹顶的中央形体，同时衬托出侧面的造型。至于这

种构图手法是否属菲圭罗阿独创，此前在塞维利亚的其他场合是否有人用过，目前只能存疑；几乎在同一时期，在钟楼的最后一级，经常可看到这种形式。

菲圭罗阿的一个后期作品是塞维利亚圣特尔莫学院的优美立面（建于1671年的这个建筑系为了培养未来的船长，图4-78、4-79）。从1722年起，他受托和他的儿子马蒂亚斯一起完成围着一个巨大内院布置并配有四个角楼的建筑群，工程一直延续到1735年。这个建筑属西班牙巴洛克时期最重要作品之一。三层石砌的正面突出部分以其更丰富的装饰和后面砖砌的立面分开，中央轴线上布置向外突出的阳台和内置圣特尔莫雕像的小亭（雕像在镂空的背景下清晰地呈现出来），两边布置装饰丰富成对配置的柱子，产生出一种既有生动造型又有动态活力的节奏，建筑整体形成了一种戏剧性的组合。各种寓意造型进一步促成了这种演出的印象（堆积在门廊建筑部件上的这些形象主要表现航海知识和强调塞维利亚的作用）。大约在同一时期，在离圣特尔莫学院不远处，建了另一个具有类似先锋意识的建筑——因戏剧《卡门》而闻名的王室烟草工厂（图4-80、4-81）。塞维利亚这组建筑建于1728~1771年[10]，吸取了医院和学院建筑的特点，设计人为军事建筑师塞瓦斯蒂安·范德博基特。它是工业建筑中目前保存下来的最早实例之一，和其他南方建筑一样，装饰极为华丽。在位于同一城市的爱德济贫院的入口边，教堂的巴洛克立面上装饰着白色和蓝色的釉砖，表现圣乔治和圣雅各的事迹（图4-82）。

在18世纪初的格拉纳达，古典要素通过装饰部件变得越来越丰富，直至经历了根本的转变。人们所喜爱的材料不再是砖而是灰泥，它不但使活计更为精细，同时也为造型表现提供了更多的可能性。促成这次演变的先导者、无疑也是西班牙最果敢和最富发明才干的人物，是出生于安达卢西亚的建筑师弗朗西斯科·乌尔塔多·伊斯基耶多（1669~1725年），他同时也是雕刻师和室内装饰家。他的装饰形式来自古典部件，但却像通过三棱镜一样，将其进行分割和变化。他这种做法对安达卢西亚巴洛克建筑的影响长达数十年，并被视为西班牙建筑中独立的一支。由于乌尔塔多·伊斯基耶多几乎只为教会服务，因而他的巴洛克艺术作品，在当时教徒们的眼里，已被当作艺术的精髓受到崇拜。

这时期的许多装饰工程都集中在格拉纳达查尔特勒修道院（图4-83~4-85）。乌尔塔多·伊斯基耶多第一个具有先锋意义的作品就是修道院圣坛礼拜堂的改造（他自1702年起主持这项工程，图4-86）。他把神堂设

本页：

图4-113 巴伦西亚 多斯阿瓜斯侯爵宫邸。门廊细部

右页：

（上）图4-114 穆尔西亚 大教堂。立面全景（1741/1742~1754年，建筑师海梅·博尔特）

（下）图4-116 拉格兰哈 夏宫。花园立面全景（1734~1736年，建筑师菲利波·尤瓦拉和乔瓦尼·巴蒂斯塔·萨凯蒂）

图 4-115 穆尔西亚 大教堂。立面近景

计成一个超大珠宝盒的样式，位于穹顶之下；基座上饰有雕刻，黑色的“所罗门柱”支撑着外廓复杂雕镂精细的华盖。圆形的窗户使人们可从侧面礼拜堂看到祭坛。整个作品比例均衡,特别是大理石装饰色彩协调，产生了强烈的效果。这在当时的西班牙还是很少见的(其镀金柱头和线脚轮廓，与粉红、绿色、黑色、白色和灰色的石头相互反衬，色彩的微妙变化，在着色的背景上显现出来)。

1706 年，时任工程总管（maestro mayor）的乌尔塔多·伊斯基耶多负责建造格拉纳达大教堂的圣坛礼拜堂（图 4-87、4-88），但工程直到他的合作者何塞·德巴达手里才最后完成。在比例及色彩配合等方面都具有古典作风的中央部分和他的前期作品形成了奇异的反差。交叉处成组配置的宏伟立柱系仿照迭戈·德西洛在大教堂里采用的那种复合柱式的造型，这种选择可能是出自教务会的意愿，因教士们希望这个建筑能和

图 4-117 拉格兰哈 夏宫。花园立面近景

老教堂互相呼应。当然，同时它也证明了乌尔塔多·伊斯基耶多作为建筑师的多方面才干。

1718 年，乌尔塔多·伊斯基耶多按照格拉纳达查尔特勒修道院圣坛礼拜堂的样式为埃尔保拉尔的查尔特勒修道院建了另一个同种类型的建筑（图 4-89~4-91）。在这里，圣殿部分（施工主持人为特奥多西奥·桑切斯·德鲁埃达）由两个空间组成。神堂位于第一个空间中央，这个建筑“随想曲”由大理石及碧玉制作，高几

层，支撑在四个柱墩上，上覆花冠。其后空间通过位于环形檐口上的圆窗采光，泻下的光线照在镀金的祭坛屏栏上，和半明半暗的圣殿本身形成了戏剧性的对比效果。位于塞哥维亚山上的这个建筑，成为卡斯蒂利亚地区少有的安达卢西亚艺术作品。事实上，神堂这部分也确实是在安达卢西亚的普列戈制作（自1712年起，乌尔塔多·伊斯基耶多在那里担任国王的税务督察）。

格拉纳达查尔特勒修道院的圣器室是另一个制作精细但名气略逊的西班牙巴洛克作品（图4-92~4-94）。现仅知它设计于1713年，直到1732年才开工。圣器室的装修始于1742年，它提供了一个可与德国南方室内布置相媲美的例证，只是制作上略嫌粗糙且为孤例。高耸的厅堂通过上部窗户采光，椭圆形的顶盖支撑在细高的附墙柱墩上。白色的灰泥造型在来自各个方向的光线照耀下，有如幻景；拆分成许多平行线的檐口，大起大伏，轮廓生动，其构图之大胆，甚至要超过阿萨姆兄弟的作品。从西班牙自身的题材到阿兹特克（aztèque，墨西哥印第安人）文化的部件，全都被纳入到室内密集的装饰里。由暖色调火焰纹大理石制作的祭坛、位于框饰内的绘画和用珍贵材料镶嵌的龛柜，在白色的背景中凸现出来。这个房间可说是当时比利牛斯半岛上人们装饰情趣

（上）图4-118 拉格兰哈 夏宫。花园立面细部

（下）图4-119 拉格兰哈 夏宫。侧立面景色

图 4-120 拉格兰哈夏宫。园林风景：水阶台

的集中反映。

不过，与这个建筑相关的建筑师情况尚无文献可查。在接下来几代人的眼里，它往往被视为西班牙艺术衰退的表征；但新近一些更为客观的研究已开始为它正名。在这里，由单一本堂组成的空间因大量装饰引人瞩目，构造部件均有造型表现，柱墩上亦满覆灰泥塑造的各种饰物，不过结构本身的大体形象尚可辨析。据不完全统计，墙面部分至少有 45 种来自古典样式的装饰母题（拱墩、葱形饰、涡券、烛台等）。柱墩柱头之上，为一道外观极其丰富华丽的檐口。主持建筑施工的可能有几个人（路易斯 · 德阿雷瓦洛、路易斯 · 德卡韦略和何塞 · 德巴达），乌尔塔多 · 伊斯基耶多参与其事的可能性更大。

乌尔塔多 · 伊斯基耶多因其税务督察的身份，在资金支配上可能更为宽裕。他开办了一个培养室内装饰师及手艺人的学校，所培育出来的这些人把他的专业技能带到安达卢西亚各地；人们甚至在殖民地——特别是墨西哥——都能看到其风格的影响。在安达卢西亚，这种风格最后和当地摩尔人的装饰传统（所谓 Style Mudéjar）融汇在一起；而在大西洋彼岸，则和来自印第安人的装饰母题合为一体。

[主要建筑师及其家族]

自哥特后期以来，在西班牙，教堂和宫殿的立面往往覆以壁毯般的花饰。这种装饰传统源远流长，根深蒂固，在具有民族特色的巴洛克风格中得到延续。随后，具有各种来源的大量装饰母题（其中有的是来自文德尔 · 迪特林和弗雷德曼 · 德弗里斯著作中的样本）

图 4-121 拉格兰哈 夏宫。园林风景：波塞冬泉池

促成了所谓“新银器装饰风格”(néo-plateresque)的繁荣。这类装饰满覆建筑表面，激起了如阿尔罕布拉宫那样的视觉效果和冲击力。其繁茂的植物图案及造型和埃雷拉那种严峻的禁欲主义形成了强烈的反差（以后的古典主义建筑再次重复了后面这种表现）。这种装饰风格和活跃于 18 世纪上半叶的一个艺术世家——丘里格拉家族——有密切关联。

来自加泰罗尼亚地区的这个艺术家族大大促进了西班牙中部地区建筑的飞速发展。其渊源要从一位出生于巴塞罗那名何塞·拉特斯 - 达尔毛的雕刻师说起。这位艺术家在定居马德里之后，在他的工作室里，收容了一位叫何塞·西蒙·丘里格拉的已故父亲的五个儿子。在这位养父于 1684 年去世后，所有这五个人——何塞·贝尼多、曼努埃尔、华金、米格尔和阿尔韦托——均成为成绩卓越的建筑师和祭坛屏栏的制作者。

这个家族中的老大何塞·贝尼多·丘里格拉(1665~1725 年）于 1693~1696 年完成了萨拉曼卡圣埃斯特万修院教堂的祭坛装饰屏（图 4-95)。通过采用背靠后壁的所罗门柱、空间合并及丰富的装饰，他给这种艺术指明了一个新的方向并成为它的原型。显然，它和胡安·卡拉穆埃尔·德洛布科维茨的著作及同时期发表的安德烈·波佐的研究论文均有密切的关系。他主持的埃纳雷斯堡附近新巴斯坦的工程（为银行家胡安·德戈耶内切的宅邸，建于 1709~1713 年）则表现出一种更严格明晰的风格。教堂立面具有差不多同样的力度和强劲的表现，两侧设沉重的塔楼，中间通过叠置的帕拉第奥式山墙加以强调。

华金·丘里格拉（1674~1724 年）最重要的作品同样是在萨拉曼卡。他的安纳亚学院旅店和卡拉特拉瓦学院分别始建于 1715 和 1717 年。他善于使古典形式和来自银匠式风格的华丽装饰相互兼容（如他设计的新教堂的穹顶)。这种对 16 世纪的回顾和眷念，在其他地方也可看到，经常被人们解读为对伊比利亚半岛光辉往昔的有意识回归，同时，它也是对波旁王朝统治下建筑越来越倾向国际化的一种反动。

丘里格拉家族中最年轻的阿尔韦托·丘里格拉(1676~1750 年)，长期以来在兄长们的光环下，默默无闻。只是在他们相继去世后，才开始崭露头角，形成自己固有的风格（其中已可看到洛可可风格的影响)。其主要作品是 1728 年设计的萨拉曼卡的城市主广场（中

(上下三幅）图 4-122 拉格兰哈 夏宫。园林风景：水池雕刻

（上下两幅）图 4-123 拉格兰哈 夏宫。园林风景：雕刻及树篱

央广场，图 4-96~4-99）。位于这个大学城中心的这个矩形广场，完全可和其他城市（如马德里和巴利亚多利德）的同类广场媲美。广场周围建筑立面统一，底层配置拱廊和带拱券的入口，并于拱廊上起三个楼层。和时间较早（1617 年）的马德里中央广场相比，立面甚至要更为优美雅致，装饰庄重且不失活泼。周围建筑每个窗前都有一个用铁栅栏围护起来的阳台，直至今日，它们都是观看广场上各种活动的理想“包厢”。只有两个建筑高出广场周围建筑之上：一是国王阁，配置了带巨大拱顶的门廊、腓力五世胸像及上部的山墙；二是和这组建筑相对的市政厅（设计人安德烈·加西亚·德基尼奥内斯，直到 1755 年方完成，图 4-100、4-101）。和其他巴洛克广场相比，这个广场看上去似乎更接近威尼斯的圣马可广场。

阿尔韦托·丘里格拉还接受了萨拉曼卡另外几个教堂及学院的设计任务。由他制作的萨拉曼卡大教堂歌坛围屏（1724 年，图 4-102），是有计划地使用各种装饰的范例；密集的装饰图案严格控制在各格间范围内，底面适当留空作为反衬；其表现宛如布尔戈斯大教堂

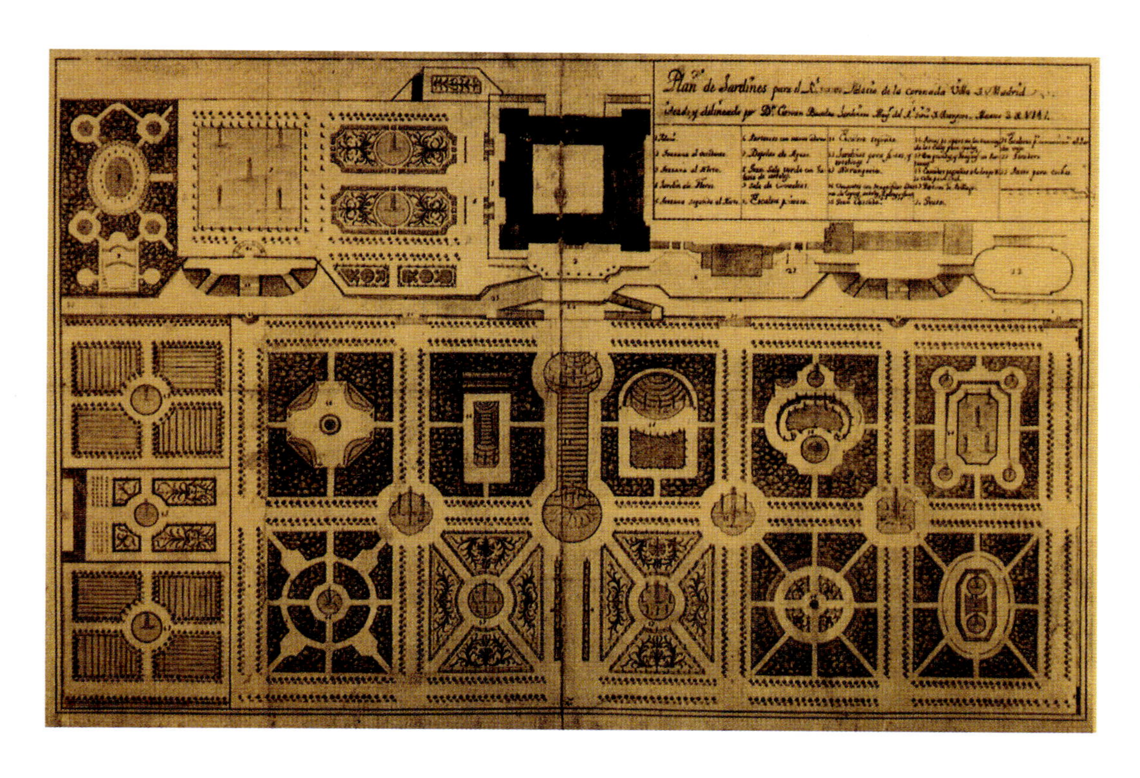

（上）图 4-124 马德里 王宫（1735~1764 年，建筑师菲利波·尤瓦拉和乔瓦尼·巴蒂斯塔·萨凯蒂）。总平面及花园规划（据 Esteban Boutelou，1747 年）

（下）图 4-125 马德里 王宫。平面（取自前苏联建筑科学院《世界建筑通史》第一卷）

拱顶上火焰哥特式的群星，只是后者更具有阿拉伯特点。但由于在新的城市主教堂钟楼的实施上和别人发生了争执，阿尔韦托最后于 1738 年离开了这个城市。

在丘里格拉离开萨拉曼卡后，安德烈·加西亚·德基尼奥内斯(活动于 18 世纪中期)成为他的真正接班人。他不仅在 1750~1755 年结束了主广场的建设任务，同时还完成了长期以来工程停滞不前的耶稣会学院。其塔楼，特别是学院大院（见图 4-21），表现出一种和城市主广场完全不同的美学观念：粗大宏伟的半柱立在高高的基座上，柱顶盘跟着向前凸出，形成退居其后的立面上的主要节律。罗马式的宏伟构图和伊比利亚半岛处理表面的手法相结合。耶稣会学院的大院和在法国和意大利实践基础上发展起来的波旁王朝的建筑可说相去甚远。更接近它的样板看来还是圣地亚哥 - 德孔波斯特拉的圣马丁学院的光荣院。

和丘里格拉家族类似，纳西索·德托梅（活跃时期 1715~1742 年）及其兄弟迭戈也是出自一个雕刻师和艺术匠师家庭。西班牙巴洛克艺术最精彩的作品之一、托莱多大教堂的祭坛饰屏（El Transparente，建于 1721~1732 年，图 4-103~4-108）就是出自这位大师之手，整个作品细部制作之精湛达到出神入化的境界。它位于后殿背面回廊处，占一单独空间，整体如一个高两层呈凹面的装饰屏；下层中央部分为圣母子组雕，上层表现“最后的晚餐”。自拱顶上开口处泻下的一束光线，使人们联想到和天国的联系；天使和圣徒们在辐射

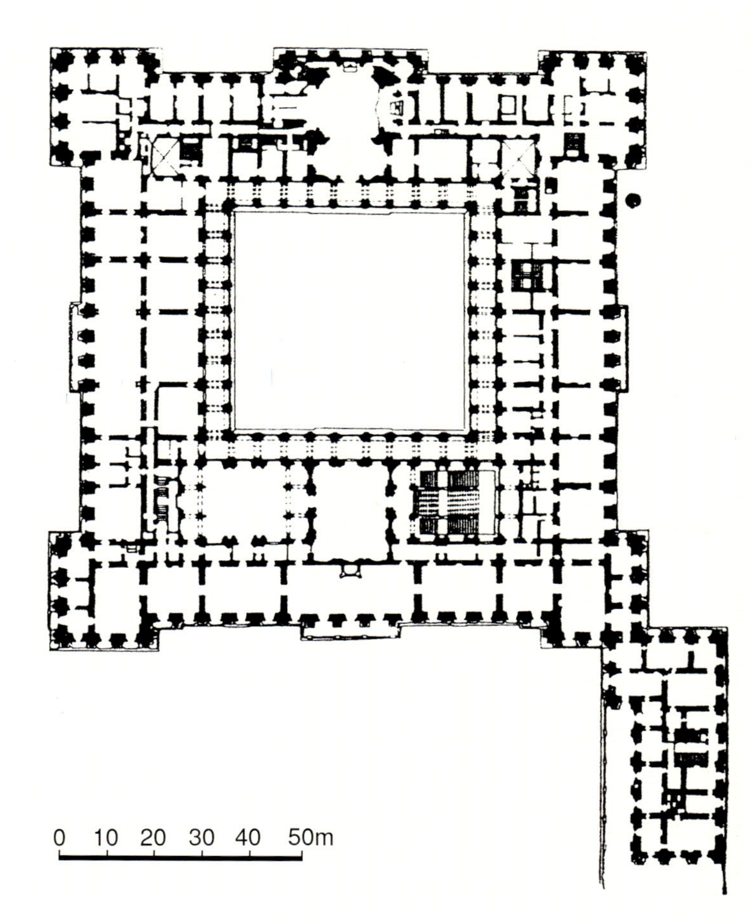

光芒中四处飘游。建筑、雕刻和绘画，在这里融汇得如此完美，以至当时人们称它为“世界第八奇迹”。然而，伟大的旅游家和新古典主义专家庞斯，却把它视为西

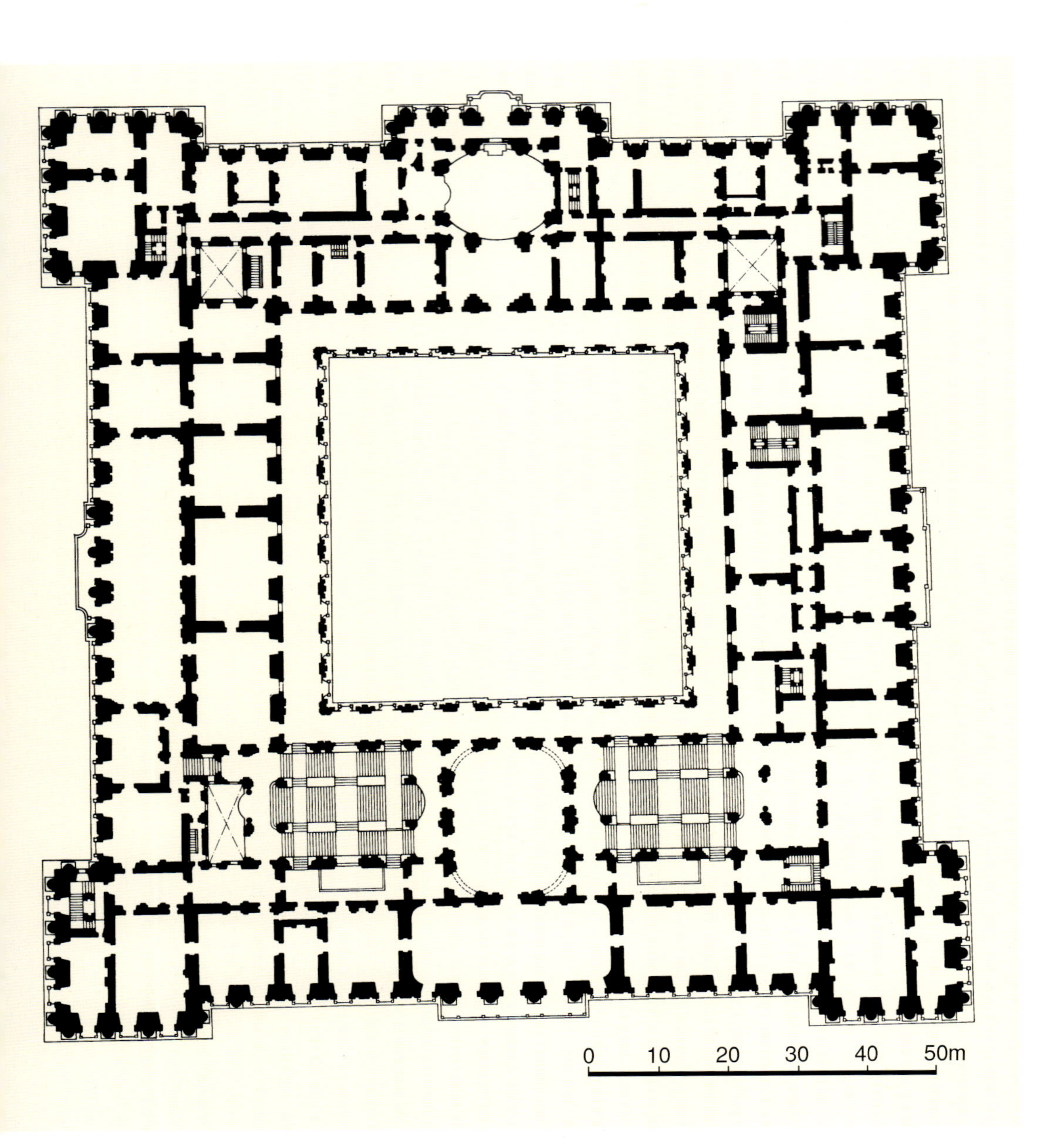

图 4-126 马德里 王宫。平面（1:1000，取自 Henri Stierlin：《Comprendre l’Architecture Universelle》，1977 年）

班牙艺术衰退的顶点。

马德里则是另一位建筑师——彼得罗·德里韦拉（约 1638~1742 年）一展宏图的场所。同时代人认为他是个感情洋溢的天才，但接下来几个世纪的批评家却干脆指责他是个疯子。作为工程总管（maestro mayor），他不仅能发挥重要的作用，同时也能得到许多设计委托，其中既有实用建筑也有教堂。然而，正是在马德里的私人宫邸和圣费尔南多养老院（1722~1729 年，图 4-109、4-110）等工程中，他在装饰方面的独特才干才得到了充分的发挥（如主要门廊及上面凸出的窗户）。这些建筑如祭坛装饰屏那样，分为若干层并满覆大量的装饰部件，深深的壁龛内安放雕刻。在西班牙的私人宫邸中，和这种立面节律相同的表现仅在巴伦西亚的一栋宫邸中可以看到（多斯阿瓜斯侯爵宫邸，建于 1740~1744 年，设计人画家伊波利托·罗维拉，图 4-111~4-113）。在这里，有关舞台和戏剧场景的构思得到了极端的发挥，代表巴伦西亚河流的寓意雕刻（Turia et Júcar）按米开朗琪罗那样的方式将整个门廊围括在内（图 4-113）。除了这个作品外，在巴伦西亚还有另一个建筑，在对西班牙巴洛克建筑的理解上打下了深刻的个人印记，即城市主教堂的凹凸立面。其作者康拉德·鲁道夫为一名曾在罗马学校里受过教育的德国雕刻师。始建于 1703 年的西立面，显然是受到瓜里尼那种样式或 17 世纪末罗马建筑的影响。总的来看，在西班牙南方，装饰要更为华丽，除塞维利亚及其烟草工厂、巴伦西亚及其宫邸外，具有类似表现的还有穆尔西亚大教堂的立面（1741/1742~1754 年，图 4-114、4-115），其设计人为来自瓜迪克斯和加的斯的海梅·博尔特。在这里，各种装修都围绕着中央龛室布

(上)图4-127 马德里 王宫。南侧朝军队广场的主立面

(下)图4-128 马德里 王宫。北侧外景

置，其表现类似洛可可风格，尽管没有用假石或贝壳这类装饰。在伊比利亚半岛的装饰体系上，像这样的情况并不多见。“分解”成许多交置部件的这些壮美的立面，尽管具有一定的纪念品性，但总是给人以金银饰品的印象；不过，和同一时期巴尔塔扎·纽曼或丁岑霍费尔兄弟的作品相比，显得还是要更为安定。在这里，建筑师

实际上是按照制作地毯的方式建造立面，在西班牙，多少世纪以来人们都是按这样的装饰观念行事。

这种演变最后导致一种具有地方特色的后期巴洛克建筑的诞生（当然，地区之间亦各有千秋），这也是西班牙对欧洲建筑最重要的贡献。不过，自“光明世纪”（18 世纪）以来，凡被称为“丘里格拉式”（churrigueresques）的建筑实际上都带有贬义，是所谓“低级趣味”的同义词；只是在最近几十年，观念才开始有所转变，已有人开始为它“正名”。在这里，主要问题在于：这种丰富华美、造型突出的装饰风格在多大程度上是来自西班牙固有的传统，它们又如何形成了一种“趋向全面艺术作品”的变异形态。如今，丘里格拉兄弟、弗朗切斯科·德乌尔塔多和彼得罗·德里韦拉们已不再被认为是“无教养的疯子”（fous incultes），倒是人们从他们身上看出一种对艺术作用的个人诠释。由于他们的作品，产生出一种“民族的”美学观念，并在有意或无意之中，

本页：

（上）图 4-129 马德里 王宫。西侧全景

（下）图 4-131 马德里 王宫。东侧全景

右页：

图 4-130 马德里 王宫。西侧喷泉及立面景色

和波旁王朝的风格，划清了界线。

三、波旁王朝时期

[宫廷建筑]

大约从 1720 年起，具有多种表现形态的西班牙地方建筑，开始面对波旁王朝宫廷建筑的侵入。后者主要以意大利和法国的古典巴洛克风格为基础。直到该世纪中叶及艺术学院 [11] 创立之时，除了这种来自其他国家的古典主义可能激发了西班牙自身的某些倾向并促使它有所表现外，两种潮流基本上是同时并进，互不干扰。然而，设计上却有所区别，此后，最重要的建设任务均属哈布斯堡王室领导下的宫殿工程。而且，它们都几乎毫无例外地委托外国建筑师设计（在这些王室宫邸里，花园设计往往掌控在法国人手中；出身于法尔内塞家族的腓力五世的王后则更喜欢聘用意大利匠师）；西班牙人或被辞退或只能搞些次要的工程。只有宗教建筑是例外，在这里，人们仍然沿袭民族传统，自外界输入的风格并不被看好且逐渐和传统部件融合在一起。西班牙的府邸建筑大都破旧过时，很难满足新王朝的抱负和需求。因此，从 1720 年开始，在一些建设地段，紧张的建筑活动持续了近 60 年。在马德里，1734 年被大火毁掉的王宫在意大利皮埃蒙特地区建筑师菲利波 · 尤瓦拉（1678~1736 年）和乔瓦尼·巴蒂斯塔·萨凯蒂（1700~1764 年）的主持下进行了重建，其中多少还考虑了摩尔人宫堡的传统形制。而拉格兰哈和阿兰胡埃斯夏宫的重建则主要是在意大利和法国的原则指导下进行。

在波旁王朝着手进行的这批重要工程中，拉格兰

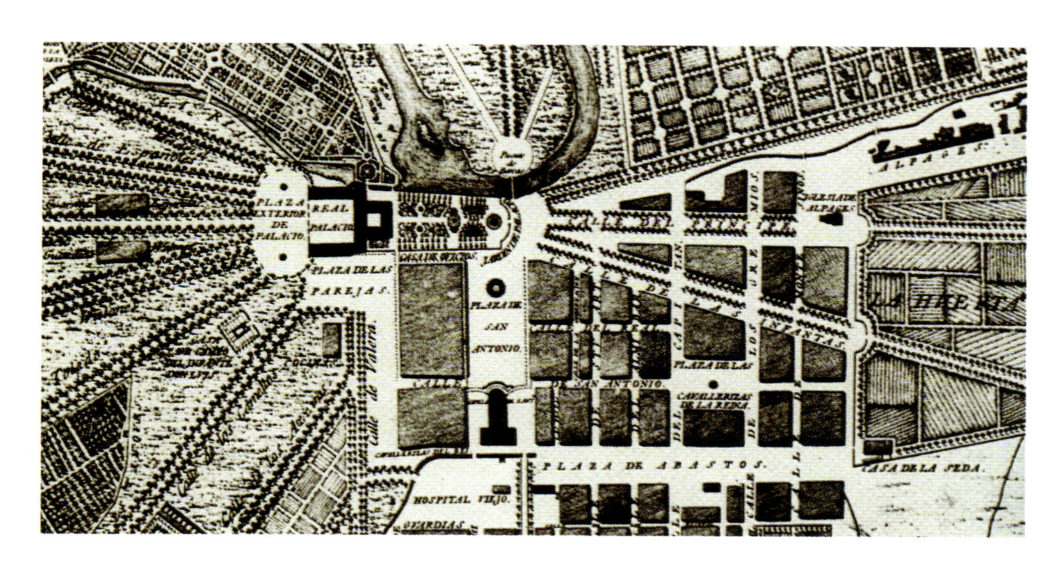

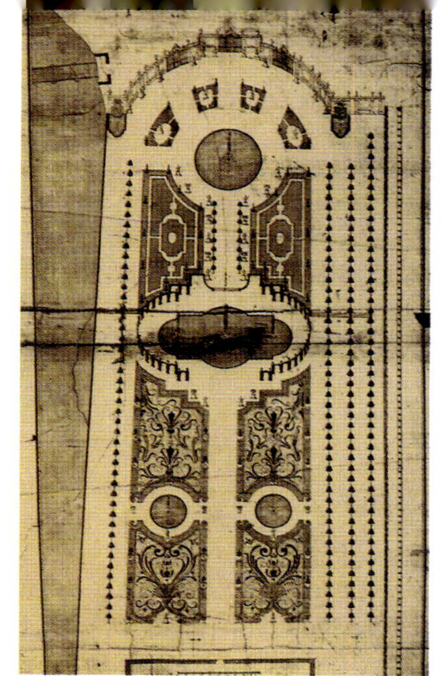

哈夏宫是第一个投入设计的项目（外景：图 4-116~4-119；园林：图 4-120~4-123）。坐落在山区的这个卡斯蒂利亚君王的狩猎据点，自 15~18 世纪一直是圣热罗姆修会修士们的夏季宅邸。1720 年，腓力五世（在位期间 1700~1724 年）获得这块地产并委任自己的私人建筑师特奥多罗·阿尔德曼（1664~1726 年）拟订设计。开始时，阿尔德曼提出的方案基本沿袭摩尔人宫堡那种西班牙的传统模式，于矩形平面上布置四个角楼，只是在西北面纳入一个上冠穹顶的十字形礼拜堂。虽说礼拜堂立面及阁楼层更接近 18 世纪末的作品，但由于其位置，仍然形成整个建筑群的中心。到工程的第二阶段，意大利和法国的影响已很突出。主持项目的安德烈·普罗卡奇

左页：

图 4-132 马德里 王宫。礼拜堂穹顶（天顶画：《圣母加冕》，作者 Corrado Giaquinto，1755 年）

本页：

（左上）图 4-133 阿兰胡埃斯 王宫（1748 和 1771 年，主持人圣地亚哥·博纳维亚和弗朗西斯科·萨巴蒂尼）。总平面（16~18 世纪）

（右上）图 4-134 阿兰胡埃斯 王宫。园林平面（制图 Marchand，约 1730 年）

（下）图 4-135 阿兰胡埃斯 王宫。西侧主立面及侧翼全景

图 4-136 阿兰胡埃斯 王宫。主立面近景

尼（1671~1734 年）和森普罗尼奥 · 苏比萨蒂（约 1680~1758 年）均为来自罗马的建筑师。到 1730 年，他们进一步扩大了中央核心部分，创造了第三翼的两个建筑形体：位于西南的埃拉杜拉院和位于西北的科切斯院。两院中又以作为节庆活动场地的埃拉杜拉院最为优美。中央翼呈内凹状（故得“马蹄铁”之名）。在修复时，宫堡老塔楼部分遭到破坏。朝花园一面的立面由萨凯蒂主持按尤瓦拉的设计建造，完成于 1736 年，照搬罗马巴洛克风格，是受所谓“国际化”建筑（architecture ‘internationalisée’）影响的典型实例。中央突出部分的四根巨柱及两侧排成一列、稍稍突出形成微妙阴影的同类壁柱，赋予立面一种特殊的力度；而在此前的西班牙宫殿建筑中，人们对这种手法几乎是一无所知。教务会堂完成时间稍后（约 1780 年）。带内曲立面的萨巴蒂尼的设计方案看来是受到萨尔茨堡大学教堂（耶稣学院教堂）的启示 [菲舍尔·冯·埃拉赫在 1721 年发表的《历史建筑要略》(Esquisse d’une Architecture Historique) 里公布了有关的资料]。公园和花园的创建系委托法国园林建筑师和雕刻家完成。

1734 年，一场大火使马德里的摩尔人宫堡化为灰烬，大部分装饰也遭毁坏。建造新的宫邸已是刻不容缓。腓力五世遂于 1735 年委托菲利波 · 尤瓦拉制订新建筑方案。他在城外选了一块地皮，搞了个规模超过凡尔赛宫的方案（边长达 474 米，23 个院落）。由于国王对

（上）图 4-137 阿兰胡埃斯王宫。西北侧景色

（下）图 4-138 阿兰胡埃斯王宫。北侧花园及立面景色

建造地点一时拿不定主意，加上尤瓦拉的去世，这个方案遂搁置下来。其继承者乔瓦尼·巴蒂斯塔·萨凯蒂修改了尤瓦拉的方案，目前人们看到的现存宫殿即出自他的设计（图 4-124~4-132）。建筑群平面方形，由围绕着内部一个大院的四翼组成，角上依摩尔人宫堡的传统布局方式，各由一个突出体量加以强调。院落里法国和

(上下两幅) 图 4-139 阿兰胡埃斯 王宫。花园喷泉

图 4-140 阿兰胡埃斯 王宫。花园圆亭（设计人 Juan de Villanueva，1784 年）

意大利式的建筑部件，同样用于立面上，仅有少许变化。立面仿贝尔尼尼的卢浮宫方案，仅根据时代的要求作了一些修改。高高的基层由首层和其上的夹层组成，其上三层配置宏伟的列柱及柱墩。为了保证从远处观赏的效果，建筑顶部柱顶盘（包含另两层高度）尺度恢弘，开始时还设想在栏杆墩柱上立雕像以缓和建筑外廓的单调印象。在室内，房间的配置主要考虑满足“法国式”（à la française）套房的时髦需求。在建筑的实施过程中，有两部分曾多次修改：一是大楼梯的位置及做法，二是宫廷礼拜堂（其椭圆形体在施工中侵入到主门廊内）。尽管付出了这样一些努力希望王宫具有和时代相称的外观，但它那城堡似的形象仍很明显。时至今日，它仍然高踞在曼萨内雷斯河谷之上，和城市没有直接联系。

阿兰胡埃斯王宫（总平面：图 4-133、4-134；外景：图 4-135~4-138；园林：图 4-139、4-140）为哈布斯堡王朝创建的另一组建筑，以后腓力五世和（法尔内塞家族的）伊莎贝拉又令人进行了改建。此地原是修道院，位于水源丰富的狩猎地区，在腓力二世时期，曾打算把它

本页：

（左）图 4-141 瓜达卢佩 修院礼拜堂（1771~1791 年，设计人格雷罗 - 托里斯）。平面及侧立面（1 ： 400，取自 Henri Stierlin：《Comprendre l'Architecture Universelle》，1977 年）

（右）图 4-142 马德里 圣马科斯堂区教堂（1749~1753 年，建筑师本图拉 · 罗德里格斯）。剖面（据 O.Schubert）

右页：

图 4-143 萨拉戈萨 埃尔皮拉尔朝圣教堂（1677~1753 年，建筑师小弗朗西斯科 · 埃雷拉和本图拉 · 罗德里格斯）。平面及剖面（教堂平面及剖面 1：1000，礼拜堂平面 1：333，取自 Henri Stierlin：《Comprendre l'Architecture Universelle》，1977 年，经改绘）

改造成夏宫。设计人为托莱多的胡安 · 包蒂斯塔和胡安 · 德 · 埃雷拉，但方案仅部分付诸实施（施工负责人为胡安 · 戈麦斯 · 德莫拉）。建筑在 17 世纪屡遭火灾。1731 年，圣地亚哥·博纳维亚（卒于 1759 年）领导重建，但再次因一场新的火灾被迫延期。在斐迪南四世统治时期开始的重建工程，在很大程度上是沿袭埃雷拉的构思方式，建筑高两层，由四翼组成，角上设塔楼，西立面为重点。惟中央突出部分为双跑大楼梯取代。侧翼为弗朗西斯科 · 萨巴蒂尼（1722~1797 年）增添。在这里，博纳维亚改以 16 世纪的建筑为范本看来并非偶然：它和斐迪南六世——第二个登上西班牙王位的波旁家族成员——的战略转向密切相关，这位国王比他的前任更加尊崇王朝的西班牙文化传统。到 1750 年，人们着手整治宫殿使其成为真正的国王住所，工程进一步扩大，包括供节日活动用的大院及通向宫殿的几何形式的大道。在广阔的花园里，人们甚至还考虑了设置一个码头，用于进行水上表演。建筑群里还包括圣安东尼奥教堂（一个上冠穹顶的圆形建筑，前面设一拱廊）和拉夫拉多尔府邸（一个建于查理四世时期具有古典风格的乡间楼阁，以后被整治成由三翼组成的小建筑）。

在 18 世纪连续几代波旁国王统治期间建造的其他建筑还有：里奥弗里奥宫邸，为马德里王宫的一个更为简朴的复制品；瓜达卢佩修院礼拜堂（图 4-141），建于 1771~1791 年，设计人格雷罗 - 托里斯，平面采用了正反曲线的形式；埃尔帕多宫邸，其 16 世纪的中央部分于 1772 年由弗朗西斯科 · 萨巴蒂尼加倍扩展。但从总体上看，这些作品并没有给西班牙建筑带来任何新的贡献。

[从巴洛克风格到光明世纪]

到 18 世纪中叶，评论界对巴洛克艺术那种过度表现和繁琐装饰的批评越来越尖锐，回归希腊和罗马建筑的倾向越发明显和迫切。17 世纪最后二三十年在法国发生的有关古代和近代的争论，在西班牙也同样存在。事实上，在波旁王朝宫廷建筑那种深受法国和意大利

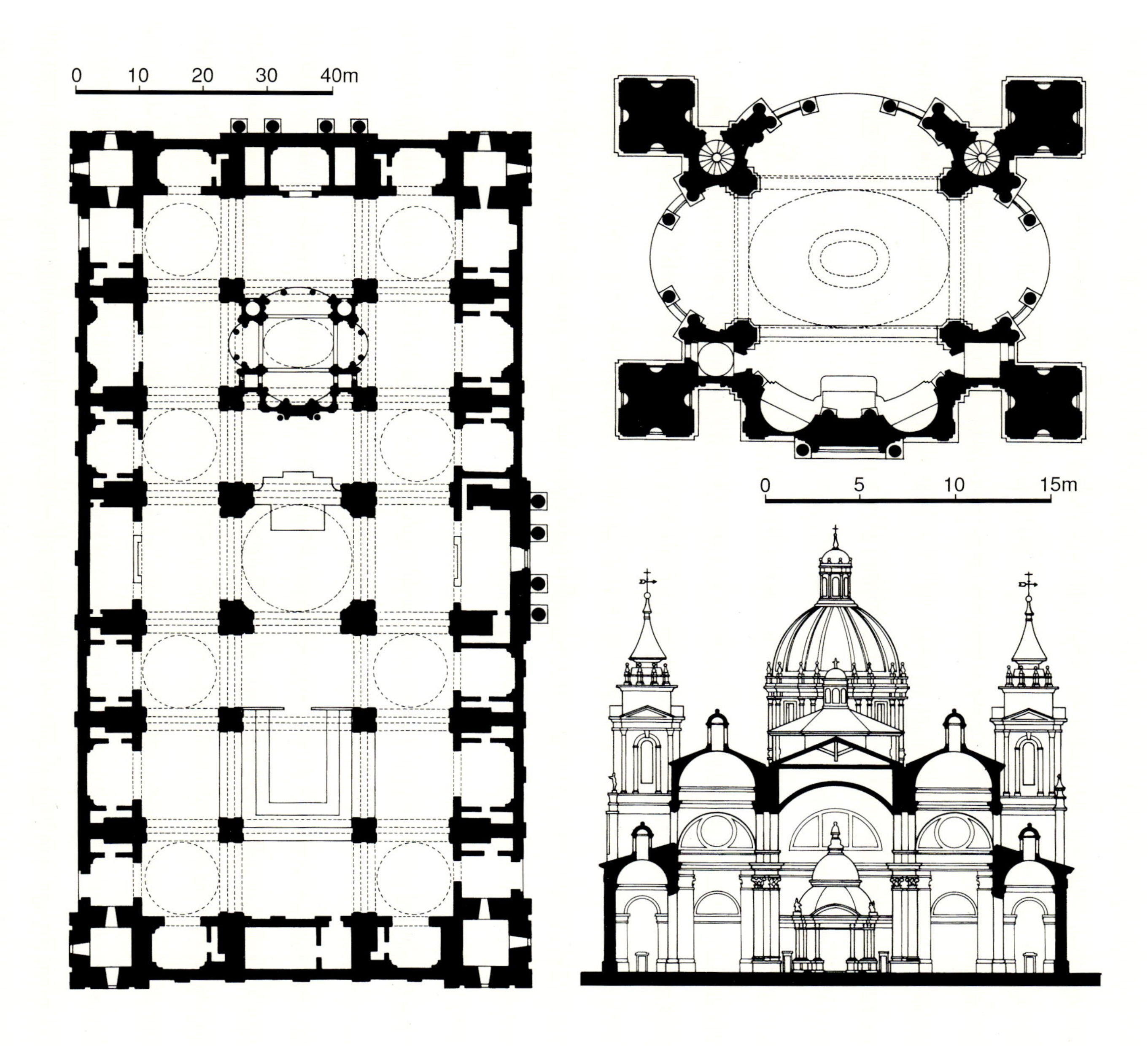

影响的巴洛克古典主义和王国传统大城市那种繁复的装饰风格之间，分歧早已有所表现，此时，人们推动这一进程的热情自然越发高涨。

从该世纪上半叶起，在罗马或巴黎，接触过学院并对其作用有所了解的西班牙艺术家们，渴望在马德里也创建一所艺术学院，特别是由于此前（1714 和 1738 年）已分别成立了文学院和历史学院。1742 年，这一提议得到了国王的首肯。自 1750 年起，即在斐迪南六世正式签署官方文件前两年，第一批享受助学金的学员已来到罗马接受培训。这个圣费尔南多学院(Académie de San Fernando）自然和宫廷情趣有着紧密的联系，在它的各项使命中，包括从事建筑方面的科学研究、进行艺术品和古迹的普查和培训艺术家。它还代表君王对艺术创作进行广泛监察，为此颁布法令明确规定，任何公共建筑，没有学院的许可不得开工，任何建筑师，在获得正式的任命(arquitecto 或 maestro de obras)之前，都必须经过事先的考核。在这种形势下，人们很容易理解，学院所代表的古典主义成为惟一乃至强制性的艺术导向。不过，在西班牙，除了以维特鲁威（或进一步包括阿尔贝蒂和维尼奥拉在内）为代表的对古代遗存的严格理解和诠释外，人们还同时有保留地接受了埃雷拉那类建筑，这两种要素的结合使古典主义倾向很自然地被纳入到民族背景的框架里。正如人们在波旁王朝国王斐迪南六世的阿兰胡埃斯宫殿和埃尔帕多宫邸那里所看到的那样，对腓力二世时期哈布斯堡宫廷建筑形式的回归，实际上具有更深刻的双重含义，即努力

使西班牙的遗产和当代那种国际化的建筑趋向相结合。

圣费尔南多学院所倡导的这种建筑类型的代表人物有两位：本图拉·罗德里格斯（1717~1785年）和胡安·德比利亚努埃瓦（1739~1811年）。他们生活在两个时代的衔接处，从巴洛克全盛时期的终结到光明世纪的起始。本图拉·罗德里格斯早期所受的教育是在尤瓦拉和萨凯蒂学派的影响下完成的，其作品标志着从学院派巴洛克建筑到18世纪末那种古典主义的过渡。作为建筑师，他在斐迪南六世的宫廷里享有极高的声望，直到这位君主去世。以后他又到学院内担任教授。在他为宫廷、学院或私人投资者完成的大量设计中，大约有50项已付诸实施。如果说，他青年时代的作品尚处在从贝尔尼尼到瓜里尼的意大利巴洛克建筑的影响下，那么，到近60岁的时候，在他的作品已可看到弗朗索瓦·布隆代尔建筑（所谓"弗朗索瓦建筑"，architecture françoise）的影响，正是后者，把他引向学院派古典主义的道路。

他的第一个主要作品——马德里的圣马科斯堂区教堂（1749~1753年，图4-142），还完全处在巴洛克精神的影响之下，建筑外部凹进的线条，使人想起（奎里纳莱）圣安德烈教堂的设计，就这样以其优雅的构图弥补了城市规划地段上的缺憾。带五个相交椭圆体的室内节律，有些类似瓜里尼设计的里斯本天道圣马利亚教堂。在西班牙建筑师中，像罗德里格斯这样能完全摆脱矩形平面束缚的还为数不多。1750年，他接手了一件困难的任务：改建萨拉戈萨的埃尔皮拉尔朝圣教堂（始建于1677年，开始阶段主持人为弗朗西斯科·埃雷拉；其平面系由矩形的清真寺所确定，铺设多彩瓦面的穹顶及四个角塔更赋予它明确的东方特色，图4-143、

4-144)。在这里，标志圣母在使徒雅克面前显现地点的圣墩自然不允许有任何改动，与此同时，还必须满足接纳大批朝圣者的要求。罗德里格斯主要对中央本堂西面，靠近祭祀地点的空间进行了改动，设想了一个上置穹顶的椭圆形空间，布置了四个壳体在各轴线上；三个侧面敞开由科林斯柱加以界定，朝西的第四个封闭作为祭坛的背景。圣迹地并没有放在中央，而是在主要轴线之外，右侧凹室内。他的圣奥古斯丁修院教堂（位于巴利亚多利德的菲律宾岛上，1760 年）设计也表现出类似的巴洛克空间观念。在马德里圣弗朗西斯科教堂的建设中，圣彼得大教堂的影响，尽管是在学院派的精练形态下，仍然表现得非常清晰（图 4-145）。1783 年完成的庞珀鲁内大教堂是一个更能说明问题的例证，其宏伟的纪念品性和夸张的手法预示了 19 世纪浪漫主义的诞生。

胡安·德比利亚努埃瓦同样是位引领西班牙建筑潮流的人物，正是他推动了新古典主义的发展。作为查理三世和以后查理四世宫廷的主要建筑师，他负责整治的主要王室工程有埃尔埃斯科里亚尔、普拉多和布恩 - 雷蒂罗，另外还包括由王室基金建造的普拉多博物馆和天文台。曾在罗马逗留过多年和在圣费尔南多学院从事教学活动的经历，使他在 18 世纪西班牙的艺术理论界，占有一席重要的地位。

胡安·德比利亚努埃瓦得到的第一个比较重要的设计委托是为王位继承人唐卡洛斯和他的兄弟唐加夫列尔建造两个具有古典风格的“乡间别墅”（casinos，两者之间用花园连接在一起）。从 1786 年他被任命为马德里市的总建筑师（arquitecto maestro mayor）起，在长达 25 年的时间里他都在这个岗位上为这个首都服务，通过大量公共工程的设计，成功地赋予这个城市以新的面貌。根据君王们的委托，他首先建了市政厅的柱廊，并重建了在一次火灾中受到破坏的中央广场。

普拉多博物馆和天文台的建造在建筑史上更具有划时代的意义；两者均由国王下令修建，在光明世纪降临之际完成的这两个建筑成为西班牙新古典主义的主要作品。开始时，人们并没有打算把普拉多建成艺术博物馆。当本图拉·罗德里格斯的设计被否决之后，胡安·德比利亚努埃瓦于 1785 年为自然博物馆（Musée d'Histoire Naturelle）和科学院（Académie des Sciences）制订了几个方案（博物馆准备安置在布恩 - 雷蒂罗近旁的绿地里）。在第一批草图中，有一个方案考虑设一中央圆堂，和两个半圆室之间以廊道（paseos）相连。另

左页：

（上）图 4-144 萨拉戈萨 埃尔皮拉尔朝圣教堂。外景

（下）图 4-145 马德里 圣弗朗西斯科教堂（1761~1785 年，建筑师 Francisco de las Cabezas 和 Francisco Sabatini）。外景

本页：

（上及中）图 4-146 马德里 普拉多博物馆（1785~1819 年，建筑师胡安·德比利亚努埃瓦）。平面及主立面外景

（下）图 4-147 马德里 天文台（1790~1808 年，建筑师胡安·德比利亚努埃瓦）。外景

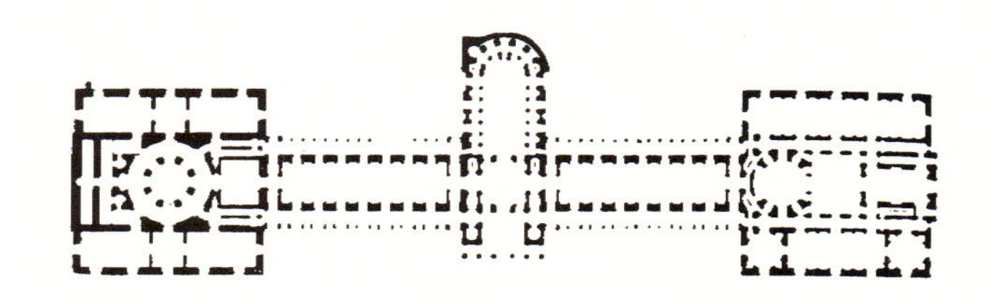

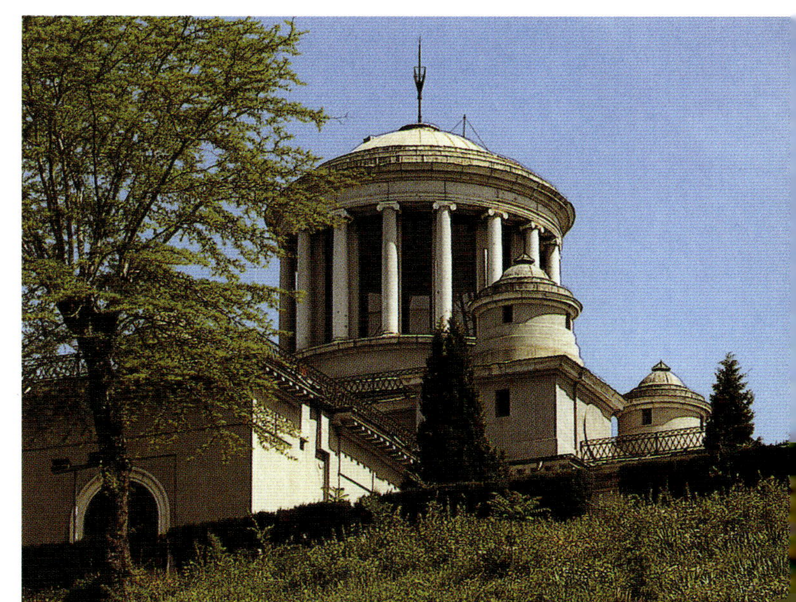

在一平行轴线上，安放大型会堂，与圆堂之间通过前室相通，后者本身通过一系列厅堂通向角上的两个突出形体。最后采用的方案变动较多，只有一条横轴。工程于1819年完成，即在法国人入侵和洗劫之后。上层廊道前方设爱奥尼柱，底层带花园，其节奏由拱廊和矩形龛室确定。两端建筑平面矩形，向外扩大并设圆堂。向前凸出的多立克柱廊通向和立面垂直的大厅，位于建筑群中心的这部分空间以半圆形端头作为结束。展览厅取罗马建筑风格，上覆带藻井的筒拱顶。尽管普拉多博物馆是以梵蒂冈的庇护 - 克雷芒博物馆和许多其他学院派设计为范本，但作为向公众开放的博物馆，它本身又成为后世这类建筑的样板（图 4-146）。

距此不远的天文台，是胡安 · 德比利亚努埃瓦的最后一个重要作品（图 4-147）。建筑 1790 年破土动工，实际完成于 1808 年。平面取希腊十字形，是西班牙建筑中复兴希腊文化的影响日益增长的重要例证。平面由功能要求及严格的几何形态确定，门廊采用科林斯柱式，中央展厅形如圆形神庙。在这里，人们首先关注的显然是构图的效果，并以此预示了 19 世纪浪漫主义的诞生。圆堂庇护着天文观测站及其仪器，内容和形式就这样达到了完美的统一。

胡安 · 德比利亚努埃瓦的行动和他的大量建筑设计表明，他已最后和西班牙建筑的巴洛克原则决裂。理性的需求和对古典传统的有意识回归为他开启了通向新古典主义的道路。胡安 · 德比利亚努埃瓦也因此成为光明世纪的先驱和一种新建筑观念的代表人物。

第二节 葡萄牙

一般认为，葡萄牙巴洛克艺术大致相当于复辟时期及约翰五世统治时期，即 1640~1750 年 ；但实际上直到 17 世纪最后二三十年，在建筑方面才开始有较大的动作。在 1640 年摆脱了西班牙的统治之后，在艺术方面，其重建工作主要依靠来自意大利和低地国家的艺术家。由于巴西黄金和钻石矿藏的发现（1693 年），整个国家经历了一场难以置信的经济飞跃。这个伊比利亚半岛上的小国，几乎是一夜之间，成为世界上最富足的国家，建筑也变得极其豪华。小朝廷于是觉得，只要用新获取的商业成就弥补传统的缺失，即可效法太阳王的榜样和法国一比高低。可惜国王约翰五世（1705~1750 年）忘记了首先需要增强国家的基础实力和完善基础设施。他把大量的金银花在无数的建筑设计上，其中大部分都没有实现，人们甚至异想天开要在塔霍河畔建造第二个梵蒂冈。在艺术史上，这倒也算是一段值得玩味的插曲。当这位国王去世时——据当时流传的一则笑话——国库已无钱为他找一个像样的墓地。1755 年，这个国家又遇到了另一场灾难 ：一次可怕的地震使里斯本的市

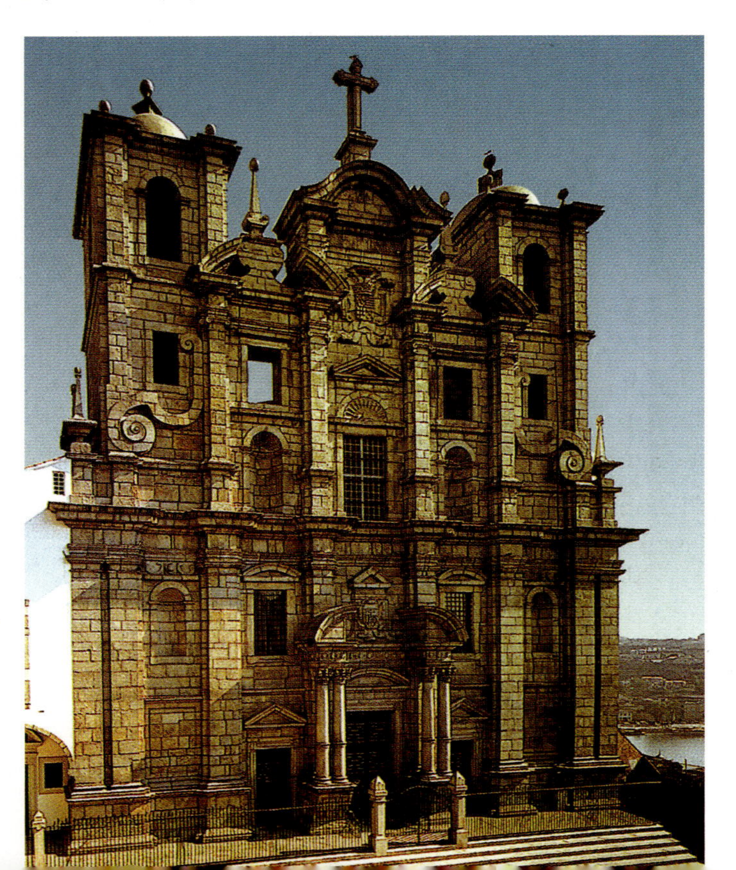

图 4-148 波尔图 格里洛斯教堂（立面 1622 年，建筑师巴尔塔萨 · 阿尔瓦雷斯）。外景

（上）图 4-149 本菲卡 弗龙泰拉侯爵宫（位于里斯本附近，1667~1679 年以后）。宫邸及花园全景

（下）图 4-150 本菲卡 弗龙泰拉侯爵宫。国王廊及园林景色

中心夷为平地。不过，这场灾难同时也给这个都城带来了契机，使人们有可能对老城进行大规模的更新改造。

一、早期表现

葡萄牙巴洛克建筑的历史可追溯到 18 世纪之前：还在曼努埃尔一世任内，葡萄牙已进入了繁荣期，并和意大利保持着密切的联系；在葡萄牙，古典倾向的出现比西班牙要早，并以此奠定了以后发展的基础。自 1530 年起，人们越来越倾向采用矩形建筑和明确的空间结构，更喜用简约的古典手法作为分划立面的要素。乔治·库布勒称这种风格为“朴实建筑”(arquitectura chã)，以

（上下两幅）图 4-151 本菲卡弗龙泰拉侯爵宫。国王廊两端亭阁（上下分别为东阁和西阁）

（上两幅）图 4-152 本菲卡 弗龙泰拉侯爵宫。国王廊装饰细部

（下）图 4-154 本菲卡 弗龙泰拉侯爵宫。通向礼拜堂（艺术廊）的台地

（上下三幅）图 4-153 本菲卡弗龙泰拉侯爵宫。国王廊下方水池及细部

（上下两幅）图 4-155 本菲卡 弗龙泰拉侯爵宫。台地细部

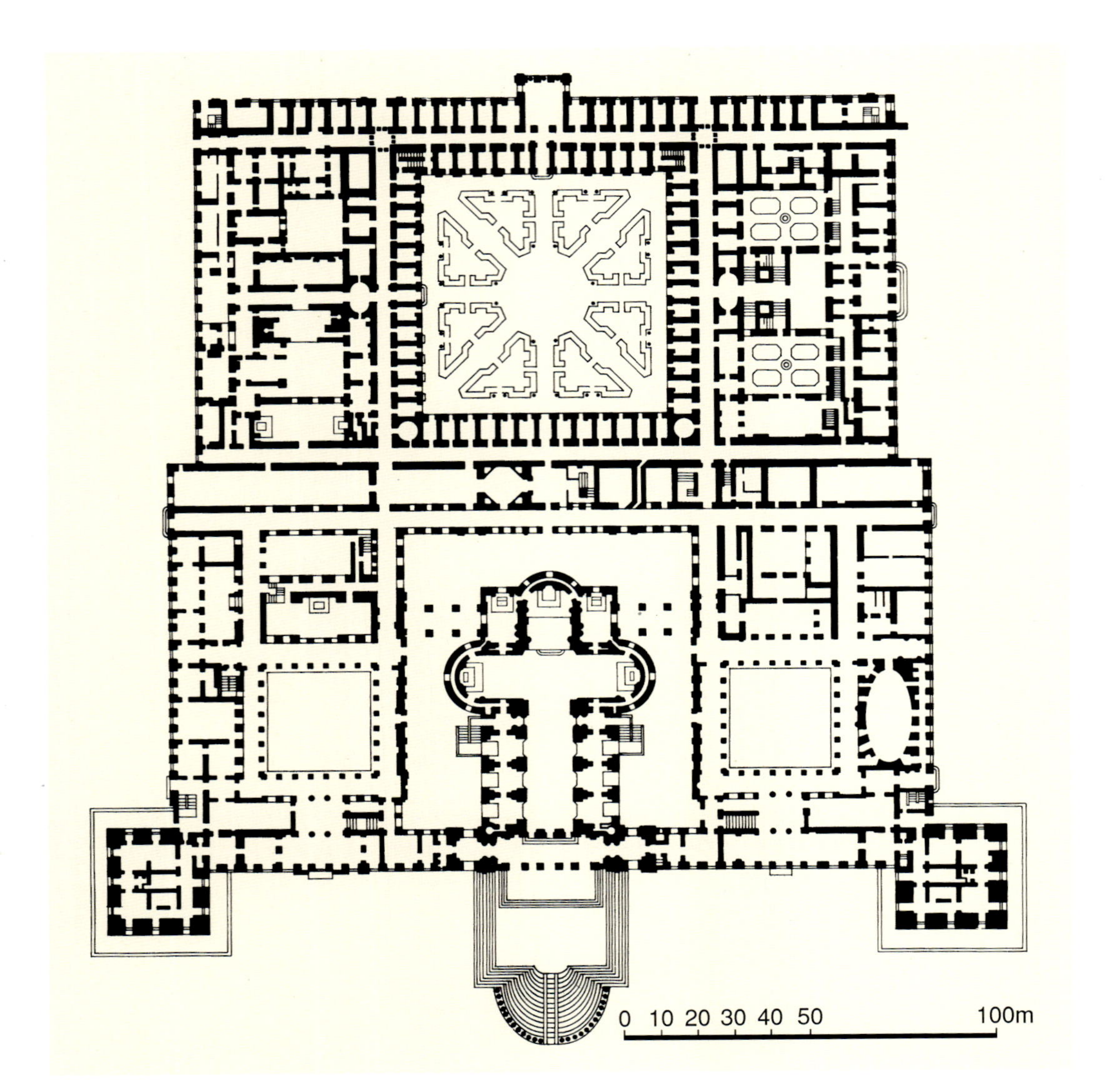

本页：

（上）图 4-156 马夫拉 修道院（1717~1730 年，建筑师约翰·弗里德里希·路德维希）。总平面（1：2000，取自 Henri Stierlin：《Comprendre l'Architecture Universelle》，1977 年）

（下）图 4-157 马夫拉 修道院。外景（版画，取自 Stephan Hoppe：《Was ist Barock ? Architektur und Städtebau Europas 1580-1770》，2003 年）

右页：

图4-158 马夫拉 修道院。教堂，外景

此和大量堆积装饰的曼努埃尔艺术（art manuélin）相别。和16~17世纪的西班牙风格（所谓estilo desornamentado，崇尚采用准确的古典形式，反对繁琐装饰）相比，这种倾向其实更接近葡萄牙的传统，如喜用会堂式平面、小尺度的结构和部件，而不是追求宏伟和气派。这种力求“简化”的新美学观念主要来自军事建筑，这也是人们在这个新兴的殖民国家里常见的形式。约翰三世（1500~1557年）奉行的禁欲主义使这种做法具有了更深刻的内涵。贝伦圣热罗姆修院礼拜堂可作为这方面的一个极好的例证。风格纯净的歌坛（开始阶段主持人为迭戈·德托拉尔瓦，续由鲁昂的让完成于1572年）有意识地和满覆装饰的曼努埃尔风格的本堂形成鲜明的对比。

（上）图4-159 马夫拉 修道院。教堂，前廊内景

（下）图4-161 科英布拉 王室图书馆（1716~1728年，建筑师约翰·弗里德里希·路德维希）。内景

图 4-160 罗马 圣依纳爵教堂。祭坛景色（1698~1699 年）

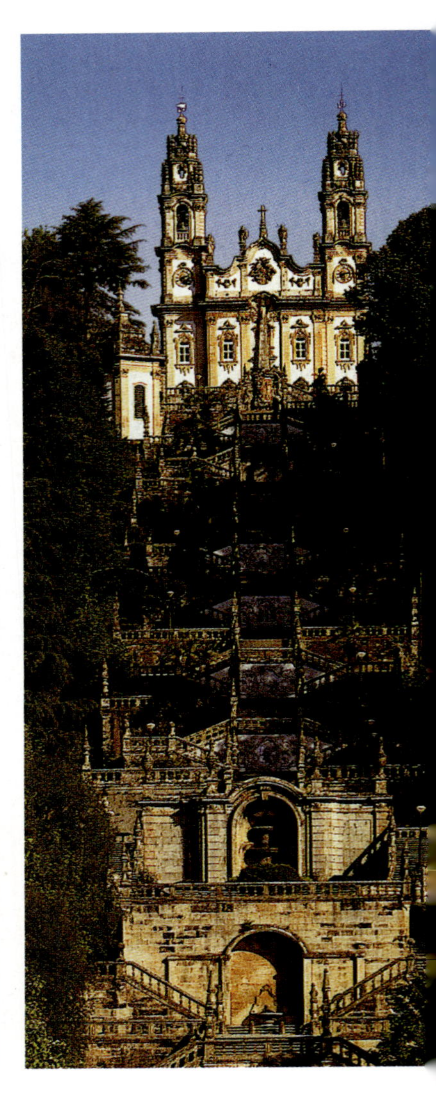

1580年，当西班牙的腓力二世兼任葡萄牙国王时，在伊比利亚半岛西部已经形成了一种成熟的建筑并留下了一批曼努埃尔风格的重要作品。作为埃雷拉的门徒，菲利波·特尔西自觉地以这个国家的军事建筑为出发点，但在立面分划上参照埃尔埃斯科里亚尔的做法。在两种要素之间进行折中的另一个实例即里斯本城外圣比森特教堂的建设，在这里，人们既要充分尊重葡萄牙传统，又要满足新的西班牙统治者的要求，在菲利波·特尔西那种保守的选择和巴尔塔萨·阿尔瓦雷斯那种先锋的设计之间进行协调，并按埃雷拉的章法实施设计。周围布置半圆形礼拜堂的中央本堂使人想起维尼奥拉的耶稣会堂，位于前堂前的立面及其从远处可看到的双塔，均为典型的葡萄牙母题，后者同样是这个国家几乎所有巴洛克宗教建筑的范本。

1619年腓力三世对里斯本的首次访问（所谓"欢乐入城式"，joyeuse entrée），对17世纪的建筑产生了巨大的影响。为了烘托气氛，人们仿照当年为迎接阿尔贝特王子及其妻子伊莎贝拉公主在佛兰德旅行时造的那类纪念性建筑的式样，建造了大量临时性的凯旋门。在此时的欧洲，弗雷德曼·德弗里斯和文德尔·迪特林的建筑著作已形成了一个学派，深受其影响的西班牙统

本页：

(左)图4-162 里斯本 圣罗克教堂(1742~1751年,建筑师路易吉·万维泰利和尼古拉·萨尔维)。圣约翰(施洗者)礼拜堂，内景

(中)图4-163 波尔图 多斯克莱里戈斯圣佩德罗教堂(始建于1732年，建筑师尼科洛·纳索尼)。塔楼外景(1757~1763年)

(右)图4-164 拉梅古 诺萨-塞尼奥拉圣地教堂(1750~1761年，大台阶1777年以后,建筑师尼科洛·纳索尼、安德烈·苏亚雷斯等)。教堂及大台阶外景

右页：

图4-165 拉梅古 诺萨-塞尼奥拉圣地教堂。教堂及喷泉近景

左页：

（上）图 4-166 雷阿尔城 马特乌斯府邸（1739~1743 年，独立礼拜堂 1750 年，建筑师尼科洛 · 纳索尼）。南侧外景

（下）图 4-167 雷阿尔城 马特乌斯府邸。北侧立面及花园喷泉

本页：

（上下两幅）图 4-168 雷阿尔城 马特乌斯府邸。园林景色

治者在造访葡萄牙时，使人们对佛兰德地区的巴洛克艺术产生了持久的兴趣。如始建于 1622 年的波尔图格里洛斯教堂的立面（图 4-148），在这个巴尔塔萨 · 阿尔瓦雷斯的后期作品中，来自中欧的影响表现得已很明显。

1640 年，随着一位葡萄牙国王重登王位，名副其实的巴洛克建筑才真正开始。这些新贵们首先要做

左页：

图4-169 布拉加 山上的仁慈上帝圣殿（1784~1811年）。教堂立面及十字架道路全景

本页：

（上）图4-170 布拉加 山上的仁慈上帝圣殿。花园及下层台阶近景

（下）图4-171 布拉加 山上的仁慈上帝圣殿。上层台阶栏墙（近景为“五灾泉”）

（上）图 4-172 布拉加 山上的仁慈上帝圣殿。上层台阶近景

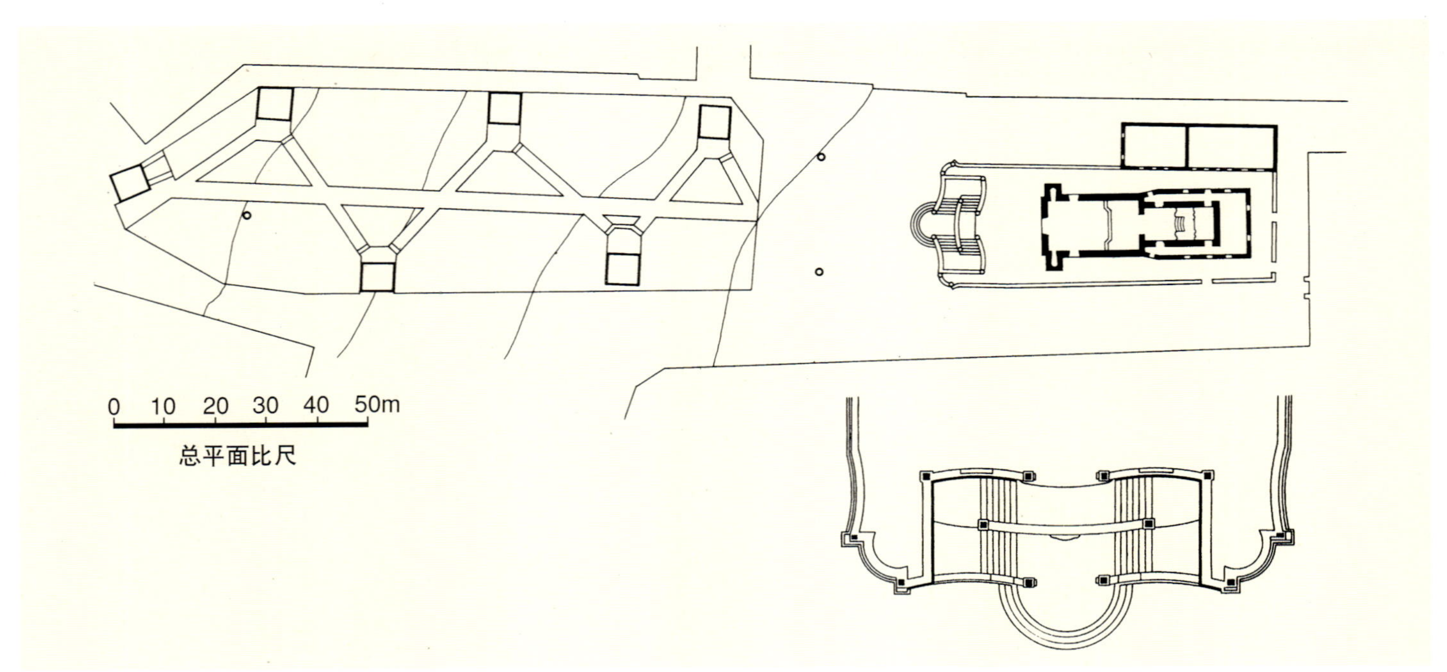

（下）图 4-173 孔戈尼亚斯 圣地（1757 年至 19 世纪初，建筑师 Aleijadinho 等）。圣山总平面（1 ∶ 1500，取自 Henri Stierlin：《Comprendre l'Architecture Universelle》，1977 年；右下教堂前台阶平面详图据 G.Bazin）

的就是尽情炫耀他们复得的权势。本菲卡的弗龙泰拉侯爵宫（位于里斯本附近，始建于 1667 年以后，图 4-149~4-155）的许多手法都是来自手法主义的构造模式。宫殿和花园的完美协调、楼梯间的领主装饰、厅堂内异想天开的寓意画，均属巴洛克建筑的特点。房产的主人多姆·若昂·德马什卡雷尼亚什叫人用灰泥按真实尺寸塑造了一匹马，作为宽阔的“战役厅”的装饰。蓝色和白色的方形彩釉瓷砖，更是美轮美奂。水池边的墙上，是用釉砖镶拼的侯爵先人们的骑像。此外，人们还在建筑师瓜里诺·瓜里尼的一个草图本上发现了里斯本天道圣马利亚教堂的平面及立面设计，但这个设计从未付诸实施。其椭圆形的平面，在 17 世纪的葡萄牙建筑中，

尚属特殊表现。在瓜里尼的设计中，可感受到博罗米尼那类建筑的影响，尽管只是通过间接的途径；此时瓜里尼的影响已扩展到整个伊比利亚半岛直至拉丁美洲。这位建筑师是否曾在里斯本逗留现已无法查证，但有迹象表明，他曾在1657~1659年间为研究摩尔人的穹顶结构到过西班牙。这在他都灵的作品中亦有所反映。

里斯本的圣恩格拉西亚教堂于一次风暴中遭到破坏，从1682年开始进行了大规模的重建。若昂·安图内斯（约1645~1712年）的这个作品借鉴1506年布拉

（上）图4-174 孔戈尼亚斯 圣地。教堂，外景

（下）图4-175 孔戈尼亚斯 圣地。教堂，祭坛（1765~1773年）

LISBONA.
OLISIPO, SIVE VT PERVE-
TVSTAE LAPIDVM INSCRIP-
TIONES HABENT, VLYSIPPO,
VVLGO LISBONA FLORENTIS-
SIMVM PORTVGALLIAE EMPORIV.

RIO
TEJO

曼特提出的圣彼得大教堂方案，平面取希腊十字形，上冠穹顶。尽管这个建筑直到最近才完成，但从中仍可看出当年葡萄牙宫廷的新趋向：罗马具有楷模的价值及意义，所有的艺术作品——特别是建筑——今后都应和它的步调一致。

二、约翰五世时期

随着约翰五世的登基，希望模仿“永恒之城”（Ville Éternelle）罗马的这种狂热也达到空前的地步：在他统治的1705~1750年，这位国王力求表明，他有能力在塔

本页及左页：

（左上）图4-176 里斯本 16世纪下半叶城市景观（版画，作者 Georg Braun，取自《Civitates orbis Terrarum》，原稿现存热那亚 Museo Navale）

（左中）图4-177 里斯本 1650年城市平面（图版作者 João Nunes Tinoco，原稿现存里斯本 Museu da Cidade）

（右上）图4-178 里斯本 地震前城市风景（油画，约1693年）

（下两幅）图4-179 里斯本 18世纪初城市风景图（由白底蓝花瓷砖拼成，表现船只在塔古斯河上航行时见到的城市景色，里斯本 Museu Nacional do Azulejo 藏品）

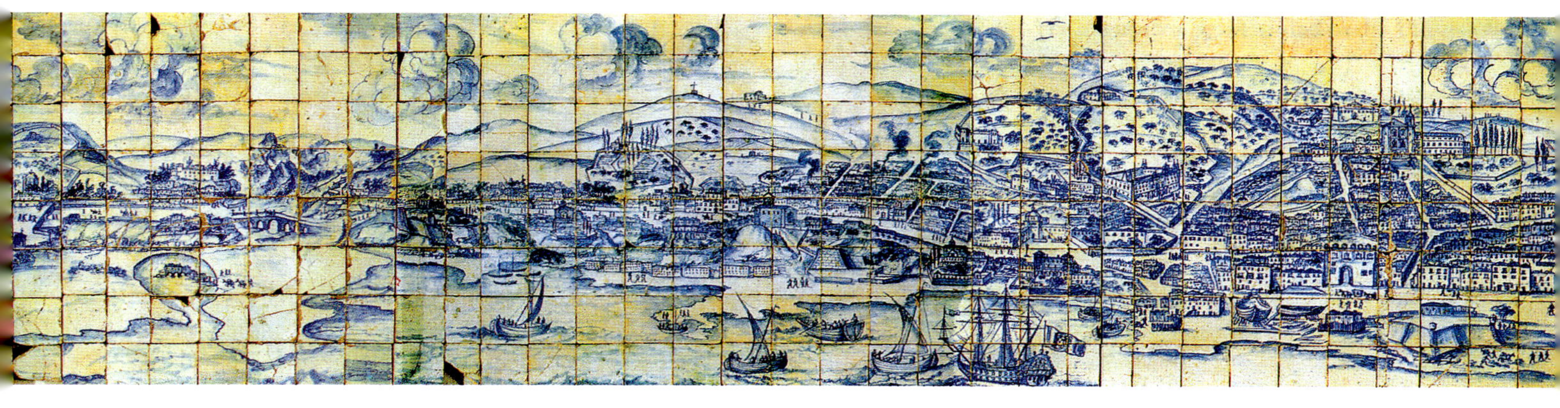

左页：
图 4-180 里斯本 瓷砖城市风景图细部

本页：
（上）图 4-182 里斯本 地震前及地震时的城市景象（版画作者 Mateus Sautter，约 1750~1800 年，原作现存里斯本 Museu da Cidade）

（中）图 4-183 里斯本 地震后王室歌剧院景象（彩画，作者 Jacques Philippe Le Bas，1757 年，原作现存里斯本 Museu da Cidade）

（下）图 4-184 里斯本 城市全景图（局部，约 1775 年，作者佚名）

本页及右页：

（上）图 4-181 里斯本 海上及乡村景色（约 1725~1750 年，瓷砖拼图，里斯本 Museu Nacional do Azulejo 藏品）

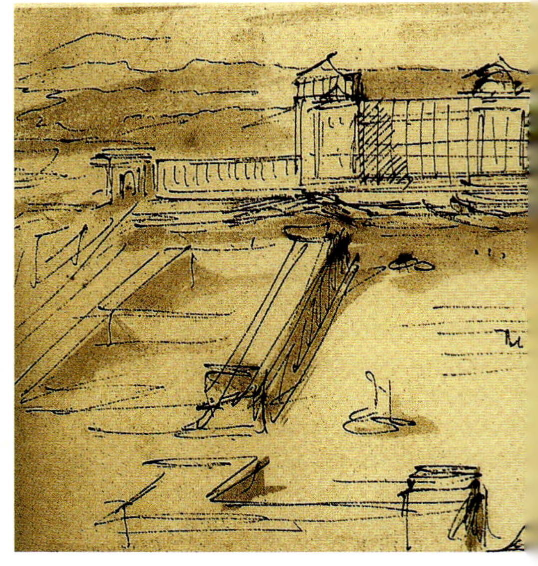

（下三幅）图 4-185 里斯本 特雷罗广场。规划设计草图（作者菲利波·尤瓦拉，1717 年，原稿现存都灵 Musei Civici），左图示从河上望去的广场全景，中及右分别为王宫和教堂景色

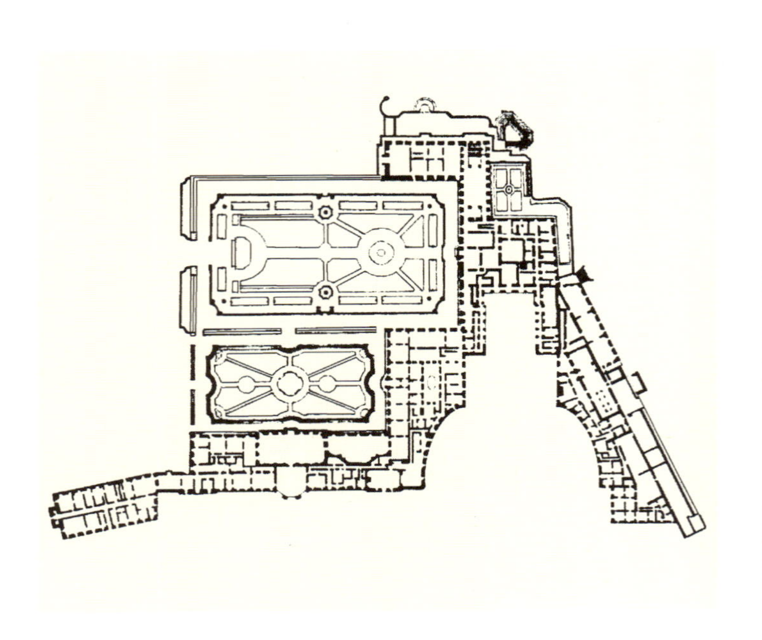

本页及右页：

（左上）图 4-186 克卢斯 夏宫（位于里斯本附近，1747 年后，建筑师马特乌斯 · 文森特，园林设计让 - 巴蒂斯特 · 罗比永）。总平面（据 Fixot）

（右上）图 4-187 克卢斯 夏宫。主立面（前景为波塞冬喷泉）

（左下）图 4-188 克卢斯 夏宫。主体部分全景

（右下）图 4-189 克卢斯 夏宫。近景

霍河畔建造第二个罗马和第二个梵蒂冈。他的使节奉命为他收集所有罗马重要建筑的平面及模型，并向他详细阐述教廷的各种仪式及礼节。这种大把烧钱的游戏使这个原本富足的国家很快便濒临崩溃的边缘，他在建筑方面的雄图大略也因此大部分未能实现。

规模宏大、奢华气派的马夫拉修道院可作为这种雄心壮志的一个明显实例（修道院：图 4-156、4-157；教堂：图 4-158、4-159）。它使人想起埃尔埃斯科里亚尔、罗马和德国南部那些宏伟的建筑（其规模甚至超过埃尔埃斯科里亚尔宫堡），形式上更是综合了罗马圣彼

左页：

（上两幅）图 4-190 克卢斯 夏宫。堂吉诃德翼

（下）图 4-191 克卢斯 夏宫。演艺厅（后为御座室），内景

本页：

（上）图 4-192 克卢斯 夏宫。使节厅，内景

（下）图 4-193 克卢斯 夏宫。堂吉诃德厅，内景

（上）图 4-194 克卢斯 夏宫。王后卫生间

（下）图 4-195 克卢斯 夏宫。花园景色（完全按法国方式规划的树篱和花坛）

图 4-196 克卢斯 夏宫。花园河道桥边台阶的瓷砖墙和雕刻

得大教堂、圣依纳爵教堂（图 4-160）和贝尔尼尼设计的蒙特西托里奥府邸的各种要素，意大利的影响则到处可见。主持建筑群施工的是来自德国南方的约翰·弗里德里希·路德维希（1670~1752 年），工程始于 1717 年，主体部分直至 18 世纪 40 年代才完成。没有多少名望的这位建筑师只是根据罗马的范本行事。主教宫邸也大约在这时期建造，其中包括主教宅邸及教堂，为了这项设计，菲利波·尤瓦拉还受邀亲赴里斯本。但即便如此，

（上）图 4-197 克卢斯 夏宫。花园河道边的瓷砖墙和瓶饰

（下）图 4-198 奥埃拉什 庞巴尔侯爵宫（1737 年，卡洛斯·马代尔设计）。宫殿及双跑台阶外景

设计在付诸实施时仍然有所更改，变得更为节制、简朴。尤瓦拉也在逗留了几个月后，一反常规地离开了里斯本。科英布拉的王室图书馆完成于 1728 年，路德维希的这个作品基本上是以维也纳的宫廷图书馆为范本（图 4-161）。还愿教堂则主要在类型学的研究上具有一定的价值。它形成了一个不规则的八角形，室内带有丰富的装饰，各种艺术形式混杂在一起。不过，这期间最大胆的一项事业则是把罗马的一个礼拜堂（为教皇赠送给

（上下两幅）图 4-199 奥埃拉什 庞巴尔侯爵宫。台地及雕刻

图 4-200 奥埃拉什 庞巴尔侯爵宫。花园双跑台阶（瓷砖墙上表现神话场景）

图 4-202 奥埃拉什 庞巴尔侯爵宫。鱼阁装饰细部

图 4-201 奥埃拉什 庞巴尔侯爵宫。花园双跑台阶（图 4-200）瓷砖墙细部

约翰五世的祝圣建筑）整个搬到里斯本。礼拜堂由路易吉·万维泰利设计（1742 年），施工主持人尼古拉·萨尔维，原构在罗马波尔托盖西圣安东尼奥教堂内。人们把它的石部件逐块拆卸，装船运输，于 1747 年在里斯本的圣罗克教堂重新组建。供奉国王的主保圣人约翰（施洗者）的这个教堂极其华丽地装饰着斑岩、稀有大理石及各种珍贵石材，在构造层面上则已开始显露出新古典主义的初步影响（图 4-162）。

除了颂扬约翰五世的这些建筑外，在这期间还完成了一些公益项目和城市基础设施的建设，如向城市供水的阿瓜斯 - 利夫雷斯水道和许多新建的喷泉。这些工程技术成就同样构成了这时期最重要的业绩之一。

图 4-203 安提瓜 拉梅塞德修院教堂（约 1650~1690/1767 年）。立面外景

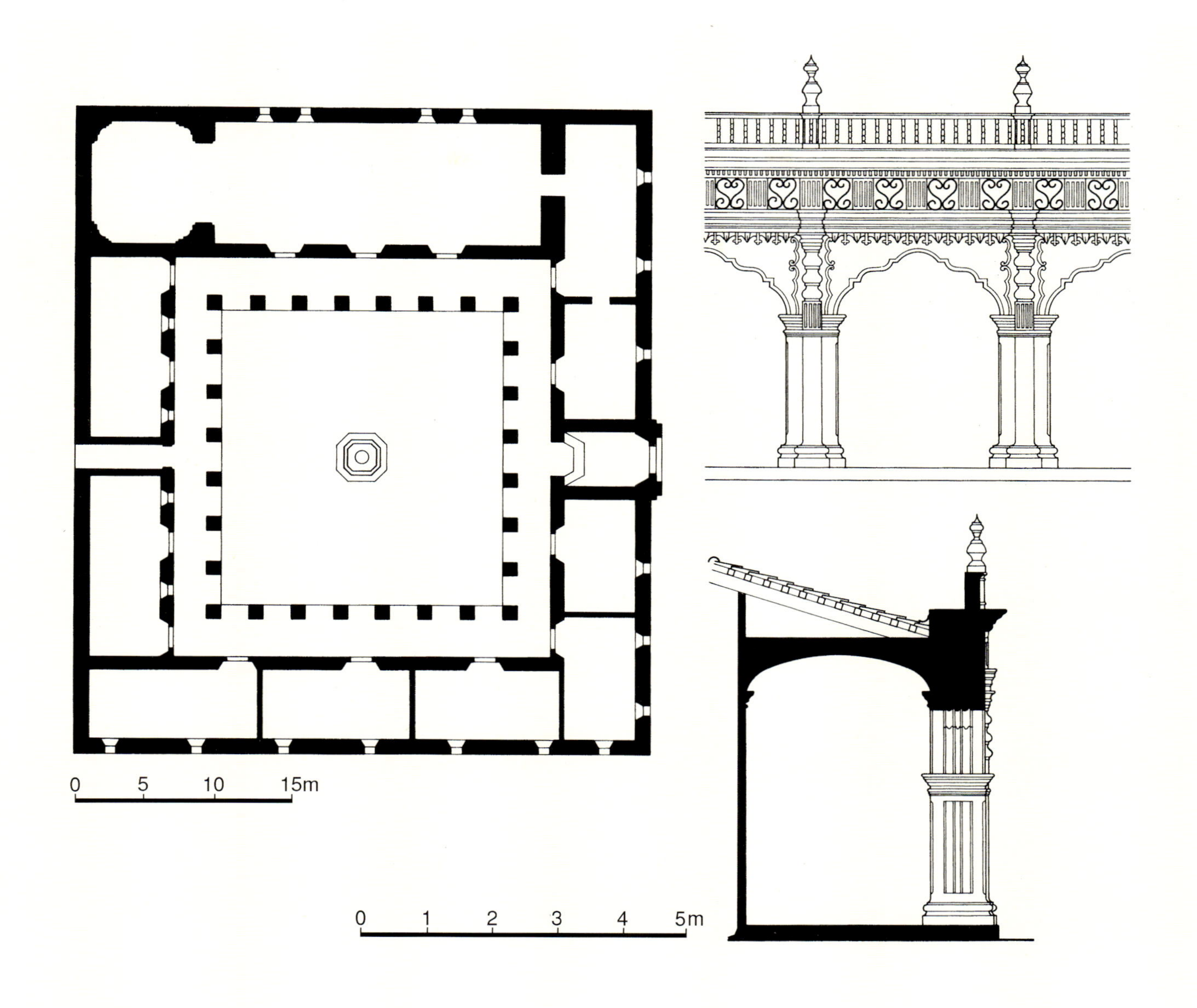

（上）图 4-204 安提瓜 圣卡洛斯大学（1753 年）。平面、柱廊立面及剖面（平面 1 ： 500，柱廊立面及剖面 1 ： 100，取自 Henri Stierlin ：《Comprendre l'Architecture Universelle》，1977 年，厅堂均围绕柱廊院布置）

（下）图 4-205 哈瓦那 大教堂（1742 年）。立面外景

将近 1725 年，在葡萄牙北方，发展出一种独立于宫廷之外的建筑学派。其创立者尼科洛 · 纳索尼（1691~1773 年）是一位来自锡耶纳的建筑师，但在波尔图找到了适合自己志向的事业。其主要作品是多斯克莱里戈斯圣佩德罗教堂（始建于 1732 年）。这是个椭圆形的建筑，西面配一个双跑楼梯，东面在医院一翼延长

图 4-206 墨西哥城 大教堂（1560~1656 年）。外景

图 4-208 墨西哥城 大教堂。圣坛礼拜堂（1749~1768 年，建筑师 Lorenzo Rodriguez），平面（双轴线配置，1：600，取自 Henri Stierlin：《Comprendre l'Architecture Universelle》，1977 年）

线上立一形制独特的钟楼(图 4-163)。对这类建筑来说，这种解决方式可说是另辟蹊径，立面装饰和约翰五世所赏识的风格更是大相径庭。附加在建筑部件及雕像、教皇徽章上的各种花叶边饰、瓶饰、带状饰及涡卷造型，装饰着这个高两层开有窗户的主立面。它们构成了一个类似绘画的总体效果，颇似剧场或节日期间的布景。纳索尼这种风格多少有点类似意大利的洛可可建筑，一时颇受欢迎，设计任务也随之滚滚而来。如马托西纽什的仁慈上帝堂的立面（完成于 1748 年）、拉梅古的诺萨 - 塞尼奥拉圣地教堂（1750~1761 年，前面的大台阶成于 1777 年以后，图 4-164、4-165）和位于杜罗河谷弗雷舒的宫殿，后者为葡萄牙北方大量的后期巴洛克风格建筑之一。纳索尼同时还是葡萄牙最壮观的乡间府邸——位于雷阿尔城东南约 3 公里的马特乌斯府邸及其花园的设计人（1739~1743 年，独立礼拜堂 1750 年，图 4-166~4-168）。

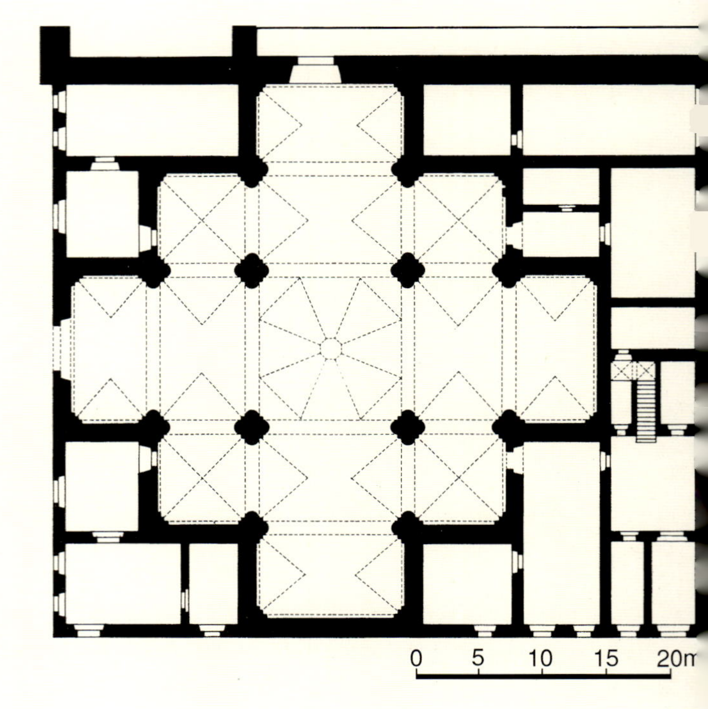

图 4-207 墨西哥城 大教堂。祭坛屏架装饰（1728~1737 年）

(上) 图 4-209 墨西哥城 大教堂。圣坛礼拜堂，立面细部

(下) 图 4-210 墨西哥城 阿卡特佩克教堂 (18 世纪)。外景

后期巴洛克建筑的第二个中心是布拉加。在这方面作出最大贡献的是大主教多姆·罗德里戈·德莫拉 - 特莱斯 (1704~1728 年)。他不仅打算扩大自己的宫殿，安置喷泉，开辟宽阔的广场，还想在城市周边建回廊和修道院。建于 1754 年的市政厅 (主持人安德烈·苏亚雷斯) 立面上系通过洛可可风格的部件、大门的框饰及造型突出的窗户加以修饰。苏亚雷斯 (1720~1769 年) 属圣托马斯教团 (Confrérie de Saint-Thomas-d'Aquin)，列在他名下的建筑还有布拉加附近法尔佩拉山圣马利亚 - 马达莱纳朝圣教堂 (1753~1755 年)、蒂巴斯本笃会修道院 (1757~1760 年) 和布拉加的拉约府邸 (其后期巴洛克风格的装饰已经占据了主导地位)。

这时期最富有魅力的建筑是山上的仁慈上帝圣殿 (图 4-169~4-172)，圣殿位于离布拉加不远的一座山上，其历史可上溯到 1494 年。自 1723 年开始，多姆·罗德里戈·德莫拉 - 特莱斯将它改造成了一个名副其实的"圣

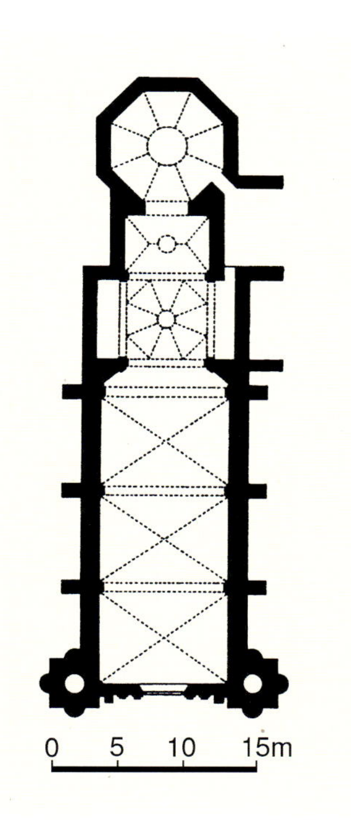

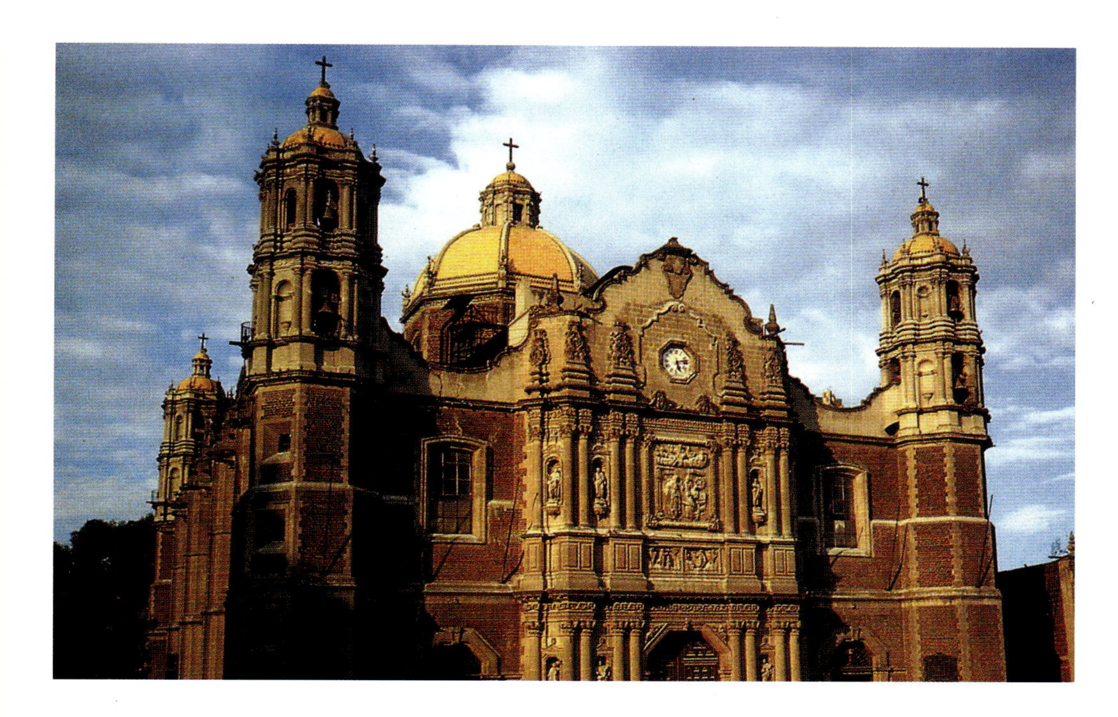

(右上) 图 4-211 墨西哥城 瓜达卢佩教堂 (1694~1709 年，建筑师 José Durán、Diego de los Santos 和 Pedro Arrieta)。外景

(右下) 图 4-212 墨西哥城 埃尔波奇托礼拜堂 (1771~1791 年，建筑师 Francisco Guerrero y Torres)。外景

(左) 图 4-213 墨西哥城 奥科特兰朝圣教堂 (1745 年)。平面 (据 Y.Bottineau)

图 4-214 墨西哥城 奥科特兰朝圣教堂。外景

右页：图 4-215 普韦布拉 大教堂（16~17 世纪）。内景

山”(Sacro Monte)。宏伟的大台阶，满布雕刻、景色壮观的建筑群组，显然是受到比比埃纳家族建筑师那种布景透视法则的影响。象征十四幅耶稣受难图景的十字架道路极其独特地把古代、异教和基督教的主题结合在一起，通向上部的教堂（这部分直到19世纪才完成）。在上部方形小礼拜堂处耶稣受难图再次出现，面对着罗马诸神和位于六个不同层面上的水池（其间以梯阶相连）。下部为同样饰有喷泉及含有《旧约》五种感官寓意雕刻的第二区段。通过教义及具体的感受使灵魂朝上帝方向步步提升的总体效果、水的净化功能，构成了整个构图的底蕴，其中更深的含义可能直至今日人们也没有全部搞懂。这组建筑的做法已形成一个流派，其影响更是远达巴西。如孔戈尼亚斯圣地(图4-173~4-175)，尽管没有如此复杂，但至少在象征耶稣受难图景的十字架道路和大台阶的布置及做法上颇为相似；在这里，同样是在物质和精神两个层面上表现自地面尘世到天堂乐园的提升过程。其建筑师是出生于米纳斯-吉拉斯的阿莱雅迪尼奥，他同时也是著名的“彩色”雕刻师。显然，阿莱雅迪尼奥是在葡萄牙的范本里注入了更为大众化的美学观念；不过，至于他这些观念的形成过程和创作动机，目前人们还说不清楚。

如果说，在葡萄牙北方，相对稳定的社会和经济形势促进了建筑的协调发展的话，那么，随着约翰五世的去世和1755年的地震，里斯本则经历了两次沉重的打击。有关建筑的政策也跟着转变。是年11月1日，地震使城市的2/3化为废墟，上万人死亡。其影响远非一个时代的终结。它引起了这个殖民帝国历史上的一次重大动荡。其后果在这里只能简单提及，因为它已经大大超出了所谓“光明世纪”，也就是说，超出了巴洛克建筑的背景范围。国库的巨大亏空，因已故国王的过分虔诚和挥霍而激起的怨恨情绪，以及里斯本老城区几乎全部毁坏的现实，反倒促成了有利于进行彻底更新和实现社会及政治改革（尽管多少带有乌托邦的成分）的理想条件。随着国务大臣塞巴斯蒂昂·德卡瓦略（未来的庞巴尔侯爵）的提升，在建筑——特别是城市规划——方面，开始了一个新的时代（图4-176~4-184）。这次大地震标志着里斯本新一轮城市规划及建筑活动的开始，和同时期在建筑上趋向庄严朴实的西班牙一样，此时人们已开始转向新生的古典主义。为了在拜沙区（位于被地震毁坏的下城）的残墟上重建一个理想

图 4-217 普韦布拉 圣多明各修院礼拜堂。穹顶仰视

左页：图 4-216 普韦布拉 圣多明各修院礼拜堂（1650~1690 年）。内景

图 4-218 瓦哈卡 圣多明各教堂礼拜堂（1724~1731 年）。穹顶仰视

城，庞巴尔请来了三位军事建筑师：曼努埃尔·德马亚（1680~1768 年）、卡洛斯·马代尔（卒于 1763 年）和欧热尼奥·多斯桑托斯（1711~1760 年）。他们在设想了几个方案之后，提出在受灾的城市中心重建一个新城。矩形的街道系统得到保留，在老王宫所在地和老城高处分别建两个宽阔的广场（特雷罗广场及罗西奥广场，图 4-185）。在这个棋盘式格局的内部，要求建筑尽可能在类型、功能、质量及标准上保持一致。这些原则均可

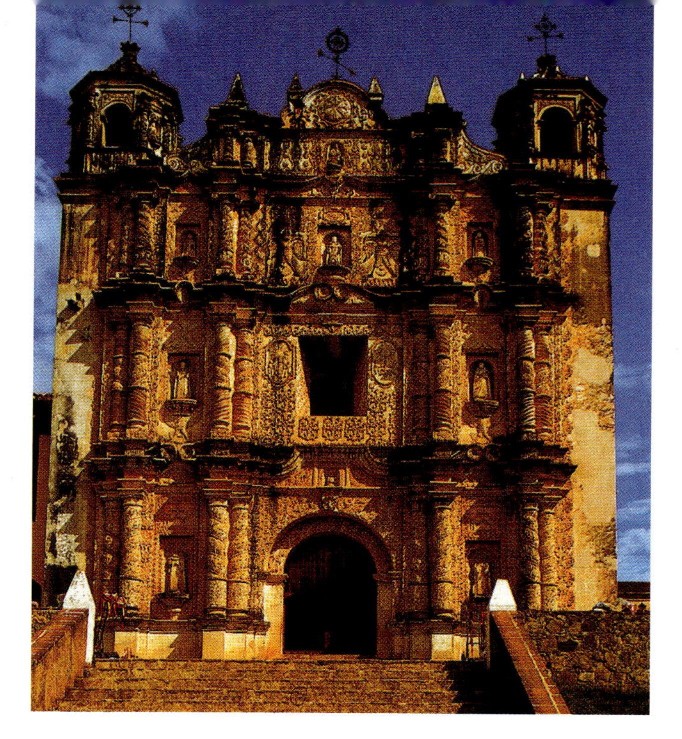

(左上)图 4-219 圣克里斯托瓦尔 - 德拉斯卡萨斯 圣多明各教堂(约 1700 年)。外景

(右上及下)图 4-220 乔卢拉 圣加布里埃尔修道院。王室礼拜堂(16 世纪)，俯视图及外景

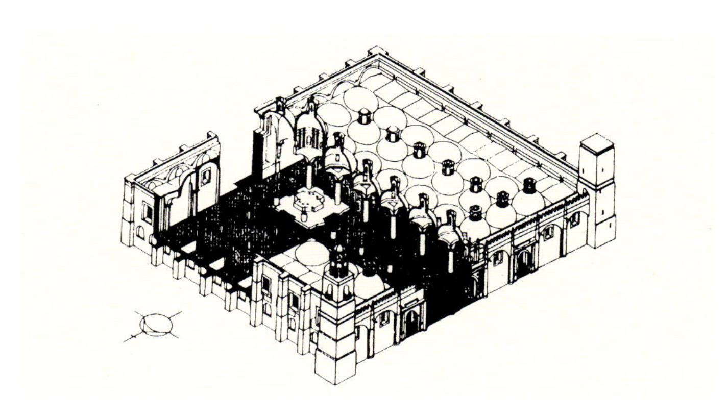

视为 19 世纪城市规划的先声。

在接下来的若干年里，这些先进的理念均得到落实并产生了丰硕的成果；与此同时，一些更为保守的观念及作品也得以延续。在约翰五世生前已开始动工的克卢斯夏宫（位于里斯本附近，主要供王子及公主们使用），在约瑟夫一世统治期间竣工（总平面：图 4-186；外景：图 4-187~4-190；内景：图 4-191~4-194)。这是葡萄牙洛可可建筑中的珍品。主要建筑师为马特乌斯 · 文森特。整座建筑由三翼组成，中间围成大院；室内按法国做法，配有大量挂毯、绘画及洛可可装饰。由让 - 巴蒂斯特 · 罗比永按法国著名园林设计师勒诺特的样本设计的公园和花园，同样表现出法国大革命前［即所

（上）图 4-221 里约热内卢 圣本托修院教堂（始建于 1617 年，1668 年后改建）。内景

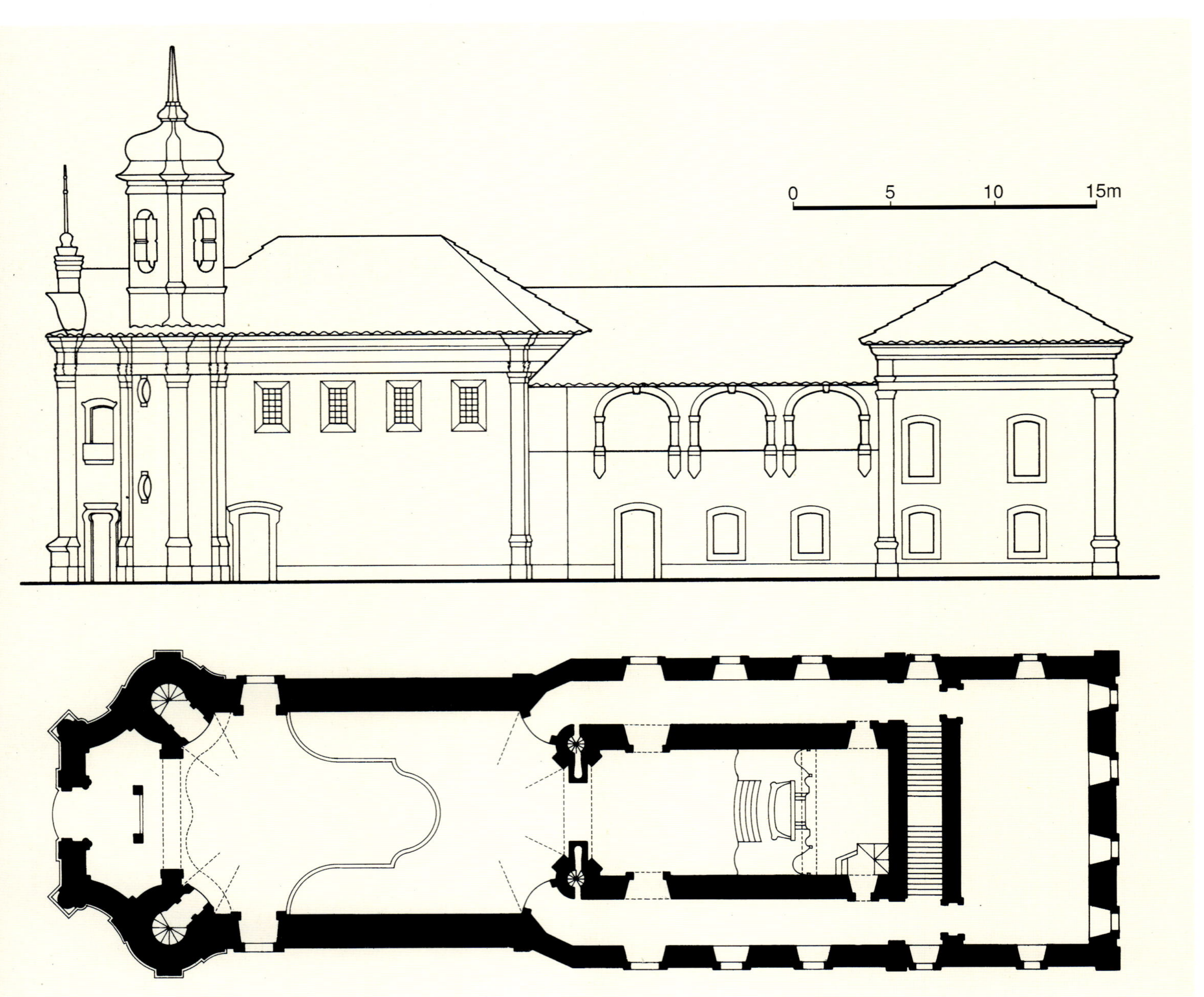

（下）图 4-222 欧鲁普雷图 圣弗朗西斯科教堂（1766~1794 年，立面及主祭坛 1774~1778 年，建筑师 Aleijadinho）。平面及侧立面（1∶300，取自 Henri Stierlin：《Comprendre l’Architecture Universelle》，1977 年）

图 4-223 欧鲁普雷图 圣弗朗西斯科教堂。立面

谓“旧制度”(l’Ancien Régime) 时期］那种优雅细腻的作风和情趣（图 4-195~4-197）。最优美的实例是位于一个陡峭地段的所谓“空中花园”(Jàrdim Pênsil)。其亭阁及喷泉再次汇集了巴洛克时代所有的寓意人物及造型。从另一个实例中可看到这个时代的双重性，这是王后玛丽一世为感激生子出资建造的王室还愿教堂（在里斯本，其全称为 Église de la Basilique Royale et du Monastère do Santíssimo Coração de Jesus no Casal de Estrela，始建于 1779 年)。教堂平面取拉丁十字形，上冠穹顶，立面两侧配双塔楼，为马夫拉教堂的一种变体形式（后者装饰属巴洛克后期，但总体仍然保持了国王约翰所提倡的那种庄重的巴洛克风格)。奥埃拉什的

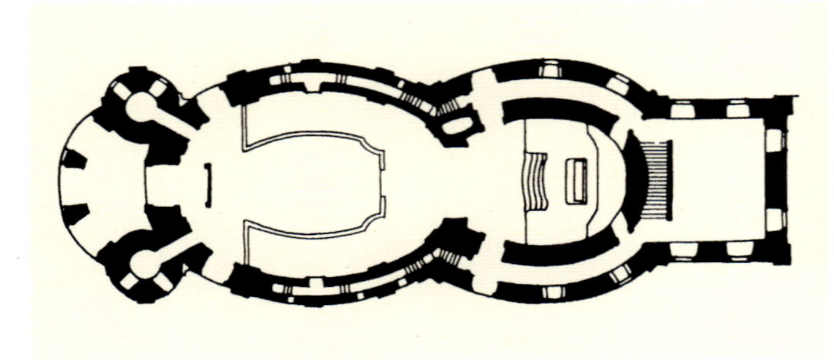

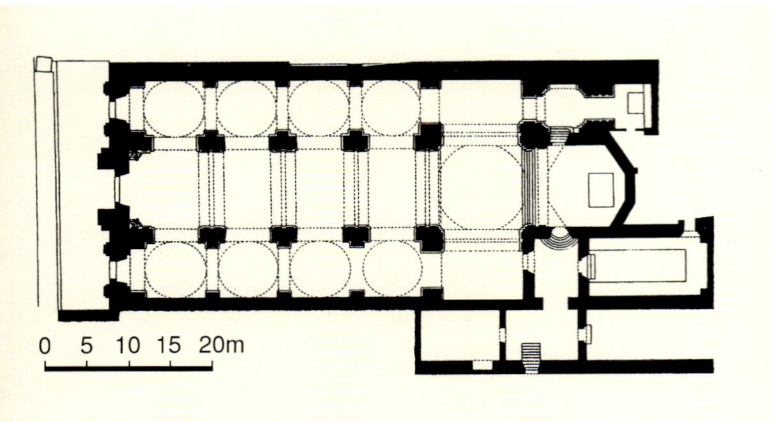

庞巴尔侯爵宫系这位侯爵于 1737 年委托卡洛斯 · 马代尔建造（图 4-198~4-202)。后者对意大利和法国巴洛克建筑都很熟悉，他可能同时还负责花园的设计，其中多处采用了为葡萄牙建筑特有的釉砖装饰。

附：拉丁美洲的巴洛克建筑

有关中美洲和南美洲巴洛克时期建筑的情况，目前还没有进行过全面和深入的研究。只是到最近,这种“殖民地建筑”才开始更多地引起人们的兴趣。

在这片长达 7600 公里宽 5000 公里的大陆上，各地在地理、历史和人种上均有巨大差异。但就 16 世纪

的宗教建筑而言，其共同的根源无疑是来自塞利奥和维尼奥拉那种类型的建筑。

应该承认，新大陆的建筑师们具有很高的创作才干，他们首先面临的问题就是如何使来自宗主国的建筑技术适应当地的地理条件。如拱顶的建造，由于当地缺乏石材，人们不得不用木材代替，但模仿得如此逼真，以至看上去很难区别。气候条件的差异(如气温和雨量)和地震的潜在威胁，对空间布局和力学计算模式都提出了新的要求。到达新大陆的工程师及其本地助手，面临着建造教堂、修道院和商业建筑等繁重的任务。他们的早期作品本身又成为其他后续建筑的原型，同时在

本页及左页：

(左上）图 4-224 欧鲁普雷图 圣弗朗西斯科教堂。现状外景（圆塔及大门装饰为其主要特征）

(左中)图 4-225 欧鲁普雷图 诺萨 - 塞尼奥拉(约 1750 年)。平面(据 G.Kupler 和 Sonia)

(中）图 4-226 欧鲁普雷图 诺萨 - 塞尼奥拉。外景

(左下）图 4-227 基多 孔帕尼亚教堂（1722~1765 年，建筑师 Lorenzo Deubler 和 Venancio Gandolfi)。平面（据 G.Gasparini)

(右）图 4-228 基多 孔帕尼亚教堂。入口细部

(上) 图 4-229 基多 圣弗朗西斯科修院教堂 (16 世纪后期)。外景

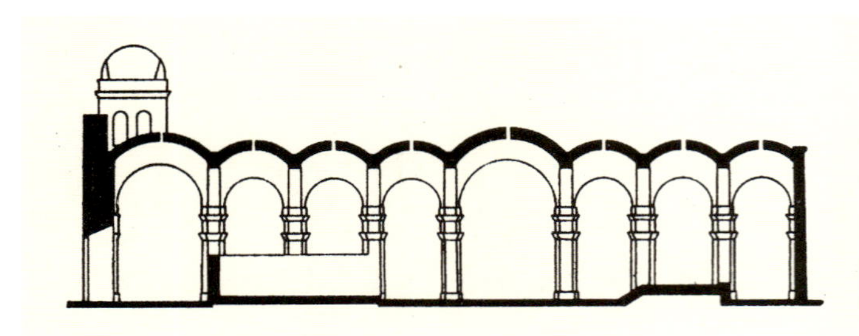

(下两幅) 图 4-230 库斯科 大教堂。平面及剖面 (平面据 G. Gasparini，剖面据 G.Kupler)

这过程中不可避免地吸收了若干本土的要素。最后人们看到的，往往就是这种来自欧洲的范本和地方特征之间相互作用的结果。

对城市规划来说，新大陆可说是提供了一片最理想的试验场所：由于城市的肌理和结构没有多少限制，因而为殖民者提供了难得的契机，将大西洋彼岸某些

（上）图 4-231 库斯科 耶稣会堂（始建于 1651 年，立面及塔楼稍晚）。外景

（下）图 4-232 利马 托雷 - 塔格莱宫（1735 年）。首层及二层平面（1：400，取自 Henri Stierlin：《Comprendre l'Architecture Universelle》，1977 年）

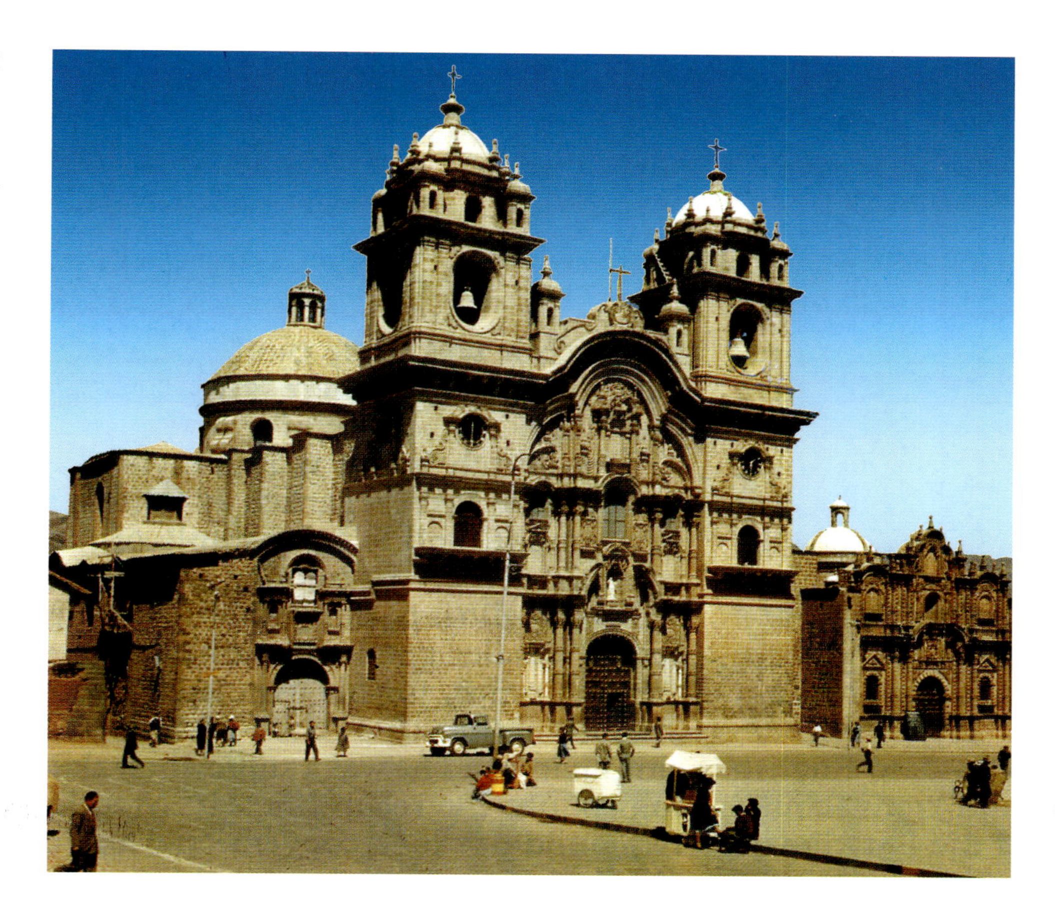

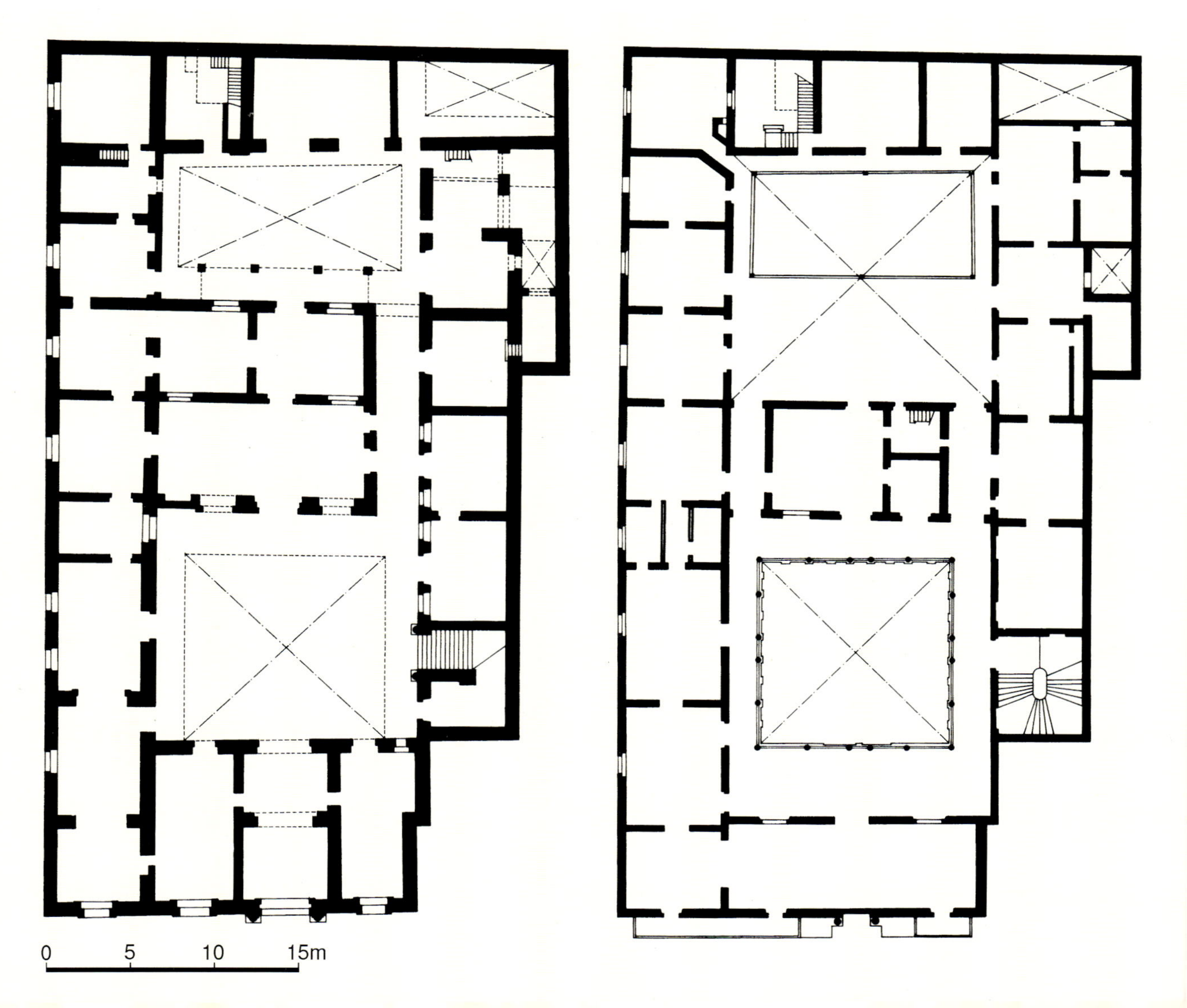

图 4-233 利马 托雷 - 塔格莱宫（1735 年）。立面近景

图 4-234 利马 大教堂（1594~1604 年）。外景

在旧大陆未能实现的乌托邦式的社会和城市理想移植到这里。

由于殖民者的文化占有绝对的优势，不同文化的冲撞——至少在我们感兴趣的这个领域——导致重大创新的情况很少。有时（如在墨西哥的中庭，用来向本地人布道的教堂前场地或围柱院里），人们会在受早期基督教艺术影响的传统建筑里注入些许生气，使其适应时代的新要求。所谓“露天礼拜堂”（chapelles de plein air）就是一种既接近自然，又适合当地人生活方式和具有实效的建筑类型。在原始居民聚集区（如安第斯山区）或居民稀少的地区（如阿根廷或巴拉圭），殖民者和传教士往往强行推广欧洲的行为方式。在加勒比海和中美洲，情况也大抵如此。这些国家被视为前往欧洲的桥头堡，在这里，混合伊比利亚半岛和美洲风格的建筑与安达卢西亚建筑之间，一直保持着紧密的联系。

作为征服新大陆的主要推动者，天主教会自然担负着在这片新土地上传教的重要使命。建筑及其形式语言，则成为完成这一使命的最好工具。这批建筑中，既有主教堂，也有堂区或修会教堂乃至朝圣地，世俗建筑则被排挤到次要的地位。这时期建有教堂的大教区及行政中心主要有：危地马拉的安提瓜（图 4-203、4-204），古巴的哈瓦那（图 4-205），墨西哥的墨西哥城（大教堂：图 4-206~4-209；其他宗教建筑：图 4-210~4-214）、普韦布拉（图 4-215~4-217）、瓦哈卡（图 4-218）、圣克里斯托瓦尔 - 德拉斯卡萨斯（图 4-219），乔卢拉（图 4-220），巴西的里约热内卢（图 4-221）、欧鲁普雷图（圣弗朗西斯科教堂：图 4-222~4-224；诺萨 - 塞尼奥拉：图 4-225、4-226），厄瓜多尔的基多（图 4-227~4-229），秘鲁的库

本页：

（左上）图 4-235 利马 圣弗朗西斯科教堂（1657~1674年）。外景

（右上及下）图 4-236 拉巴斯 圣弗朗西斯科教堂（17世纪，主立面装修 1772~1784 年）。平面及立面（1：400，取自 Henri Stierlin：《Comprendre l'Architecture Universelle》，1977 年）

右页：

图 4-237 拉巴斯 圣弗朗西斯科教堂。立面近景

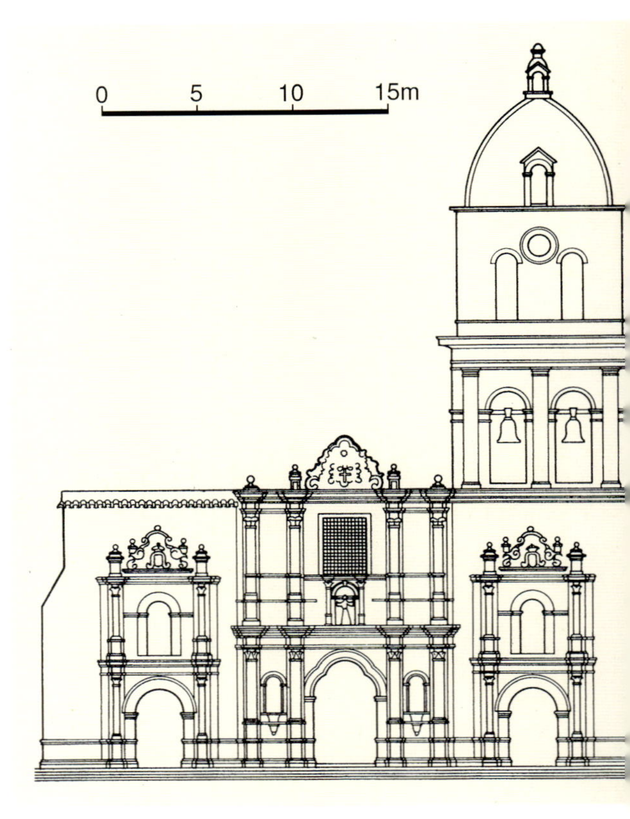

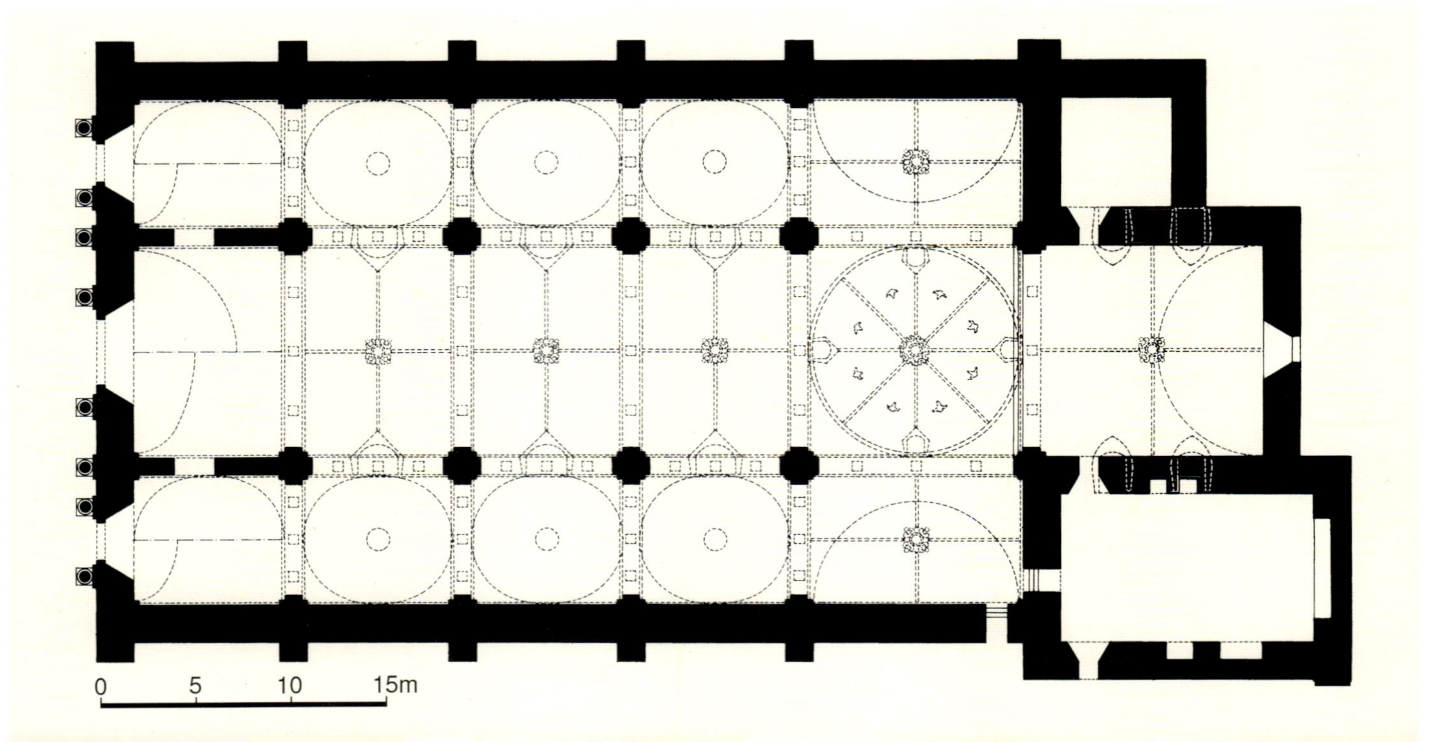

斯科（图 4-230、4-231）、利马（图 4-232~4-235），玻利维亚的拉巴斯（图 4-236~4-238）。

墨西哥教堂，和安第斯山区教堂一样，具有独特的风格表现，它们常被视作拉美风格；实际上，这种 说法并不准确，事实上，它们只是西班牙模式的一种变体形式。立面，特别是其中央部分，成为装饰最集中的部位，和更重视形体造型的中美洲的做法有所不同。和宗主国一样，其立面更像祭坛装饰屏栏或临时搭建的凯旋门。有的建筑形式甚至是直接来自手法主义的著作。在这个基础上，为了吸引当地居民的眼球，又增添了一些印第安人的造型母题、植物及动物图案。有的还和大量采用抽象图案的安达卢西亚教堂的内部装饰（特别是乌尔塔多·伊斯基耶多的作品，参阅图 4-86~4-90、4-92）非常相近，只是个中原因尚不清楚。

葡萄牙殖民地仅限于巴西海岸地区，第一批居民点全都围着殖民者建造的城堡要塞兴建。萨尔瓦多直到 1763 年才成为最重要的城市和政府所在地，是“一个拥有教堂的数目比一年的日子还要多的城市”。其中大多数都按里斯本或科英布拉那种葡萄牙模式建造（立面两侧设双塔楼，如诺萨 - 塞尼奥拉教堂，图 4-239、4-240），或取自塞利奥建筑著作提供的样式。只有圣弗朗西斯科教堂是个例外，其中更多采用了安第斯地区国家常见的装饰要素（图 4-241、4-242）。

到 18 世纪末，富含黄金及钻石矿藏的米纳斯 - 吉拉斯地区使巴西发展出一种后期巴洛克风格的变体形式。极其复杂的平面形式，向中央聚合的室内空间，时而凸出、时而凹进的立面和躲在它后面的塔楼，以及建筑形体的协调搭配，在南美洲均为独一无二的表现。阿莱雅迪尼奥是人们目前所知的极少数拉丁美洲建筑师之一，从传记中可知他是黑人和白人的混血儿、残障人士(aleijado)，而且主要靠自学成材，其他情况则不甚了然。不过，这位大师是巴西历史上的一位标志性人物则无疑问。其建筑可能和瓜里诺 · 瓜里尼的作品比较接近。

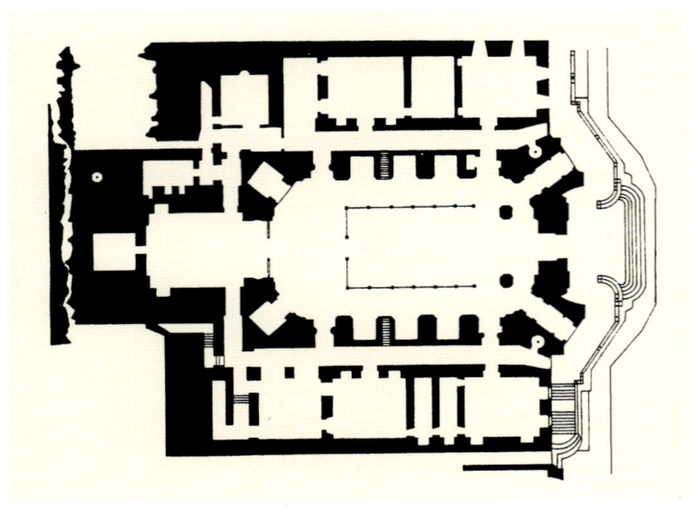

（上）图 4-238 拉巴斯 圣弗朗西斯科教堂。立面细部

（中）图 4-239 萨尔瓦多 诺萨 - 塞尼奥拉教堂（18 世纪后半叶）。平面（据 R.C.Smith）

（下）图 4-240 萨尔瓦多 诺萨 - 塞尼奥拉教堂。外景

（上两幅）图 4-241 萨尔瓦多 圣弗朗西斯科教堂（18 世纪初）。立面细部

（下）图 4-242 萨尔瓦多 圣弗朗西斯科教堂。内景（主祭坛）

由于人们精心仿效相对成熟的欧洲样板，又有大量的建筑著作流入拉丁美洲可供参考，加上几乎没有能与之抗衡的本地潮流，因而到 19 世纪，人们可在这里看到在欧洲——特别是伊比利亚半岛——风行过的各种风格要素（如火焰哥特式、穆迪扎尔艺术、银匠式和手法主义），乃至经各种变化和搭配的巴洛克建筑造型。所有这些风格样式，所有这些传统建筑类型，都延续下来齐头并进，最后导致了一种新风格——折中主义的诞生。

第四章注释：

[1] 托德西利亚斯条约（Traité de Tordesillas），托德西利亚斯为西班牙城镇，西班牙和葡萄牙两国于 1494 年在此签订条约，解决两国殖民地边界问题。

[2] 摩里斯科人（morisque），西班牙 16 世纪被迫改信天主教的摩尔人。

[3] 委拉斯开兹（Vélasquez, Diego Rodríguez de Silva Y, 1599~1660 年），西班牙最伟大画家之一。

[4] 苏巴朗(Zurbarán, Francisco de, 1598~1664 年)，西班牙画家。

[5] 洛佩·德·维加（Vega, Lope de, 1562~1635 年），西班牙“黄金世纪”著名剧作家，写过多达 1800 部剧本和数百部较短的戏剧

作品，留存下来的有 430 部剧本和 50 部短剧。

[6] 卡尔德隆 · 德拉巴尔卡（Calderón De La Barca，Pedro，1600~1681 年），西班牙著名剧作家、诗人。

[7] 丘里格拉兄弟，指何塞 · 德丘里格拉（1665~1723 年）及其两个兄弟，皆为西班牙巴洛克风格建筑师，以风格古怪著称。

[8] “裸露风格”（estilo desornamentado，西班牙语，意“裸露”或“无饰”风格），是 19 世纪艺术史家针对 16 世纪和 17 世纪初西班牙建筑起的名称，其表现可视为对“银匠式风格”那种堆积过多装饰的一种反动。

[9] 佛朗哥（Franco-Bahamonde Francisco，1892~1975 年），西班牙将军，国家元首，实行独裁制度。

[10] 建造年代另据 Werner Hager 为 1725 年。

[11] 艺术学院（Académie des Beaux-Arts），为法兰西研究院（Institut de France）五学院之一，建于 1795 年，设绘画、雕刻、建筑、木刻和音乐五组，共 50 名院士。